BERLINER GEOGRAPHISCHE ABHANDLUNGEN

Herausgegeben von Gerhard Stäblein und Wilhelm Wöhlke

Schriftleitung: Dieter Jäkel

Heft 41

herausgegeben von

Gerhard Stäblein

Geo- und biowissenschaftliche Forschungen

der Freien Universität Berlin im Werra-Meißner-Kreis (Nordhessen)

Beiträge zur Werra-Meißner-Forschung I

1986

Im Selbstverlag des Institutes für Physische Geographie der Freien Universität Berlin

ISBN 3-88009-040-8

Anschriften der Autoren dieses Heftes:

ANGELIKA BASSENDOWSKI, Bayerischer Platz 2, 1000 Berlin 30

Prof. Dr. HANSKARL BRÜHL, Institut für Angewandte Geologie der Freien Universität Berlin, Wichernstr. 16, 1000 Berlin 33

Prof. Dr. WOLFGANG FREY, Institut für Systematische Botanik und Pflanzengeographie der Freien Universität Berlin, Altensteinstr. 6, 1000 Berlin 33

Dipl.-Biol. JOCHEN HALFMANN, Institut für Systematische Botanik und Pflanzengeographie der Freien Universität Berlin, Altensteinstr. 6, 1000 Berlin 33

Priv. Doz. Dr. JOACHIM HAUPT, Gluckweg 6, 1000 Berlin 46

INGRID HOFMANN, Fehmarnerstr. 21, 1000 Berlin 65

MARTINA KLOIDT, Institut für Systematische Botanik und Pflanzengeographie der Freien Universität Berlin, Altensteinstr. 6, 1000 Berlin 33

Dr. CHRISTIAN KUHNERT, Institut für Geologie der Freien Universität Berlin, Altensteinstr. 34a, 1000 Berlin 33

Dr. HARALD KÜRSCHNER, Institut für Systematische Botanik und Pflanzengeographie der Freien Universität Berlin, Altensteinstr. 6, 1000 Berlin 33

VERONIKA MAYER, Institut für Systematische Botanik und Pflanzengeographie der Freien Universität Berlin, Altensteinstr. 6, 1000 Berlin 33

Dipl.-Geogr. KLAUS MÖLLER, Geomorphologisches Laboratorium der Freien Universität Berlin, Altensteinstr. 19, 1000 Berlin 33

Dipl.-Geol. ROLAND OTTO, Institut für Angewandte Geologie der Freien Universität Berlin, Wichernstr. 16, 1000 Berlin 33

Prof. Dr. GERHARD STÄBLEIN, Geomorphologisches Laboratorium der Freien Universität Berlin, Altensteinstr. 19, 1000 Berlin 33

Dipl.-Geol. GABRIELE THEURER, Talstr. 54, 4000 Düsseldorf 1

Prof. Dr. UWE TRETER, Geomorphologisches Laboratorium der Freien Universität Berlin, Altensteinstr. 19, 1000 Berlin 33

Redaktion:

Dipl.-Geogr. KLAUS MÖLLER, Geomorphologisches Laboratorium der Freien Universität Berlin, Altensteinstraße 19, 1000 Berlin 33

Satz und Layout:

Dr. KÄTHE ZILLBACH und ANGELIKA SCHLEGEL, Postfach 620748, 1000 Berlin 62

Gerhard Stäblein (Hg.)

Geo- und biowissenschaftliche Forschungen der Freien Universität Berlin im Werra-Meißner-Kreis (Nordhessen)
Beiträge zur Werra-Meißner-Forschung I

Vorwort des Herausgebers

Vor 20 Jahren, im Jahr 1966, hat die Freie Universität Berlin (FU) das Haus an der Blauen Kuppe bei Eschwege in Nordhessen als Standquartier für Erdwissenschaften erworben. Seit dieser Zeit sind zahlreiche Aktivitäten in Forschung und Lehre mit regionalem Bezug von dort ausgegangen.

Die Überfülle der Studenten an den Berliner Universitäten - die FU ist inzwischen mit über 50 000 Studenten die größte deutschsprachige Universität - hat das Standquartier in erster Linie wegen der politisch bedingten Lageungunst Berlins zu einer wesentlichen Einrichtung für die Ausbildung werden lassen. Die Initiative ging zunächst von der Geographie aus. Der immer engagierte Einsatz von Herrn Kollegen Prof. W. WÖHLKE von der Abteilung für Landeskunde am Osteuropainstitut legte den Grundstein für unsere Arbeiten in Nordhessen. Er ist bis heute als Beauftragter für die Standquartiere des Fachbereichs Geowissenschaften mit Unterstützung der Zentralverwaltung der FU, hier insbesondere durch den Kanzler Herrn D. BORRMANN und den Referatsleiter E. METZ, tätig.

Die für die Studiengänge der verschiedenen Fächer notwendigen Geländepraktika haben schon bald dazu geführt, daß nicht allein die Erdwissenschaften Geographie, Kartographie, Geologie und Paläontologie, Hydrogeologie und Fernerkundung, Geophysik und Meteorologie, sondern auch die Biologie (Botanik und Zoologie) und zahlreiche weitere Fächer bis zu Politologen und Juristen die Einrichtung für eine konkrete regionale, praxisnahe Ausbildung genutzt haben. Dabei sind aufgrund zahlreicher Zusammenarbeiten und personeller Verknüpfungen auch Wissenschaftler der Technischen Universität (TU) eingeschlossen.

Aus den motivierenden Praktika sind zahlreiche wissenschaftliche Arbeiten (Examensarbeiten, Diplomarbeiten, Doktorarbeiten und Forschungsprojekte) als weiterführende vertiefende Beschäftigung mit den Problemen im Nordhessischen Raum erwachsen. Dies hat zu einem intensiven regionalen Kontakt mit Einzelpersonen und Dienststellen auf vielen Ebenen und Sektoren geführt.

Die gute Unterstützung und Offenheit der Menschen in und um Eschwege haben zur erfolgreichen Arbeit entscheidend beigetragen. Hier ist insbesondere die unermüdliche Tätigkeit des wirtschaftlichen Leiters des Standquartiers, Herrn W. DÖLLE und seiner Frau R. DÖLLE zu nennen, die die Versorgung im Haus vorbildlich durchführen. Darüber hinaus erwiesen sich die Betreuungsmöglichkeiten des engagierten Regionalpolitikers W. DÖLLE bei der Herstellung von Außenkontakten als hilfreich. Stellvertretend für die vielen Amtsträger des Werra-Meißner-Kreises und der Stadt Eschwege, die die Arbeit des Standquartiers wohlwollend unterstützen, sind zu nennen der langjährige Landrat E.O. HÖHNE und der derzeitige Bürgermeister der Stadt Eschwege, Herr J. ZICK.

Darüber hinaus ist das Standquartier ebenfalls Basis für verschiedene wissenschaftliche Symposien und Sitzungen von Gremien, die von Wissenschaftlern der FU mitgetragen werden.

Die verschiedenen Aktivitäten, die mit dem Standquartier verbunden sind, wurden bisher noch nicht zusammenhängend dokumentiert. Mit dem vorliegenden Band der Berliner Geographischen Abhandlungen kann und soll diese Aufgabe nicht gelöst werden. Aber aus der Entwicklung eines Forschungsgebietsschwerpunkts der FU zum Thema „Werra-Meißner-Gebiet, Naturraumpotential und Entwicklungsperspektive einer Nordhessischen Landschaft" soll hier über die laufenden Arbeiten der beteiligten Fächer Physiogeographie (Prof. STÄBLEIN), Geologie (Prof. JACOBSHAGEN), Hydrogeologie (Prof. BRÜHL), Botanik (Prof. FREY) und Zoologie (Prof. HAUPT) mit unterschiedlichen Beiträgen als aktuellen Beispielen der von FU-Wissenschaftlern geleisteten und von der FU finanzierten Regionalforschungen hingewiesen werden. Seit einigen Jahren werden diese koordinierten Arbeiten zur Werra-Meißner- bzw. Nordhessen-Forschung über die regulären Forschungsmittel der Fächer hinaus auch durch eigene Sondermittel gefördert.

Eine Zusammenarbeit mit den regionalen Behörden auf dem Sektor der Umweltsicherung wird durch Übernahme konkreter Aufgaben aus der aktuellen Praxis angestrebt. Dazu diente ein erstes wissenschaftliches Symposium der physiogeographischen Arbeitsgruppe zum Thema „Naturraumpotential und Umweltsicherung", dessen Beiträge in einem eigenen Verhandlungsband an anderer Stelle vorgelegt wurden.

Es ist geplant Arbeiten aus dem Standquartier an der Blauen Kuppe auch in weiteren Sammelbänden zu dokumentieren.

Berlin, im Februar 1986 GERHARD STÄBLEIN

Inhaltsverzeichnis

Verzeichnis der Abbildungen, Beilagen und Tabellen

Seite

Seite

zum Beitrag MÖLLER

zum Beitrag MÖLLER & STÄBLEIN

zum Beitrag STÄBLEIN

Berliner Geogr. Abh., Heft 41: 13–23, Berlin 1986.

Erdwissenschaften und Feldarbeit
Das Standquartier der Freien Universität Berlin an der Blauen Kuppe bei Eschwege

mit 6 Abbildungen und 1 Tabelle

GERHARD STÄBLEIN

K u r z f a s s u n g: Ausgehend von einer kurzen methodischen Standortbestimmung der Erdwissenschaften und einer Ableitung der Notwendigkeit von „Feldarbeiten" in der Geographie, Geologie aber auch Biologie, wird die Funktion und die Struktur der Standquartiere der FU, speziell des Standquartiers an der Blauen Kuppe, angesprochen. Die Aufgaben in der Ausbildung und die Entwicklung von Regionalstudien werden aufgezeigt.

Earth Sciences and Field Work. The Free University of Berlin's Earth Sciences Station „at the Blue Hill" near Eschwege

A b s t r a c t: Following a short methodological definition of the position of the earth sciences and the necessity of „field work" for geographers, geologists and biologists, the author describes the function and structure of the FU's Earth Sciences stations with special reference to the station „at the Blue Hill". Its role in university education and in the implementation of regional studies is explained.

I n h a l t s ü b e r s i c h t

1. Feldarbeit als fachliche Grundlegung

Wenn SAINT EXUPERY (1946) in seinem Buch „Der kleine Prinz" den Geographen beschreibt als isoliert auf einem eigenen Planeten sitzend und wartend auf die Forschungsreisenden, die ihm die Information für seine wissenschaftlichen Arbeiten bringen, so wurde damit der theoretische Anspruch und die praktische Situation der Geographie und der Geowissenschaften allgemein grundlegend verkannt. Dort heißt es: „ . . . der Geograph ist zu wichtig, um herumzustreunen. . . aber man verlangt vom Forscher, . . . daß er große Steine mitbringt." Damit wird indirekt doch auf die Notwendigkeit der Feldarbeit hingewiesen. Kaum eine andere Wissenschaft ist in Lehre und Forschung auf „Feldarbeit" so sehr angewiesen, wie gerade die Erdwissenschaften (LESER 1980, BENDER 1981).

Die Geognosten des 19. Jahrhunderts kamen von der Anregung durch eigene *Beobachtungen* auf Reisen zu komplexen Fragestellungen nach der Erde mit ihren mannigfaltigen Phänomenen in regionaler Differenzierung und nach der Naturgeschichte. Unmittelbare Anschauung und eigene Beobachtungen sind Kern der Feldarbeit für den lernenden Studenten und den forschenden Fachmann. Identifizierung und Orientierung sind nach der Beobachtung die

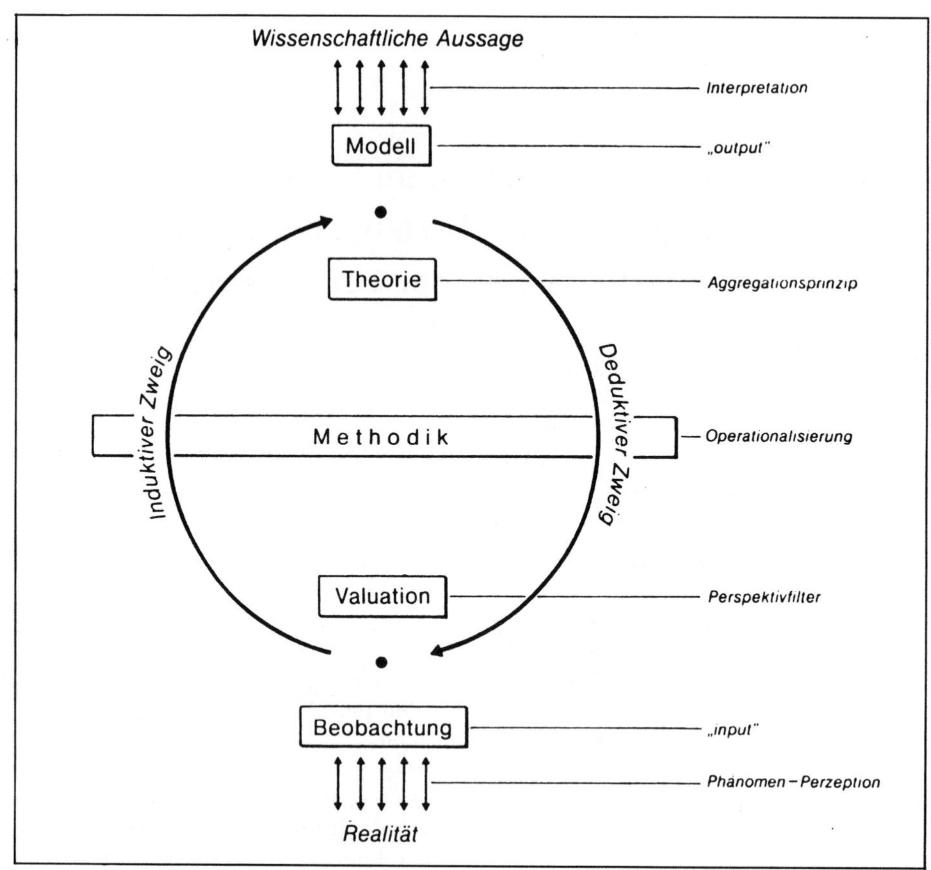

Abb. 1: Modelle des geographischen Forschungsansatzes als empirische, zum Teil naturwissenschaftliche Raumwissenschaft (nach STÄBLEIN 1972).

fortführenden Schritte der Feldarbeit. Das bedeutet (Abb. 1), daß allgemeine Begriffe (Theorien und Modelle) in speziellen Phänomenen der Realität wiedererkannt werden (deduktiver Zweig), sowie aus individuellen Sachverhalten Typen abgeleitet werden (induktiver Zweig) und die Lage bzw. Verteilungen kartiert werden, die zu Gefügemustern generalisiert und zu Modellen abstrahierend aggregiert werden können.

Raum und Zeit sind die wesentlichen Kategorien, die die Relevanz der Objekte für die Geowissenschaften als empirische und historische Wissenschaften bestimmen. Dies gilt sowohl für die ältere Geologie, die in weiteren zeitlichen Maßstäben denkt, als auch für die als etablierte Hochschulwissenschaft jüngere Geographie, die nur soweit in die Erdgeschichte zurückgreift, wie Vorgänge für die heutige Landschaft und deren Entwicklung von Wichtigkeit sind.

2. Beobachtung und Anwendung - Methoden des Fachs

In beiden Wissenschaften geht es über rein naturwissenschaftliche Fragen hinaus um praktische Aussagen zur Erde als Lebensraum des Menschen. Dies gilt im Hinblick z.B. auf Bodenschätze (Wirtschaftsgeologie) und auf Rohstoffsicherung (Wirtschaftsgeographie), oder auf Wasserverfügbarkeit (Hydrogeologie und Hydrogeographie), oder auf Böden als landwirtschaftlichem Ertragspotential (Bodenkunde und Bodengeographie) usw.

Mit den aktuellen Fragen nach dem *Naturraumpotential* und der *Umweltsicherung* sind beide Wissenschaften, Geologie und Geographie, angesprochen, darüber hinaus aber auch, insbesondere mit den ökologischen

Aspekten, die Biologie. Diese ist mit der Paläontologie und der Biogeographie als verwandten Fachrichtungen in den Erwissenschaften selbst verknüpft.

HERODOT (485 - 424 v. Chr.), der geographische Geschichtsschreiber im Griechenland des klassischen Altertums, JAMES HOTTON (1726 - 1797), der Schotte, der als einer der ersten die Frage nach der Erdgeschichte nicht theologisch, sondern als Geologie betrieb, ALEXANDER VON HUMBOLDT (1769 - 1859), als Geologe und Geograph Begründer der modernen Fragestellungen der Geomorphologie, sie alle haben eigene Geländebeobachtungen als Grundlage für ihre Schlüsse über die Gesetze der Natur als notwendige Voraussetzungen und zur Überprüfung der Meinungen und Theorien gefordert.

Auch neuere Darstellungen der fachlichen Ansätze, z.B. SCHMITHÜSEN (1976) in seiner „Allgemeinen Geosynergetik, Grundlagen der Landschaftskunde", betonen die Beobachtung als grundlegende geographische Arbeitsweise (Abb. 2). Messungen und Fernerkundung sind auch nur Beobachtungen nach abstrakteren bzw. komplexeren Regeln in unterschiedlichen Maßstäben verglichen mit den Formen der einfachen natürlichen „Anschauung" mit den Augen im Gelände. Anleitungen zur geowissenschaftlichen Feldarbeit gibt es zahlreiche, ältere und neuere, von allgemeinen Anleitungen zu Beobachtungen (BADER 1975) bis zu ausführlichen Einführungen zu speziellen Techniken und Meßverfahren (BENDER 1981 ff, GOUDIE et al. 1981).

Der Geophysiker, Ozeanograph und Polarforscher GEORG VON NEUMAYER (1826 - 1909) hat mit verschiedenen Autoren eine „Anleitung zu wissenschaftlichen Beobachtungen auf Reisen" herausgegeben (1875, 3. Aufl. 1906), womit unter anderem auch geowissenschaftliche Kartierung und biologische Beobachtungen angeregt wurden. Aus seinem Beitrag zu diesem Werk hat FERDINAND VON RICHTHOFEN nach grundlegenden Überlegungen zu „Aufgaben und Methoden der heutigen Geographie" (1883)

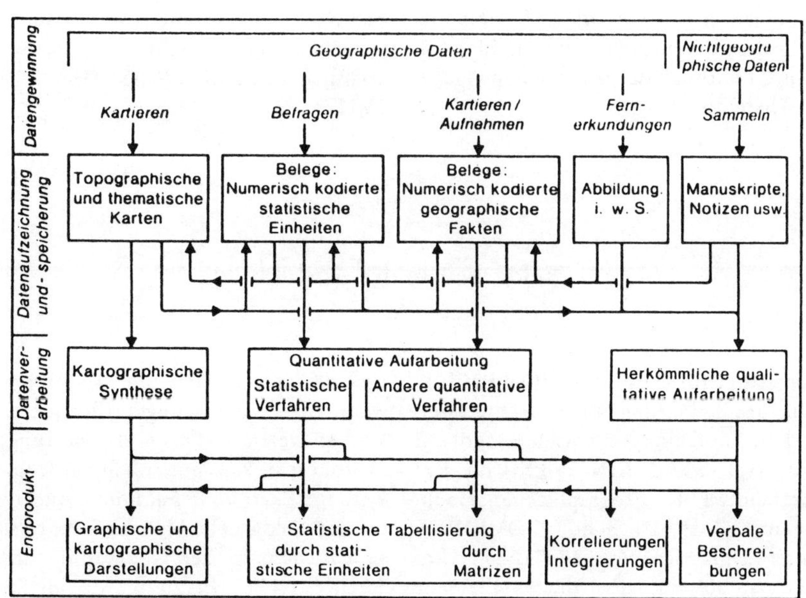

Abb. 2: „Feldarbeit" im Schema der geographischen Arbeitsweisen (verändert nach LESER 1980 und BOESCH 1970).

seinen „*Führer für Forschungsreisende,* Anleitung zu Beobachtungen über Gegenstände der Physischen Geographie und Geologie" (1886) entwickelt, der zu einer tiefgreifenden Ausrichtung geowissenschaftlicher Feldarbeit geführt hat, die bis heute nachwirkt und trotz aller technischer Weiterentwicklungen noch immer ein Verständnis der Fragestellungen und des Ansatzes von Geowissenschaften und Feldarbeit vermittelt (STÄBLEIN 1983 a).

Durch die zunehmende *Spezialisierung der Untersuchungstechniken* der verschiedenen Teildisziplinen sind Darstellungen für die Feldarbeiten in den letzten Jahrzehnten zu einem dringenden Bedürfnis geworden, die mit der technischen Entwicklung rasch fortgeschrieben werden müssen. Mit einem Autorenkollektiv haben HEYER et al. (1968) „Arbeitsmethoden in der Physischen Geographie" zusammengestellt. Speziell den geomorphologischen Methoden widmen sich die Darstellungen von BIROT (1955), TRICART (1965), KING (1966), LESER (1977) und GOUDIE et al. (1981). In einem dreibändigen, aufwendigen Werk wurden von BENDER (1981 ff) ausführliche Darstellungen der geologischen Methoden von der Kartierung bis zur Fernerkundung, Geostatistik und Geophysik unter dem Titel „Angewandte Geowissenschaften" herausgebracht. Es ist dies die modernisierte Fortführung der ursprünglich von KEILHACK (1896) mit seinem „Lehrbuch der praktischen Geologie" begonnenen Thematik.

Für den speziellen Gebrauch im Gelände ist das „Geomorphological Field-Manual" von GARDINER & DACKOMBE (1983) gedacht. Einzelne Verfahren werden im „Technical Bulletin" (1969ff) der Britischen Geomorphologischen Forschungs-Gruppe (BGRG) dargestellt, wovon bisher über 30 Hefte erschienen sind.

Zur geowissenschaftlichen *Kartierung* als zentraler Aufgabe der Feldarbeit liegen erprobte praktische Anleitungen und Legenden vor, die den gültigen Standards entsprechen, und deren Entwicklung insbesondere durch die Geologischen Landesämter für die geologischen Karten (= GK) (VINKEN 1981, VOSSMERBÄUMER 1983) und die Bodenkarten (= BK) (BENZLER et al. 1982), bzw. im Rahmen des Schwerpunktprogramms zur „Geomorphologischen Detailkartierung in der Bundesrepublik Deutschland" für die Geomorphologischen Karten (= GMK) (LESER & STÄBLEIN 1975, STÄBLEIN 1978) vorangetrieben wurde. Da jede Kartenarbeit im Gelände auch einfache topographische Einmessungen erfordert, sind trotz der in Mitteleuropa im allgemeinen verfügbaren genauen amtlichen topographischen Karten (= TK) unterschiedlicher Maßstäbe als Kartenunterlage geodätische Kenntnisse zu einfachen Geländemeßverfahren für jeden Geowissenschaftler unerläßlich (z.B. SCHWEISSTHAL 1966, HOFMANN 1971).

3. Feldarbeit in der Ausbildung

In der Geographie war es FERDINAND VON RICHTHOFEN, der aus der Erfahrung als Forschungsreisender insbesondere in China und vielen anderen Ländern der Erde (vgl. STÄBLEIN 1983b) die Exkursionen als Bestandteil der geographischen Hochschulausbildung eingeführt hat. Schon COMENIUS forderte in seiner „Didactica Magna" (1657) Umschau in der Heimat als ein wesentliches Element des Unterrichts. Auch der eigenwillige Hochschullehrer GERLAND (1833 - 1919), der 1875 vom Lateinlehrer zum Geographieprofessor nach Straßburg berufen wurde und schließlich vor allem die geophysikalische Erforschung der Erde förderte, hat Exkursionen an der Universität zur Ausbildung betrieben. Später haben vor allem ALBRECHT PENCK und HETTNER Exkursionen als Kern des Geographiestudiums aufgefaßt. Aus dem Kolleg im Freien wurde der verkürzt exemplarisch nachvollzogene Forschungsgang mit eigener Argumentation und begründbarer Kritik am Forschungsstand.

Exkursionen werden nur fruchtbar für das Studium, wenn die Beobachtungen diskutiert, durch Literaturstudien vertieft, durch Auswertung, Kartierung und Protokoll in Zusammenhang gebracht und dargestellt werden. *Karte und Feldbuch* sind notwendige Begleiter der Feldarbeit. Man kann unterschiedliche Exkursionsformen in der Geographie unterscheiden (KOSACK 1949). Hierzu wurde im Studienführer Geographie des Verbandes der Deutschen Hochschullehrer für Geographie (NEBE & SCHRAMM 1969) unter anderem folgendes sinngemäß ausgeführt:

Exkursionen dienen dazu, geographische Sachverhalte durch Anwendung der erlernten allgemeinen Kenntnisse und der entsprechenden Arbeitstechniken zu erkennen, zu beschreiben und zu interpretieren.

Die *Übersichtsexkursion* versucht, einen möglichst großen Raum, z.B. Norddeutschland, Hessen oder Nordhessen, mit seinen wichtigsten geographischen

Problemen exemplarisch vorzustellen. Dabei werden in der Regel unterschiedliche geographische Fragestellungen in kurzer zeitlicher Abfolge behandelt.

Die *Arbeitsexkursion* (= Geländepraktikum) dagegen bleibt auf einen engen, unter einigen geographischen Aspekten besonders interessanten Raum (z.B. Werraland, Hoher Meißner oder Netra-Graben) beschränkt. Sie vertieft den Einblick in einen speziellen Problembereich. Oft gelten solche Praktika als Vorstudien für spätere exaktere *selbständige Geländeuntersuchungen* im Rahmen von Studienabschlußarbeiten.

Die mehr demonstrierenden Exkursionen, die Geländepraktika, die stärker selbständige Feldarbeit fördern, und die *Kartierkurse* bzw. selbständigen Kartierungen, sind heute fest in den geowissenschaftlichen Studienordnungen verankert. In den Empfehlungen zur Ausbildung von Geographielehrern und in der Rahmenordnung für den Diplomstudiengang Geographie des Zentralverbandes der Deutschen Geographen (NUHN & SANDNER 1978) werden 40 Geländetage als notwendig erachtet. Nach der Diplomstudienordnung (1984) für Geologen an der Freien Universität werden zur Zeit mindestens 63 Geländetage und eine selbständige Diplomkartierung gefordert. Die neue Diplomprüfungsordnung für Geographen an der Freien Universität sieht 42 Geländetage vor. Sie entspricht damit den Anforderungen, die im Lehramtsstudiengang Geographie gestellt werden. Dort sind nach der neuen Studienordnung (1982) im Hauptfach 42 Geländetage vorgeschrieben.

Bei den Lehrveranstaltungen mit Geländebezug steht das Demonstrieren von Phänomenen, das Aufzeigen von Zusammenhängen und Entwicklungen, das Erläutern von komplexen Lehrmeinungen mit Modellen und durch Systemanalyse zunächst im Vordergrund. In einem weiteren fortgeschrittenen Ansatz werden Forschungsergebnisse in simulierten regionalen Fragestellungen und exemplarischen Indizien im Gelände als beurteilbar aufgezeigt und selbständig abgeleitet. Dazu kommt das *Einüben allgemeiner Methoden und spezieller Techniken*. Oft erwächst aus solchen Geländepraktika der Anstoß für eine Diplom- bzw. Zulassungsarbeit, die in der Regel Feldarbeiten unter Anleitung und Betreuung einschließen.

Neben den fachlichen Kenntnissen (kognitive Lernziele) und Fähigkeiten (instrumentelle Lernziele) spielt insbesondere bei der Feldarbeit mit ihren unmittelbaren Erlebniswerten und konkreten Realitäten die *praxisnahe Ausbildung* eine Rolle. Damit wird die Bereitschaft zur fachlich-angewandten Verantwortung (effektive Lernziele) gefördert. Stärker als im mehr abstrakten Kontext der Lehre im Hörsaal wird bei der Feldarbeit die Forderung nach einem Beitrag des Faches zur Problemlösung der Praxis mit den regionalen aktuellen Bedingungen erfahrbar. Der Kontakt mit den regionalen Dienststellen und mit den durch Probleme und Maßnahmen unterschiedlich betroffenen Leuten führt zur Auseinandersetzung mit den Anwendungen und so zur Qualifikation für eine spätere berufliche Aufgabe. Gerade dazu ist die Kontinuität der Geländearbeiten und der Kontakte in einer Region besonders förderlich.

4. Standquartiere

Für einen Hochschulstandort wie Berlin (West) ist von Bedeutung, daß Exkursionen und Einführungen in die Geländearbeit auch hier ausreichend angeboten werden müssen, obwohl eine Großstadtlandschaft mit einer praktischen, politisch bedingten, Absperrung vom unmittelbaren Umland dies erschwert. Dies ist der Grund, daß Berlin für die Ausbildung in den erdwissenschaftlichen Fächern und in der Biologie stärker als andere Universitäten in Deutschland Standquartiere braucht. Gerade die kurzen und einführenden Exkursionen, die normalerweise in die unmittelbare Umgebung der Universitätsstädte führen, sind von Berlin (West) aus nicht ohne weiteres möglich. Bei Stadtexkursionen, z.B. in den Grunewald oder nach Kreuzberg, kann nur ein kleiner Sektor geographischer Phänomene, Fragestellungen und Methoden veranschaulicht werden.

Da eine dauernde zeitliche und quantitativ breite Nachfrage nach Möglichkeiten zu Geländearbeiten besteht, hat die Freie Universität für eine effektive Ausbildung eigene Einrichtungen geschaffen, die ausschließlich, bezogen auf die Geländearbeit in Forschung und Lehre, dem Ausgleich der Standortnachteile der Freien Universität dienen. Im Sommersemester 1985 waren in den entsprechenden Studiengängen die in Tab. 1 dargestellten *Studentenzahlen* registriert (nach FU-Statistik Nr. 83).

Schon 1966 konnte mit dem Ankauf einer ehemaligen Pension in der freien Feldflur *an der Blauen Kuppe* in der Gemarkung der Stadt *Eschwege* ein erstes Standquartier eingerichtet werden (Abb. 3). 1979 kam das Gebäude einer ehemaligen Schule im

Tab. 1: Studentenzahlen in den Studiengängen Geologie, Geographie und Biologie an der Freien Universität Berlin im Sommersemester 1985 (Quelle: FU Statistik Nr. 83, SS 1985).

Fachbereich	1. Fach	2. Fach	3. Fach	Gesamt
Geographie	709	634	56	1 399
Geologie	524	17	13	554
Biologie	1 625	381	11	2 017

kleinen Dorf *Wohlde* in Schleswig-Holstein zwischen Nordsee und Ostsee als weiteres Standquartier dazu. Durch einen Kooperationsvertrag 1980 mit dem Geozentrum *Hüttenberg* in Kärnten/Österreich auf dem Gelände eines ehemaligen Bergwerks ist ein weiterer Standort zur regelmäßigen Nutzung durch die Freie Universität sichergestellt.

Damit können geo- und biowissenschaftliche Fragen unmittelbar und ohne viel organisatorischen Aufwand für die Planung der einzelnen Feldarbeiten in ganz unterschiedlichen typischen Landschaften vorgeführt werden: im norddeutschen Tiefland mit seinen glazialen und perimarinen Bedingungen, im deutschen Mittelgebirge mit seinen vielgestaltigen Gesteinsschichten, die die vorherrschend bewaldeten Bergzüge, Täler und Becken aufbauen, und im alpinen Gebirge.

Durchschnittlich *4500 Übernachtungen* werden pro Jahr im Standquartier an der Blauen Kuppe gezählt (Abb. 4). In 9 Zimmern mit 22 Schlafplätzen (Abb. 5) ist Raum für jeweils eine größere oder zwei kleinere Gruppen, denen mit Seminarraum im Erdgeschoß und Labor im Kellergeschoß die Möglichkeit zur Diskussion mit Referaten, zur Erklärung von Geräten und Techniken, zur Ausarbeitung der Beobachtungen, Messungen und Kartierungen, sowie zur Analyse von Proben geboten ist. An Geräten für die Umarbeitung von Graphiken steht ein Antiskop zur stufenlosen Vergrößerung sowie ein Leuchttisch bereit. Für Laborarbeiten sind neben sieben verfließten Arbeitsplätzen Abzug, Trockenschränke, Waagen und übrige Laborausstattungen vorhanden. Darüber hinaus gibt es eine Grundausstattung an Bohrgeräten und Vermessungsgerät sowie eine Handbibliothek mit allgemeiner und regionaler Literatur, die den Gruppen zu ihren Arbeiten während des Aufenthaltes zur Verfügung steht.

Abb. 3: An der Blauen Kuppe das Standquartier für Erdwissenschaften der Freien Universität Berlin an der Langenhainer Straße südlich von Eschwege in Nordhessen (Foto STÄBLEIN).

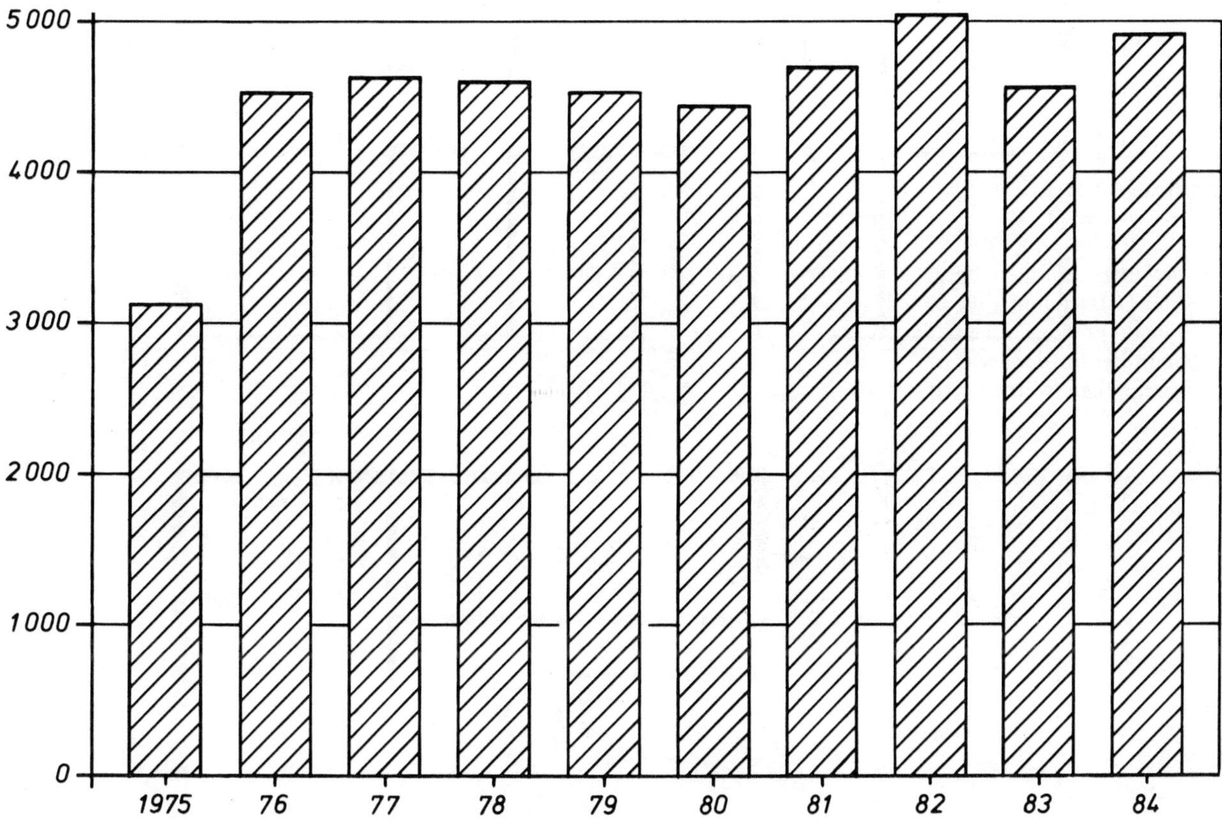

Abb. 4: Entwicklung der Belegungszahlen (Übernachtungen) des Standquartiers Eschwege in den Jahren 1975 bis 1984.

Zusätzlich zu den Gruppen arbeiten mit längerem Aufenthalt Kandidaten (Diplomanden, Lehramtsanwärter, Doktoranden) für ihre Studienabschlußarbeiten vom Standquartier aus im Gelände, sowie Hochschullehrer und wissenschaftliche Mitarbeiter als Betreuer bzw. zur Vorbereitung von Geländepraktika.

Um die Gruppen nicht einzuschränken, ist durch die zeitweilige Anmietung von privaten Quartieren in Langenhain im Sommerhalbjahr eine Ausweitung der Belegung mit der Versorgung im Standquartier möglich.

Trotz der jahreszeitlich wechselnden Bedingungen für eine optimale Geländearbeit wird eine gute Auslastung erreicht (Abb. 6). Ein *jahreszeitlicher Rhythmus* ergibt sich aus den Anforderungen der Semesterzeiten, der sommerlichen Vegetationszeiten und der winterlichen Perioden mit Kälte und Schnee, in der die notwendigen Reparaturen am und im Haus vorgenommen werden.

Wenn die abgeernteten Äcker den Blick auf Böden und Lesesteine aus dem geologischen Untergrund im Frühjahr und Herbst freigeben und es möglichst nicht gefroren ist, sind die Verhältnisse für geologische und geomorphologische Kartierung günstig. Die verschiedenen botanischen Praktika müssen sich zum Teil nach den Blütezeiten richten und drängen sich so in den Sommermonaten, in denen auch hydrogeologische und hydrogeographische Untersuchungen durchgeführt werden. Auch zoologische Praktika müssen sich dem Jahreszyklus ihrer Untersuchungstiere, z.B. der Laufkäfer, anpassen. Praktika zu Themen der Meteorologie, Vermessung und Kartographie sowie der Anthropogeographie und der Sozialwissenschaften sind im Prinzip das ganze Jahr über möglich, aber die von den Lichtverhältnissen kurzen und vom Wetter her kalten, windigen Winterzeiten werden für feldarbeitsintensive Projekte verständlicherweise gemieden.

Die *Versorgung* der Gruppen und Einzelpersonen einschließlich der Geländeverpflegung wird durch den

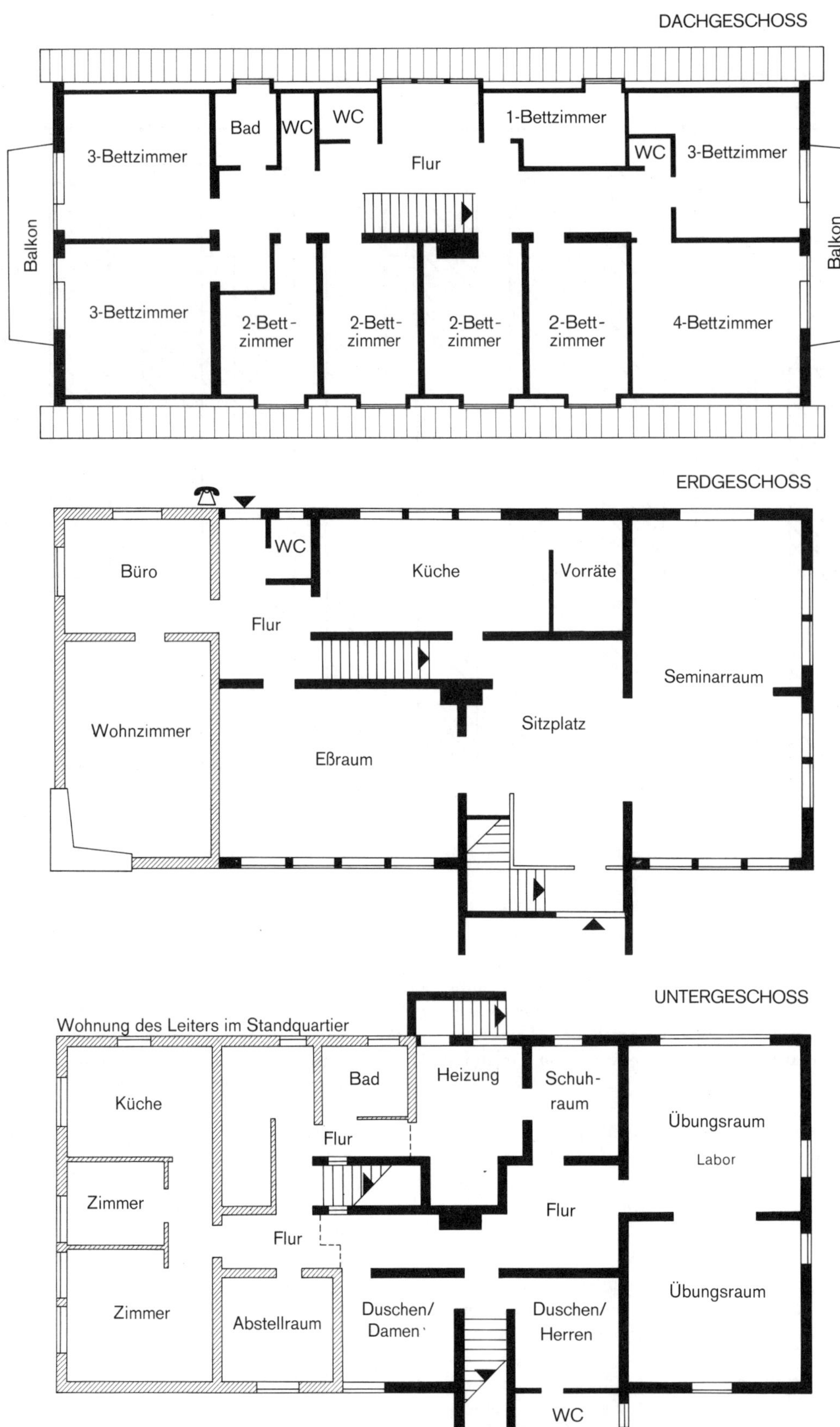

Abb. 5: Grundrißpläne des Standquartiers an der Blauen Kuppe mit seinen 9 Übernachtungszimmern und 22 Schlafplätzen.

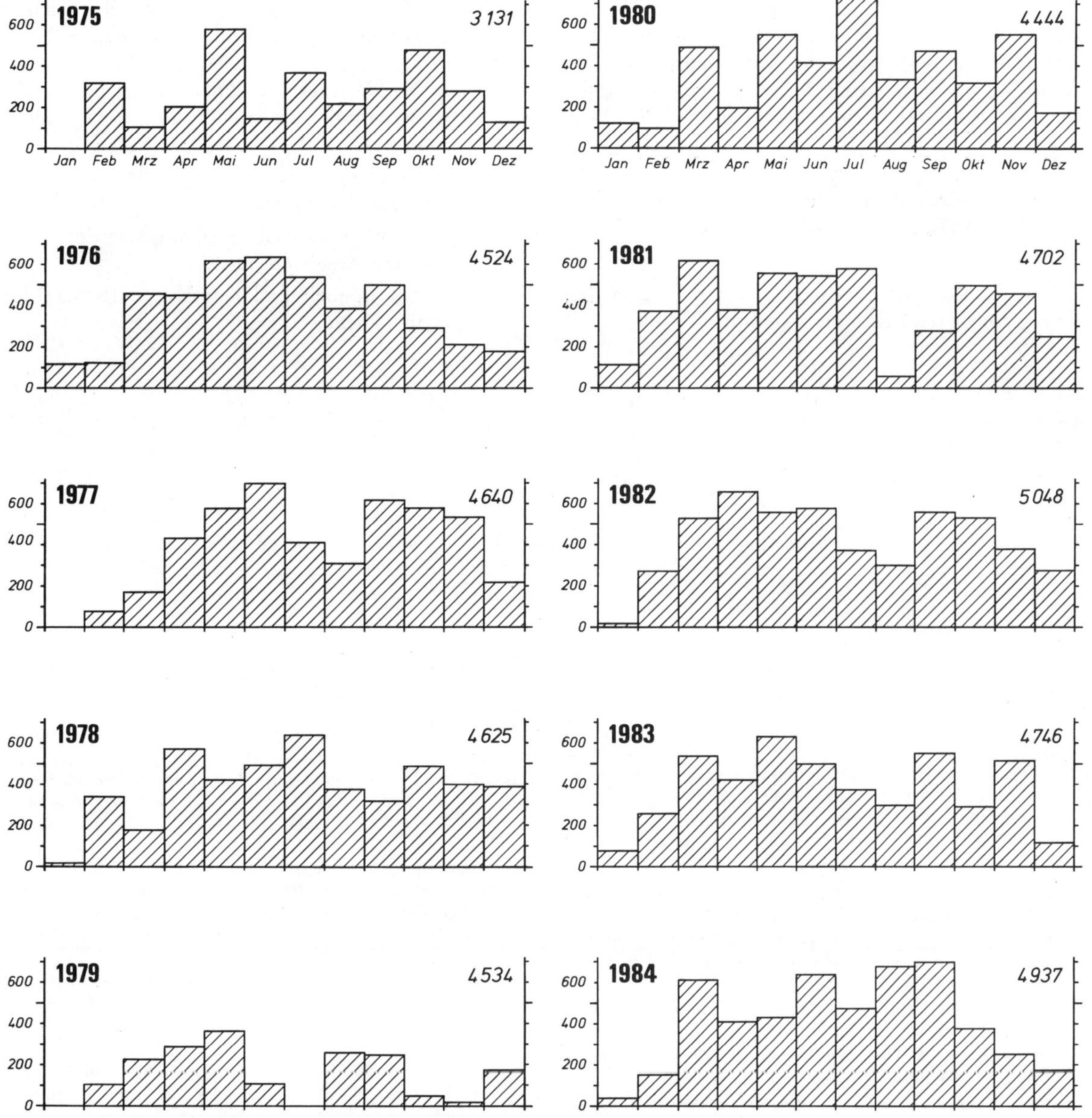

Abb. 6: Verteilungen der monatlichen Übernachtungszahlen in den Jahren 1975 bis 1984 (für 1979 konnten nicht alle Übernachtungen auf die Monate bezogen erfaßt werden) (nach Unterlagen der Zentralverwaltung der FU Berlin).

Verwalter und seine Frau (zur Zeit das Ehepaar DÖLLE) durchgeführt. Sie sind Angestellte der Freien Universität Berlin. Die pauschale Abrechnung für jeden einzelnen Gast wird über die zentrale Universitätsverwaltung durchgeführt.

Für die *Anfahrt* der Studentengruppen aus Berlin und für die *Fahrten im Gelände* stehen zur Zeit drei achtsitzige FU-eigene VW-Busse zur Verfügung. Die Fahrkapazität kann durch Hinzunahme von Universitäts-Bussen einzelner Institute bzw. durch Fahrzeugen, die dem anderen Standquartier zugeordnet sind, erhöht werden. Auch die zusätzliche Benutzung privater PKW von Gruppenleitern, Studenten und Kandidaten ist oft notwendig.

Die *Region* ist mit ihren unterschiedlich strukturierten Landschaften besonders für *exemplarische Regionalstudien* geeignet (KLINK 1969, MÖLLER & STÄBLEIN 1982, 1984, GARLEFF, 1985, FISCHER 1974).

Die schon erwähnten Abschlußarbeiten haben zum Teil aufgrund räumlicher bzw. thematischer Verwandschaft zunächst in einem Fachgebiet zu *Arbeitsgruppen* geführt. Aus diesen hat sich durch interdisziplinären Austausch und Kontakt mit den Interessen regionaler Einrichtungen ein koordinierter Forschungsschwerpunkt gebildet mit Teilprojekten der Geologie, Hydrogeologie, Physiogeographie - insbesondere Geomorphologie-, Geobotanik und Zoologie, der eigens von der Freien Universität gefördert wird. Es ist angestrebt durch mittelfristige Regionalstudien interdisziplinäre *Nord-Hessen-Forschung* zu betreiben (MÖLLER & STÄBLEIN 1986).

Der bisherige Erfolg des Standquartiers Eschwege ist von folgenden Faktoren bestimmt:

- Hohe Nachfrage durch hohe Studentenzahlen in den Studiengängen mit notwendiger Feldarbeit,
- große Vielfältigkeit der Phänomene und Strukturen des nordhessischen Raumes, insbesondere der unmittelbaren Umgebung von Eschwege,
- gute Versorgung und vielseitige allgemeine Ausstattung des Standquartiers,
- hohe Mobilität und Eigenständigkeit der Praktikums- und Arbeitsgruppen,
- Aufgeschlossenheit und Kontaktbereitschaft der regionalen Dienststellen.

5. Literatur

BADER, F. 1975: Einführung in die Geländebeobachtung. — 1-106, Darmstadt.

BENDER, F. (Hg) 1981, 1985, 1984: Angewandte Geowissenschaften. — 3 Bde: 1-628, 1-766, 1-674, Stuttgart.

BENZLER, J.H. et al. 1982: Bodenkundliche Kartieranleitung. — Arbeitsgruppe Bodenkunde der Geol. LA und der BGR, 3. Auflage: 1-331, Hannover.

BIROT, P. 1955: Les méthodes de la morphologie. — 1-175, Paris.

BGRG (British Geomorphological Research Group) 1969ff: Technical Bulletin. — No. 1-34ff (1985), Norwich.

BOESCH, H. 1970: Ein Schema geographischer Arbeitsmethoden. — Geographica Helvetica, 25: 105-108, Zürich.

FISCHER, E.F. (Hg) 1974: Wegweiser durch den Werra-Meißner-Kreis. — 1-407, Eschwege.

GARDINER, V. & DACKOMBE, R. 1983: Geomorphological field manual. — 1-254, London et al.

GARLEFF, K. 1985: Erläuterungen zur Geomorphologischen Karte 1 : 100 000 der Bundesrepublik Deutschland. GMK 100 Blatt 5, C 4722 Kassel. — 1-74, Berlin.

GOUDIE, A. et al. (Hg) 1981: Geomorphological techniques. — British Geomorphological Research Group: 1-395, London.

HEYER, E. et al. 1968: Arbeitsmethoden in der physischen Geographie. — 1-284 und Beiheft, Berlin.

HOFMANN, W. 1971: Geländeaufnahme - Geländedarstellung. — 1-102, Braunschweig.

KEILHACK, K. 1896: Lehrbuch der praktischen Geologie. — 1-638, Berlin.

KING, C.A.M. 1966: Techniques in geomorphology. — 1-342, London.

KLINK, H.J. 1969: Die naturräumlichen Einheiten auf Blatt 112, Kassel. — Inst. f. Landeskunde: Geographische Landesaufnahme 1 : 200 000: 1-107 und Karte, Bad Godesberg.

KOSACK, H.P. 1949: Schrifttum zur Technik von geographischen Exkursionen und landeskundlichen Geländebeobachtungen. — Geogr. Taschenbuch 1949: 179-190, Stuttgart.

LESER, H. 1977: Feld- und Labormethoden der Geomorphologie. — 1-446, Berlin, New York.

LESER, H. 1980: Geographie. — 1-207, Braunschweig.

LESER, H. & STÄBLEIN, G. 1975: Geomorphologische Kartierung, Richtlinien zur Herstellung geomorphologischer Karten 1 : 25 000. — Berliner Geogr. Abh., Sonderheft: 1-39, Berlin.

MÖLLER, K. & STÄBLEIN, G. 1982: Struktur und Prozeßbereiche der GMK 25 am Beispiel des Meißners (Nordhessen). — Berliner Geogr. Abh., 35: 73-85, Berlin.

MÖLLER, K. & STÄBLEIN, G. 1984: GMK 25 Blatt 17, 4725 Bad Sooden-Allendorf. — Geomorphologische Karte der Bundesrepublik Deutschland 1 : 25 000: 17, Berlin.

MÖLLER, K. & STÄBLEIN, G. (Hg) 1986: Naturraumpotential und Umweltschutz, Ansätze und Ergebnisse physiogeographisch-geoökologischer Untersuchungen in Nordhessen. — Verh. des Geowiss. Symposiums, Standquartier für Erdwissenschaften an der Blauen Kuppe/ Eschwege: 1-60, Berlin.

NEBE, J.M. & SCHRAMM, V. (Hg) 1969: Studienführer Geographie, ein Wegweiser durch das Studium der Geographie. — Hg. im Auftrag der Geographischen Fachschaften in Verbindung mit dem Verband der deutschen Hochschullehrer für Geographie: 1-113, Berlin.

NEUMAYER, G.v. (Hg) 1874: Anleitung zu wissenschaftlichen Beobachtungen auf Reisen. — Bd. I: 1-842, Hannover (3. Auflage 1906).

NUHN, H. & SANDNER, G. (Hg) 1978: Rahmenordnung für den Diplomstudiengang Geographie, Empfehlungen zur Ausbildung von Geographielehrern für die Sekundarstufen I und II. — Zentralverband der deutschen Geographen: 1-24, Hamburg.

RICHTHOFEN, F.v. 1883: Aufgaben und Methoden der heutigen Geographie. – Akademische Antrittsrede der Universität: 1-72, Leipzig.

RICHTHOFEN, F. v. 1886: Führer für Forschungsreisende, Anleitung zu Beobachtugen über Gegenstände der physischen Geographie und Geologie. – 1-734, Berlin. Neudruck der Auflage von 1886, zweite Aufl., hg. und mit einer Einführung versehen von Gerhard Stäblein, Berlin 1983.

SAINT-EXUPERY, A. de 1946: Le petit prince. – 1-93, Paris.

SCHMITHÜSEN, J. 1976: Allgemeine Geosynergetik, Grundlagen der Landschaftskunde. – Lehrbuch Allgem. Geogr., 12: 1-339, Berlin, New York.

SCHWEISSTHAL, R. 1966: Geländeaufnahme mit einfachen Hilfsmitteln. – 1-78, Frankfurt.

STÄBLEIN, G. 1972: Modellbildung als Verfahren zur komplexen Raumerfassung. – Würzburger Geogr. Arb., 37: 67-93, Würzburg.

STÄBLEIN, G. 1978: Feldaufnahme zur geomorphologischen Detailkartierung, Beispiel aus dem Westhessischen Bergland (Wetschaft-Niederung). – Berliner Geogr. Abh., 30: 21-31, Berlin.

STÄBLEIN, G. 1983a: Einführung in Richthofens Führer für Forschungsreisende (Nachdruck 1983): 1-11, Berlin.

STÄBLEIN, G. 1983b: Der Lebensweg des Geographen, Geomorphologen und Chinaforschers Ferdinand von Richthofen. – Die Erde, 114(2): 90-102, Berlin.

TIETZE, W. (Hg) 1972/73: Lexikon der Geographie. – WLG Bd. 1 A-E, 2. Aufl.: 1-938, Braunschweig (darin: Exkursion, S. 976).

TRICART, J. 1965: Principes et méthodes de la géomorphologie. – 1-496, Paris.

VINKEN, R. 1981: Darstellungsverfahren, geologische Geländeaufnahme. – In: BENDER, F. (Hg): Angewandte Geowissenschaften, Bd. 1: 42-85, Stuttgart.

VOSSMERBÄUMER, H. 1983: Geologische Karten. – 1-244, Stuttgart.

Anschrift des Autors:

Prof. Dr. GERHARD STÄBLEIN, Geomorphologisches Laboratorium der Freien Universität Berlin, Altensteinstr. 19, 1000 Berlin 33.

Berliner Geogr. Abh., Heft 41: 25–39, Berlin 1986.

Die geologischen Verhältnisse des Werra-Meißner-Kreises

mit 2 Abbildungen und 1 Tabelle

CHRISTIAN KUHNERT

Inhaltsübersicht

1. Erdgeschichtlicher Überblick

Die ältesten Zeugnisse der Erdgeschichte im Werra-Meißner-Kreis treten im Unterwerra-Sattel, etwa zwischen Albungen und Witzenhausen zu Tage (Abb. 1). Es handelt sich dabei um unter- bis oberdevonische Gesteine der variskischen Geosynklinale. Diese Trogfüllung läßt sich in zwei Komplexe unterteilen: Das Albunger Paläozoikum und die Werra-Grauwacke. Sie unterscheiden sich im Metamorphosegrad, der Gesteinszusammensetzung und der Führung submariner vulkanischer Gesteine („Diabase").

Unterkarbonische Sedimente sind bisher im Unterwerra-Sattel noch nicht nachgewiesen worden. Möglicherweise gehören einzelne der Spilite dem Unterkarbon an.

Während der variskischen Faltung, wahrscheinlich an der Grenze Unter-/Oberkarbon, wurde die Füllung der Geosynklinale intensiv verfaltet und anschließend gehoben, so daß dieser Raum bis zum Zechstein überwiegend Abtragungsgebiet war. Nur

GEOLOGISCH-GEOMORPHOLOGISCHE ÜBERSICHTSKARTE

GEOLOGICAL-GEOMORPHOLOGICAL RECONNAISSANCE MAP OF THE REGION

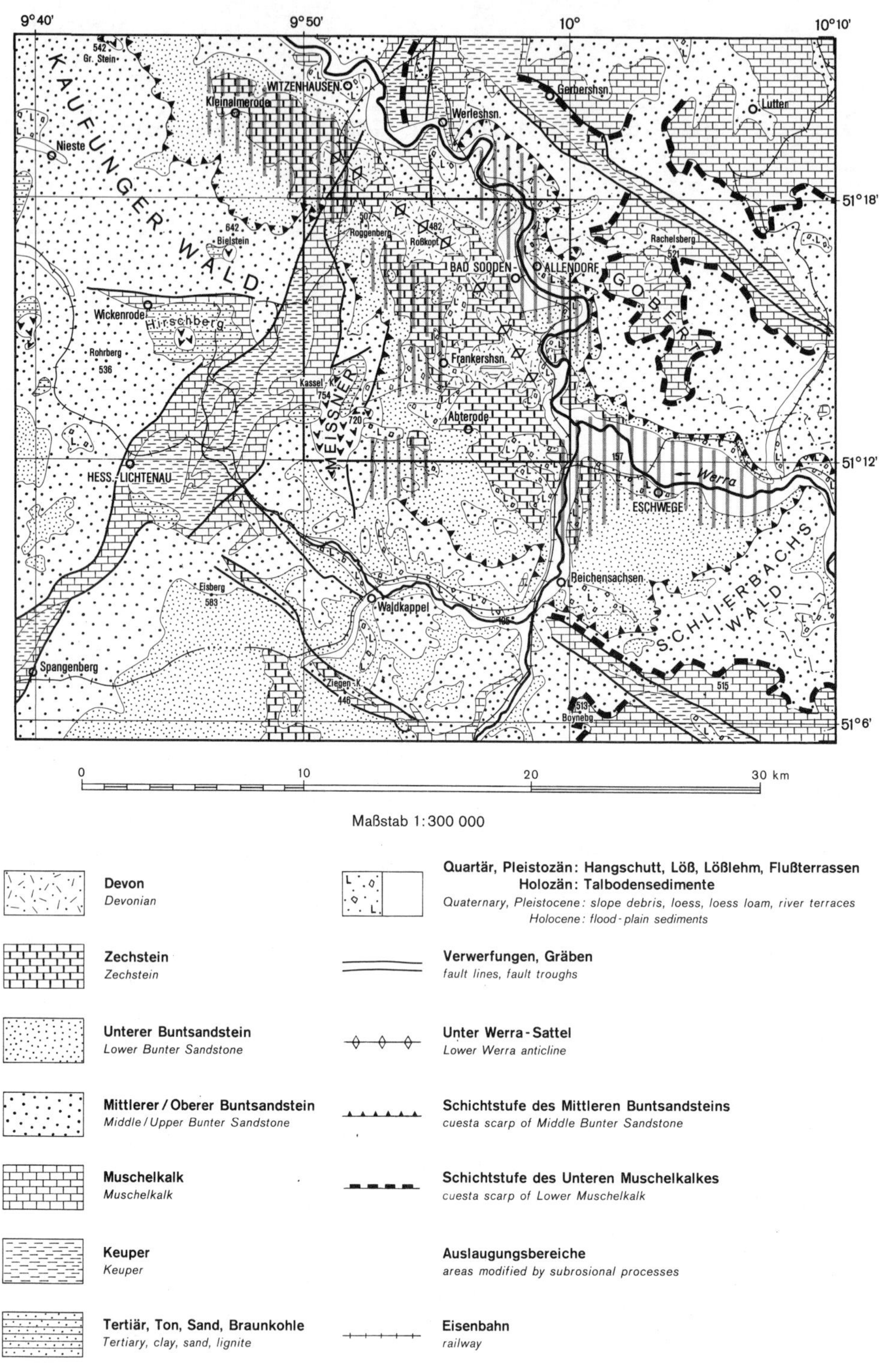

Abb. 1: Die geologischen Verhältnisse im Werra-Meißner-Kreis (aus MÖLLER & STÄBLEIN 1984).

im Norden blieb ein kleiner Rest Fanglomerate des Rotliegenden von der Erosion verschont.

Das von Norden her transgredierende Zechstein-Meer fand eine nur durch flache Rinnen und kleine Erhebungen gegliederte Rumpffläche vor, deren Vertiefungen schon im Unteren Zechstein durch die Sedimentation ausgeglichen wurden.

Durch mehrfache Abschnürungen vom offenen Meer kam es in einem ariden Klima zur Sedimentation mächtiger Salinar-Folgen, den Zechstein-Dolomiten, -Gipsen und -Salzen. Auf dem Unterwerra-Sattel fehlen die Salze primär. Jede dieser Folgen beginnt mit einem feinklastischen Sediment (Kupferschiefer im Zechstein 1, Werra-Serie, Salztone im Zechstein 2 - 4, Staßfurt-, Leine-, Aller-Serie). Über diesen folgen entsprechend der Löslichkeit zunächst Karbonate (überwiegend Dolomite), dann Sulfate (Gips und Anhydrit) und schließlich die leicht löslichen Chloride (Steinsalz und Kali-Salze). Im Zechstein 5 und 6 (Ohre- und Friesland-Zyklus) treten schon feinklastische Gesteine in den Vordergrund, die im Gelände nahezu unmerklich zum Bröckelschiefer überleiten.

Im Grenzbereich Zechstein - Buntsandstein verflacht das Germanische Becken, so daß die marin-salinare Sedimentation durch ein terrestrisch-fluviatiles Milieu abgelöst wird. Einzelne Meeresvorstöße, die in Norddeutschland die Rogensteine und Stromatolithe des s_u hinterließen, mögen auch bis in den hessischen Raum vorgedrungen sein. Das gilt auch für den Zeitraum des Mittleren Buntsandsteins.

Unterer und Mittlerer Buntsandstein lassen sich in mehrere „unten-grob-Zyklen" untergliedern. Mit Beginn des Mittleren Buntsandsteins macht sich eine Zone verminderter Sedimentation bzw. Erosion bemerkbar, die Eichsfeldschwelle. Sie reicht vom Südharz zum Nordwest-Ende des Thüringer Waldes. Auf ihr kommt es zum Ausfall der Hardegsen-Folge im Raum Eschwege.

Mit Beginn des Oberen Buntsandsteins (Röt) öffnet sich die oberschlesische Pforte. Der Zustrom frischen Wassers bleibt zunächst relativ gering, so daß sich an der Basis des Röt zum Teil mächtige Salinargesteine ablagern können. Durch den ganzen Röt lassen sich einzelne Meeresvorstöße anhand salinarer Gesteine und der Fossilführung nachweisen.

Erst mit Beginn des Unteren Muschelkalkes strömt so viel Frischwasser ein, daß das Germanische Bekken von einem flachen, recht salzreichen Meer überflutet wird, das eine artenarme aber individuenreiche Fauna mit sich bringt.

Die Frischwasserzufuhr wird im Mittleren Muschelkalk stark eingeschränkt. Erneute Salinar-Sedimentation ist die Folge.

Mit der Öffnung der Burgundischen Pforte strömt diesmal aus Südwesten wieder frisches Wasser in das Becken, was zur Sedimentation des fossilreichen Oberen Muschelkalkes führt.

Die Grenze zum folgenden Unteren Keuper läßt sich im Gelände schwer fassen. Sie ist nicht isochron, da von Norden her ein Deltasystem in das Germanische Becken vorrückt, das die wechselhafte Sedimentation des Unteren Keupers verursacht. Eine kurze, trotzdem aber weitreichende Transgression hinterläßt die fossilreichen Bänke des Grenzdolomits.

Der mittlere Keuper ist überwiegend kontinental beeinflußt, was sich an den bunten Farben der feinkörnigen Sedimente erkennen läßt. Dem salinaren Gipskeuper folgt nach oben die mergelig-dolomitische Folge des Steinmergelkeupers. Diese Periode wird durch eine erneute Transgression beendet.

Den zunächst noch roten quarzitischen Sandsteinen folgen weiße Sandsteine und schwarze Tonsteine, die zur Fazies des Unteren Jura überleiten.

Gesteine des Jura sind im Werra-Meißner-Kreis nicht mehr erhalten, jedoch von Eichenberg, Eisenach und Kassel bekannt. Es handelt sich dabei meist um dunkle Tonsteine, die bis in den Oberen Lias reichen.

Etwa an der Dogger - Malm-Grenze trennt die Mitteldeutsche Landbrücke das nordwestdeutsche vom süddeutschen Jurabecken. Damit tritt bis in das Tertiär eine Sedimentationspause ein.

Fragliche kretazische Gesteine finden sich selten als Gerölle in Terrassenschottern bei Germerode. Wie weit die ursprüngliche Kreide-Bedeckung vom jetzt südlichsten Vorkommen in Nordwest-Thüringen nach Süden reichte, ist unbekannt.

Die nächst jüngeren nachweisbaren Sedimente stammen aus dem Eozän. Es handelt sich um terrestrische und fluviatile, meist unverfestigte Sande und Tone. Wirtschaftlich interessant sind die darin eingeschalteten Braunkohlenflöze (Hirschberg bei Großalmerode).

Im Oligozän verbindet ein schmaler Meeresarm über die hessische Senke und den Oberrheintal-Graben das Nordmeer mit dem süddeutschen Molasse-Meer.

Diese Meeresverbindung wird im Miozän unterbrochen. Es werden wieder Sande und Tone abgelagert, die wieder Braunkohlen enthalten (Meißner).

Im Miozän, möglicherweise auch noch im Pliozän, setzt ein kräftiger Basaltvulkanismus ein, der auf beginnendes Rifting zurückzuführen ist.

Jungtertiären oder altpleistozänen Alters sind die Schotter mit Geröllen des Thüringer Waldes im Netra-Tal.

Das Eis der pleistozänen Vereisung erreichte den Eschweger Raum nicht mehr. Zeugen dieser Zeit stellen die weit verbreiteten Fließerden und die Überdeckung mit Löß dar. Pleistozäne Schotter finden sich verschiedentlich auf den Höhen entlang der Werra und im Werra-Tal selbst.

Bis in die Gegenwart halten die jungen Massenbewegungen an den steilen Muschelkalkhängen und die Auslaugung salinarer Gesteine im Untergrund an.

2. Stratigraphie

2.1 Devon

2.1.1 Albunger Paläozoikum

Die genaue Altersstellung des Albunger Paläozoikums konnte von WITTIG (1965, 1968) erstmals anhand von Conodonten-Funden bewiesen werden. Es umfaßt eine Schichtfolge, die vom Unterdevon (Siegenium/Emsium) bis in das Oberdevon (Hembergium) reicht (Tab. 1). Vorkommen des Albunger Paläozoikums finden sich im Berka-Tal, an der B 27 vom Bahnhof bis zur Ziegelei Albungen und am rechten Werra-Ufer unterhalb des Fürstensteines.

Die dem Unterdevon angehörenden Gesteine bestehen aus schwach phyllitischen Schiefern, in die einzelne Kalk- und Quarzitbänke eingeschaltet sind. Daneben kommen Schalsteine und Spilite („Diabase") vor, wie an der B 27 500 m nördlich des Bahnhofs Albungen.

An Conodonten aus Kalklinsen und mehr oder weniger mächtigen Kalkbänken konnte WITTIG Mitteldevon nachweisen. Der größere Teil dieser Folge besteht aus dunklen Schiefern.

Schon im Givet setzt eine Fazies ein, die im Oberdevon überwiegt: Dunkle Schiefer, meist etwas phyllitisch, in die dunkle dichte Kalkbänkchen und Kieselschieferlagen und -linsen eingeschaltet sind.

Eine genauere Gliederung und Kartierung des Albunger Paläozoikums scheiterte bisher an den schlechten Aufschlußverhältnissen und der außerordentlich starken tektonischen Beanspruchung.

2.1.2 Werra-Grauwacke

Nach WITTIG (1965, 1968) umfaßt sie den Zeitraum Adorfium bis unteres Nendenium, ist also gleich alt wie Teile des Albunger Paläozoikums. Im Süden grenzt sie entlang einer Störung an das Albunger Paläozoikum. Im Norden und Westen transgrediert der Zechstein auf die Werra-Grauwacke.

Das Liegende der Werra-Grauwacke ist im Gelster-Tal bei Bahn-Kilometer 16,4 aufgeschlossen. Es besteht hier aus Kieselschiefern und roten Tonschiefern.

In den häufig guten Aufschlüssen steht eine Folge von oft deutlich gradierten Grauwackenbänken an, in die bis 3 m mächtige Tonschieferbänke eingeschaltet sind. Auch die Grauwackenbänke können sehr mächtig werden. Seltener treten kalkige Grauwacken, Kalkbänkchen und -linsen in Tonschiefern auf.

Häufig beobachtet man eine intensive Rotfärbung der Werra-Grauwacke, die man auf tiefgreifende Rot-Verwitterung zurückführen kann. Dagegen spricht jedoch, daß in verschiedenen Aufschlüssen der Zechstein direkt über unverfärbter Grauwacke liegt.

2.2 Karbon (?)

Neben den eindeutig dem Unterdevon zuzuordnenden Schalsteinen und Spiliten an der B 27 bei Albungen quert am Bilstein ein mächtiger Spilitzug das Berka-Tal. In diesen Zug sind geringmächtige Ton-

und Kieselschiefer eingeschaltet, die bisher noch nicht eingestuft werden konnten. Ein Xenolith aus einem dieser Spilite weist nach WITTIG (1965, 1968) ein oberdevonisches Alter auf. SCHUBART (1953) entdeckte ein Spilit-Vorkommen im Norden des Unterwerra-Sattels, das die Grauwacke durchschlägt. Beides beweist ein Alter, das geringer als Oberdevon sein muß. Der Vergleich mit dem unterkarbonischen Deckdiabas des rheinischen Schiefergebirges liegt nahe.

2.3 Perm

2.3.1 Rotliegendes

Zumindest im Oberkarbon, sicher im Rotliegenden, gehört der Bereich des Unterwerra-Sattels zur Hunsrück-Oberharz-Schwelle, war also überwiegend Abtragungsgebiet. Nur im Raben-Tal bei Wendershausen blieben in einem tektonischen Graben grobe Fanglomerate erhalten, die in das Rotliegende gestellt werden.

Nach Südwesten fällt die Hunsrück-Oberharz-Schwelle schnell ab. Während bei Reichensachsen Rotliegendes in Bohrungen fehlt und bei Bischhausen nur geringe Reste nachgewiesen wurden, schwillt es bis Nentershausen bis auf 1000 m an.

Das im Richelsdorfer Gebirge aufgeschlossene Rotliegende besteht in der Hauptsache aus roten Quarz-Konglomeraten. Gerölle roter (Devon ?) Kalke, Kieselschiefer und Porphyre vervollständigen das Geröllspektrum. Zwischen die Konglomerate schieben sich rote Sand-, Silt- und Tonsteine ein.

Zum hangenden Cornberger Sandstein besteht keine scharfe Grenze. Innerhalb weniger Meter verblaßt die rote Farbe und die Geröllführung verschwindet.

2.3.2 Cornberger Sandstein

Der 10 bis 15 m mächtige Cornberger Sandstein zeichnet sich durch eine großdimensionale Schrägschichtung aus. Er besteht aus weißen bis hellbraunen, oft durch Fällungsringe schön strukturierten fein- bis mittelkörnigen Sandsteinen, die nur an der Basis noch einzelne Quarzgerölle führen.

Der Cornberger Sandstein wird meist als fossiler Dünengürtel vor dem nach Süden vorrückenden Zechstein-Meer gedeutet. Dafür sprechen unter anderem die in Cornberg gefundenen Tetrapodenfährten.

2.3.3 Zechstein

2.3.3.1 Werra-Serie

Zechstein-Konglomerat
Das nur lokal ausgebildete Zechstein-Konglomerat füllt die tiefsten Stellen des Paläoreliefs des gefalteten Paläozoikums aus. Es besteht aus der aufgearbeiteten Werra-Grauwacke in Form heller Sandsteine, die Quarzgerölle bis 2 cm Durchmesser führen können.

Kupferschiefer
Der Kupferschiefer wird bis 30 cm mächtig und fehlt auf den Schwellen des Paläoreliefs ganz. Sein Schwermetallinhalt (bis 3,5 % Schwermetalle) machte ihn zu einem gesuchten Erz, dem das Richelsdorfer Gebirge früher die Grundlage seiner Wirtschaft verdankte.

An Aufschlüssen fällt die Feinstschichtung dieses teilweise etwas feinsandigen bituminösen Mergels auf. Die Feinschichtung, sein Bitumengehalt und die Lagerungsverhältnisse weisen ihn als Sediment eines ruhigen, schlecht durchlüfteten Meeres aus. Nach oben geht er unter Zunahme des Kalkgehaltes in den Zechstein-Kalk über.

Zechsteinkalk
Das Karbonat der Werra-Serie wird im Raum Eschwege bis 10 m mächtig. Auf Schwellen (Andreas-Kapelle) fehlt er lokal. Er besteht in der Hauptsache aus gut gebankten dunkelgrauen Kalksteinen, die örtlich dolomitisiert sind und dann einen bräunlichen Farbton annehmen. Zwischen die nach oben etwas mächtiger werdenden Kalkbänke können sich dünne schwarze Tonsteinbänkchen einschieben.

Werra-Anhydrit
Das mächtige Sulfat der Werra-Serie (in Bohrungen bis 85 m) ist an der Oberfläche vergipst. Die sehr reinen Gipse sind meist tiefgründig verkarstet (Kripplöcher). Die Verkarstung kann bis zur völligen Auflösung führen. An einigen Stellen (Jestädter Weinberg) ist schwer zu entscheiden, ob das Fehlen der Gipse primär oder Folge der Auslaugung ist.

Werra-Salz
Nordwestlich der Linie etwa von Bad Hersfeld nach Wanfried fehlt das Werra-Salz primär (RICHTER-BERNBURG 1941). Südlich dieser Linie überlagern sich Mächtigkeitszunahme und Ablaugung bis zur vollen Mächtigkeit im Werra-Becken.

Tab. 1: Stratigraphie der Umgebung von Eschwege.

QUARTÄR		Holozän Pleistozän	Auelehm, künstliche Aufschüttungen, Rutschmassen, Bachschuttkegel, Wiesenkalk, Löß, Fließerden, Schotter und Sande	
TERTIÄR		Pliozän	Postbasaltische Sedimente, höchste Terrassenschotter (?)	
		Miozän Oligozän Eozän	Sande und Tone, zum Teil mit Braunkohle, Basalte, Braunkohlenquarzite Oligozän zum Teil marin	bis 350 m
JURA			Schichtlücke	
		Lias (jl)	Dunkle Tonsteine	
KEUPER	Ober.	Rhät (k_o)	Harte rote, meist feinkörnige Sandsteine, schwarze Schiefertone mit weißen quarzitischen Sandsteinen, sandige graue und rote Mergel	40 m
	Mittl.	Steinmergelkeuper (km_2) Gipskeuper (km_1)	Grüne, violette und rote, z.T. dolomitische Steinmergel Bunte gipsführende Mergel	200 m
	Unt.	Lettenkeuper (ku)	Dunkelgraue und bunte Tone und Mergel, Sandsteine und Dolomite (Grenzdolomit zum km)	35 m (?)
MUSCHELKALK	Oberer M.	Ceratiten-Schichten (mo_2)	Wechsellagerung von plattigen, blaugrauen, harten Kalken und Lumachellen mit schwarzen blättrigen Mergeln, die nach oben überwiegen	30-45 m
		Trochitenkalk (mo_1)	Feste dickbankige Kalke, in einzelnen Bänken massenhaft Trochiten	12 m
	Mittl. M.	Mittlerer Muschelkalk (m_m) (Anhydritgruppe)	Weiche dünnplattige, zum Teil dolomitische Mergel und Kalke, Zellenkalke und -dolomite, frisch hellgrau bis weißlich, gelb anwitternd, örtlich Gipse	30-50 m
	Unterer Muschelkalk (Wellenkalk)	Orbicularis-Schichten (mu_3)	Weißlichgraue mergelig-dolomitische Kalke mit Pflastern von *Neoschizodus orbicularis*	5 m
		Schaumkalkzone (χ)	Meist 3 feste Kalkbänke, die mittlere oft oolithisch, gelbes dolomitisches Zwischenmittel, kann untypisch ausgebildet sein	10 m
		Oberer Wellenkalk (m_{u3})	Wie Unterer Wellenkalk, fast fossilfrei	6 m
		Terebratel-Zone (τ)	Feste blaugraue Kalke mit bräunlichen Pseudooiden fossilreich	9 m
		Mittlerer Wellenkalk (m_{u2})	Wie Unterer Wellenkalk, weniger Fossilbänke	32 m
		Oolith-Zone (oo)	Bankige Kalke mit rostroten Pseudooiden, in der Mitte eigelbes Zwischenmittel	7 m
		Unterer Wellenkalk (m_{u1})	Graue bankige oder plattige, z.T. mergelige Kalke mit Fossillagen, wellig-wulstige Schichtflächen	30 m
		Gelber Grenzkalk	Gelber dolomitischer Kalk	1-2 m
BUNTSANDSTEIN	Oberer B.	so_4 - so_2	Top Röt 4: Myophorienschichten, meist graue, z.T. sandige Mergel mit Kalk- und Dolomitbänken	3-5 m
		Röt (so)	Meist rote, grüne oder violette Tone und Schluffsteine mit Quarzit- und Sandsteinbänken	50-60 m
		Röt-Gips (so_1)	Überwiegend graue Mergel mit Fasergipslagen und massivem Gips	bis 40 m
	Mittl. Buntsandstein – Solling-Folge	Chirotheriensandstein	Weiße Sandsteine mit Manganflecken, Karneol-Bändern und Kalk-Konkretionen	3-5 m
			Violette Grenzzone (VH2b) grüner oder rotbrauner (violetter) sandiger Tonstein kann fehlen	
		Solling-Sandstein (smS' st)	Helle fleckige Sandsteine, z.T. entkalkt	10-15 m
			Rote Basisschichten, rote Ton- und Sandsteinschichten mit Milchquarz-Geröllen, nur lokal	2-3 m

Fortsetzung Tabelle 1

BUNTSANDSTEIN		Hardegsen-Folge (smH' st) (smH' s)	Fehlt im Raum Eschwege Vier grob-fein-Abfolgen	am Meißner nur wenige Meter, bei Herleshausen 25 m
	Detfurth-Folge	Detfurther Wechselfolge (smD' st)	Fein- bis mittelkörnige plattige Sandsteine, rotbraun, oben heller, schwach violett, fleckig, geringmächtig	bis 25 m
		Detfurther Sandstein (smD' s)	Grobsandsteinbänke mit Milchquarzen	5-7 m
	Volpriehausen-Folge	Aviculaschichten (smV' st)	Feinkörnige Sandsteine mit *Avicula murchisonae*, oben einzelne grobsandige Lagen	25 m
		Volpriehausener Wechselfolge (smV' ts)	Feinstreifige, wechselnd gefärbte feinkörnige Sandsteine	25-40 m
		Volpriehausener Sandstein (smV' s)	Grobsandanteil aus „Kristallquarzen" Schichtstufe über s_u	12-22 m
	Unterer Buntsandstein	Salmünster-Folge (s_u)	Wechsellagerung von feinstreifigen Sandsteinen mit dunkelrotbraunen bis schokoladenfarbigen Ton- und Schluffsteinen	ca. 110 m
		Gelnhausen-Folge	Meist feinkörnige rosa oder weißliche bis weiße Sandsteine (z.B. Alheimer Sandstein)	ca. 200 m
		Bröckelschiefer	Rote Schluffsteine mit feinkörnigem Basissandstein	ca. 32 m
ZECHSTEIN	Aller-, Ohre-, Friesl.-Serie (z4-z6)	Obere bunte Letten (z4, t)	Rote Schluffsteine mit Dolomitknollen und zwei Sandsteinbänkchen, Pegmatitanhydrit, unten roter Salzton	35 m
				Auslaugungsgebiete Residualbildungen
	Leine-Serie (z3)	Hauptanhydrit (z3, ay)	Gipse	
		Plattendolomit (z3, d)	Graubrauner, gut geschichteter bituminöser Dolomit, fossilführend	10-15 m
		Grauer Salzton (z3, t)	Grauer Ton	ca. 5 m
				Untere bunte Letten
	Stassfurt-Serie (z2)	Basalanhydrit (z2, ay)	Gips	bis 15 m
		Hauptdolomit (z2, d)	Grauer, z.T. zelliger und stark bituminöser Dolomit	35-40 m
		Braunroter Salzton (z2, t)		wenige Meter
				Residualbildungen
	Werra-Serie (z1)	Werra-Anhydrit (zl, ay)	Gips	z.T. mächtig
		Zechsteinkalk (zl, k)	Grauer gut gebankter Kalk	0-8 m
		Kupferschiefer (zl, t)	Dunkler, blättriger, bituminöser Tonschiefer	0-0,3 m
		Zechsteinkonglomerat (zl, s)	Heller Sandstein, lokal einzelne gröbere Gerölle	0-2 m
ROTLIEG.		Cornberger Sandstein	Heller schräggeschichteter Sandstein (Düne?)	
		Rotliegend (r_o)	Rote Quarzitkonglomerate und Schiefertone	
KARBON		Karbon	Diabase (?) Schichtlücke	
DEVON		Hemberg (th)		
		Nehden (tn) Adorf (ta)	Werra-Grauwacke	
		Givet Eifel tm	Albunger Paläozoikum (Grauwacken, phyllitische Schiefer, z.T. mit Kalkbänkchen und -knollen, Schalsteine, Diabase)	
		Ems Siegen tu		

2.3.3.2 Staßfurt-Serie

Braunroter Salzton
Der Braunrote Salzton des Werra-Beckens erreicht im Richelsdorfer Gebirge seine größte Mächtigkeit von ca. 30 m um dann schnell nach Norden völlig auszukeilen. Er leitet als klastisches Sediment die Staßfurt-Serie ein.

Hauptdolomit
Der Hauptdolomit ist wegen seiner Mächtigkeit (bis 60 m) eines der auffälligsten Gesteine des Zechsteins. In den Tagesaufschlüssen besteht er aus nahezu ungebankten löchrigen Zellendolomiten, die östlich der Andreas-Kapelle auch Steilwände bilden. Örtlich zerfällt er durch die Verwitterung zu „Dolomit-Asche" (nördlich der Straße Eschwege-Abterode). Trotz seiner hellen Farbe enthält er viel Bitumen.

Basalanhydrit
Im Gegensatz zum Werra-Anhydrit führt er viel tonige Verunreinigungen, die zu einem Teil wohl Restprodukte der Auflösung sind. Diese tonigen Gipssteine werden von Fasergipsen durchzogen. Auch Marienglas findet sich nicht selten. Obwohl er bis 15 m Mächtigkeit erreicht, sind Aufschlüsse selten (Weinberg bei Reichensachsen).

Das im Werra-Becken noch bis 4 m mächtige Staßfurt-Salz wurde, wenn überhaupt abgelagert, schon im Zechstein wieder aufgelöst.

2.3.3.3 Leine-Serie

Grauer Salzton
In vielen Plattendolomit-Steinbrüchen tritt der bis zu 5 m mächtige graue Salzton zutage. Nach Süden nimmt seine Mächtigkeit zu, und es schalten sich rote Farben ein. Am Weinberg bei Reichensachsen fällt eine ca. 20 cm mächtige, helle, mürbe Feinsandsteinbank auf.

Plattendolomit
Wegen seiner häufigen Verwendung als Wegebau- und Schüttmaterial schließen zahlreiche Steinbrüche den Plattendolomit hervorragend auf. Dunkelgraue bis braungraue, stark bituminöse Dolomite, die gut gebankt sind, machen den Hauptanteil des Plattendolomites aus. Untergeordnet erscheinen mergelige Bänke. Einzelne Bänke führen massenhaft Steinkerne kleiner Muscheln (*Liebea, Schizodus*). In der Umgebung Eschweges schwankt die Mächtigkeit zwischen 10 und 15 m.

Hauptanhydrit
Dieser massige recht reine Gipsstein findet sich in den alten Steinbrüchen bei Oberhone hervorragend aufgeschlossen. Vor allem im oberen Teil schalten sich tonige und karbonatische Lagen ein. Die Mächtigkeit erreicht bei Oberhone etwa 8 m.

2.3.3.4 Aller-, Ohre- und Friesland-Serie

Obere bunte Letten
Die über dem Hauptanhydrit folgenden Teile des Zechsteins lassen sich im Gelände meist nicht mehr untergliedern. Sie werden deshalb auf den geologischen Karten als „Obere Letten" zusammengefaßt. Nur selten (Steinröllchen bei Oberhone) sind Ausschnitte dieser Schichtfolge an der Oberfläche sichtbar. Die Oberen Letten setzen sich aus überwiegend roten Tonsteinen und untergeordnet hellen Feinsandsteinbänken zusammen. Im unteren Teil liegt der mit roten Tonflasern verunreinigte, oft grobkristalline Pegmatit-Anhydrit der Aller-Serie. Vor allem im oberen Teil treten Lagen von grauen Dolomitknollen auf, deren eine Hohlräume ehemaliger Steinsalzkristalle enthält. Die Mächtigkeit liegt bei etwa 35 m.

2.4 Trias

2.4.1 Buntsandstein

2.4.1.1 Unterer Buntsandstein

Bröckelschiefer-Folge
Über den Zechstein-Letten setzt mit einer ca. 1 m mächtigen, feinkrönigen, hellen Sandsteinbank der Buntsandstein ein (Abb. 2). Der Bröckelschiefer besteht aus einer Wechselfolge feinbankiger rotbrauner Ton- und Siltsteine mit hellen Feinsandsteinen. Die Mächtigkeit beträgt etwa 32 m.

Gelnhausen-Folge
Dem Bröckelschiefer folgen die etwa 200 m mächtigen rosa bis verwaschen roten und weißen Sandsteine der Gelnhausen-Folge. Die feinkörnigen und meist mürben Sandsteine streichen vor allem südlich Eschwege großflächig aus. Die Sandsteinfolge des s_u führt nur untergeordnet Silt- und Tonsteinbänke.

Salmünster-Folge
Die oberen ca. 110 m des s_u werden von einer Wechselfolge dünnbankiger Sandsteine und Silt- und Tonsteinen aufgebaut. Auffällig ist bei den Sandsteinen eine bis in den Millimeter-Bereich gehende Farbstreifung von helleren und dunkleren Bändern. Diese Farbstreifung gibt im Gelände häufig Anlaß zu Verwechslungen mit der Volpriehausener Wechselfolge. Die Ton- und Siltsteinbänke, vor allem des oberen Teiles, zeigen schokoladenbraune Farben. Einige Meter unter dem Volpriehausener Sandstein

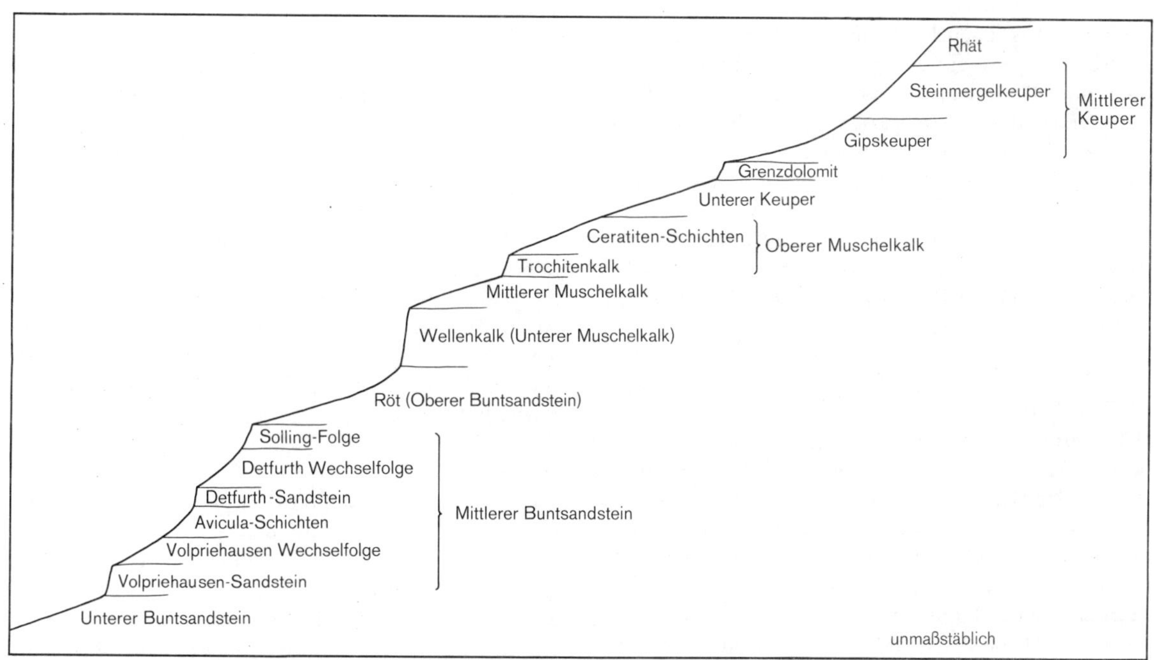

Abb. 2: Morphologische Wertigkeit der geologischen Verhältnisse im Werra-Meißner-Kreis.

treten in den sonst feinkörnigen Sandsteinen die ersten Groblagen auf.

2.4.1.2 Mittlerer Buntsandstein

Volpriehausen-Folge

Volpriehausener Sandstein

Der Mittlere Buntsandstein beginnt mit einer 12 bis 22 m mächtigen geschlossenen braunroten Sandstein-Folge, die fast immer eine auffällige Geländestufe verursacht. Vor allem im liegenden Teil besteht sie aus dickbankigen, groben (bis 2 mm Korngröße), bindemittelarmen Sandsteinen, deren Körner nach der Sedimentation häufig neue Kristallflächen anlegten, die in der Sonne glitzern (Kristallquarze). Auch Milchquarze kommen vor, seltener kleine Kieselschiefer-Gerölle.

Volpriehausener Wechselfolge

Überwiegend rote, in einigen Zonen auch weiße oder grünliche feinkörnige Sandsteine wechsellagern mit roten und grünen Ton- und Siltsteinen. Die Sandsteine zeigen wie die der Salmünster-Folge eine Farbstreifung. Schon in der Wechselfolge tritt vereinzelt *Avicula murchisonae* auf. Die starken Mächtigkeitsschwankungen zwischen 25 m nördlich Eschwege und mehr als 40 m auf Blatt Waldkappel sind auf die im Mittleren Buntsandstein wirksam werdende Eichsfeld-Schwelle zurückzuführen.

Avicula-Schichten

Sie unterscheiden sich von der Wechselfolge durch Zurücktreten der feinklastischen Bänke und durch Kornvergröberung, die in einzelnen Schlieren und Bänkchen schon den Grobsandbereich erreichen kann. Charakteristisch sind helle quarzitisch gebundene Sandsteine, die allerdings nur sehr selten eingeschaltet sind. Der Name rührt von der kleinen Muschel *Avicula murchisonae* her. Steinkerne dieser Muschel können auf den Schichtflächen ganze Pflaster bilden.

Detfurth-Folge

Die Korngrößen im Detfurther Sandstein reichen bis in den Feinkiesbereich. Hierbei überwiegen Milchquarze. Der Detfurther Sandstein läßt sich in eine grobe Unterbank, ein feinkörniges Zwischenmittel und eine grobkörnige Oberbank unterteilen. Die Gesamtmächtigkeit liegt bei 5 bis 7 m. Seine Farbe spielt um rot bis rotbraun, er kann aber auch nahezu weiß werden (Herleshausen).

Detfurther Wechselfolge

Vor allem im oberen Teil treten weiße, harte, gut gebankte Sandsteine in den Vordergrund, die mit roten Tonsteinen wechsellagern. In den tieferen Teilen fallen oft violette Farbtöne (Lavendel-Sandstein) auf. Viele der Bänke zeigen ein hohes Maß an Bioturbation. Die Detfurther Wechselfolge entspricht dem Thüringer Bausandstein. Die fein- bis mittelkörnigen Sandsteine sind häufig Fe-Mn-fleckig. Die Mächtigkeit liegt bei 25 m.

Hardegsen-Folge

In der näheren Umgebung Eschweges fehlt die Hardegsen-Folge auf dem Top der Eichsfeldschwelle.

Erst am Westhang des Meißners ist sie wieder nachweisbar. Ebenso erscheint sich östlich und nordwestlich von Herleshausen, wo sei beim Autobahnbau hervorragend aufgeschlossen war. Im Gegensatz zu den schon oben erwähnten Folgen des Mittleren Buntsandsteins besteht sie aus vier grob-fein-Sequenzen. Einer mächtigen, grobkörnigen weißen Sandsteinbank folgt jeweils eine Wechselfolge, die nach oben in eine rote Tonsteinzone übergeht. Die Mächtigkeit beträgt bei Herleshausen etwa 25 m, am Meißner nur wenige Meter.

Solling-Folge

Über einer Diskordanz (Hardegsen-Diskordanz) oder einer Schichtlücke ohne erkennbare Diskordanz folgen der Hardegsen- bzw. Detfurth-Folge die dickbankigen Sandsteine der Solling-Folge. Im Raume Eschwege bestehen sie aus mittelkörnigen weißen Sandsteinen mit Manganflecken. Das ursprüngliche karbonatische Bindemittel fiel an der Oberfläche an vielen Orten der Auflösung zum Opfer. Am Westhang des Meißners treten violette Sandsteine hinzu, die zur Entwicklung im Beckentiefsten überleiten. Die Solling-Folge liefert grobe absandende Lesesteine mit Manganflecken und Karbonatknollen. Den Abschluß der Solling-Folge bildet örtlich ein Paläoboden (violetter Horizont, VH 2b), der aus violetten und roten Silt- und Tonsteinen wechselnder (bis 3 m) Mächtigkeit besteht.

Chirotherien-Sandstein

Mit dem Chirotherien-Sandstein endet der Mittlere Buntsandstein. Im Gelände läßt er sich von den Sandsteinen der Solling-Folge nur durch seine Karneolführung unterscheiden. Die Mächtigkeit beträgt 3 bis 5 m.

2.4.1.3 Oberer Buntsandstein

Röt

Mit sehr scharfer Grenze setzen über dem Chirotherien-Sandstein die Gipssteine des Röt ein. Diese Basisgipse werden bis etwa 40 m mächtig. Sie hinterlassen bei der Verwitterung bzw. Ablaugung grau-grüne Tone. Darüber folgt eine Wechsellagerung von dünnen Feinsandsteinbänken mit bunten Tonen. Diese Folge wird mit dem Grenzquarzit (zwei je 20 cm mächtige Quarzitbänke) abgeschlossen. Der größte Teil des höheren Röt besteht aus roten, violetten und grünen Tonsteinen, in denen noch einmal Gipse vorkommen können. Die Grenzregion zum Muschelkalk wird von den Myophorienschichten eingenommen, die aus grauen bis grünlichen Mergeln bestehen. Die Gesamtmächtigkeit des Röt liegt bei 90 bis 100 m.

2.4.2 Muschelkalk

2.4.2.1 Unterer Muschelkalk (Wellenkalk)

Unterer Wellenkalk

Mit 1 bis 2 m mächtigen gelben, dolomitischen, plattigen Kalken beginnt der Wellenkalk. Die tiefsten Bänke können auch als Gelber Zellenkalk ausgebildet sein. Darüber liegt eine eintönige Folge grauer mergeliger Kalke mit Fossillagen und wellig-wulstigen Schichtflächen. Die einzelnen Bänkchen werden durch Mergelhäutchen oder dünne Mergellagen getrennt. Charakteristisch ist die außerordentlich starke Bioturbation (Durchwühlung).

Oolith-Zone

Nach ca. 30 m schaltet sich eine typische Bankfolge in den Wellenkalk ein, die Oolith-Zone. Sie läßt sich in die unteren Oolith-Bänke, das untere graue Zwischenmittel, das gelbe Zwischenmittel, das obere graue Zwischenmittel und die oberen Oolith-Banke gliedern. untergliedern. Die oolithischen Bänke fallen durch ihre rostrote Farbe auf, die erst bei der Verwitterung entsteht. Frisch sind sie blaugrau. Unter der Lupe erkennt man kleine Pseudooide. Da ähnliche Bänke auch in der oberen Terebratel-Zone erscheinen, ist das gelbe Zwischenmittel zur Erkennung wichtig. Die Gesamtmächtigkeit beträgt 7 m.

Mittlerer Wellenkalk

Die etwa 30 m Mittlerer Wellenkalk unterscheiden sich nur durch etwas geringere Fossilführung vom Unteren Wellenkalk.

Terebratel-Zone

Sie läßt sich in die unteren Terebratelbänke, das Zwischenmittel und die oberen Terebratelbänke untergliedern. Der Name täuscht, da sie nicht mehr Terebrateln (*Coenothyris vulgaris*) führt als z.B. die Oolith-Zone. Die unteren Terebratelbänke bestehen aus dickbankigen Kalksteinen, die nur durch Lösungsfugen voneinander getrennt sind. Sie fallen durch Hardgrounds auf. Diese dickbankigen Kalksteine treten fast immer deutlich morphologisch hervor. Sie bilden oft die Gipfel von Wellenkalk-Bergen. Ihnen folgt ein Wellenkalk-Zwischenmittel. Die oberen Terebratelbänke ähneln sehr stark der Oolith-Zone, jedoch führen sie reichlich Echinodermenschutt. Die Gesamtmächtigkeit von 7 bis 9 m teilt sich gleichmäßig zwischen den Terebratelbänken und dem Zwischenmittel auf.

Oberer Wellenkalk

Im Gegensatz zu den tieferen Teilen des Wellenkalkes überwiegen im Oberen Wellenkalk ebenflächige Kalke, die fast fossilfrei sind.

Schaumkalk-Zone
Während Oolith- und Terebratel-Zone über weite Flächen in gleicher Lithofazies zu finden sind, variiert die Ausbildung der Schaumkalk-Zone ziemlich stark. Im Normalfall besteht sie aus drei festen Bänken mit plattigem Wellenkalk als Zwischenmittel. Zwischen den ersten beiden Bänken liegt ein gelbes dolomitisches Zwischenmittel. In der typischen Fazies entspricht nur die mittlere Bank dem charakteristischen Schaumkalk, bei dem die Kerne der ursprünglichen Pseudooide herausgelöst sind. Er war früher ein begehrter Baustein. Insgesamt umfaßt die Schaumkalk-Zone eine Mächtigkeit von etwa 10 m.

Orbicularis-Schichten
In den Orbicularis-Schichten deutet sich der Übergang zur Salinar-Fazies des Mittleren Muschelkalkes an. Sie bestehen aus weißlich-grauen, plattigen, dolomitischen Kalken mit stumpfem Bruch. Lagenweise führen sie Muschelpflaster von *Neoschizodus orbicularis*. Die Mächtigkeit schwankt um 5 m.

2.4.2.2 Mittlerer Muschelkalk (Anhydrit-Gruppe)

Von den eigentlichen Salinargesteinen (in Thüringen bis 30 m Steinsalz) sind nur im westlichen Meißner-Vorland im Tal von Weißenbach Gipse an der Oberfläche erhalten, ebenso südlich Wendershausen. Auf dem Ringgau deuten Dolinen in den Ceratiten-Schichten auf noch vorhandene Gipse im Untergrund hin. Den ehemaligen Salinar-Horizonten entsprechen die Zellenkalke und -dolomite. Den Hauptteil der Mächtigkeit nehmen kreidige dolomitische Mergel ein, die zu einer deutlichen Verflachung im Gelände führen. Je nach Ablaugungsgrad der Salinar-Gesteine schwankt die Mächtigkeit zwischen 30 und 50 m.

2.4.2.3 Oberer Muschelkalk

Trochitenkalk
Der untere Teil des Trochitenkalkes, die Undularien-Schichten, schließt sich im morphologischen Verhalten dem Mittleren Muschelkalk an, dem sie bis auf die Fossilführung auch petrographisch ähneln. Die genaue Grenze erkennt man auch an Lesesteinen, an einzelnen Hornsteinknollen und -lagen. Die harten dickbankigen Kalke des Trochitenkalkes verursachen praktisch überall eine deutliche Steilstufe. Einzelne Bänke bestehen fast nur aus Stielgliedern von Seelilien (*Encrinus liliiformis*), bei der Bevölkerung Bonifazius-Pfennige genannt. Undularien-Schichten und Trochitenkalk i.e.S. erreichen 12 m Mächtigkeit.

Ceratiten-Schichten
Mit der ersten Einschaltung von schwarzen blättrigen Mergeln gehen sie aus dem Trochitenkalk hervor. In den typischen Ceratiten-Schichten wechsellagern dichte, blaugraue, plattige Kalke mit schwarzen Mergeln und blättrigen Tonsteinen, die bei der Verwitterung einen charakteristischen gelben Lehm liefern. Nach oben nehmen die Kalkbänke an Häufigkeit ab und lösen sich in Geoden-Lagen auf. Die Grenze zum Unteren Keuper liegt innerhalb schwarzer Mergel, so daß sie im Gelände meist kaum zu fassen ist. In frischen Aufschlüssen und als Lesesteine findet man die namengebenden Ceratiten vor allem im mittleren Teil nicht selten. Die Mächtigkeit erreicht maximal 50 m.

2.4.3 Keuper

2.4.3.1 Unterer Keuper (Lettenkeuper)

Unter diesem Namen wird eine sowohl petrographisch wie farblich bunte Schichtfolge zusammengefaßt. Sie setzt sich zu einem großen Teil aus fein- bis mittelsandigen Sedimenten zusammen, in denen dünne Kalk- und vor allem Dolomitbänke auftreten. Dazwischen schalten sich auch Tonsteine und Mergel ein. Im unteren Teil überwiegen schmutziggrüne Farbtöne, die nach oben violetten, roten und grünen Farben weichen. Geringmächtige unreine Kohlelagen riefen früher Bergbauversuche hervor.

Grenzdolomit
Den Abschluß des Unteren Keupers bildet der Grenzdolomit. Etwa 30 cm dunkle Mergel trennen zwei Dolomit- bzw. dolomitische Kalkbänke. Durch die Transgression des Grenzdolomites erscheinen nochmals reiche marine Faunen, bei denen die reichlich vorhandenen Wirbeltier-Reste auffallen. Die Gesamtmächtigkeit beträgt etwa 35 m.

2.4.3.2 Mittlerer Keuper

Gips-Keuper
Wenige Meter über dem Grenzdolomit setzt eine einheitlich rote Folge von mergeligen Tonsteinen ein, die an der Oberfläche zu einem feinen scharfkantigen Grus verwittern. An frischen Aufschlüssen (Lüderbach) sind noch Gips-Residuen erkennbar. Zuweilen finden sich Lesesteine, die überwiegend aus weißen autigenen Quarzen und Kalzit bestehen. Sie entsprechen den ehemaligen ausgelaugten Salinar-Horizonten. Die Mächtigkeit dürfte bei 100 m liegen.

Steinmergel-Keuper
Über dem Gipskeuper folgt der ebenfalls etwa 100 m mächtige Steinmergel-Keuper, den im wesentlichen

violette, grüne und rote dolomitische Mergel aufbauen. Wegen seiner Nährstoffarmut liefert er Ödland oder dürre Weiden. In ihm entwickeln sich örtlich (nördlich Lüderbach) Badlands.

2.4.3.3 Oberer Keuper

Rhät
Im Liegenden lieferte das Rhät früher rote quarzitisch gebundene Sandsteine als Bausteine. Im höheren Teil macht sich die Rhät-Transgression durch weiße Sandsteine und schwarze fossilführende Schiefertone bemerkbar. Das Rhät wird bis 40 m mächtig.

2.5 Jura

2.5.1 Lias

Die schwarzen Tonsteine des Lias blieben nur stellenweise in den Tiefschollen der Gräben von der Erosion verschont, so im Stadtgebiet von Eisenach und im Bahneinschnitt am Bahnhof Eichenberg. Mit dem oberen Lias endet zunächst die nachweisbare Sedimentation im betrachteten Gebiet.

2.6 Tertiär

In der niederhessischen Senke folgen dann erst wieder eozäne Sedimente. Da ein Teil der tertiären Gesteine, vor allem am Meißner, bisher noch nicht eindeutig eingestuft werden konnten, werden sie hier zusammengefaßt.

Das Tertiär setzt sich aus Sanden, Kiesen und vor allem Tonen zusammen, denen mehr oder weniger mächtige Braunkohleflöze eingeschaltet sind. Die älteren Braunkohlen von Großalmerode gehören in das Eozän, die jüngeren, z.B. auf dem Meißner, in das Miozän. Das zu einem Teil marin entwickelte Oligozän konnte bisher am Meißner nicht mit Sicherheit nachgewiesen werden. Im Miozän, möglicherweise noch im Pliozän, drangen die Basalte auf. Neben Schlotfüllungen (Blaue Kuppe, Alpstein) fällt die Basaltplatte des Meißners auf, über deren Zufuhrkanal nur Vermutungen existieren. Der Meißner-Basalt drang vermutlich in die tertiären Lockersedimente ein (Subeffusion). Auf die ursprünglich weitere Verbreitung des Tertiärs läßt sich aus den Vorkommen der Tertiär-Quarzite schließen.

2.7 Quartär

2.7.1 Pleistozän

Das nordische Eis erreichte das Kreisgebiet nicht. Über dem Permafrost bildeten sich teilweise sehr mächtige Fließerden. Der äolisch transportierte Löß, der teilweise noch im Pleistozän verlehmte, verhüllt vielerorts den Untergrund. Aus dem Pleistozän stammen auch die Terrassen-Schotter der Werra und ihrer Zuflüsse. Sie liegen bis 90 m über den heutigen Talböden (Jestädter Weinberg). Stellenweise verkitteten karbonatische Lösungen die Schotter so stark, daß sie kleine Steilwände bilden (Andreas-Kapelle).

2.7.2 Holozän

Die holozänen Aue-Sedimente spielen keine große Rolle. Bedeutsamer sind die durch den Menschen verursachten Veränderungen der Landschaft, vor allem in den alten Bergbau-Gebieten (Richelsdorfer Gebirge, Meißner).

3. Tektonik

Das betrachtete Gebiet läßt sich in verschiedene tektonische Einheiten untergliedern: Unterwerra-Sattel, die Buntsandsteintafel, die Gräben, den Ringgau und das Richelsdorfer Gebirge.

3.1 Unterwerra-Sattel

Albunger Paläozoikum und Werra-Grauwacke grenzen entlang einer Störung, vermutlich einer Deckengrenze, aneinander. Nach WITTIG (1968) scheint das Albunger Paläozoikum durch einen nordvergenten Faltenbau geprägt zu sein. Genauere Angaben können wegen der komplizierten Interntektonik und wegen der schlechten Aufschlußverhältnisse nicht gemacht werden.

Etwas besser erkennt man den Baustil im Südteil der Werra-Grauwacke. Aus Aufschlüssen im Berka-Tal lassen sich weitreichende liegende Falten mit

Nordwest-Vergenz konstruieren bzw. im westlichsten Steinbruch direkt beobachten. Die vielerorts scheinbar flache Lagerung der Werra-Grauwacke resultiert daraus, daß die Faltenumbiegungen nur selten der direkten Beobachtung zugänglich sind.

Sollten die Spilite des Berka-Tals dem Deckdiabas entsprechen, muß die Faltung des Unterwerra-Sattels nach dem Unterkarbon erfolgt sein.

Die Post-Zechstein-Aufwölbung des Sattels läßt sicht zeitlich kaum fassen GUNDLACH & STOPPEL (1966) vermuten ein tertiäres Alter. Die Aufwölbung führte zu einem steilen Abtauchen des Deckgebirges im Norden und Osten, während Zechstein und Trias sonst nur flach vom Sattel weg einfallen.

3.2 Die Buntsandsteintafel

Sie geht nahtlos aus der Zechstein-Bedeckung des Unterwerra-Sattels hervor. Der Buntsandstein fällt einschließlich des ihn überlagernden Wellenkalkes meist nur flach ein oder liegt söhlig. Die Buntsandsteintafel ist tektonisch nur wenig gestört. Die Versatzbeträge der Störungen sind überwiegend gering. Zur Buntsandsteintafel gehört auch der größte Teil des Meißner-Sockels.

3.3 Die Gräben

In die Buntsandsteintafel brachen, vermutlich zur Zeit der Jura-Kreide-Grenze, die hessischen Gräben ein. Sie bilden ein Diagonalsystem aus Südwest-Nordost- und Nordwest-Südost streichenden Elementen. Südwest-Nordost (rheinisch) streichen Altmorschen-Lichtenauer- und Sunter-Graben, Nordwest-Südost (hercynisch) Sontra-, Netra- und Eichenberg-Gothaer Graben. Die Versatzbeträge an den Grabenrändern können mehrere hundert Meter betragen.

An den Rändern der hercynisch streichenden Gräben täuschen Schollenrotationen häufig Kompressions-Erscheinungen vor.

Der Internbau der Gräben wird einerseits von muldenartigen Strukturen geprägt, andererseits von einem äußerst komplizierten Schollenmosaik. Ein noch nicht befriedigend gelöstes Problem stellen die Zechstein-Schollen im Sontra-Graben dar. Möglicherweise spielte hier die Mobilität der Zechstein-Salze eine Rolle.

3.4 Der Ringgau

Im Westen liegt die Platte des Oberen Muschelkalkes und des Keupers normal dem Liegenden auf. Die Nordgrenze bildet die südliche Randstörung des Netra-Grabens, häufig in Form von Staffelbrüchen. Im Süden biegt der Buntsandstein flexurartig unter das Muschelkalkplateau ab. Nordwest-Südost streichende Störungen mit Versatzbeträgen um 30 m kennzeichnen die Tektonik der Hochfläche. Dabei spielten vermutlich Subrosionsvorgänge im Salinar des Mittleren Muschelkalkes mit.

3.5 Richelsdorfer Gebirge

Ähnlich wie der Unterwerra-Sattel wölbt sich das Richelsdorfer-Gebirge aus dem umgebenden Buntsandstein auf. Im Kern treten Sedimente des Oberen Rotliegenden zu Tage. Östlich Sontra wurden in sehr geringer Tiefe Gesteine erbohrt, die den phyllitischen Schiefern des Albunger Paläozoikums ähneln. Im Gegensatz zum Unterwerra-Sattel herrscht im Richelsdorfer Gebirge reine Bruchtektonik mit geringen Versatzbeträgen.

4. Gegenwärtige geologische Vorgänge

4.1 Rutschungen

Vor allem an der Röt-Muschelkalk-Grenze spielen sich bis in die Gegenwart Rutschungen und Bergstürze ab. Die durch den klüftigen Wellenkalk eindringenden Niederschläge weichen die liegenden Röt-Tone auf, die dann als Schmiermittel für den auflagernden Wellenkalk dienen und die Rutschungen verursachen. Auch in tieferen Lagen der Röt-Hänge spielen sich laufend Rutschungen geringerer Größenordnung ab.

Diese rutschgefährdeten Hänge zeichnen sich durch eine unruhige Kleinmorphologie aus. Große Rutschkörper hinterlassen eine deutliche Abrißnische.

In weniger starkem Maße sind die Hänge in den Wechselfolgen des Mittleren Buntsandsteins in dauernder Bewegung begriffen.

4.2 Subrosion

Sowohl in den Salinar-Serien des Zechsteins, des Röts, des Mittleren Muschelkalkes und des Gipskeupers sind fossile und rezente Subrosionserscheinungen bekannt.

Subrosionsphänomene treten in verschiedenen Formen auf. Weitflächige Ablaugung erzeugt flache Wannen, die häufig abflußlos und mit Löß oder Schwemmlöß gefüllt sind. Eine zweite Form stellen die mit jüngeren Gesteinen plombierten Dolinen dar, bei denen die härtere Füllung oft als Hügel herauswittert. Die dritte Form bilden die Dolinen und rezenten Einbrüche.

Nur selten gewähren Aufschlüsse Einblick in tiefere Teile von Subrosionssenken. Die Füllung kann von nahezu ungestörten Gesteinspaketen über chaotische Lagerungsverhältnisse bis zu losem Blockwerk reichen.

Besonders große Subrosionssenken verursachen die Salinare des Zechsteins, die sich bis in die Gesteine des Unteren Muschelkalkes durchpausen können (Hahnenkrot nördlich Jestädt). Auch die flachen mit Löß gefüllten Wannen im östlichen Meißner-Vorland verdanken ihre Existenz der Subrosion des Zechstein-Salinars. Das gilt ebenso für die jungen Einstürze an den Kripp- und Hielöchern.

Beispiele für junge Auslaugung in den Gipssteinen des Unteren Röt fallen südlich der Straße Netratal-Weißenborn auf. In den letzten Jahren stürzten Dolinen nördlich von Lautenbach und am Hainich nordwestlich Rambach ein. In beiden Fällen streicht der Gips des Unteren Röt direkt unter der Ackerkrume aus.

Im Mittleren Muschelkalk sind mit Trochitenkalk plombierte Dolinen besonders charakteristisch.

Wie gefährlich die rezente Subrosion sein kann, zeigt das Beispiel von Weißenbach am Westhang des Meißners. Hier bedroht die Subrosion in den Gipsen des Mittleren Muschelkalkes den größten Teil der Ortschaft.

4.3 Anthropogen geschaffene Probleme

Es sollen hier nur einige Beispiele angeführt werden. Über die Kreisgrenzen hinaus ist die Werra-Versalzung bekannt, ein Problem, das sich auf Kreisebene allerdings nicht lösen läßt.

Anders verhält es sich mit Mülldeponien. Dazu zwei krasse Beispiele:

Nördlich der Hohen Liete, nördlich Netra wurde anfangs der siebziger Jahre im Wellenkalk ein Steinbruch zur Gewinnung von Wegeschottern angelegt, der in den darauf folgenden Jahren überwiegend mit Bauschutt, aber auch mit Autowracks und Ähnlichem aufgefüllt wurde. Der Tiefbrunnen von Netra steht ebenfalls im Wellenkalk. Obwohl zwischen Hoher Liete und dem Brunnen mehrere Störungen verlaufen, ist eine Kontamination des aus der Deponie versickernden Wassers mit dem Grundwasser des Brunnens nicht auszuschließen.

Zur gleichen Zeit wurde südlich Röhrda, westlich der Straße nach Grandenborn, ein Tälchen mit Müll aller Art verfüllt. Auch hier besteht die Gefahr, daß Lösungen im klüftigen Wellenkalk versickern.

Ein weiteres von Menschen verursachtes Problem liegt in den unterirdischen Schwelbränden am Meißner, die durch jungen und alten Bergbau ausgelöst wurden. Schon lange schwelt das Flöz im Bereich alter Abbaue unter der Stinksteinwand. Erst in den letzten Jahren entzündete sich Abraumkohle in der Halde südlich der Kalbe. Hier besteht die Gefahr, daß diese Schwelbrände auf die Restkohle unter der Kalbe übergreifen.

5. Literatur

BOSSE, H. 1931: Tektonische Untersuchungen an niederhessischen Grabenzonen südlich des Unterwerra-Sattels. – Abh. Preuß. Geol. L.-A., N.F., 128: 1-37, Berlin.

GUNDLACH, H. & STOPPEL, D. 1966: Zur Geologie und Geochemie der Schwerspatlagerstätten im Unterwerra-Grauwackengebirge. – Notizbl. Hess. L.-Amt Bodenforsch., 94: 310-337, Wiesbaden.

HERRMANN, A. 1956: Schichtausfälle im Mittleren Buntsandstein des nordwestlichen Eichsfeldes und deren mögliche Deutung. – Geol. Jb., 72: 341-345, Hannover.

JACOBSHAGEN, V., KORITNIG, S., RITZKOWSKI, S., RÖSING, F., WITTIG, R. & WYCISK, P. 1977: Unter Werrasattel: Sein Deckgebirge (Perm-Tertiär) und der gefaltete paläozoische Kern. – In: Exkursionsführer Geotagung 1977, II: 1-34, Göttingen.

KNOCHE, G. 1967: Die Trias im östlichen Netratal (Nordhessen). – 1-74 (unveröff. Dipl.-Arb.), Berlin.

KROSS, G. 1969: Geologische Kartierung des westlichen Netratales unter besonderer Berücksichtigung der Stratigraphie des Mittleren Buntsandsteins. – 1-73 (unveröff. Dipl.-Arb.), Berlin.

MEIBURG, P. 1980: Subrosions-Stockwerke im Nordhessischen Bergland. – Der Aufschluß, 31: 265-287, Heidelberg.

MÖLLER, K. & STÄBLEIN, G. 1984: Geomorphologische Karte der Bundesrepublik Deutschland 1 : 25 000. - GMK 25 Blatt 17, 4725 Bad-Sooden-Allendorf. – Berlin.

MORGENROTH, K. 1933: Zur Tektonik des Ringgau. – Beitr. Geol. Thüringen, 3: 67-98, Jena.

MOTZKA-NÖHRING, R. & WEBER, K. 1981: Das Paläozoikum und die phyllitischen Gesteine von Welda (Blatt 4925 Sontra). – Geol. Jb. Hessen, 109: 19-22, Wiesbaden.

PFLANZL, G. 1953: Die Geologie des Meißners in Hessen. – Diss. Marburg: 1-283, Marburg.

RICHTER-BERNBURG, G. 1941: Paläogeographische und tektonische Stellung des Richelsdorfer Gebirges im Hessischen Raum. – Jb. Reichst. Bodenforsch., 61: 283-332, Berlin.

RITZKOWSKI, S. 1978: Geologie des Unterwerra-Sattels und seiner Randstrukturen zwischen Eschwege und Witzenhausen (Nordhessen). – Der Aufschluß, Sonderbd. 28: 187-204, Heidelberg.

RÖSING, F. 1976: Geologische Übersichtskarte Hessen 1 : 300 000. – Hess. L.-Amt Bodenforsch., Wiesbaden.

SCHRÖDER, E. 1923/25: Tektonische Studien an niederhessischen Gräben. – Abh. Preuß. Geol. L.-A., N.F., 95: 57-82, Berlin.

SCHUBART, W. 1955: Zur Stratigraphie, Tektonik und den Lagerstätten der Witzenhäuser Grauwacke. – Abh. Hess. L.-A. Bodenforsch., 10: 1-67, Wiesbaden.

STOPPEL, D. & GUNDLACH, H. 1980: Die Schwerspatvorkommen im Unterwerra-Grauwackengebirge und Richelsdorfer Gebirge. – Der Aufschluß, Sonderh. 17: 139-147, Heidelberg.

WITTIG, R. 1965: Zur Stratigraphie des Unterwerra-Sattels. – Kurznachr. Akad. Wiss. Göttingen, 3: 1-7, Göttingen.

WITTIG, R. 1968: Stratigraphie und Tektonik des gefalteten Paläozoikums im Unterwerra-Sattel. – Notizbl. Hess. L.-A. Bodenforsch., 96: 31-67, Wiesbaden.

WITTIG, R. 1970: Rotliegend im Unterwerra-Sattel (Nordhessen). – Göttinger Arb. Geol. Paläont., 5: 135-144, Göttingen.

WYCISK, P. 1984: Faziesinterpretation eines kontinentalen Sedimentationstroges (Mittlerer Buntsandstein, Hessische Senke). – Berliner Geowiss. Abh. (A), 54: 1-104, Berlin.

Anschrift des Autors:

Dr. CHRISTIAN KUHNERT, Institut für Geologie der Freien Universität Berlin, Altensteinstr. 34a, 1000 Berlin 33.

Berliner Geogr. Abh., Heft 41: 41–51, Berlin 1986.

Untersuchungen zur Wechselwirkung zwischen der Werra und dem Grundwasser in der Talaue im Bereich der Trinkwasserbrunnen bei Aue

mit 6 Abbildungen

HANSKARL BRÜHL & GABRIELE THEURER

Kurzfassung: Die in den letzten Jahrzehnten gesteigerte Einleitung von Abwässern der Kaliindustrie in die Werra führt im hydraulischen Kontakt mit Grundwasserleitern der Talaue und in deren Randbebereichen durch Uferfiltration zur Versalzung und beeinträchtigt die Nutzbarkeit von Brunnen zur Trinkwasserversorgung. Das tiefere Grundwasser im Raum von Eschwege ist durch den Kontakt mit löslichen Gesteinen des Zechsteins im Unteren Buntsandstein zusätzlich auf natürliche Weise mit Salzen belastet. Die Mischung und der Salzgehalt von unterschiedlich mineralisierten Grundwässern ist vom Ausbau der Brunnen, ihrer hydrogeologischen Lage und ihrer Bewirtschaftung sowie den Versalzungsgraden des Werrawassers abhängig.

Studies of the interaction between the river Werra and the groundwater in the valley floor in the area of drinking-water wells near Aue

Abstract: The inflow of sewage of kali-plants into the river Werra was increased during the last decades. Because the river water is in hydraulic contact to the aquifers of the valley floor, the increased inflow leads to salinification of the aquifers and their marginal areas by way of induced recharge and affects the usability of the wells for drinking-water supply. Additionally, the deeper ground water in the district of Eschwege is polluted naturally by salts through contact with soluble rocks of Zechstein in the lower Buntsandstein. The mixing and salinity of ground waters with a varying composition is dependent on the completion of the wells, their hydrogeological position and their management as well as the degree of salinity of the Werra water.

Inhaltsübersicht

1. Vorbemerkungen

Im Rahmen der studentischen Ausbildung im Standquartier der Freien Universität Berlin bei Eschwege richtete sich das Interesse auf die hydrogeologischen Zusammenhänge zwischen dem Grundwasser und dem Werra-Wasser, besonders seitdem in den Tiefbrunnen bei Aue ein starker Anstieg der Salzgehalte festgestellt wurde. In Zusammenarbeit mit den Stadtwerken Eschwege sind im Jahr 1980 in der Talaue südlich der Werra und nördlich der Tiefbrunnen von Aue fünf Grundwasser-Beobachtungsrohre in den Talkiesen bis zu deren Sohlschicht eingerichtet worden (Abb. 1). Seit dieser Zeit werden die Wasserstände regelmäßig gemessen und Wasserproben daraus analysiert, um Anhaltspunkte zur Beantwortung der Frage zu erhalten, woher die Salzgehalte in den Tiefbrunnen stammen.

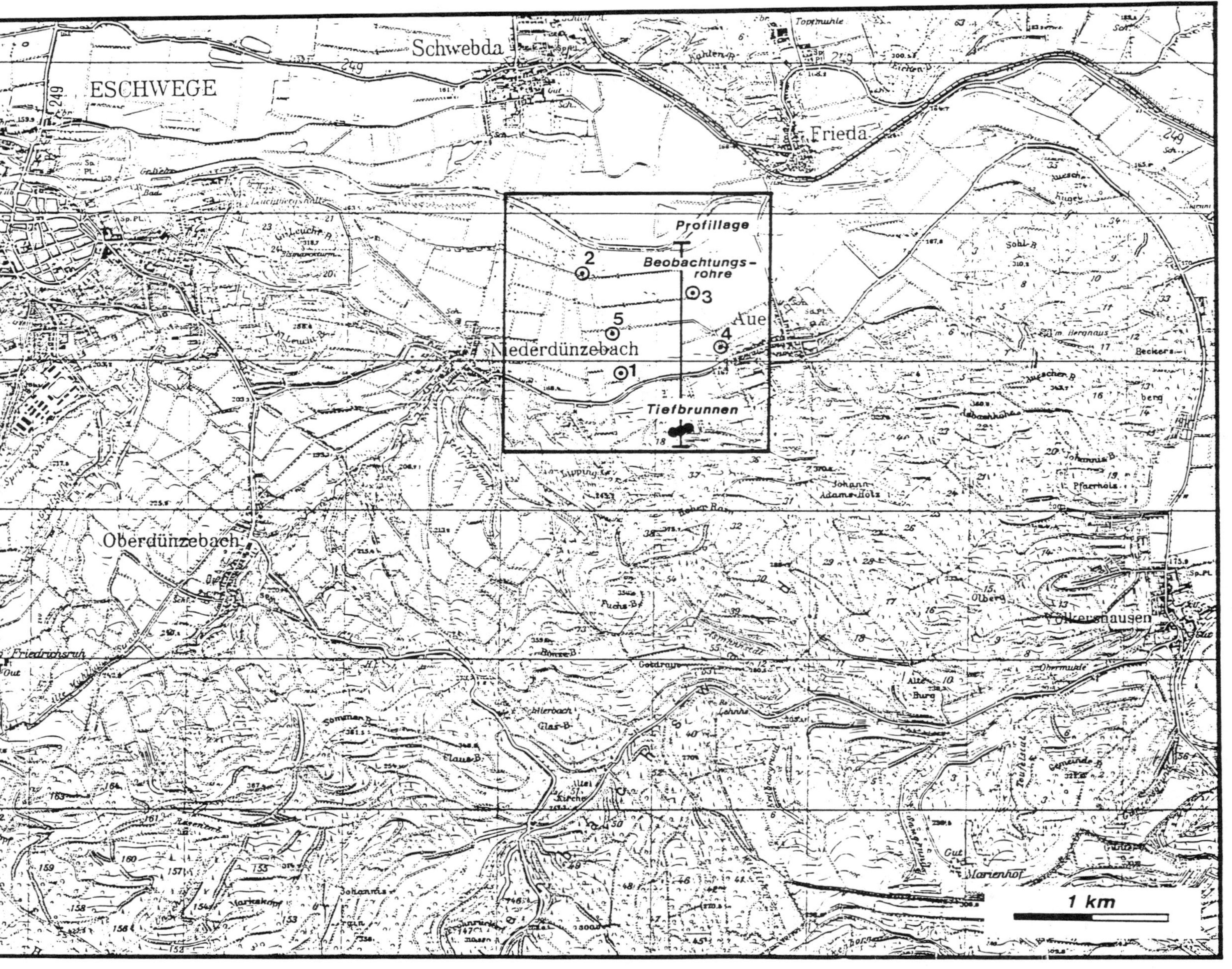

Abb. 1: Lage des Untersuchungsgebietes mit Brunnen, Beobachtungsrohren und Profillage.

2. Einleitung

80 Jahre besteht nunmehr das Versalzungsproblem der Werra, verursacht und verstärkt durch die wachsenden Produktionen von Mineraldünger im Kalirevier der Werra mit ihren produktionstechnisch notwendigerweise anfallenden, stark salzhaltigen Abwässern, die immer noch zum größten Teil in den Vorfluter Werra eingeleitet werden. Die damals von den beteiligten Ländern erteilten Konzessionen beruhen auf einem maximalen Chloridgehalt der Weser bei Bremen in Höhe von 350 mg/l. Eine darauf eingestellte Laugeneinleitung bedeutet für die Werra bei Eschwege einen Gehalt von etwa 2 g Natriumchlorid pro Liter mit einer Gesamthärte von etwa 45° dH (DEUBEL 1954). In den letzten Jahrzehnten lagen die Monatsmittelwerte der Werraversalzung bei Eschwege zwischen 10 und 33 g/l Natriumchlorid mit Gesamthärten zwischen 100 und 330° dH (zum Vergleich: Meerwasser 30 g NaCl pro Liter mit 350° dH). Die Höchstwerte sind Niedrigwässern, die relativ niedrigen Werte hohen Abflußmengen zugemessen (BRÜHL 1973-85).

3. Geologische Situation

Das bis zu 2 km breite Sohlental der Werra oberhalb von Eschwege ist im unteren Buntsandstein eingesenkt, der hier flach gelagert ist. Die Werra hat als Niederterrasse einen Schotterkörper in Form von 4 bis 7 m mächtigen kiesigen Sanden abgelagert, bereichsweise auch mehr. Die Talkiese sind fast überall durch Hochflutsedimente in Gestalt von meist über 1 m mächtigem Tallehm überdeckt. Zu den Rändern des Tales hin keilen die Sande und Kiese aus und der Tallehm wird durch Gehängelehm abgelöst (Abb. 2).

Der in der Tiefe und an den Talrändern anstehende Untere Buntsandstein besteht hier im wesentlichen aus hell- bis dunkelrotbraunen Schluff- und Tonsteinen mit einem relativ geringen Anteil feinkörniger Sandsteinlagen. Infolge der Salzablaugung des Zechsteinsalinars im Liegenden ist die gesamte Buntsandsteinfolge über dem durchlaufenden Salzhang allmählich unter Verbiegung abgesunken, so daß der untere Buntsandstein hier aus einem recht kleinstückigen Kluftkörpermosaik besteht. Dieser Umstand ist für die Grundwasserführung von Bedeutung (FINKENWIRTH 1970).

4. Das Grundwassersystem

Die mittlere Niederschlagshöhe der Jahre 1975 bis 1981 beträgt 700 mm. Aus Klimadaten errechnet sich nach den Verfahen von TURC (1954) und HAUDE (1959) eine Verdunstungsrate von 62 bzw. 65 % des Niederschlages. Der Rest, d.h. 431 bzw. 451 mm gelangten im Jahresmittel zum oberirdischen und unterirdischen Abfluß. Von der errechneten mittleren Gesamtabflußspende in Höhe von etwa 14 l/s je km^2 kommt dem Grundwasser nur ein kleiner Teil zugute. Die daraus gespeiste Niedrigwasserspende nach Trokkenperioden im Herbst liegt zwischen 1 und 2 l/s je km^2 (THEURER 1983). Infolge der Grundwasserneubildung ist ein ständiger Abstrom von den benachbarten Höhenzügen durch die Talaue zur Werra hin gegeben. In der Talaue selbst beträgt das mittlere Grundwassergefälle wegen der hohen Durchlässigkeit der Kiessande nur etwa 1 : 1000.

Die Grundwasserbeschaffenheit ist in den Neubildungsgebieten des Buntsandsteins durch eine geringe Gesamtmineralisation in Höhe von nur etwa 300 mg/l gekennzeichnet. Davon ist der größte Teil Kalziumhydrogenkarbonat mit einer Gesamthärte von unter 15° dH und Natriumchlorid weniger als 30 mg/l.

Unter einem 40-70 m mächtigen Süßwasserkörper befindet sich im Unteren Buntsandstein versalzenes Wasser, welches in diesem Gebiet generell im Lösungskontakt zu Gesteinen des Zechsteins im Liegenden des Unteren Buntsandsteins steht. Dieses Tiefengrundwasser ist vor allem durch seinen hohen Gehalt an Sulfationen in Verbindung mit den Erdalkalien Kalzium und Magnesium (d.h. bei sehr hoher Härte) charakterisiert. Aufgrund seiner relativ starken Mineralisation mit z.T. über 1200 mg/l ist dieses Wasser spezifisch schwerer als das überlagernde Süßwasser. Die Übergangsschicht ist nur wenige Meter mächtig (Abb. 2).

Das unbeeinflußte Grundwasser in den kalkhaltigen Sanden und Kiesen des Werratales weist eine Gesamtmineralisation im Mittel von 600 bis 800 mg/l bei einer Härte von durchschnittlich 25° bis 30° dH und ca. 60 mg/l Natriumchlorid auf.

Die Gesamtmineralisation des Grundwassers in dem Schotterkörper der Werra nimmt jedoch auf dem Weg zur versalzenen Werra hin kontinuierlich zu, so daß selbst bei Niedrigwasser der Werra etwa vom September bis zum Oktober im Abstand von 200 bis 300 m zur Werra die Gesamtmineralisation auf fast 2000 mg/l mit einer Gesamthärte von über 40° dH und Natriumchloridgehalten von 500 bis 800 mg/l ansteigt.

Im Bereich der Kiesteiche nördlich der Werra zwischen Eschwege und Schwebda ist die Versalzung der Talaue wesentlich intensiver als südlich der Werra, wo keine Kiesbaggerei stattgefunden hat. Dies liegt darin begründet, daß durch die offenen Kiesteiche die Grundwasserbewegung stark beschleunigt wird, und dort wo die Kiesbaggerei im Gang ist, Werra-Wasser leicht und schnell in den Kieskörper eindringen kann. Besonders stark ausgeprägt ist dieser Effekt in den Bereichen, in denen der Kies trocken im Schutze einer Grundwassererhaltung abgebaut wird.

Die Stadtwerke Eschwege haben noch bis in die 50er Jahre ihren Wasserbedarf aus nördlich der Stadt gelegenen Brunnen gedeckt, die Grundwasser aus dem Kieskörper förderten. Dabei wurde Uferfiltrat aus der Werra eingetragen. Je nach der Förderquote ist dabei mehr oder weniger stark Salz aus der Werra in das Trinkwasser gelangt. Dazu trat stark sulfathaltiges Wasser aus dem dort unter dem Schotter anstehenden Zechsteingips in die Brunnen.

Bei Niedrigwasser führt die Werra zwar Wasser mit oft besonders hohem Salzgehalt, jedoch ist dann aufgrund der tiefen Vorflutlage das Grundwassergefälle in den Werratalsanden stärker zur Werra hin geneigt. Der Grundwasserstrom wird beschleunigt und es kommt zu einer Ausschwemmung von versalzenem Grundwasser durch Wasser einer besseren Qualität.

Wird Niedrigwasser durch Werra-Hochwasser abgelöst, so infiltriert Werrawasser in die Talkiese, und es kommt infolgedessen zu einer je nach dem Grad des Hochwassers weit in die Niederterrasse hineinwirkenden Einströmung von versalzenem Werrawasser, wobei der vom Talrand her kommende Zustrom von süßem Grundwasser zurückgestaut wird (DIELER et al. 1964).

Im Frühjahr schiebt sich leichteres neugebildetes oberflächennahes Grundwasser über den Salzwasserkörper im Untergrund. Bei ablaufendem Hochwasser und allmählich niedriger fallendem Werraspiegel werden die influenten Verhältnisse durch effluentes Grundwasser abgelöst, welches wieder zur Werra hin fließt. Das landbürtige Grundwasser bewirkt durch Vermischung und dispersive Verdünnung wieder ein teilweises Aussüßen des Grundwasserkörpers in der Werratalaue.

Aus der Abb. 3 (Stand im Juni 1985) ist zu erkennen, daß das von dem südlichen Talhang zur Werra strömende Grundwasser schwach mineralisiert ist (mit einer niedrigen elektrolytischen Leitfähigkeit von weniger als 900 Mikrosiemens pro Zentimeter). In der Talaue verdrängt es höher mineralisiertes Talgrundwasser und vermindert den Salzgehalt, kenntlich durch die herabgesetzten Leitfähigkeitswerte bis auf weniger als 1300 μScm^{-1}, was etwa 800 mg/l gelöster Mineralstoffe entspricht.

Im Sommer des Jahres 1980 stieg durch kräftige Regenfälle im Juni und Juli der Werraspiegel stark an. Infolgedessen stieg auch in den gerade neueingerichteten Grundwassermeßstellen bei Aue das Grundwasser. Von der Werra her wanderte, zeitlich gut zu verfolgen, eine Grundwasserwelle nach Süden in den Schotterkörper hinein. Die zeitliche Verschiebung der Hochstände beträgt in einer Entfernung von 230 m 5 Tage, in 450 m Entfernung 10 Tage und in einem Abstand von 830 m ist das Maximum nach 23 Tagen erreicht. Die mittlere Geschwindigkeit der Grundwasserwelle lag demzufolge bei 40 m pro Tag. Während der ablaufenden Hochwasserwelle fällt das Grundwasser im werranahen Bereich relativ schnell, in größerer Entfernung wesentlich langsamer wieder ab. Der Einstrom ist wegen des größeren Gradienten bedeutend schneller als der Ablauf des aufgehöhten Grundwassers.

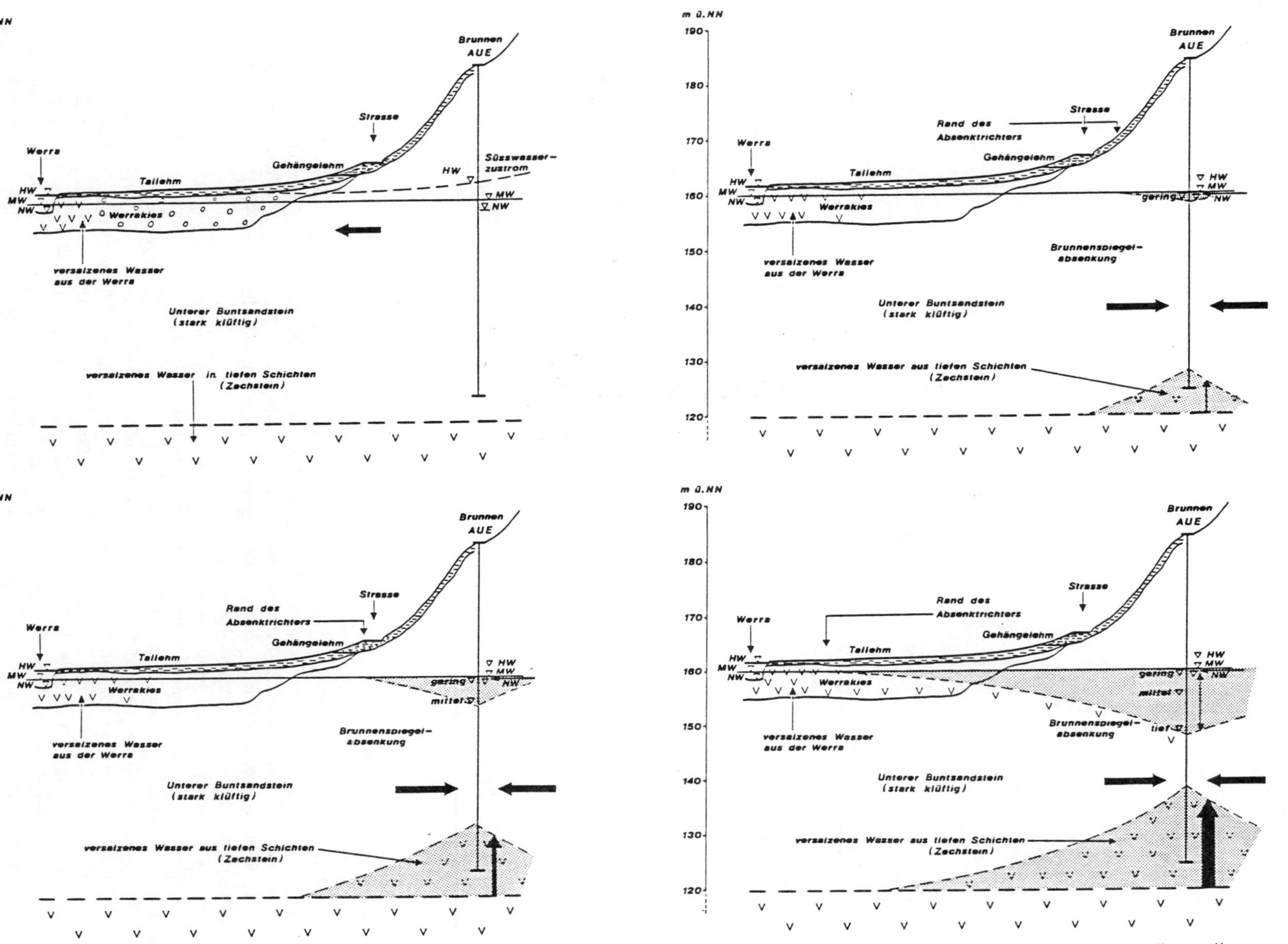

Abb. 2: Hydrogeologische Profile durch das Untersuchungsgebiet mit natürlichem Grundwasserabfluß und verschiedenen Brunnenbetriebsstadien.

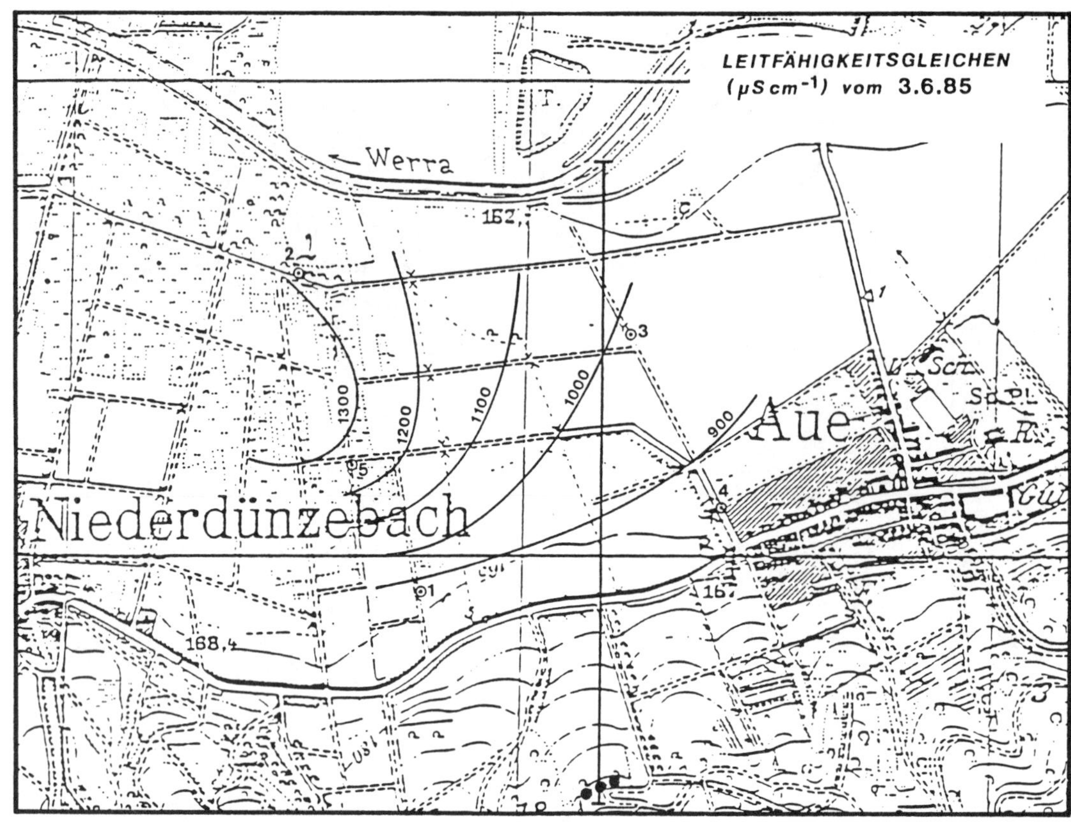

Abb. 3: Linien gleicher elektrischer Leitfähigkeit (~ Mineralisationsgrad) nach einem Zustrom frischen Grundwassers in die Talaue (Juni 1985).

5. Die Wechselwirkung zwischen den Brunnen bei Aue und dem Grundwasser

Wegen der unbefriedigenden Trinkwasserqualität aus den alten Brunnen im Werratal bauten die Stadtwerke Eschwege ab Anfang der 60er Jahre bei Aue vier Tiefbrunnen in genutzten Tiefen zwischen 50 und 70 m unter Gelände. Ursprünglich waren die Brunnenbohrungen tiefer geführt worden, erreichten aber in ihren unteren Abschnitten das natürlich versalzene Tiefengrundwasser. Deshalb wurden die unteren Teile der Brunnenbohrungen wieder verfüllt. Damit wurde erreicht, daß beim Brunnenbetrieb zunächst nur das schwach mineralisierte Grundwasser aus dem unteren Buntsandstein gefördert wurde. Dieses genügte bis etwa zur Mitte der 70er Jahre den Erwartungen in Hinsicht auf die Qualität und die zu fördernde Menge, wobei die bewilligte Entnahme für die Brunnen Aue 1,17 $10^6 m^3$ pro Jahr, d.h. durchschnittlich 134 m^3 pro Stunde beträgt. Bis 1972 wurden die Brunnen von Aue mit einer geringen Absenkung von nur wenigen Metern, d.h. in Spiegellagen zwischen 158 und 160 m NN betrieben. Die Chloridwerte des Wassers lagen dabei unter 50 mg/l, die Sulfatgehalte nur wenig über 100 mg/l. Damit tat sich allerdings von Anfang an ein kleiner Anteil von versalzenem Tiefengrundwasser kund. Zwischen 1972 und 1975 wurde die Absenkung periodisch gesteigert, wobei zunächst die Sulfatwerte, aus dem Tiefenwasser herrührend, auf deutlich über 100 bis 150 mg/l anstiegen, während die Chloridwerte nur eine sehr schwach ansteigende Tendenz erkennen ließen (Abb. 4).

In den trockenen Jahren 1976 und 1977 war der Wasserbedarf groß und die Grundwasserneubildung gering. Die Brunnenwasserspiegel sanken um 10 m auf ein Niveau von weniger als 150 m NN ab wegen verminderter Leistungsfähigkeit des Grundwasserleiters. Dies führte sofort zu einem wirksamen Anstieg der Sulfatwerte auf über 150 bis 200 mg/l, während die Chloridwerte noch weitere ein bis zwei Jahre lang auf einem relativ niedrigen Niveau blieben. Ab 1979 wurde die Absenkung der Brunnenwasserspiegel zunächst auf etwa die Hälfte gedrosselt, dennoch blieben die Sulfatwerte vorerst auf einem hohen Niveau, während die Chloridwerte innerhalb von zwei

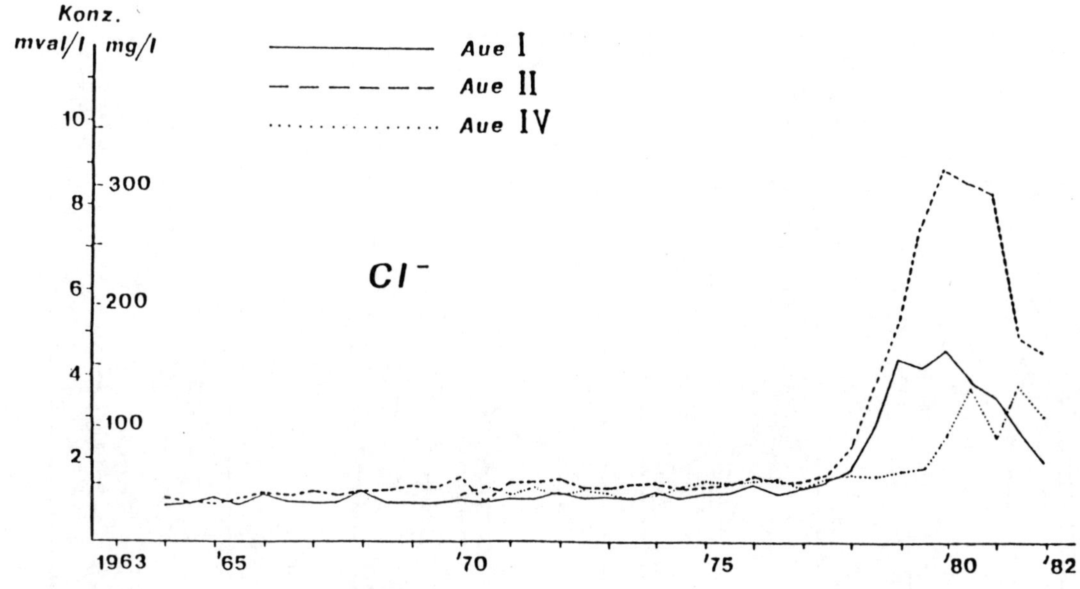

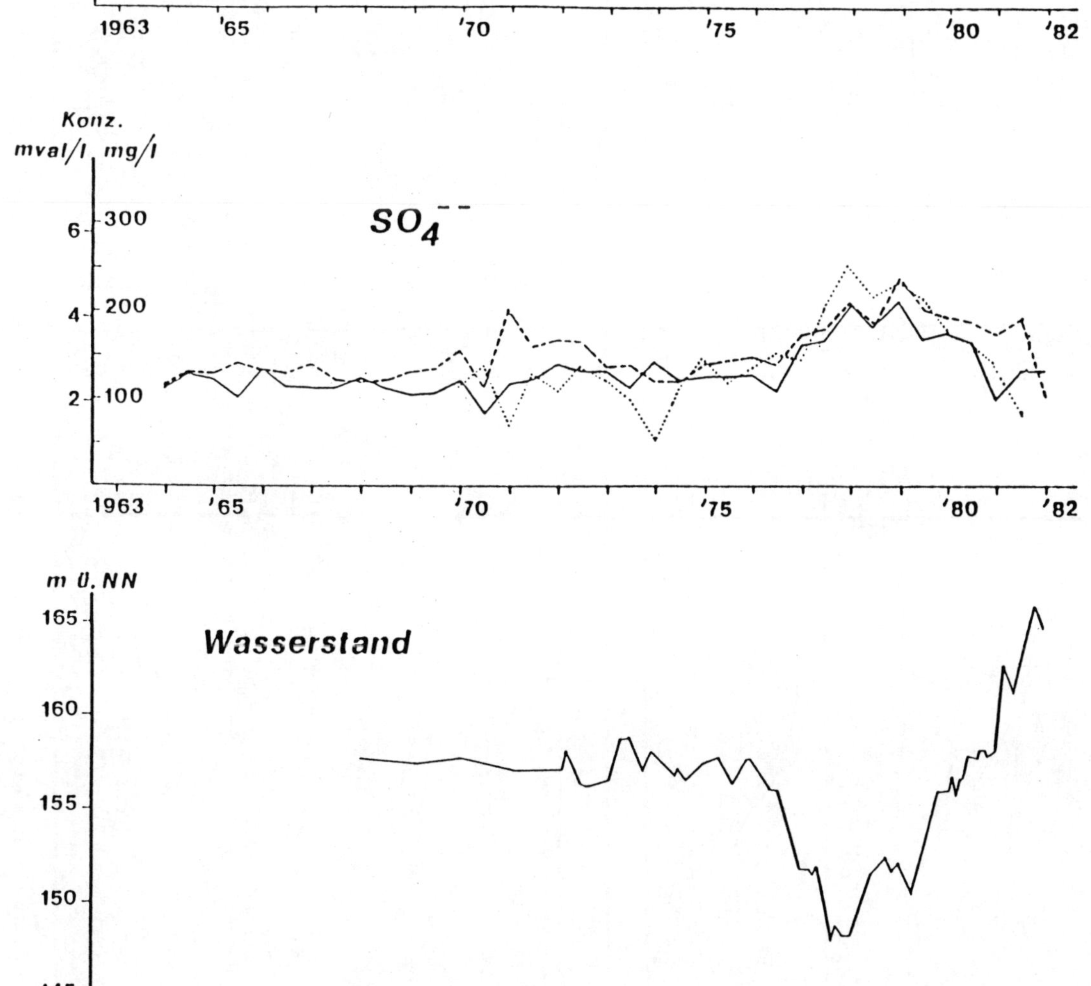

Abb. 4: Ganglinien des Chlorid- und Sulfatgehaltes in den Brunnen Aue I, II und IV sowie der Grundwasserabsenkung in dem Brunnen Aue I.

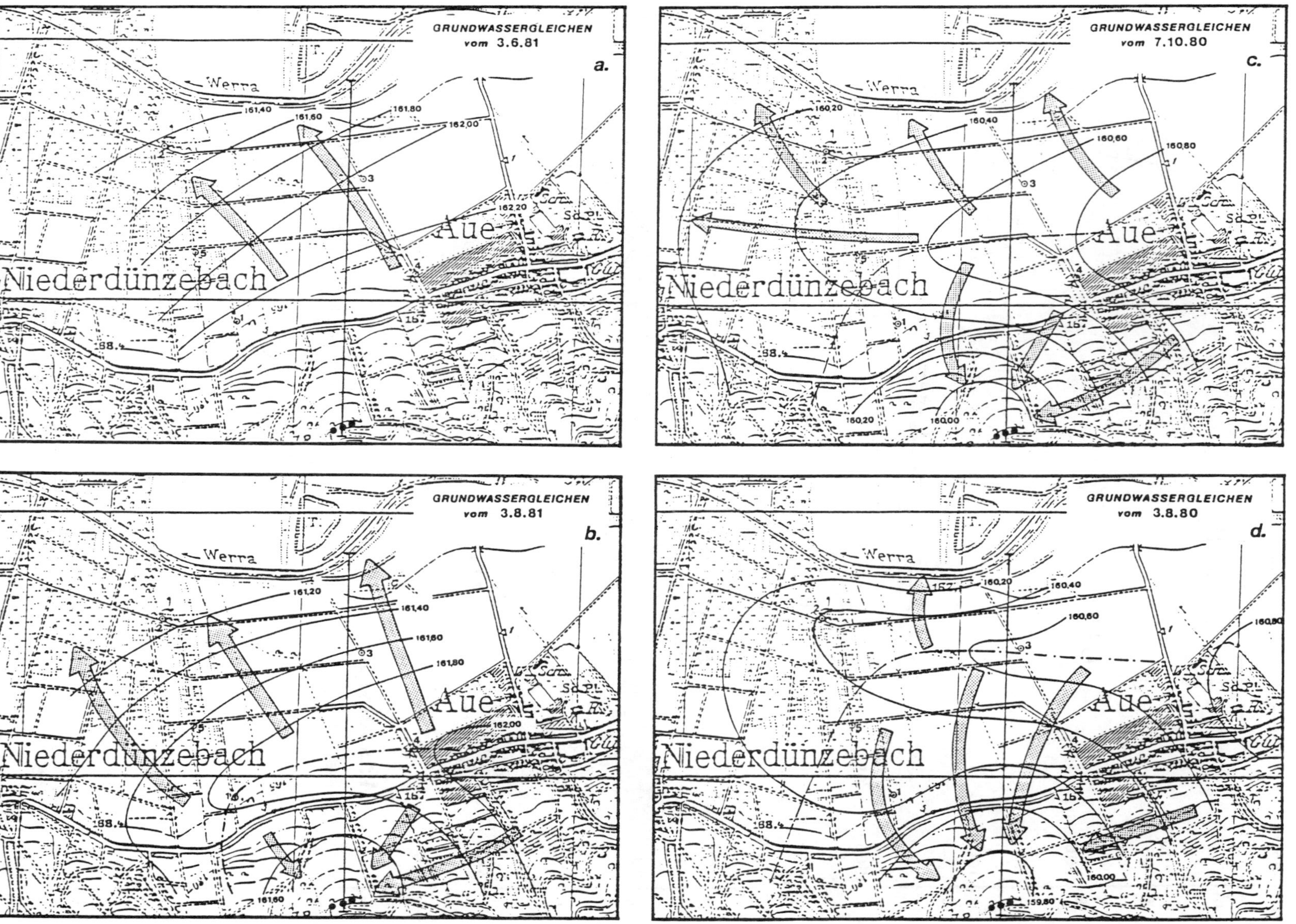

Abb. 5 (a-d): Grundwassergleichenpläne zwischen den Brunnen und der Werra bei Aue bei verschiedenen Betriebszuständen der Brunnen und Grundwassersituationen in den Jahren 1980 und 1981.

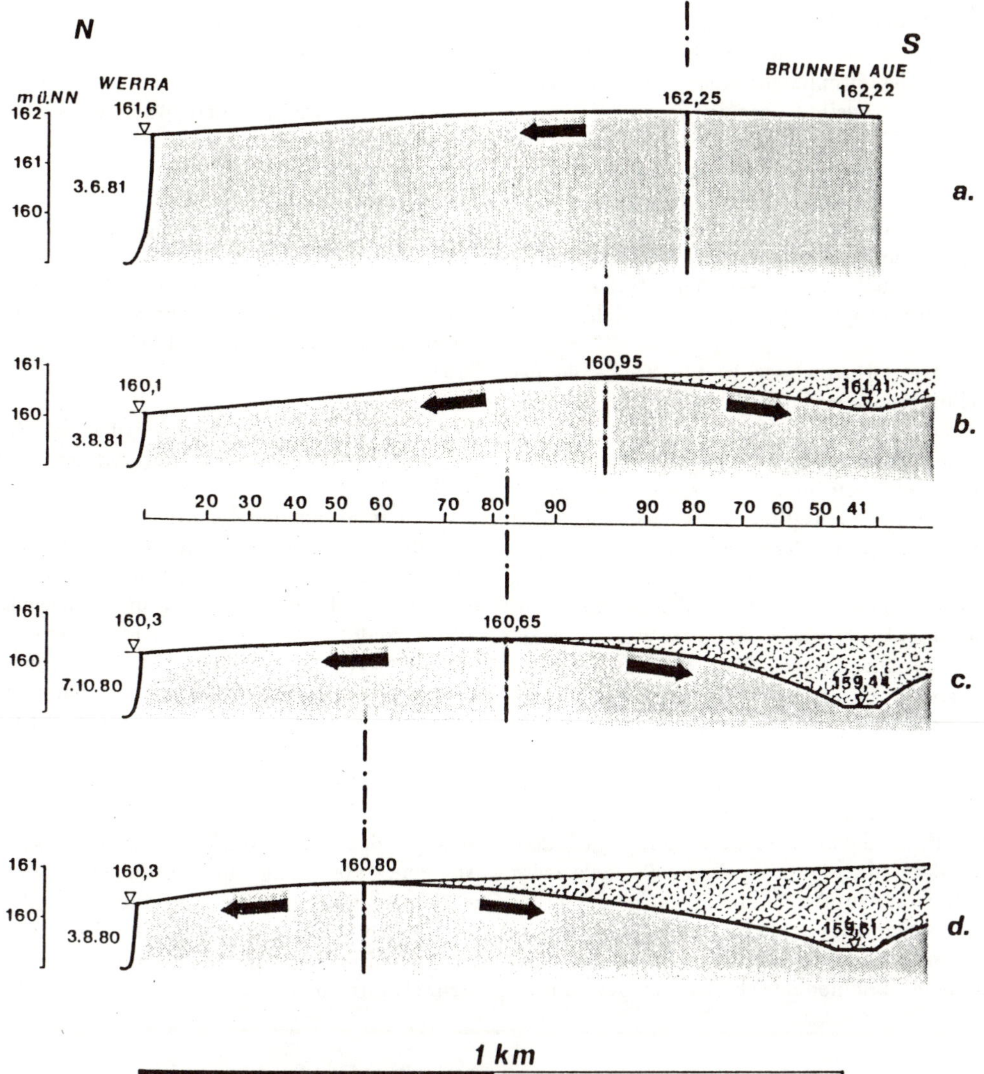

Abb. 6 (a-d): Grundwasserprofile durch die Werratalaue bei verschieden stark ausgebildetem Senktrichter zwischen den Brunnen und der Werra bei Aue in den Jahren 1980 und 1981.

Jahren von 50 auf max. 300 mg/l anstiegen. Das Maximum wurde 1980 erreicht, als die Brunnenspiegelabsenkung noch weiter reduziert war (Abb. 4).

Zu diesem Zeitpunkt sind die Grundwasserbeobachtungsrohre zwischen den Brunnen Aue und der Werra eingerichtet worden, um den Versalzungsursachen nachzugehen. Grundwassergleichenpläne konnten ab dem Herbst 1980 aus den Grundwasserstandsverteilungen ermittelt werden (Abb. 5a-5d).

Die Jahre 1980 und 1981 waren überdurchschnittlich niederschlagsreich:

Jahr	1976	1977	1978	1979	1980	1981
N (mm)	430	660	716	624	836	971

Infolge dieser starken Niederschläge stieg die Grundwasseroberfläche kräftig an. Gleichzeitig begannen die Sulfatwerte zu fallen; später gingen allmählich auch die Chloridwerte zurück.

Die Ursachen der Versalzung des Brunnenwassers sind in zwei Richtungen zu finden:

(1) Wird aus dem überlagernden Süßwasser mit Hilfe von Tiefbrunnen Wasser gefördert, so sinkt die Grundwasseroberfläche weitflächig ab, womit das Tiefenwasser entlastet wird. Die Folge ist sein Auftrieb proportional zur Absenkung des Brunnenwasserspiegels (Abb. 2a-2d). So wird bei starker Grundwasserentnahme aus dem Brunnen das tieferliegende Salzwasser von unten heraufgezogen und tritt in steigendem Maße

in die Brunnenfilter ein, wo es sich mit dem Süßwasser vermischt und diesem bei einer vermehrten Gesamtmineralisation auch eine grössere Härte verleiht (Prinzip nach GHYBEN-HERZBERG) (Abb. 2). Wird nach einer starken Brunnenwasserspiegelabsenkung die Entnahme vermindert, so füllt sich der Senktrichter auf und die Salzwasseroberfläche wird zurückgedrängt. Dementsprechend geht auch der zugemischte Anteil des versalzenen Tiefenwassers zurück und die Wasserqualität bessert sich.

(2) Durch Werra-Hochwasser in die Kiessande der Talfüllung eingeströmtes Salzwasser kann unter Verdünnung bis 1 km von der Werra weg das von den beiderseitigen Hängen zuströmende Grundwasser beeinflussen in Gestalt einer erhöhten Gesamtmineralisation, vorwiegend über den Anstieg des Chloridgehaltes (Natriumchlorid). Brunnen, die im südlichen Randbereich des Werratales stehen und bei mäßiger Brunnenspiegelabsenkung sowie geringer Wasserentnahme wenig mineralisiertes Wasser fördern, werden bei starker Entnahme bzw. stärkerer Absenkung besonders in Trockenjahren ihren Senktrichter soweit ausdehnen, daß versalzenes Grundwasser aus dem Schotterkörper der Talaue über die Klüfte des Buntsandsteins dem Brunnen zuströmt und damit eine zusätzliche, je nach dem Grad der Absenkung bedeutende Salzfracht aus der Werra zuführt (Abb. 2). Steigt der Brunnenspiegel durch reichliche Zufuhr neugebildeten Grundwassers wieder an, so kann bei fortlaufendem Brunnenbetrieb das eingedrungene Salzwasser nicht verdrängt, sondern nur langsam verdünnt werden.

Je nach der vorhandenen Wasserwegsamkeit ihrer Umgebung erhielten die einzelnen Brunnen I bis IV sehr unterschiedliche Zutritte von chloridischem Talauenwasser und zeigen infolgedessen verschieden hohe Chloridkonzentrationen (Abb. 4).

Beide Ursachen werden im Zuge der starken Absenkung in den Brunnen Aue der Stadtwerke Eschwege während der Jahre nach 1976 zusammengewirkt haben.

Wegen der hohen Durchlässigkeit hat das Grundwasser in den Werrakiesen ein nur geringes Strömungsgefälle. Deshalb verursachen schon geringe Änderungen in der Brunnenspiegelabsenkung eine sehr unterschiedliche Ausdehnung des Absenktrichters. Die Abb. 5 und 6 zeigen, daß selbst bei nur 1 bis 2 m Absenkungsdifferenz in der Brunnenspiegellage eine Verschiebung der Wasserscheide zwischen dem Grundwasserabfluß zur Werra und zu den Brunnen hin um hunderte von Metern eintritt. Dieser Umstand offenbart die Gefahr von Werrawassereintritt in die Werrakiese für die im Talrandbereich gelegenen Brunnen.

Solange die Werra stark versalzenes Wasser führt, ist eine Steuerung der Brunnenwasserentnahme in Abhängigkeit von der jeweiligen grundwasserhydraulischen Situation nötig, da das Hereinziehen von Uferfiltrat bei stärkerer Brunnenspiegelabsenkung nicht zu vermeiden ist.

6. Literatur

BRÜHL, H. 1973-85: Geländeübungen zur Hydrogeologie. – Protokolle, Freie Universität Berlin, unveröff.

DEUBEL, F. 1954: Zur Frage der unterirdischen Abwasserversenkung in der Kaliindustrie. – Abh. Dt. Akad. Wiss. Berlin, Kl. Math. Allg. Nat.-Wiss. 1954(3): 1-23, Berlin.

DIELER, H., DIESEL, E. & GROSSENSTEINBECK, J. 1964: Untersuchungen über die Beziehungen zwischen Grundwasser und Flußwasser im Rheintal bei Köln. – Geol. Mitt., 3: 313-338, Aachen.

FINKENWIRTH, A. 1964: Die Versenkung der Kaliabwässer im hessischen Anteil des Werra-Kalireviers. – Z. Dt. Geol. Ges., 116: 215-230, Hannover.

FINKENWIRTH, A. 1970: Hydrogeologische Neuerkenntnisse in Nordhessen. – Notizbl. Hess. L.-A. Bodenforsch., 98: 212-233, Wiesbaden.

HAUDE, W. 1959: Die Verteilung der potentiellen Verdunstung in Ägypten. – Erdkunde, 13: 214-224, Bonn.

HÖLTING, B. 1969: Die Ionenverhältnisse in den Mineralwässern Hessens. – Notizbl. Hess. L.-A. Bodenforsch., 97: 333-351, Wiesbaden.

HULSCH, J. & VEH, G.M. 1978: Zur Salzbelastung von Werra und Weser. – N. Arch. Niedersachsen, 27: 367-377, Göttingen.

KAEDING, J. 1954: Überblick über die Kalisalzverarbeitung, die Menge und Zusammensetzung der verschiedenen Abwässer und deren Beseitigung. – Wasserwirtsch.-Wassertechnik, 4 (12): 433-436, Berlin.

KUPFAHL, H.C. 1958: Die Abfolge des Buntsandsteins am östlichen Meißner-Gebirge. – Notizbl. Hess. L.-A. Bodenforsch., 86: 202-214, Wiesbaden.

LÜTTIG, G. & FRICKE, W. 1965: Hydrogeologische Aspekte der Einleitung von Kali-Endlaugen in Flußsysteme, erläutert am Beispiel Werra-Weser. – Mem. Int. Ass. Hydrogeol., 7: 111-120, Hannover.

THEURER, G. 1983: Ursachen zunehmender Gesamtmineralisationen in Wässern aus einzelnen Trinkwasserfassungsanlagen der Stadtwerke Eschwege. – 1-132, Berlin (Dipl.-Arb. unveröff.).

TURC, L. 1954: Le bilan d'eau des sols, relations entre les précipitations, l'évaporation et l'écoulement. – Ann. Agron. = Trois. Journée d'Hydraulique: 36-43, Algier.

WAGNER, R. 1958: Chemismus (Versalzung) des tieferen Grundwassers und seine Beziehungen zu den Oberflächengewässern. – Dt. Gewässerkdl. Mitt., Sonderh. 1958: 31-33, Koblenz.

Anschriften der Autoren:

Prof. Dr. HANSKARL BRÜHL, Institut für Angewandte Geologie der Freien Universität Berlin, Wichernstr. 16, 1000 Berlin 33.

Dipl.-Geol. GABRIELE THEURER, Talstr. 54, 4000 Düsseldorf 1.

Berliner Geogr. Abh., Heft 41: 53–57, Berlin 1986.

HYDAT I: Ein Kleinrechnerprogramm zur Auswertung von Abflußmessungen sowie Darstellung von Abfluß- bzw. Niederschlagszeitreihen

mit 4 Abbildungen

ROLAND OTTO

K u r z f a s s u n g: Zur Klärung hydrogeologischer Fragestellungen wurden im Gebiet des Hohen Meißners an Kleingewässern Abflußmessungen durchgeführt, die ca. 4400 Rohdaten, im wesentlichen Flügelmeßwerte, lieferten. Um diese Daten in der dafür zur Verfügung stehenden Zeit auswerten zu können, wurde ein Kleincomputerprogramm ausgearbeitet, mit Hilfe dessen aus den Flügelmeßwerten die Abflußwerte berechnet und als Zeitreihe dargestellt werden können. Ebenfalls können Niederschlagsdaten zu Zeitreihen verarbeitet werden.

HYDAT I: A Computer Program for Evaluation of Flow Gauging as well as Graphic Representation of Discharge Hydrographs and Rainfall Curves.

A b s t r a c t: About 4400 flow gaugings were carried out in the area of the „Hoher Meißner" with the help of a hydrometric current meter, in order to clear up hydrogeological problems. To evaluate these data as quickly as possible, a computer program was elaborated to calculate the discharge based on this kind of measurement and to represent these data as a discharge hydrograph. Rainfall coefficients can be shown also as rainfall curves.

I n h a l t s ü b e r s i c h t

1. Einleitung

Im Rahmen des interdisziplinären Forschungsvorhabens „Werra-Meißner-Forschung der Freien Universität Berlin" wurden seitens des Instituts für Angewandte Geologie der FU Berlin zur Klärung hydrogeologischer Fragestellungen in Zusammenarbeit mit dem Werra-Meißner-Kreis über einen längeren Zeitraum Abflußmessungen durgeführt. Die Abflußmessungen sollten zur Klärung des Auslaufverhaltens des Hohen Meißners beitragen sowie zu einer Abgrenzung von oberirdischen (E_o) und unterirdischen (E_u) Grundwassereinzugsgebieten führen. Ferner sollte versucht werden, über die Niedrigwasseranalyse, d.h. wenn in niederschlagsarmen Perioden die Gewässer nur noch aus dem Grundwasserreservoir gespeist werden, in Hinsicht auf eine Grundwasserbilanzierung den unterirdischen Abfluß (A_u) zu ermitteln. Zu diesem Zweck wurden an kleinen Gewässern rings um den Hohen Meißner insgesamt 36 Abflußmeßstellen

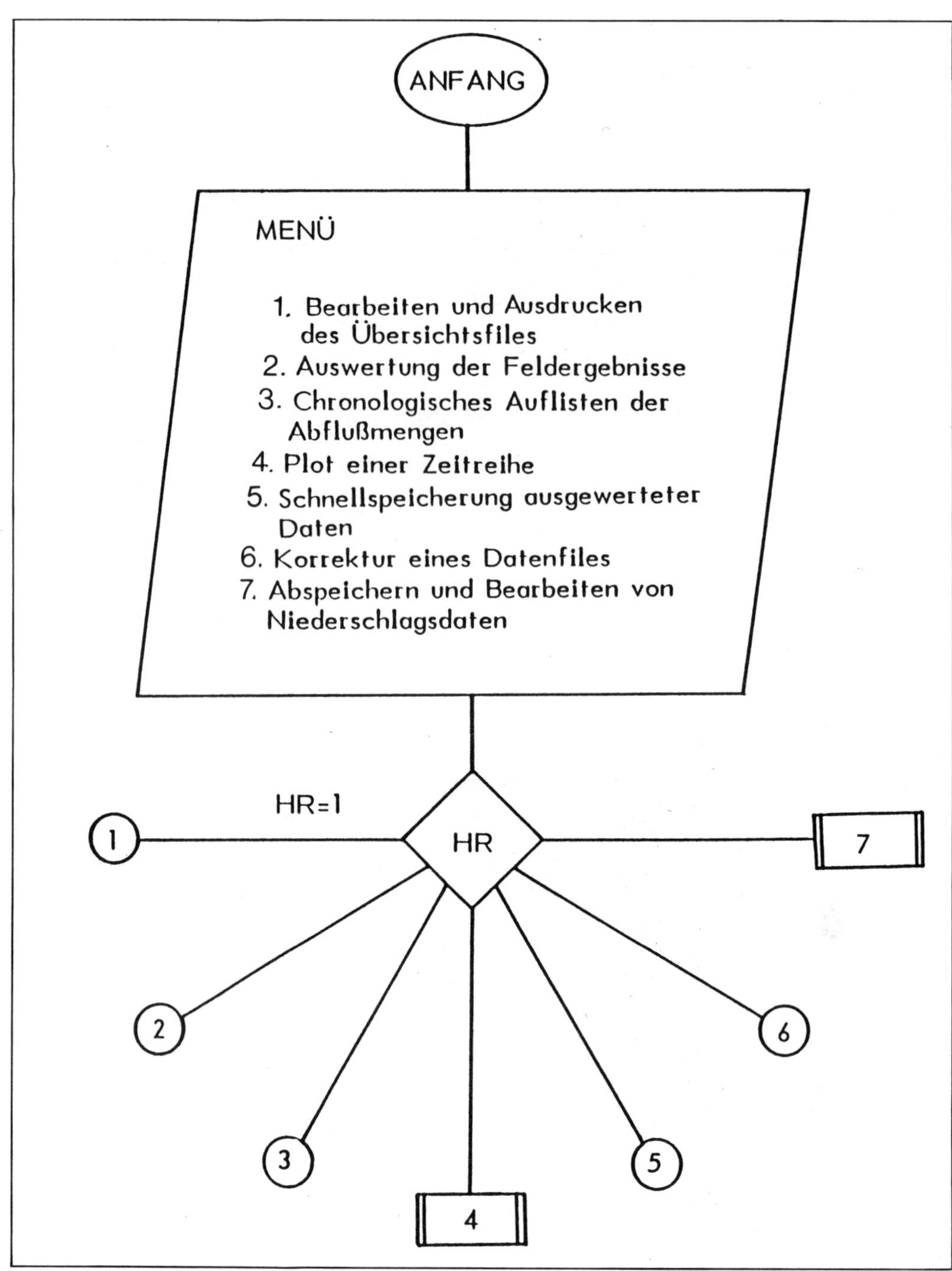

Abb. 1: Hauptmenü des Kleinrechnerprogramms HYDAT I.

eingerichtet. Im Zeitraum von Juni 1983 bis November 1984 wurden die Abflüsse in einem regelmäßigen Turnus wöchentlich mindestens zweimal gemessen. Um die so angefallenen ca. 4400 Rohdaten, vorwiegend Flügelmeßwerte, so schnell wie möglich auswerten und als Zeitreihe darstellen zu können, wurde ein Kleincomputerprogramm ausgearbeitet, das die Abflußwerte aus den Flügelmeßwerten zu berechnen und in einer Zeitreihe darzustellen vermag. Ebenfalls können Niederschlagsdaten zu Zeitreihen verarbeitet werden.

Das Programm HYDAT I wurde in BASIC geschrieben und ermöglicht auf diese Weise einen Dialog-Betrieb mit dem Rechner. So kann der Benutzer nach Start des Programms aus einem auf dem Bildschirm abgebildeten Hauptmenü (Abb. 1) den Programmteil auswählen, mit dessen Hilfe sich die gewünschte Operation ausführen läßt. HYDAT I besteht aus einem Hauptprogramm und zwei Unterprogrammen, die vom Hauptprogramm aufgerufen werden können. Sowohl die Abflußdaten als auch die Niederschlagsdaten werden als Sequential-Files abgespeichert.

Verwendeter Rechner bzw. Peripherie:

APPLE II europlus bzw. APPLE II e (64 kbyte)
2 Diskettenlaufwerke (Apple)
EPSON FX 80 Drucker
WATANABE MP 1000 Plotter

2. Programmstruktur

Wie aus Abb. 1 ersichtlich ist, lassen sich die nachfolgend beschriebenen Operationen ausführen. Die berechneten Abflüsse werden zusammen mit dem jeweiligen Datum unter einem Meßstellennamen und einer zugehörigen Nummer (z.B. Baumbachsquelle 135) auf der Datendiskette abgespeichert. Gleichzeitig werden Name und Nummer der Meßstelle auch auf einem sogenannten Übersichtsfile niedergelegt, dessen Abruf eine Auflistung der Namen und Nummern der bearbeiteten Meßstellen ermöglicht (Abb. 2).

Im Rahmen des Programmteils „Auswertung der Feldergebnisse" können Flügelmessungen sowie Gefäßmessungen ausgewertet und anschließend abgespeichert werden. Die Auswertung der Gefäßmessungen beruht auf arithmetischer Mittelwertsbildung einzelner Messungen. Die Verarbeitung der Flügelmeßwerte läßt zwei Meßmethoden zu, zum einen die Punktmethode, basierend auf einer 2-Punkt-Messung (im 0,2- und 0,8-fachen der Tiefe), zum anderen die Schleifenmethode. Zur Auswertung der Punktmessungen berechnet der Computer nach Eingabe des Gewässerprofils sowie der Flügelumdrehungen pro 30 s auf den jeweiligen Meßlotrechten zunächst die Fließgeschwindigkeiten, dann die Geschwindigkeitsfläche und zusammen mit dem Gewässerquerschnitt den Abfluß.

Bei Durchführung der Schleifenmethode wird der Flügel mit konstanter Geschwindigkeit schleifenförmig durch den Gewässerquerschnitt geführt. Es wird also durch eine Integrationsmessung für das gesamte Gewässerprofil eine mittlere Fließgeschwindigkeit ermittelt. Der aus dieser und dem Gewässerquerschnitt berechnete Abfluß wird als Einzelergebnis ausgedruckt (Abb. 3) und danach unter der Meßstellenbezeichnung auf der Datendiskette abgespeichert.

Die Fließgeschwindigkeiten werden aus den Flügelumdrehungen mittels der im Programm niedergelegten Eichfunktionen der einzelnen Schaufeln berechnet. Der Rechner wählt sich anhand der Fabriknummer der verwendeten Schaufel und der Rotationsgeschwindigkeit die zugehörige Eichfunktion aus.

	NAME	NR.
1	(ROHR)HAUSEN	129
2	BAUMBACHSQUELLE	135
3	BERGWIESEN	107
4	BRANSRODE	122
5	DUDENRODE	132
6	ERBSTOLLEN	136
7	F.HOLLENTEICH	108
8	FOERDERBAHN	123
9	FRANKENHAIN	106
10	FRIEDRICHSTOLLEN	133
11	FUNKSTATION	121
12	GERMERODE	110
13	GESPRINGE	124
14	GRIMMENTAL	112
15	HAUSEN	125
16	HOELLENRUECK	114
17	ICHENDORF	118
18	JUGENDDORF	102
19	KALTWASSER	111
20	KEUDELLBRUNNEN	138
21	NIEDERMUEHLE	117
22	NORDBACH	116
23	OTTERSBACH	131
24	RAMSTALSKOPF	119
25	RODEBACH	115
26	ROTTWIESEN	127
27	SB-MUEHLE	130
28	SCHIRNHAIN	113
29	SEESTEINE	152
30	SEESTEINE	60
31	SPIELPLATZ	120
32	TEUFELSLOECHER	105
33	VIEHHAUS	126
34	VOCKERODE	101
35	WEISSBACH	128
36	WETTERSTOLLEN	137
37	WOLFTERODE	103

Abb. 2: Auflistung der auf dem Übersichtsfile niedergelegten Namen und Nummern der Abflußmeßstellen.

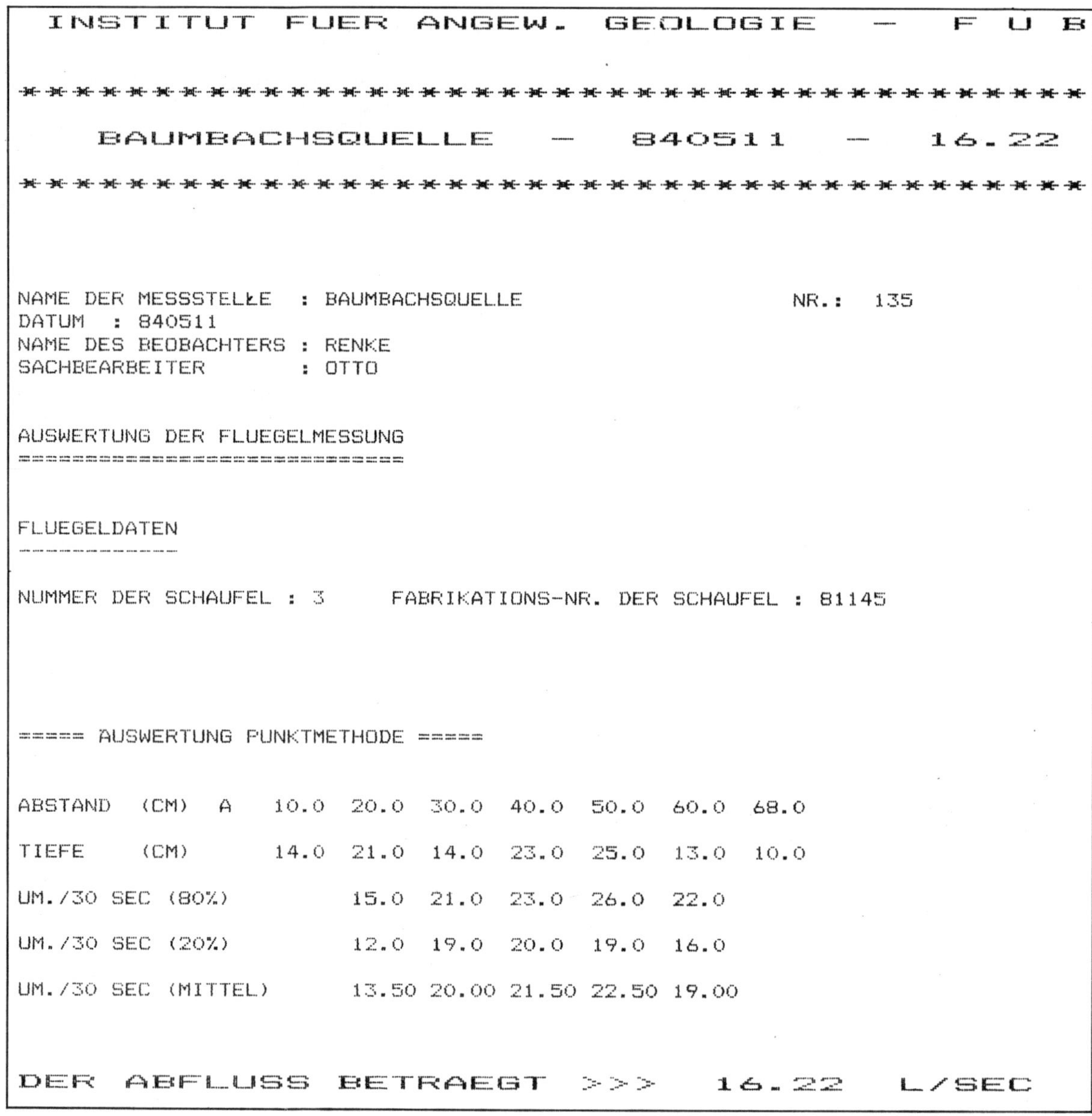

INSTITUT FUER ANGEW. GEOLOGIE - F U B

****

BAUMBACHSQUELLE - 840511 - 16.22

****

NAME DER MESSSTELLE : BAUMBACHSQUELLE NR.: 135
DATUM : 840511
NAME DES BEOBACHTERS : RENKE
SACHBEARBEITER : OTTO

AUSWERTUNG DER FLUEGELMESSUNG
=============================

FLUEGELDATEN

NUMMER DER SCHAUFEL : 3 FABRIKATIONS-NR. DER SCHAUFEL : 81145

===== AUSWERTUNG PUNKTMETHODE =====

ABSTAND (CM) A	10.0	20.0	30.0	40.0	50.0	60.0	68.0
TIEFE (CM)	14.0	21.0	14.0	23.0	25.0	13.0	10.0
UM./30 SEC (80%)		15.0	21.0	23.0	26.0	22.0	
UM./30 SEC (20%)		12.0	19.0	20.0	19.0	16.0	
UM./30 SEC (MITTEL)		13.50	20.00	21.50	22.50	19.00	

DER ABFLUSS BETRAEGT >>> 16.22 L/SEC

Abb. 3: Ausgedrucktes Einzelergebnis einer Abflußmessung am Beispiel einer Flügelmessung nach der 2-Punktmethode.

Im nächsten Programmteil (Abb. 1, Pkt. 3) können die Abflußdaten einer Meßstelle von der Datendiskette abgerufen und, nachdem sie chronologisch vom Rechner geordnet wurden, mit Hilfe des Druckers aufgelistet werden.

Der Programmteil „Schnellspeicherung ausgewerteter Daten" ermöglicht das Abspeichern bereits ausgewerteter Abflußdaten, die z.B. im Rahmen früherer Auswertearbeiten ermittelt wurden. Es werden hierbei nur die Meßzeitpunkte mit den zugehörigen Abflüssen eingegeben und unter dem Meßstellennamen auf der Datendiskette niedergelegt.

Der Punkt 6 des Menüs läßt die Korrektur eines Datenfiles zu. Es können hierbei sowohl falsche Abflußdaten aus einer Meßreihe eliminiert, als auch Filenamen geändert oder zwei Files miteinander verkettet werden. Nach der Korrektur wird das auf diese Weise veränderte File wieder auf der Diskette abgespeichert.

Ähnlich wie die Abflußmessungen lassen sich mit diesem Programm auch Niederschlagsdaten verarbeiten (Abb. 1, Pkt. 7). Als Unterprogramm konzipiert, kann man neben der manuellen Eingabe der Niederschlagsdaten, vergleichbar mit dem Programm-

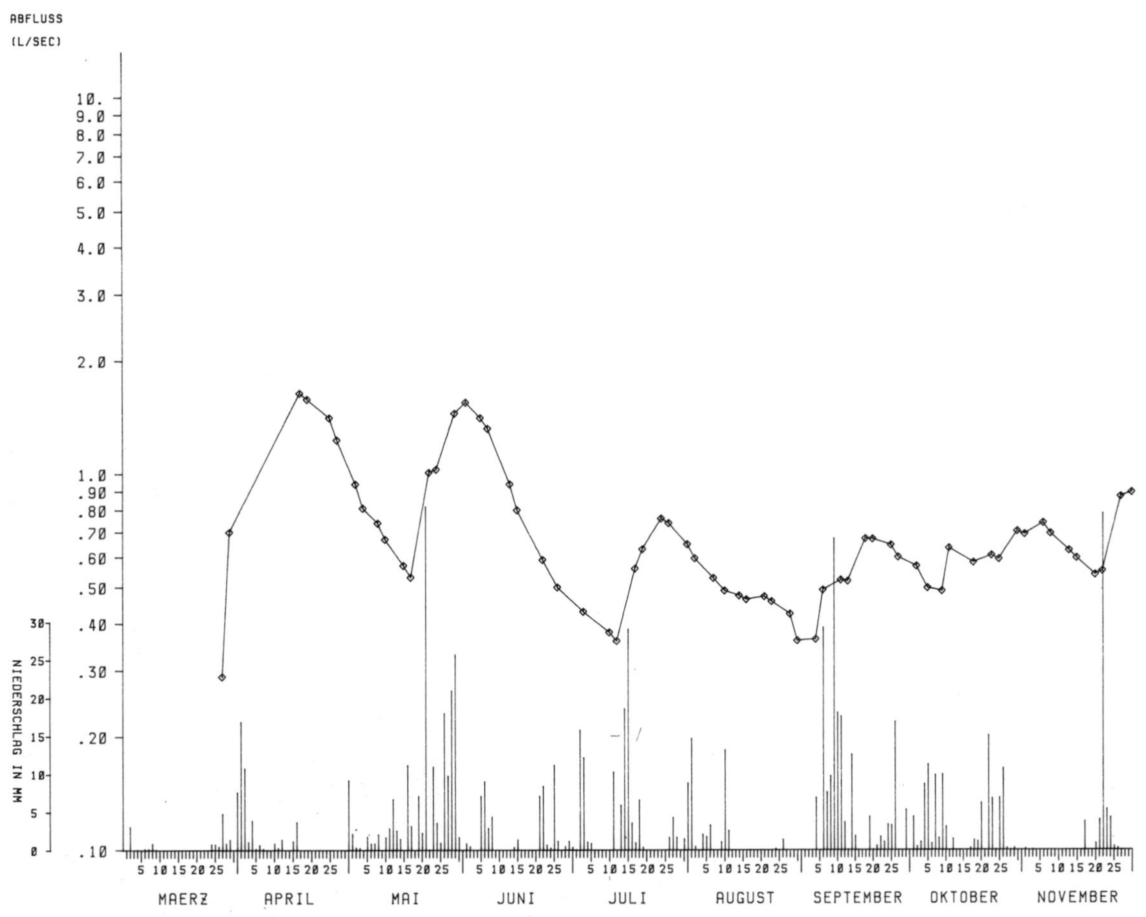

Abb. 4: Plot einer Abfluß- und Niederschlagsganglinie mit Hilfe des Programms HYDAT I.

punkt 5 des Menüs, auch die Niederschlagsfiles duplizieren, korrigieren und ausdrucken lassen. Die Niederschlagsdaten werden jeweils unter dem Namen der Niederschlagsmeßstation abgespeichert.

Mit einem weiteren Unterprogramm (Pkt. 4 des Menus) können Zeitreihen geplottet werden. Es besteht die Möglichkeit, sowohl eine Abflußganglinie als auch eine Niederschlagsganglinie darzustellen (Abb. 4). Der Darstellungszeitraum läßt sich nach Abflußhalbjahren oder für einen vorzugebenden Zeitraum (max. 11 Monate) wählen. Im Plot der Abflußganglinie ist die Ordinate (Abfluß in l/s) logarithmisch geteilt, so daß die Ganglinienabschnitte, die dem MAILLETschen Gesetz gehorchen, als Gerade erscheinen. Die Länge der Dekaden kann in 1/10 mm frei gewählt werden, um eine auf Transparentpapier geplottete Ganglinie im Overlay-Verfahren auf einem einfachlogarithmisch geteilten Netz auswerten zu können. Demgegenüber ist die Ordinatenachse als Skala der täglichen Niederschlagshöhen linear geteilt. Beide Ganglinien, sowohl die des Abflusses als auch die des Niederschlags, können für den gleichen Untersuchungszeitraum in ein Diagramm eingetragen werden, so daß ein synoptischer Vergleich beider Ganglinien unmittelbar möglich ist.

Anschrift des Autors:

Dipl.-Geologe ROLAND OTTO, Institut für Angewandte Geologie der Freien Universität Berlin, Wichernstr. 16, 1000 Berlin 33.

Berliner Geogr. Abh., Heft 41: 59–105, Berlin 1986.

Vegetationskundliche Untersuchungen an der Graburg (Nord-Hessen) als Grundlage für Pflege- und Erhaltungsmaßnahmen zur Sicherung von Pflanzengesellschaften und Biotopen

mit 1 Abbildung, 12 Tabellen und 1 Vegetationskarte

JOCHEN HALFMANN

Kurzfassung: Die an der Graburg (Ringgau, Nord-Hessen) vorkommenden Vegetationseinheiten werden mit vegetationskundlichen Arbeitstechniken (physiognomisch-ökologische Klassifizierung, floristisch-soziologische Klassifizierung) erfaßt und dokumentiert. Dabei zeigt sich das Vorhandensein der für Muschelkalkstandorte charakteristischen Wald- und Rasengesellschaften. Besonderes Augenmerk wird auf die Xerothermvegetation, die Vegetation auf Standorten ehemaliger Sturzfließungen und auf anthropogen geprägte Pflanzengesellschaften (z.B. Mittelwald) gerichtet. Auf Grundlage dieser Erfassung werden Vorschläge für Pflege- und Erhaltungsmaßnahmen zur Sicherung der Pflanzengesellschaften und Biotope unterbreitet.

Vegetational investigations at the Graburg (Nord-Hessen) as a basis for caring and conservation measures in order to preserve plant communities and biotopes

Abstract: Vegetation units occuring at the Graburg (Ringgau, Nord-Hessen) were recorded and documented using vegetational techniques (physiognomic-ecological classification, floristic-sociological classification). The presence of wood and grass associations characteristic of shell lime sites can be recognized. Special attention is drawn to the xerotherm vegetation, the vegetation on sites of previous landslip debris as well as to anthropogenically affected plant associations (such as Mittelwald). On the basis of this record suggestions concerning the care and maintenance measures for the protection of plant associations and biotopes are submitted.

Inhaltsübersicht

1. Einleitung

Die Graburg bildet unmittelbar südlich von Weißenborn einen vorgelagerten Teil des Ringgaus, einer charakteristischen Muschelkalklandschaft des Werra-Meißner-Gebietes.

Die Hochfläche und die Hänge sind zum größten Teil bewaldet. Im Bereich der Hangkanten und Bergsturzmassen treten daneben auch Gebüsch-, Offenwald- und Rasengesellschaften auf.

Einerseits sind im Gebiet somit relativ wenig oder kaum vom Menschen beeinflußte Gesellschaften vorhanden, andererseits ist die Auswirkung bestimmter Bewirtschaftungsformen (z.B. Mittelwaldbetrieb) vor allem auf der Hochfläche deutlich ausgeprägt.

Das bereits bestehende Naturschutzgebiet, das die Hochfläche und die oberen Hangbereiche umfaßt, besitzt aufgrund des Vorkommens zahlreicher seltener Pflanzenarten, die hier zum Teil nahe an ihrer Verbreitungsgrenze liegen, überregionale Bedeutung.

Die floristischen Besonderheiten des Gebietes sind bei den höheren Pflanzen recht gut bekannt. Zusammenfassende Angaben befinden sich hierzu bei FRÖLICH (1939), GRIMME, A. (1958) sowie mit Angaben von Neufunden aus jüngerer Zeit bei SAUER in HILLESHEIM-KIMMEL (1978:356f).

Über die im Gebiet vorkommenden Vegetationseinheiten liegen dagegen nur vereinzelte Angaben vor. Genannt seien an dieser Stelle veröffentlichte Aufnahmen von RÜHL (1967), WINTERHOFF (1965) und GRIMME, K. (1977). Auch die Angaben bei SAUER (1978:356f) sind hinsichtlich der Vegetationsverhältnisse recht allgemein und tabellarische Belege fehlen.

Eine möglichst vollständige Erfassung des floristischen Inventars und der vorkommenden Vegetationseinheiten als Grundlage für zu erarbeitende Vorschläge für Pflege- und Erhaltungsmaßnahmen sind das Ziel der vorliegenden Untersuchungen.

Wegen der geplanten Erweiterung des Naturschutzgebietes und der landschaftlichen Gegebenheiten (Wald-, Feld-Grenze) wurden diese Untersuchungen auf das obere Königental und die übrigen unteren Hangbereiche innerhalb des Waldes ausgedehnt.

2. Das Untersuchungsgebiet

Lage
Die Graburg liegt etwa 8 km südöstlich der Kreisstadt Eschwege am Nordrand des Ringgauplateaus. Die Hochfläche der Graburg besitzt mit knapp 515 m NN ihren höchsten Punkt an der westlich gelegenen Rabenkuppe (Abb. 1).

Geologie
Als geologische Formationen sind unterer und oberer Wellenkalk und oberer Buntsandstein (Röt) vertreten. Im Bereich der Wellenkalk-Schichtstufe sind die Hänge oft als senkrechte oder gestufte Felswände ausgebildet. Ansonsten überlagern Schuttmassen der Wellenkalke, die durch die bekannten Massenverlagerungen entstanden sind (ACKERMANN 1958:123f), den Buntsandsteinsockel.

Klimatische Verhältnisse
Nach dem KLIMAATLAS VON HESSEN (1950) beträgt der durchschnittliche Jahresniederschlag im Untersuchungsgebiet 650 bis 750 mm. Niederschlagsreichster Monat ist der Juli mit 80 bis 90 mm, die niederschlagsärmsten Monate sind Februar und März mit jeweils 40 bis 50 mm. Das Jahresmittel der Temperatur beträgt 7 bis 8° C. Die mittlere Julitemperatur liegt bei 15 bis 16° C, die mittlere

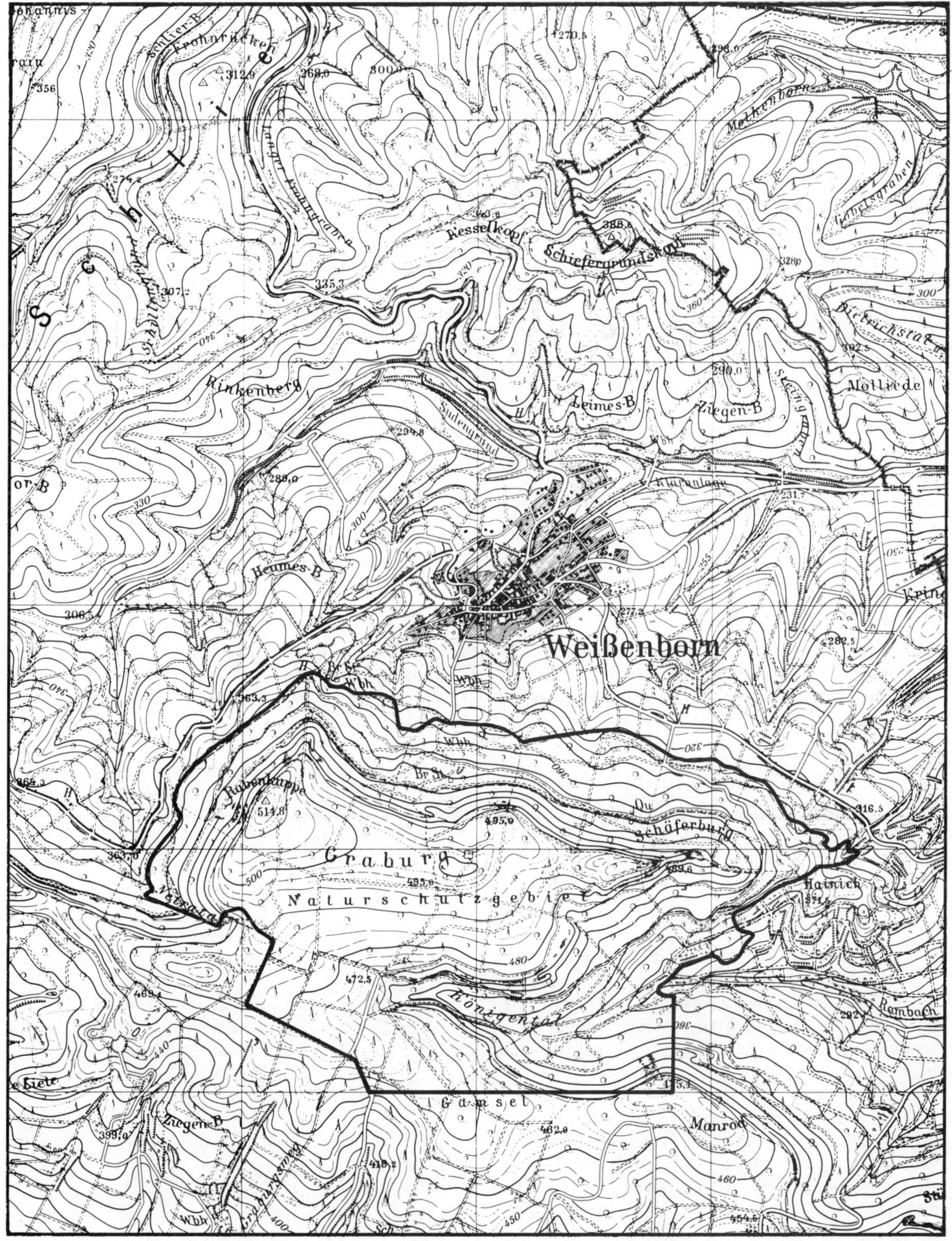

Abb. 1: Topographische Lage des Arbeitsgebietes „Graburg".

Januartemperatur bei -1 bis -2° C. Somit macht sich im Gebiet ein subatlantischer Klimaeinfluß bemerkbar.

Wasserverhältnisse
Das Niederschlagswasser wird (durch die südliche Neigung der geologischen Schichten bedingt) vor allem in das Königental abgeführt (MARTIN 1965: 79). Im unteren Teil des Königentals befinden sich die durch Tuffbildung gekennzeichneten Quellfluren des Rambachs, der nach Osten hin abfließt.

Böden
Die Böden sind im Untersuchungsgebiet vor allem durch mehr oder weniger tief verbraunte Rendzinen vertreten, die in Hanglage oft sehr flachgründig sind. An den Hangkanten kommen auch Kalkstein-Rohböden vor. Im südwestlichen Teil der Hochfläche tritt Parabraunerde auf (BETRIEBSWERK FORSTAMT REICHENSACHSEN).

Bewirtschaftung und Schutzverordnung
Die Hochfläche der Graburg und die oberen Teile der Steilhänge sind mit Schutzverordnung vom 25.5.1965 als Naturschutzgebiet ausgewiesen. Gestattet sind die rechtmäßige Ausübung der Jagd, die Nutzung der Hochfläche in Hochwaldform und Ausbau- und Instandsetzungsarbeiten an Forstwegen. Felshänge und Blößen sind Nichtwirtschaftswald (SAUER in HILLESHEIM-KIMMEL 1978:355). Somit sind im Untersuchungsgebiet überwiegend hochwaldartige Bestände mit entsprechenden Verjüngungsphasen vorhanden. Im östlichen Teil der Hochfläche sind niederwaldartige Flächen inselartig eingestreut. Der westliche Teil des Plateaus (ehemaliger Netraer Gemeindewald) wurde als Mittelwald bewirtschaftet.

3. Physiognomisch-ökologische Vegetationsgliederung

Bei der physiognomisch-ökologischen Vegetationsgliederung wird eine übersichtliche Darstellung der Vegetationsverhältnisse unter Einbeziehung ökologischer Gesichtspunkte angestrebt. Herangezogen werden dazu die in den jeweiligen Vegetationseinheiten dominierenden Gestalttypen.

Die hier gewählte Einteilung richtet sich im wesentlichen nach dem Bestimmungsschlüssel von REICHELT & WILMANNS (1973:101ff), der auf dem Vorschlag von ELLENBERG & MÜLLER-DOMBOIS (1967) basiert.

Die Grundeinheit der physiognomisch-ökologischen Gliederung ist die Formation. Da diese Formationen in der Regel recht weit gefaßte Einheiten sind, wurden vom Verfasser zusätzliche Unterteilungen vorgenommen, die das Auftreten dominierender Arten berücksichtigen (KÖNIG 1983:66f).

Hierdurch ist es möglich, die verschiedenen Vegetationseinheiten nach den gegebenen Standortverhältnissen und Bewirtschaftungsarten differenziert wiederzugeben. Diese Einheiten rangloser Art werden auch in der Legende zur Vegetationskarte angeführt und sind entsprechend mit + markiert.

Als Grundlage für die Vegetationskarte (als Beilage) dienten zwei Blätter der Luftbildkarte 1 : 5000 (entzerrte Luftbildaufnahmen).

Übersicht über die im Gebiet vorkommenden Vegetationseinheiten:

Formationsklasse: Geschlossene Wälder

Formation: Immergrüner Rundkronen-Nadelwald
Im Untersuchungsgebiet nur als angepflanzte Schwarzkiefernforste (*Pinus nigra*) vertreten

Formation: Immergrüner Kegelkronen-Nadelwald
Im Gebiet durch Fichtenforste (*Picea abies*) vertreten

Formation: Kältekahler Wald mit immergrünen Nadelbäumen

- \+ mit *Taxus baccata*
  Verbreitet an Steilhängen.
- \+ mit *Picea abies*
  Forstlich beeinflußter Bestand östlich der Schäferburg.
- \+ mit *Pinus sylvestris*
  Vor allem unterhalb der Bergstürze als Pionierwald, oft mit *Sorbus aria*.

Formation: Kältekahler Tieflagenwald der gemässigten Breiten

- \+ mit *Carpinus betulus*
  Hauptsächlich im ehemaligen Netraer Gemeindewald (Westteil der Hochfläche).
- \+ mit *Betula pendula* und *Populus tremula*

Als Restbestand in den beiden südlichen Abteilungen des Netraer Gemeindewaldes.

\+ mit *Larix decidua* und *Fraxinus excelsior*
Als Mischbestände oder ehemalige Niederwaldflächen im Ostteil der Hochfläche.

\+ mit *Fagus sylvatica*
Im Gebiet mit dem größten Flächenanteil vertreten und zahlreiche Gesellschaften bildend.

- reich an *Sesleria varia*
  An schuttreichen Steilhängen, vor allem in Südexposition. Bei genügend Lichteinfall auch in anderen Expositionen.
- reich an *Festuca altissima*
  Ausschließlich an steilen Hängen mit nördlicher Exposition. Als subatlantische Art feuchtere Standortverhältnisse anzeigend.

\+ artenarme Dickungen und Stangenholzbestände
Gesondert auskartiert, da eine nähere Charakterisierung kaum möglich ist.

\+ Ahorn-Eschen-Linden-Schuttwälder

- mit *Vincetoxicum hirundinaria*
  In südlicher Exposition unterhalb der Schäferburg, sowie unterhalb der Rabenkuppe.
- ohne *Vincetoxicum hirundinaria*
  An absonnigen Schutthalden im Bereich des Nordabfalls der Graburg und am Manrod.

\+ kältekahler Erlen-Eschenwald auf nassen Standorten
Nur im Bereich der Quellfluren im Könignetal und bachbegleitend am abfließenden Rambach ausgebildet.

Formationsklasse: Offene Wälder
Hier nicht weiter unterteilt, da an den Hangkanten relativ einheitlich mit *Fagus sylvatica, Sorbus aria* und *Taxus baccata* ausgebildet.

Formationsklasse: Gebüsche

Formation: Kältekahles Gebüsch im gemäßigten Klima

\+ offenes Schutthaldengebüsch
Im Bereich des Bergsturzes am Manrod und an der Rabenkuppe mit *Corylus avellana, Sorbus aria, Salix caprea* u.a. vertreten.

\+ geschlossenes Feldrandgebüsch
Am Rand des Untersuchungsgebietes unterhalb des Halbtrockenrasens mit *Prunus spinosa* ausgebildet.

Formationsklasse: Krautige Landpflanzengemeinschaften

Formation: Ruderal- und Kahlschlagflur
Wegen Kleinflächigkeit (Wegränder) oder schwieriger floristischer Differenzierung hier nicht weiter unterteilt.

Formationsgruppe: Grasflur mit Büschen

\+ mit *Sesleria varia*
Auf Schutthalden und Abwitterungshalden meistens kleinflächig ausgebildet. Eine ausführliche Unterteilung erfolgt aus Gründen der Übersicht im soziologischen Teil.

\+ mit *Juniperus communis*
Nur als kleinflächige Gesellschaft auf einer ehemaligen Weidefläche im Könignetal vorhanden.

\+ staudenreiche Feuchtwiese
Unterhalb des Waldrandes im Könignetal bachbegleitend. Bestimmend auftretende Arten sind: *Cirsium oleraceum, Angelica sylvestris* und *Filipendula ulmaria.*

Formation: Moosreiche Quellflur
Als tuffbildende Bestände von *Cratoneuron commutatum* kleinflächig im Könignetal ausgebildet.

\+ farnreiche Steinschuttflur
Ebenfalls kleinflächig unterhalb der Rabenkuppe. *Dryopteris robertiana* bildet hier auf beweglichem Schutt dichte Bestände.

4. Floristisch-soziologische Klassifizierung

4.1 Allgemeines und Vorgehensweise

Der Schwerpunkt der Arbeit zur Erfassung der im Gebiet vorkommenden Vegetationseinheiten lag bei der Anfertigung und Auswertung pflanzensoziologischer Aufnahmen nach der Methode von BRAUN-BLANQUET (1964).

Berücksichtigt wurden bei den Geländeaufnahmen Samenpflanzen, Farne, Moose und Großflechten.

Vertreter der beiden letztgenannten Gruppen konnten bei den Größen der Aufnahmeflächen zwangsläufig nur unvollständig berücksichtigt werden. Sie wurden zur Herausarbeitung von Einheiten daher auch nicht herangezogen und erscheinen jeweils am Schluß der Tabellen. In diesen Fällen sind auch die angegebenen Artmächtigkeitswerte nur als Anhaltswerte zu verstehen. Moose auf morschem Holz sind hier nicht berücksichtigt.

Die Aufnahmen im Gelände wurden unter Verwendung der neunteiligen Artmächtigkeitskala nach REICHELT & WILMANNS (1973:66) angefertigt.

Die Bedeutung der Artmächtigkeiten ist wie folgt:

5 Individuenzahl beliebig, Deckung 76 - 100 %
4 Individuenzahl beliebig, Deckung 51 - 75 %
3 Individuenzahl beliebig, Deckung 26 - 50 %
2b Individuenzahl beliebig, Deckung 16 - 25 %
2a Individuenzahl beliebig, Deckung 5 - 15 %
2m über 50 Individuen, Deckung unter 5 %
1 6 - 50 Individuen, Deckung unter 5 %
\+ 2 - 5 Individuen, Deckung unter 5 %
r 1 Individuum/Aufnahmefläche, auch außerhalb nur selten

Der Aufnahmezeitraum erstreckte sich von Juni bis September 1984. Ergänzend dazu wurden auch Beobachtungen aus dem Frühjahrsaspekt (Mai 1984) zur Auswertung herangezogen.

Die Zuordnung der Arten zu den höheren Einheiten erfolgte in der Regel nach OBERDORFER (1983). Arten, die an bestimmten Standorten gehäuft auftraten, wurden ranglos differenzierend als „Arten mit deutlichem Schwerpunkt" bezeichnet. Traten zufällige Arten oder Begleiter nur einmal in den endgültigen Tabellen auf, wurden sie am Ende der Tabellen aufgelistet.

4.2 Spezieller Teil

4.2.1 Melico-Fagetum (Tab. 1)

Diese Assoziation tritt im Untersuchungsgebiet auf der Hochfläche und auf leichter geneigten Hängen vorwiegend nördlicher Exposition auf. Die floristische Fassung erscheint zunächst schwierig, da sie kaum durch Arten gekennzeichnet ist, die nicht auch in anderen Waldgesellschaften auftreten. Dies gilt auch für die bezeichnende Art *Melica uniflora*, die z.B. von RUNGE (1980:249) als Charakterart angegeben wird.

Häufig auftretende Arten sind in dieser Gesellschaft *Hordelymus, europaeus, Galium odoratum, Lamium galeobdolon, Mercurialis perennis, Viola reichenbachiana, Hedera helix* und *Senecio fuchsii*. Die Standorte sind ausschließlich Muschelkalkverwitterungsböden oder kalkschutthaltige Rötmergel.

Nach den verschiedenen Standortverhältnissen lassen sich folgende Untereinheiten fassen:

Auf steileren nordexponierten Hängen treten *Dryopteris filix-mas, Festuca altissima, Actaea spicata* und *Convallaria majalis* auf, wobei die letzte Art schon Übergänge zum Carici-Fagetum anzeigt. HARTMANN (1974:90) erwähnt die miteinander verzahnten Subassoziationen Melico-Fagetum festucetosum und M.-F. dryopteridetosum, denen die absonnigen Bestände am Nordabfall der Graburg und im Könnigental vermutlich nahestehen.

Auf flach geneigten Hängen und auf der Hochfläche (östlicher Teil) treten häufiger *Phyteuma spicatum, Vicia sepium* und *Melica uniflora* auf. Diese Bestände sind dem Melico-Fagetum elymetosum, das WINTERHOFF (1963:28) auch von entsprechenden Standorten des Göttinger Waldes beschreibt, zuzuordnen.

Im Ostteil der Hochfläche ist kleinflächig ein geophytenreicher Bestand ausgebildet, der vor allem durch *Corydalis cava* gekennzeichnet ist (Melico-Fagetum allietosum).

Eine farnreiche Ausbildung mit *Dryopteris filix-mas* und *Athyrium filix-femina* befindet sich in einem Geländeeinschnitt in der Abteilung 37. Feuchte Ausbildungen mit *Impatiens noli-tangere* und *Circaea lutetiana* befinden sich dort, wo der Boden sikkerfrisch oder anthropogen (Wege, Fahrrinnen) verdichtet ist. Diese Bestände sind allerdings so eng mit dem umgebenden Melico-Fagetum verzahnt, daß sie sich nicht als eigene Gesellschaften fassen lassen.

4.2.2 Carici-Fagetum (Tab. 2)

Das Carici-Fagetum tritt vor allem auf stärker geneigten Hängen auf und ist expositionsbedingt in verschiedene Untereinheiten differenziert. Die trockensten Ausbildungen, die zum Lithospermo-Quercetum überleiten, sind als eigene Gruppe im nächsten Abschnitt behandelt.

Bei den Beständen, die in der Tab. 2 aufgeführt sind, handelt es sich um geschlossene Hochwaldbestände.

Die Charakter- und Differentialarten (Tab. 2) sind nach Angaben von WINTERHOFF (1965:174f) und RUNGE (1980:251f) aufgelistet.

Tab. 1: Melico-Fagetum.

Laufende Nummer	1	2	3	4	5	6	7	8	9	10	11	12	13	14	15	16	17	18	19	20	21	22
Aufnahme-Nummer	53	223	177	198	219	183	228	224	226	55	150	137	138	143	196	152	31	144	28	29	178	26
Größe der Fläche (m^2)	225	225	225	225	225	225	225	225	225	225	225	225	225	225	225	225	225	225	225	225	100	225
Exposition	N	N	N	N	N	N	N	N	N	N	NW	N	NW	N	N	NW	-	E	-	-	-	-
Neigung (°) (%)	30	20	25	25	15	30	30	20	5	5	20	15	25	20	10	10	-	10	-	-	-	-
Deckung der Baumschicht	70	75	85	85	80	75	80	85	85	75	80	85	75	85	85	80	80	85	80	60	80	75
Höhe der Baumschicht (m)	20	20	22	20	20	22	25	18	22	25	20	20	22	20	20	10	20	15	15	20	12	10
Baumschicht:																						
Fagus sylvatica	4	4	5	4	4	4	5	4	5	5	4	2b	4	5	5	5	4	2b	5	3	3	4
Acer pseudoplatanus				2a	2a							2b	2a					2b		2a		2a
Acer platanoides	2a	2a				2a		2a														
Quercus robur					2a						2b	3					2a	2a				
Fraxinus excelsior								2b										3			3	
Carpinus betulus				+								2a						+				
Strauchschicht:																						
Fagus sylvatica S		2a	2b		2a	+	2a		+		1	2a		2a	2a	+	+					+
Lonicera xylosteum	+	+	+			+	1		1	+	1					+	+					
Crataegus oxyacantha			+	r			+		+	+	1		+				+		+	2a		
Daphne mezereum	+		+		+	+	+		+	+	+					+				+		
Sambucus racemosa	+						1		+	1	+	1	3			+						
Fraxinus excelsior S	1						2a			+	+		1			1				1		
Acer pseudoplatanus S	+						1		1		+	+	1				+					
Vibirnum opulus									1		1			r								
Carpinus betulus S												+	+				+					
Rubus fruticosus												+	2b									
Rubus idaeus																	1			+		
Acer platanoides S	+									+												
Sorbus aria S					r				r													
Arten mit schwerpunktartigem Vorkommen:																						
Dryopteris filix-mas	+	1	1	+				+			r	+	2a					r	+			
Festuca altissima	1	2a	2a	2a	2a	1	1		+	+	+											
Actaea spicata	1	1	+	+		1	1	+	1													
Convallaria majalis	+		+		+	+	+		1										+			
Phyteuma spicatum	1						+		1	1	+	1	1	+	r	1	+	1	1	1		+
Vicia sepium									1	1	1	+	1	1	1	1		+	1	1	1	1
Melica uniflora		1	1										1	1		2m	1	1	2m	2b	1	
Fagion-Verbandscharakterarten:																						
Hordelymus europaeus		1	1	1	1	1	+	+	2a	1	1	+	1	+	1		2a	1	2m	2m	1	1
Galium odoratum		2m	2m		1	1	1		1	1	2m	1			2a	1	2m	1	1	1	1	
Luzula luzuloides										+		+	1				+					

Laufende Nummer	1	2	3	4	5	6	7	8	9	10	11	12	13	14	15	16	17	18	19	20	21	22
Carpinion- Verbands-charakterarten:																						
Galium sylvaticum		+	1		+		+		+	+	1			+	+		+	+		1		
Dactylis polygama									+					+	1		1	+		+		
Stellaria holostea					1												2m		1	1	1	
Fagetalia- Ordnungs-charakterarten:																						
Lamium galeobdolon	1		1		2m		1	1	1	2m	2a				+	2a	1	1	+	2m	1	1
Mercurialis perennis	4	2a	2m	+	+	2a	3			2m				1		4	2m		2a	2b	4	3
Viola reichenbachiana			+	1	1	+	+	+	+	1	1	+	1			1	1	1		1		
Lathyrus vernus					1	+			1	+	1			1	1		+			1	+	1
Scrophularia nodosa	r	+					+			+						+	+			+		
Milium effusum														+			2m	+		+	+	
Campanula trachelium	+									+	+							+		1		
Carex sylvatica									1		1		1					1				
Lilium martagon							+												+	+		1
Polygonatum multiflorum										1	r											+
Bromus benekenii										+	+											
Arum maculatum																					1	
Klassencharakterarten der Querco- Fagetea:																						
Hedera helix	1	1	1		1	+	2a		2a	1	1	+	2a	+	+			+	1	+		1
Poa nemoralis										+	1	+	+		1		1	1				
Anemone nemorosa																	+					1
Brachypodium sylvaticum						+																
Übrige Arten:																						
Acer pseudoplatanus K	1	1	1	1	1	1	1	1	2a	1		1	1	+	+	1		1	1	1		1
Fraxinus excelsior K		2a	2m	1	2a	1	1	2m	1			1	1	1	1			2a	1	2m	2m	2m
Fagus sylvatica K	1	1	1	1	+	+	1		1	1	1	1		+	1	+			+	+		+
Senecio fuchsii	1	1	1		1	1	1	+	+	1	1	1		r	1	+	1	+		+		
Acer platanoides K	+	+	+	+	+		+	1	+	1		+			r					+		+
Oxalis acetosella	2m	2a							1					1	2m	1	+	1				
Stachys sylvatica										1	1	1	1			+						
Mycelis muralis	+									1		r	+				+					
Fragaria vesca			+			+			1		1					+	1					
Impatiens noli- tangere		+								2m	1	+										
Galeopsis tetrahit					1							1	1					+				
Sorbus aucuparia K		+				1				+				r								
Ranunculus auricomus											+							+		+		+
Quercus robur K				r									1					+				

Fortsetzung Tabelle 1

Luzula pilosa									+			r			1							
Dryopteris carthusiana	r	r															+					
Athyrium filix- femina													2a		r							
Melica nutans											+											1
Acer campestre K									1	+												
Atropa bella- donna										+			1									
Galium aparine													+				1					
Epilobium montanum												r	1									
Tilia platyphyllos K			1				r															
Geranium robertianum										+		r										
<u>Moose</u>:																						
Hypnum cupressiforme	+		+		+	+		+		1									+			
Eurhynchium swartzii			+				+	+		+				+				+			+	
Isothecium alopecuroides				+				+		+				+					+			
Plagiochila porelloides							+	+						+				+	r			
Schistidium apocarpum					1		1	1											+			
Fissidens taxifolius	+					+		+										1				
Ctenidium molluscum						+	+												+			
Fissidens cristatus				+			+	+														
Pohlia nutans	+		1																			
Brachythecium rutabulum	1				+																	
Bryum capillare s.l.	+													+								
Tortella tortuosa					+	+																
Amblystegium serpens														+				+				
Amblystegium juratzkanum				+				+														
Brachythecium populeum														+					+			

Außerdem:
In 1: Arctium nemorosum r. In 2: Ulmus glabra K r, Sambucus nigra +. In 3: Polytrichum formosum +. In 5: Amblystegiella confervoides +. In 7: Carex digitata + . In 8: Taxus baccata B 2b, Plagiothecium platyphyllum +. In 9: Sorbus torminalis S +. In 10: Veronica chamaedrys +, Alliaria petiolata +, Cardamine impatiens 1, Ranunculus repens +, Chelidonium majus r. In 11: Cornus sanguinea +, Acer campestre S +, Corylus avellana r, Sanicula europaea +, Hieracium lachenalii +. In 12: Circaea lutetiana +. In 13: Epilobium angustifolium 1. In 14: Cephalanthera rubra r, Clematis vitalba r, Pedinophyllum interruptum +. In 15: Neottia nidus- avis r, Taxus baccata K r. In 17: Rosa canina +, Sorbus aucuparia S +, Moehringia trinervia +. In 18: Geum urbanum +, Eurhynchium striatum1, Mnium marginatum +. In 19: Plagiomnium cuspidatum +. In 20: Sorbus torminalis B 2a, Campanula rapunculoides r, Hypericum perforatum +. In 22: Hypericum hirsutum 1.

Tab. 2: Carici-Fagetum.

Laufende Nummer	1	2	3	4	5	6	7	8	9	10	11	12	13	14	15	16	17	18	19	20	21	22
Aufnahme-Nummer	151	59	166	54	211	165	46	230	49	193	45	62	63	64	76	44	85	91	164	71	111	139
Größe der Fläche (m^2)	225	225	225	225	225	225	225	225	225	225	225	225	225	225	225	225	225	225	225	100	225	225
Exposition	NW	NW	W	N	NW	W	N	N	N	N	N	SW	SE	S	S	N	W	W	W	S	S	S
Neigung (°)	30	30	20	20	20	20	20	20	25	30	15	20	25	30	15	5	15	5	25	40	30	15
Deckung d. Baumschicht (%)	70	70	70	75	75	70	75	60	80	80	80	80	75	70	75	70	75	80	75	70	80	85
Höhe der Baumschicht (m)	20	20	20	20	20	20	20	20	20	20	20	20	10	20	25	25	10	10	15	15	15	15
Baumschicht:																						
Fagus sylvatica	4	5	4	5	4	4	4	4	5	5	5	4	4	4	4	4	4	5	4	4	5	5
Acer pseudoplatanus		+			+	2a						2a	2a	2a					2a			
Acer platanoides							2a					2a			2a				2a		2a	
Fraxinus excelsior															2a					2a		
Sorbus torminalis						+										+						
Pinus sylvestris																	+					+
Strauchschicht:																						
Daphne mezereum	+	+	+	1	1	+	+	+	1	1	+	+	+	+	+	+	+	+	1		+	+
Lonicera xylosteum	+	+	+	+	+	+	1	+	+	+	1	+	+	+	1	1	r					
Vibirnum opulus		+		+	+				1	+	+	1	1	+	+	+	+		+			+
Fagus sylvatica S	+				2a		1	2a		+	1	+	+		+	1	2a		+			+
Crataegus oxyacantha				+	+	+			+		+	+	1	+	+	+	+					
Rosa canina				+	r	+						+	+	+	+	+	+		+	+	+	
Fraxinus excelsior S	+			+	1		+	1	+			1			1	1						
Sorbus aria S								1		2a	+	r		+	+			2a	2a			
Cornus sanguinea											+	+	1	+	+	1	1				+	
Sambucus racemosa	1		1		2a			+	+							+						
Acer pseudoplatanus S	+						+		1		1					+						
Acer platanoides S							+		1			+				+				+		
Acer campestre S									+				+		+	1						
Rubus idaeus	+	+		+	+																	
Sorbus aucuparia S							+		1													
Sorbus torminalis S												+										+
Rosa cf. tomentosa															r							+
Charakter- und Differentialarten des Carici-Fagetum:																						
Convallaria majalis (?)		1	1	2m	2m	2m	2m	2m	2m	1	1	1	2m	1	1	1	2m	1	2m	1	2m	1
Sesleria varia		+		1	+	+	2m	2b	1	2b	1	3	2a	3	1		1	1	1.	1	1	
Carex digitata	1	+	+		1	+				1	+	(+)	+	+	+	+	+	+	1	1		
Vincetoxicum hirund.				+	1					+	+	1	1	1	1	1	1	1	1	1	1	
Hieracium sylvaticum							1	1		2m	+	1	1		+	+		1	1	1	2m	
Epipactis atrorubens					1	+	r			+		+		1	+	+	+	+	+	+		
Cephalanthera rubra	+							+	+		+	+	+			+	+					+
Laserpitium latifolium												1	1	1	+		1		+	1	1	
Neottia nidus- avis							+		+		+	r		r	1			+				+
Carex montana												+	1	1	1	1						+
Cephalanthera damasonium													+	+	+		r				+	+

Fortsetzung Tabelle 2

Trennarten:																						
Actaea spicata				1	1	+	+	+	+	1	+			+								
Festuca altissima				1	1			1														
Ordnungs- und Verbands-charakterarten der Fagetalia und des Fagion (incl. Carpinion):																						
Mercurialis perennis	2a	3	1	2a	1	1	+	1	2b	1		1		1	1			+	2m		2m	+
Galium sylvaticum	1	+		+	1	+	1		+	1	1	1	+		1	+			1			1
Hordelymus europaeus	1		2m			1	+	1	+		+	1	1	1	1	+			+			1
Viola reichenbachiana	2a	1	1	1	1	1			1			1			1	1					1	+
Campanula trachelium	+	+		+	+	+			+				+	+	+						+	
Galium odoratum		+		1	+			1	1		1		1			2m		+				
Lathyrus vernus					+	1	1		+		+		1			1	+				+	
Phyteuma spicatum	+	1		+					1		1		+			1						
Lamium galeobdolon	1	1	1		1				1							1						
Luzula luzuloides			+					1	1		1					1						
Bromus benekenii			1	1		1						+	+									
Lilium martagon	r													r				r		r	+	
Dactylis polygama	+		+		2m											+						
Scrophularia nodosa	1	+	1		+																	
Sanicula europaea								+			1					1						
Carex sylvatica																+						
Epipactis helleborine						+																
Polygonatum multiflorum		+																		r		
Melica uniflora			2m		1																1	
Charakterarten der Querco- Fagetea:																						
Hedera helix	1	1	1	1	1	1	1	1	1		2m	1	1	1	1	1	1		1		1	+
Anemone nemorosa	+			+	+	r			+		1					+			+		1	
Brachypodium sylvaticum			(1)					1				1	1	1	1	1						
Poa nemoralis			+	+	1											2m						

Fortsetzung Tab. 2

Laufende Nummer	1	2	3	4	5	6	7	8	9	10	11	12	13	14	15	16	17	18	19	20	21	22
Übrige Arten:																						
Acer pseudoplatanus K	1	1	1	1	1	1	1	1		1	1	1		+	1	1	+	1	1	1	1	1
Fagus sylvatica K	+		1	1	1	1	+	1	+			1	+		1		+	+	+	+	1	+
Mycelis muralis	+	+	+			1	1	1	+	+		1	+	+	+	+	+		1	+	+	
Senecio fuchsii	+			+	1	+	+		+	1	+	+	+	+	1	1			1	1	1	
Fraxinus excelsior K	+	1			1	1	1			1	1			1	1			1	1	1	1	1
Melica nutans		1	(+)	1		1			+	1	1	1	1		1	2m			1			
Acer platanoides K				1	1	+	1	1		+	+			+	+				1	1	+	
Taraxacum officinale				r	+	+	+	1				+		+		1	+		1	+		
Fragaria vesca				1	1		1				1		1	1	1	1	1					
Sorbus aucuparia K	+			+	1					1	1		+	+					r		+	
Euphorbia cyparissias	1	r				r	+	1					+	1						+		
Taxus baccata K	r				r		+	+				+		1			r	+				
Bromus ramosus	1			+	1				+		+					2m						
Clematis vitalba	+		+		+			+						+			1					
Brachypodium pinnatum												1	2m	2m	2m		1					
Acer campestre K						+					+		+				+					+
Primula veris s.l.												1		1		+					1	
Epilobium angustifolium	1		+				1									r						
Epilobium montanum	+		+			r										+						
Campanula rapunculoides				+		+						+										
Stachys sylvatica	+	+		+																		
Hypericum hirsutum		+		+	+																	
Sorbus aria K					+							+					+					
Arctium nemorosum				r								r		+								
Quercus petraea K						r		+									r					
Gymnocarpium robertianum							1			+												
Carex flacca							1										+					
Atropa bella- donna	1		+																			
Aquilegia vulgaris												+			+							
Sorbus torminalis K																+					+	
Cirsium vulgare			+		r																	

Fortsetzung Tabelle 2

Moose und Flechten:																						
Hypnum cupressiforme	+	1		1		+	1	1		2a		+	1	1	1			1				+
Pohlia nutans		+	+		+	+	+			+		+	+	+	1				+		+	
Schistidium apocarpum			1			1		2m		1	1	1	1		1			1	2m			1
Bryum capillare s.l.		+		+			+	+		+			+				+	+	+		+	
Eurhynchium swartzii			+	+		+	+		+		+	+					+		+		+	
Tortella tortuosa							1	+		+	+	1	+	1			1					
Amblystegium serpens		+		+			+						+		+			+	1		+	+
Ctenidium molluscum			+			1	1	1		2b							1	1	1			
Plagiochila porelloides						+	+	+	+	1	+							1				
Isothecium alopecuroides		+	+	+		+	+	+	+		+											
Fissidens cristatus							+	1		1							+	+				
Dicranum scoparium								+		1				+	+			+				
Pedinophyllum interruptum				+			+											+				
Homalothecium lutescens								+										+	+			
Fissidens taxifolius				1	+																	
Homalothecium sericeum						+														+		
Brachythecium populeum	+														+							
Neckera complanata	+												+									
Peltigera canina										+								+				
Porella platyphylla													+							+		

Außerdem:
In 1: Impatiens noli- tangere 1, Cardamine impatiens 1, Salix caprea K r, Sonchus oleraceus +, Metzgeria furcata +. In 3: Galeopsis tetrahit 1, Galium aparine r, Cirsium arvense +. In 4: Oxalis acetosella +. In 5: Cypripedium calceolus 1, Gentiana ciliata 1. In 7: Taxus baccata B 2a, Rhizomnium punctatum +, Eurhynchium striatum +. In 9: Heracleum sphondyleum r. In 11: Mnium marginatum +. In 12: Epipactis cf.microphylla r. In 13: Quercus petraea B 2a, Campanula persicifolia +, Melampyrum pratense 1. In 14 Sanguisorba minor +. In 16: Corylus avellana +, Veronica chamaedrys +, Luzula pilosa +, Pimpinella major r, Prunus avium K r, Carex muricata s.l. r, Prunus spinosa +, Dactylis glomerata r. In 17: Pyrus pyraster S r, Frangula alnus S +, Rubus fruticosus 1, Origanum vulgare +, Alliaria petiolata +, Pteridium aquilinum 2a, Galium mollugo s.l. +, Linum catharticum +. In 18: Sorbus torminalis S r, Thuidium delicatulum +. In 19: Carex humilis +, Aegopodium podagraria +, Dicranella heteromalla +. In 20: Anthericum liliago +, Tilia plytyphyllos K +, Picris hieracioides +, Tortula subulata +. In 21: Arabis brassica +.

Die Bestände der Aufnahmen 1 bis 3 am Westabfall des Plateaus lassen sich nur schwer vom Melico-Fagetum abtrennen. Beide Assoziationen sind im Gebiet eng miteinander verzahnt.

Die Aufnahmen 4 bis 11 sind durch *Actaea spicata* und *Festuca altissima* gekennzeichnet. Wie beim Melico-Fagetum handelt es sich vorwiegend um Flächen mit steiler Nordexposition. Diese Gesellschaft läßt sich der Subassoziation von *Actaea spicata* zuordnen, die WINTERHOFF (1963:32f) vom Göttinger Wald beschreibt.

Die übrigen Aufnahmen (12 bis 22) geben die Verhältnisse vor allem auf südlich und westlich exponierten Flächen wieder. Hier treten hochstet *Cephalanthera damasonium, Carex montana* und *Laserpitium latifolium* hinzu. Die einzige nördlich exponierte Fläche erhält durch Schlaglücken von Süden und Westen her Sonnenlicht.

Auffallend ist in fast allen Aufnahmen das starke Auftreten von *Sesleria varia*. Diese Art kann aber kaum als Kennart bewertet werden (siehe Seslerio-Fagetum in ELLENBERG 1982:136). Die Beobachtung von WINTERHOFF (1963:34), daß *Sesleria varia* in verschiedenen Ausbildungen des Carici-Fagetum auftritt, sofern im Gebiet auch offene Rasenflächen vorhanden sind, kann durch die Verhältnisse an der Graburg bestätigt werden.

4.2.3 Xerotherme Laubmischwälder (Tab. 3)

Diese Vegetationseinheit wurde ranglos belassen, da eine klare syntaxonomische Zuordnung kaum möglich ist.

Der Begriff „xerotherm" ist hier ausschließlich mikroklimatisch und edaphisch aufzufassen. Es handelt sich vorwiegend um lückige Bestände, die an den Kantenbereichen des Muschelkalkplateaus auftreten. Neben der Rotbuche, die in der Regel bereits dicht über der Stammbasis verzweigt ist, tritt vor allem *Sorbus aria* stärker deckend auf. Die Baumschicht ist insgesamt nur niedrig ausgebildet und geht in die Strauchschicht über. Oft sind die Bestände mosaikartig durch Rasenflächen unterbrochen, wodurch es häufig unmöglich war, homogene Aufnahmeflächen zu erhalten. Eine deutliche Differenzierung in Mantel- oder Saumbestände war hier nicht erkennbar, wenn man von einem fragmentarisch ausgebildeten *Geranium sanguineum*-Saum auf der Schäferburg absieht.

Die soziologische Eigenständigkeit der thermophilen Säume (Verband Geranion sanguinei), die vor allem von MÜLLER (1962:96ff) begründet wurde, wird z.B. von JAKUCS (1970:29ff) bestritten, der diese Arten zu den wärmeliebenden Eichenmischwäldern stellt. KNAPP (1980:188f) bemerkt hierzu, daß sich echte Staudensäume unter subozeanischen Klimabedingungen formieren, unter subkontinentalen Klimabedingungen dagegen nicht. Demnach wären solche Säume im Untersuchungsgebiet zu erwarten. Die kleinflächige Verzahnung dieser Gesellschaften ist im Untersuchungsgebiet jedoch extrem eng.

Die syntaxonomische Zuordnung der Arten folgt indessen MÜLLER (1962:98f) und WINTHERHOFF (1965:159ff).

Eine soziologische Einordnung der Bestände kann an dieser Stelle nur andiskutiert werden, gut gefaßte Assoziationen liegen hier nicht vor.

Die Zuordnung zum Lithospermo-Quercetum erscheint allenfalls bei den Aufnahmen 3 bis 13 möglich. Hier treten auch gehäuft die Arten des Geranion-Verbandes auf. *Quercus pubescens* selbst ist nur noch in einem Exemplar vertreten (Stockausschlag!). FÖRSTER (1968b:270, 277) weist auf den Reliktcharakter der Eichenmischwälder des mittleren Werratals hin, in denen die Buche immer stärker dominiert. Eine Zuordnung zum Carici-Fagetum erscheint genauso gut möglich. MOOR (1972:46f) beschreibt floristisch und physiognomisch ähnliche Bestände aus dem Schweizer Jura als Carici-Fagetum seslerietosum bzw. als Carici-Fagetum caricetosum humilis.

Die Aufnahmen 1 und 2 geben eine Ausbildung des Carici-Fagetum wieder, in der *Lithospermum purppurocaeruleum* faziesbildend auftritt. *Lithospermum purpurocaeruleum* selbst kann kaum als Kennart der wärmeliebenden Eichenmischwälder gewertet werden, da diese Art ihren Schwerpunkt in gestörten, mesophileren Laubmischwäldern besitzt (KNAPP 1980:184).

Die Aufnahmen 14 bis 20 sind durch das Vorkommen von *Arabis brassica* und *Bupleurum longifolium* gekennzeichnet. Den letzten Aufnahmen fehlen diese. Hierdurch wird der mesophilere Charakter der Standorte an der Rabenkuppe und an den nordexponierten Hangkanten deutlich. Diese Bestände fallen allerdings immer noch durch die niedrigwüchsige Baumschicht und die relativ hohen Artmächtigkeiten von *Sorbus aria* auf.

4.2.4 Vincetoxico-Tilietum (Tab. 4)

Bei dieser Assoziation handelt es sich um buchenarme Wälder, die vor allem auf teilweise noch beweg-

Tab. 3: Xerotherme Laubmischwälder (Übergänge vom Carici-Fagetum zum Lithospermo-Quercetum).

Laufende Nummer	1	2	3	4	5	6	7	8	9	10	11	12	13	14	15	16	17	18	19	20	21	22	23
Aufnahme-Nummer	72	73	119	112	114	116	118	153	75	78	82	81	84	105	106	57	58	197	212	56	110	194	220
Größe der Fläche (m^2)	100	100	150	100	150	50	70	225	112	135	60	70	100	105	72	100	100	80	72	100	96	100	100
Exposition	-	-	S	S	S	S	S	W	S	S	S	-	S	NW	W	W	W	N	W	NW	N	N	N
Neigung (^{o})	-	-	30	30	30	30	20	20	20	20	20	-	20	20	20	30	30	30	30	20	20	20	20
(%) Deckung der Baumschicht	50	70	75	60	70	80	80	75	75	65	75	70	40	50	75	75	70	50	70	75	60	80	80
Höhe der Baumschicht (m)	15	15	10	6	6	8	8	15	10	15	6	5	18	6	6	5	7	5	8	6	8	8	15
Baumschicht:																							
Fagus sylvatica	4	4	4	2a	4	4	4	3	4	4	2b	4	3	3	2a	3	4	2b	3	4	2b	3	3
Sorbus aria			2a	2b	2a	2a	2a	2a	+	+	+	2a	+	2a	2a	2a	+	2a	2a		2a	2b	2a
Quercus petraea			2a		2a	2a	+	2a			2b		+	+	2a	2a			2a		2a		
Tilia platyphyllos											2a			+		+	2a		2a	2a	+		2b
Sorbus torminalis			+			+		2a	2a													2a	
Carpinus betulus											2b			+	3						3		
Sorbus aucuparia						2a					+										+		2a
Acer platanoides											+						+			2a			
Fraxinus excelsior		2a												+									
Acer pseudoplatanus									+									+					
Acer campestre			+													2a							
Tilia cordata														2a									
Strauchschicht:																							
Crataegus oxyacantha	+	+	+	2a	+	2a	+	+	+	+		+	+	2a	2a	+	+	+		+	+	r	2a
Cornus sanguinea			+	+	+		+		+	+	+	+	+	+	+			1	+		+	1	+
Rosa canina	+	+	+		+		+		+			+	+	1		+	+	+	+	1	+		
Daphne mezereum	+	+	+			+		+							r	+		+	+	+	+	+	+
Lonicera xylosteum								+	+	+		+				+	+		+	+	+		
Acer campestre S	+		+			+		+	2a	+													
Fagus sylvatica S								+		+			+	+			+			+			
Vibirnum opulus			+				+											+			+	+	+
Taxus baccata S				2a			+					+									+	2a	
Fraxinus excelsior S	+											+	+		+						1		
Sorbus aucuparia S												+	+					+					+
Corylus avellana											+				+			+			+		
Acer platanoides S									+	+			+								+		
Rhamnus catharticus					+		+						+										
Pyrus pyraster						2a									+	r							
Ribes alpinum								r								+					r		
Rosa cf.tomentosa								+							+								
Sambucus racemosa															r			r					
Crataegus monogyna																			r		r		
Sorbus torminalis S			+						+												+		

Fortsetzung Tabelle 3

Laufende Nummer	1	2	3	4	5	6	7	8	9	10	11	12	13	14	15	16	17	18	19	20	21	22	23
Kennarten des Litho- spermo- Quercetum:																							
Arabis brassica					1				1					1	2m	1	1	+	1	1			
Bupleurum longifolium			r											1	1	r	+				+		
Carex humilis			1	2a	1	2b	2a	1															
Viola hirta				+	+				+				r										
Campanula persicifolia			+						1	1	1												
Lithospermum purpuro- caeruleum	2b	2a	1																				
Anthericum liliago											+	1	+										
Quercus pubescens													r										
Arten des Verbandes Geranion sanguinei:																							
Laserpitium latifolium		+	1	1	1	+	1	+	+	+	+	1	1	1	1	r	+		+		1		
Campanula rapunculoides									1	1			1	1		1	1		1	1	1		1
Libanotis pyrenaica				1	1		+			+	+	1	1										
Polygonatum odoratum				1	2m							1	1										
Geranium sanguineum												1	+										
Coronilla coronata													1										
Arten der Trockenrasen- gesellschaften:																							
Sesleria varia		+	2a	2a	2b	1	2a	1	1	1	1	2a	2a	2a	+	1	1	2a	1	1	1	3	
Pimpinella saxifraga				1	+	1	+		+	1		1	1	1				+			r		
Euphorbia cyparissias			1	1	1	1					1		+	1	+	r			1				
Brachypodium pinnatum				1	1	+					1	+	1	2m							1		
Lotus corniculatus				1	+						+	1											
Carduus defloratus				1	1							+	+										
Polygala amara				+								+						+					
Linum catharticum				+								+			+								
Coronilla vaginalis				+								1											
Cirsium acaule				+	r																		
Weitere Arten der Saumgesellschaften:																							
Hypericum perforatum									+		1							+					
Origanum vulgare						+															1		
Veronica chamaedrys	+									1													
Silene nutans									+		1												
Astragalus glyciphyllos									+	+													

Fortsetzung Tabelle 3

Fagion- Verbands-charakterarten:																							
Hordelymus europaeus		1	1					1							1		+				1		+
Galium odoratum										1										1			
Carpinion-Verbands-charakterarten:																							
Galium sylvaticum									+	1				1	+	1	+	+			1	1	1
Dactylis polygama	+								1	1					1	+				1	+		
Charakterarten des Carici- Fagetum:																							
Carex digitata								1			r					+				+			
Cephalanthera damasonium			+		+																		
Neottia nidus- avis							+																
Fagetalia- Ordnungs-charakterarten:																							
Mercurialis perennis	+	+	1		1			+	+	1				1	2a	2m				2a	2m	1	1
Lathyrus vernus	1		+			+		+						+	+	+	1	1		+	+		+
Viola reichenbachiana			1											1	+	+	1				1		1
Campanula trachelium									1	1				+		+	+			1			1
Melica uniflora	1													1	1	1	1	1					
Phyteuma spicatum								+						+				+		+	1		+
Bromus benekenii	+	1						+	1	+													+
Sanicula europaea	1	+								+					+			+					
Lamium galeobdolon														+	+		+						
Lilium martagon					r								1		r		+						
Epipactis helleborine									r			r	r										
Querco- Fagetea- Klassen-charakterarten:																							
Hedera helix	1	1	+			+		1	1	1				1	1	1	1		1	1	1	1	1
Poa nemoralis									2m	1	1	1	1		+			1					+
Anemone nemorosa			+		+											1	1			1			
Brachypodium sylvaticum		+	+					+	+				+										

Fortsetzung Tabelle 3

Laufende Nummer	1	2	3	4	5	6	7	8	9	10	11	12	13	14	15	16	17	18	19	20	21	22	23
Übrige Arten:																							
Convallaria majalis	1	1	1	1	2m	1	1	1	1	+	1	1	1		1	2m	1	1	1	2m	1	2m	1
Hieracium sylvaticum			1		1	1	+	1	1	1	1	+	1	1	1	1	2a	2m	1	1	1	2m	2a
Acer pseudoplatanus K	1	1	1	1	1	1	1	1	1	1	1	1	1	1		1	+	1	1		1	1	1
Fraxinus excelsior K	1	1	1	1	1		1	1	1	1	+			1	2m	1	1		1	1	2m	1	1
Vincetoxicum hirundinaria	1	+	1	2a	2a	1	1	1	+	+	1	1	1		1	+	1		+	+			+
Fragaria vesca			1		1	+		1	1	1	1	1	1	1	1		1	1	1	1	1	+	1
Solidago virgaurea	+	1		+	1	+			1	1	+	+		1	1	+	+		1	+	+	+	1
Taraxacum officinale			+		+		+	+	+	+		+	1	1	+	+	+	+		+	1		+
Mycelis muralis	1	1						1	1	1			+		+	1	1	1	1	1	+		+
Taxus baccata K			+		+	+	+			r		+		+		+			+	+	+	1	
Primula veris s.l.		+	1		+				1	+		+	+	+	+	+	+						
Acer platanoides K	1	1			1				+	1			+	+	+			1			+		+
Epipactis atrorubens			+	1	1	+	+		+				+	r		+		+					r
Sorbus aucuparia K			+					+	+		+					+	+			+	+	1	
Clematis vitalba	1	+		+	+				+	+					+						r		
Melica nutans			1				+						+				1			1	1		1
Senecio fuchsii					+			+	+	+						+					1		1
Acer campestre K	+		+					+	+		+					+	+						
Arabis hirsuta									1	1	1		r		r					1			
Actaea spicata								r								+			+	+		+	+
Agropyron caninum									+					+	+		+			1			
Sorbus torminalis K		+			r					+												1	
Fagus sylvatica K			+				+									+							
Sorbus aria K				+			+													+			
Festuca ovina								r			+											r	
Arctium nemorosum										r				r							r		
Vicia sepium	1							r	1	1													
Arenaria sepyllifolia									1	1	1												
Pimpinella major													1							r			
Epilobium angustifolium										+					+								
Hieracium lachenalii								+					+										
Ranunculus auricomus														+		r							
Plantago major												+	r										
Gymnadenia conopsea							+					r											
Geum urbanum	+								+														

Fortsetzung Tabelle 3

Moose und Flechten:	[1]	[2]	[3]	[4]	[5]	[6]	[7]	[8]	[9]	[10]	[11]	[12]	[13]	[14]	[15]	[16]	[17]	[18]	[19]	[20]	[21]	[22]	[23]
Hypnum cupressiforme	1	1	+		+				1	+	+	+	+	1		1	1	1	1	1	+	1	
Pohlia nutans		1	+	+	+	1	+		1		+	+	1			+	+			+	+	1	+
Ctenidium molluscum		+	+	1			+	1						1				1	1	1	1	1	
Dicranum scoparium		+				+	+	+				+		+				1		+	+	+	
Tortella tortuosa			+	+			+							1		1		+	+		+	1	
Fissidens cristatus		+			+		+					+		+				1	+			+	
Amblystegium serpens		+	+		+		+		+		+					+	+						
Homalothecium sericeum		+	+						+	+		+		+		+					+		
Bryum capillare		+		+								+				+		1	+				
Eurhynchium swartzii				+		+		+	+	+				+									
Isothecium alopecuroides																+		+		+	+		
Polytrichum formosum							+									r				+	+		
Fissidens taxifolius			+	+																	1		
Homalothecium lutescens							+	+											+				
Plagiochila porelloides																		+			+	r	
Peltigera canina								+														1	
Rhynchostegium murale			+						+														
Brachythecium populeum			+											+									
Encalypta streptocarpa							+												+				
Tortula subulata				+						+													
Thuidium delicatulum																		+				+	
Neckera crispa												+										+	
Plagiomnium affine									r												+		

Außerdem:

In 1: Brachythecium rutabulum +. In 2: Tilia cordata K +. In 3: Melampyrum pratense r, Plagiomnium rostratum +, Ligustrum vulgare r. In 4: Pinus sylvestris +, Sanguisorba minor +, Scabiosa columbaria 1, Schistidium apocarpum 1. In 5: Plagiomnium cuspidatum +. In 7: Thymus pulegioides +. In 8: Maianthemum bifolium 1,Epipactis cf.microphylla r. In 9: Lactuca cf.virosa r, Cerastium holosteoides +, Clinopodium vulgare 1, Poa compressa 1, Stellaria media +, Festuca rubra +. In 10: Anthemis tinctoria 1, Microthlaspi perfoliatum 1, Aethusa cynapium +, Verbascum thapsus +, Mnium marginatum +. In 11: Trifolium medium 1,Trifolium pratense +. In 12: Cotoneaster integerrimus +, Hippocrepis comosa +, Galium mollugo 1, Bryoerythrophyllum recurvirostre +. In 13: Inula conyza 1, Ceratodon purpureus +. In 16: Neckera complanata +. In 17: Polygonatum multiflorum +, Anemone ranunculoides +,Chaerophylllum temulum r,cf.Brachythecium velutinum +. In 18: Carpinus betulus K +, cf.Brassicaceae +. In 19: Hypericum hirsutum +, Senecio erucifolius r. In 20: Epilobium montanum +. In 21: Melampyrum nemorosum 1, Carex sylvatica 1, Bromus ramosus 1, Plantago lanceolata r, Calliergonella cuspidata r. In 22: Metzgeria furcata +, Dicranella heteromalla +,Brachythecium glareosum r. In 23: Quercus petraea K +.

Tab. 4: Vincetoxico-Tilietum

Laufende Nummer	1	2	3	4	5	6	7	8	9	10	11
Aufnahme-Nummer	69	70	77	100	120	92	101	108	204	206	209
Größe der Fläche (m^2)	225	225	225	48	225	150	70	100	75	100	100
Exposition	S	S	S	-	S	W	W	W	W	W	W
Neigung (°) (%)	35	35	40	-	35	35	30	30	-	20	30
Deckung der Baumschicht	75	75	80	15	75	75	80	50	75	70	70
Höhe der Baumschicht (m)	20	20	20	8	20	10	8	10	10	10	10
<u>Baumschicht:</u>											
Tilia platyphyllos	4	2b	2b		4	3	4		3	2a	3
Acer pseudoplatanus	2a	3			2a		2b	3	2b	3	2a
Fraxinus excelsior	2a		2b	2a						3	
Fagus sylvatica			+		2a	3				2a	
Sorbus aria							2a	2a			
<u>Arten mit deutlichem Schwerpunkt:</u>											
Clematis vitalba	1	2a	2a	2b	+	(+)	+	2a	+	+	+
Convallaria majalis	1	1	1	1	1	1	1	1	1	1	1
Vincetoxicum hirundinaria	1	1	1	+	1	1	1	1	1	1	1
Corylus avellana	+		2a	2b		2a	2a	2a	+	+	2a
<u>Fagetalia- Ordnungscharakterarten:</u>											
Mercurialis perennis	2m	1	+			1		1	2a	1	
Melica uniflora	1			1					1	1	
Lamium galeobdolon	1	1	(1)								
Carex sylvatica			1								
Bromus benekenii										1	
Daphne mezereum								+			
Epipactis helleborine										r	
Arum maculatum									+		
<u>Charakterarten der Querco- Fagetea:</u>											
Hedera helix	1		1	1	+		1	+		1	
Lonicera xylosteum	+	+		+	+	+		+			
Poa nemoralis			+					+	1	1	
Brachypodium sylvaticum			1								
<u>Übrige Sträucher und Jungwuchs von Bäumen:</u>											
Sorbus aria						+		+		+	2b
Cornus sanguinea				+		+		+		+	+
Sambucus racemosa	+	+	+					+			
Rosa canina					+	+		+		r	
Tilia platyphyllos	+				+	2a	+				
Acer pseudoplatanus	+	+	+		+						
Sambucus nigra		+	+					+			
<u>Übrige Arten:</u>											
Fraxinus excelsior K	1	1	2m	2m	+	+		1	1	1	
Acer pseudoplatanus K	1	1	1		1	1	1	1	1	1	
Senecio fuchsii	+	+	1		+	1		+	1	1	
Sesleria varia					1	1	1	1	+	2a	2a
Mycelis muralis	1	1	+			1		+		1	
Taxus baccata K					+	+	1	+		r	+
Hieracium sylvaticum						1	1	1		2m	
Acer platanoides K	1	+	+		+						
Taraxacum officinale			+			+	+			+	
Epipactis atrorubens	r				r					+	+
Geranium robertianum	+		+					1			
Carex digitata						+				1	+
Gymnocarpium robertianum						+					1
Brachypodium pinnatum							+				1
Actaea spicata		+				+					
Fagus sylvatica K					+			+			
Laserpitium latifolium							+				+

Fortsetzung Tabelle 4

Laufende Nummer	1	2	3	4	5	6	7	8	9	10	11
Moose :											
Ctenidium molluscum						2b	1	2a	+	1	1
Hypnum cupressiforme	1	1					1	2a	+	1	
Schistidium apocarpum						1	1	1	+	1	2m
Homalothecium lutescens	+	+		+			1	+			1
Amblystegium serpens		+	+		+	+			+		
Fissidens cristatus						+		1		1	+
Homalothecium sericeum	+	+					+	+			
Tortella tortuosa						1		1			1
Bryum capillare s.l.	+					1				+	
Brachythecium populeum	+	+	+								
cf:Cirriphyllum tenuinerve	+	+				+					
Porella platyphylla		+	+			+					
Encalypta streptocarpa								+		1	
Fissidens taxifolius			+						+		
Plagiomnium cuspidatum								+		+	
Isothecium alopecuroides						+	+				

Außerdem:
In 1: Fraxinus excelsior S +, Brachythecium glareosum +, Pohlia nutans +. In 2: Impatiens noli- tangere 1, Urtica dioica 1, Hordelymus europaeus 1, Oxalis acetosella 1, Acer platanoides B 2a, Vicia sepium +, Bromus ramosus +. In 3: Tilia cordata B 3, Stachys sylvatica 1, Eurhynchium swartzii +, Neckera complanata +. In 4: Vibirnum opulus +, Eurhynchium striatum +. In 5: Rhynchostegium murale +. In 6: Anemone ranunculoides r, Sorbus aucuparia K +, Ribes alpinum +, Dicranum scoparium +, Hylocomium splendens +, Plagiomnium affine +, Plagiomnium undulatum +. In 7: Fragaria vesca +, Picris hieracioides r. In 8: Epilobium montanum +, Frangula alnus 2a, Rosa cf.tomentosa +,Mnium marginatum +, Peltigera canina +. In 9: Taxus baccata B 2b. In 10: Acer campestre S 2a, Crataegus oxyacantha +, Galium sylvaticum +, Sorbus aucuparia K +, Hypericum hirsutum +, Hypericum perforatum +, Solidago virgaurea 1, Valeriana officinalis 1, Neckera crispa 1, Plagiochila porelloides +, Metzgeria furcata +.

lichen Schutthalden stocken. Die Hänge sind dabei ausschließlich südlich oder westlich exponiert. Anzutreffen ist diese Gesellschaft unterhalb der Schäferburg, weiter westlich davon und unterhalb der Abrißwand an der Rabenkuppe, sowie weniger typisch am weiter nördlich gelegenen Bergsturz. In der Baumschicht dominieren *Tilia platyphyllos, Fraxinus excelsior, Acer pseudoplatanus* und (im Bereich der Rabenkuppe) *Sorbus aria.*

Als typische Arten sind vertreten: *Clematis vitalba, Convallaria majalis, Corylus avellana* und *Vincetoxicum hirundinaria.* Die Assoziation wurde von WINTERHOFF (1963:37) aus dem Göttinger Wald beschrieben und vom selben Autor auch für das Untersuchungsgebiet angegeben (1965:172).

4.2.5 Bergahornreiche Schutthaldenwälder und Übergänge zum Phyllitido-Aceretum (Tab. 5)

Diese Waldgesellschaften, die im Gegensatz zum Vincetoxico-Tilietum auf absonnigen Schutthalden anstehen, werden wiederum ranglos behandelt, da sie verschiedenartig zusammengesetzt sind und eine genaue soziologische Zuordnung nur schwer möglich ist.

Das für solche Standorte typische Phyllitido-Aceretum ist nur fragmentarisch unterhalb der Abrißwand am Manrod ausgebildet, wo *Lunaria rediviva* einen dichten Bestand bildet (Aufnahmen 1 und 2). *Actaea spicata, Dryopteris filix-mas* und *Festuca altissima* treten auch in den folgenden Aufnahmen 3 bis 8 auf. Vom Melico-Fagetum bzw. Carici-Fagetum unterscheiden sich diese Bestände vor allem durch das Zurücktreten der Buche in der Baumschicht.

WINTERHOFF (1965:177) beschreibt solche Schutthaldenwälder als Übergänge vom Phyllitido-Aceretum zum Vincetoxico-Tilietum. Dies läßt sich im Gebiet vor allem am Manrod und am Bergsturz nördlich der Rabenkuppe nachvollziehen, wo *Corylus avellana, Convallaria majalis* und *Clematis vitalba* auftreten. *Vincetoxicum hirundinaria* fehlt hier. Weiterhin sind vorhanden: *Gymnocarpium robertianum, Galium sylvaticum, Melica nutans, Poa nemoralis, Geranium robertianum, Impatiens noli-tangere* und *Epilobium montanum.* Diese Arten werden von WINTERHOFF (1965:175) als Differentialarten der Blockhaldenwälder angegeben.

Die eigentliche Kennart des Phyllitido-Aceretum, *Phyllitis scolopendrinum* (MOOR 1975:218) fehlt im Gebiet.

Tab. 5: Bergahornreiche Schutthaldenwälder und Übergänge zum Phyllitido-Aceretum.

Laufende Nummer	1	2	3	4	5	6	7	8	9	10	11	12	13	14	15	16	17	18	19
Aufnahme-Nummer	182	128	214	133	141	41	40	47	43	210	48	191	192	99	187	94	188	189	190
Größe der Fläche (m^2)	225	150	225	225	225	225	225	225	225	225	225	225	225	225	225	100	225	100	100
Exposition	N	N	N	N	N	N	N	N	N	NW	N	N	N	NW	N	NW	N	N	N
Neigung (°) (%)	30	30	30	30	35	35	35	30	35	35	30	20	20	30	30	30	20	20	20
Deckung der Baumschicht	80	80	70	70	90	75	80	70	35	70	50	60	50	40	80	60	60	80	80
Höhe der Baumschicht (m)	15	15	20	15	20	15	15	20	15	12	20	10	10	10	15	10	12	15	15
Baumschicht:																			
Acer pseudoplatanus	2b	2b		2b	(2a)	2b	2b		2a	+	2b	4	2b	3	3	2a	3	4	4
Fagus sylvatica	4	4	4		2a		2a	4			2b		2b			3			
Tilia platyphyllos			2a		4	2b	3		2a						+	2a			
Fraxinus excelsior	2a			4		3	2a								3			2b	
Acer platanoides									2a						2a		3	2a	2a
Taxus baccata				2a							+								
Übergreifende Arten des Vincetoxico-Tilietum:																			
Corylus avellana							+			+		+	2a	2a	2b	2b	+		
Convallaria majalis												2m	1		1	1	1		
Clematis vitalba												+		+			+		
Arten mit deutlichem Schwerpunkt:																			
Dryopteris filix-mas	1	+	1	1	1	1	+	1	1	1	1			+	+				
Actaea spicata (Ch.!)	1	+	+	+	+	+		+	1		+	+				+	+		
Festuca altissima	1	+	1		1	1	1	1	+										
Gymnocarpium robertianum											1	1	1	1	2m	1	1	1	1
Galium sylvaticum												+	1	+	1	+		1	1
Sesleria varia												2a	2a	+	+	+	1		
Melica nutans												2m	1			+	1		
Poa nemoralis							+			1	1	1	2m	1			+		
Geranium robertianum									1	2a	2m	1	1	2m					
Impatiens noli-tangere									2a	1	2m			2m					
Epilobium montanum									+		1		+	1					
Lunaria rediviva (Ch.!)	2m	3																	

Fortsetzung Tabelle 5

Ordnungs- und Verbands-charakterarten der Fagetalia und des Fagion:																			
Mercurialis perennis	2b	1	4	2b	3	1	2m	3	2a	1	3	1	1	+	1	1	1	1	2b
Lamium galeobdolon			1			1	1	2m	1	2a	2m			2a					
Galium odoratum	1						1	2m	1		2m			1					
Daphne mezereum		+		+				+					+			+	+		
Scrophularia nodosa	1								1				r	1					
Hordelymus europaeus				+					+									1	1
Arum maculatum			1																
Bromus benekenii				+															
Charakterarten der Querco- Fagetea:																			
Lonicera xylosteum	+		2a	+			+	+	1	2a		+	+	2a	+			+	+
Hedera helix							1	1			1								
Brachypodium sylvaticum																		1	1
Sträucher und Jungwuchs von Bäumen:																			
Fraxinus excelsior S	2a	+	2a		+			+	1	+	1	+	+	2a			+	+	2a
Sambucus racemosa						+	r		1	2b	1			2a		+			
Ribes alpinum		+		+	1				+				+	1		+			
Fagus sylvatica S	2a		+				+		2a								+	2a	
Cornus sanguinea												+	+	+		+	+		
Acer pseudoplatanus S			2b			+			1	2b									
Sorbus aria S						+						+				2a	+		
Rosa canina									+			+					r		
Tilia platyphyllos S					2a	+	2a												
Frangula alnus														2a	+		+		
Vibirnum opulus								+									+		+
Rubus idaeus									+			+	+						
Rubus fruticosus												2a	+						
Carpinus betulus S		+							r										

Laufende Nummer	1	2	3	4	5	6	7	8	9	10	11	12	13	14	15	16	17	18	19
Übrige Arten:																			
Fraxinus excelsior K	2m	1	1	2a	2m	1	1	1	1	1	1			1	1	+	1	2a	2a
Acer pseudoplatanus K	1		1	1		1	1	1	1	1	1	1	1	1		1		1	1
Senecio fuchsii	1		1	1	1	1			1	1	1	+	+	1			1	1	1
Hieracium sylvaticum							(1)			+		1	2m	+			1		
Mycelis muralis							+		+	1		1	1	1					
Oxalis acetosella							+	1	1		1								
Fagus sylvatica K								1					+			+		+	
Urtica dioica		+			1									+		+			
Carex digitata												+	+				+	r	
Fragaria vesca								1				1	1						
Epipactis atrorubens												1	1			+			
Stachys sylvatica	+			+							+								
Sorbus aucuparia K												+	+				+		
Hypericum hirsutum									+				1						
Pyrola rotundifolia												1	+						
Solidago virgaurea												+	+						
Dryopteris carthusiana							r							r					
Galium aparine							r		r										
Moose und Flechten:																			
Ctenidium molluscum	1		1	3		1	2a		1	1	1	2a	2b	2a	2a	2a	1	2b	2b
Fissidens cristatus				1	1	+	+		1	1	1	1	+	1	1	1	+	+	1
Hypnum cupressiforme	+		+				1		1	1	1	1	1	1	1	1	2a	2a	2a
Plagiochila porelloides			+	1	1	+	1		1	+	1		+	+		1		1	1
Brachythecium rutabulum		1	2a	2a	1	1	2a		2a	1	1			2a				1	+
Amblystegium serpens			1	1		+			+		+			+		+	1	1	+
Bryum capillare s.l.					+		1		1	+	1	+		1	1		+		
Dicranum scoparium					+		+		+		+	1	1		+	+	1		
Rhizomnium punctatum				+	+	+			1	+	+			+				+	1
Homalothecium lutescens	1									+		1	+	+		+	1	+	
Brachythecium glareosum						+	+			1	+	1		1	1			+	
Isothecium alopecuroides					+	+	1		+		+					+		+	
Schistidium apocarpum							1			1		2m	2m				2m		1
Tortella tortuosa						+	1			+		1	1				1		

	1	2	3	4	5	6	7	8	9	10	11	12	13	14	15	16	17	18	19
Eurhynchium swartzii						+	1		+	1	+					+			
Mnium marginatum				+	+		1		+					+					1
Peltigera canina						+						+	1				+	+	+
Brachythecium populeum		+				+	1		+		+								
Plagiomnium rostratum		+							+				+		+			1	
Plagiomnium cuspidatum					+	+				1	+			+					
Thuidium delicatulum												+				+	+	+	+
Amblystegium juratzkanum	+											1			1				1
Eurhynchium striatum				1		+								+				1	
Rhynchostegium murale	+			+					+		+								
Thamnobryum alopecurum			+		+	+	+												
Mnium stellare						+					+					+		+	
Encalypta streptocarpa												+	+			+	+		
Homalia trichomanoides				+					+		+								
Homalothecium sericeum		+					+							+					
Pedinophyllum interruptum							+				+	+							
Metzgeria furcata							+		+				+						
Fissidens taxifolius												+						+	+
Plagiothecium platyphyllum	1		+																
Plagiomnium affine						+								+					
Thuidium tamariscinum						+							+						
Hylocomium splendens												+	+						
Cladonia cf.pyxidata												+	+						
Cladonia spec.												+	+						
Neckera crispa			r				+												
Hypnum lacunosum													+	+					

Außerdem:
In 1: Acer platanoides S r. In 4: Lathyrus vernus +. In 5: Ulmus glabra B 2a, U.glabra S +, Athyrium filix-femina +, Cardamine impatiens r, Neckera complanata +. In 6: Plagiomnium undulatum +. In 8: Phyteuma spicatum +. In 9: Circaea lutetiana 1, Chrysosplenium alternifolium 1. In 10: Taxus baccata K +, Tussilago farfara +. In 11: Valeriana officinalis +, Alliaria petiolata +. In 12: Origanum vulgare 1, Euphorbia cyparissias 1, Senecio erucifolius +, Festuca ovina +, Hypericum perforatum +, Pinus sylvestris S +, Picea abies +, Rhytidiadelphus triquetrus +. In 13: Quercus robur K +, Asplenium trichomanes r, Polytrichum formosum 1. In 14: Sanionia uncinata r. In 16: Carex flacca 2m, Poa compressa +. In 17: Salix caprea S 2b, Ditrichum flexicaule +, Scleropodium purum +. In 19: Dactylis polygama 1.

Tab. 6: Erlen-Eschenwald und Carici remotae-Fraxinetum.

Laufende Nummer	1	2	3	4	5	6
Aufnahme-Nummer	121	123	140	180	181	124
Größe der Aufnahmefläche	100	100	150	100	200	120
Neigung (°)	-	-	10	5	5	-
Exposition	-	-	N	NE	NE	-
Deckung der Baumschicht (%)	65	60	75	65	70	80
Höhe der Baumschicht (m)	15	15	12	15	20	20
Baumschicht:						
Fraxinus excelsior	4	4	4	3	4	3
Alnus glutinosa	2b	2b	2a	2b	2b	
Fagus sylvatica			+			2b
Carpinus betulus						2a
Acer pseudoplatanus					2a	
Strauchschicht:						
Fraxinus excelsior	2a	2a		2a	2a	+
Vibirnum opulus	+		+		1	+
Alnus glutinosa	+			2a		
Rubus idaeus			r		1	
Kennart des Carici remotae-Fraxinetum:						
Carex remota						1
Arten von Feuchtstandorten:						
Valeriana dioica	2a	2a	2b	1	1	1
Crepis paludosa	1	2a	1	1	1	1
Circaea lutetiana	1	1	1	1	1	1
Carex acutiformis	3	2b	1	3	2a	
Filipendula ulmaria	1	1	1	+	1	
Equisetum palustre	1	+	1	1	+	
Carex paniculata		1		+		
Eupatorium cannabinum		+		+		
Cirsium oleraceum			r	+		
Caltha palustris	2a					
Übrige Arten:						
Fraxinus excelsior K	2m	2m	2m	2m	2m	2a
Senecio fuchsii	+	1		+	1	1
Stachys sylvatica	+	+		+	1	+
Ajuga reptans		1	+	1	1	
Primula elatior	+		1		+	1
Phyteuma spicatum		+			r	+
Oxalis acetosella					1	1
Acer pseudoplatanus K					1	1
Melica uniflora					1	1
Geranium robertianum			+		1	
Fagus sylvatica K			+			+
Dryopteris carthusiana				r	r	
Moose:						
Cratoneuron commutatum	1		2a	1	1	1
Calliergonella cuspidata	2a	2a		2a		
Fissidens taxifolius	1				1	1
Brachythecium rivulare	+	+		1		
Riccardia pinguis				1	1	
Eurhynchium swartzii	+				1	
Brachythecium rutabulum		1				+

Fortsetzung Tabelle 6

Laufende Nummer	1	2	3	4	5	6
Fissidens adianthoides		+		1		
Plagiomnium elatum		+		1		
Atrichum undulatum	+					+
Ctenidium molluscum		+				+
Thuidium tamariscinum		+	+			
Pellia endiviaefolia				+	+	

Außerdem in 121: Colchicum autumnale 1, Anemone nemorosa 1, Dryopteris filix- mas r. In 123: Listera ovata +, Arctium cf. nemorosum r, Taraxacum officinale r, Eurhynchium striatum +. In 140: Mentha longifolia +, Acer platanoides K +. In 181: Brachypodium sylvaticum 1, Geum urbanum 1, Hedera helix 2a, Viola reichenbachiana +, Angelica sylvestris +, Aquilegia vulgaris +, Impatiens noli- tangere +, Bromus ramosus +, Acer pseudoplatanus S 2a, Cornus sanguinea +, Acer campestre S +, Prunus spinosus +, Lonicera xylosteum +, Crataegus oxyacantha r. In 124: Hordelymus europaeus 1, Rubus saxatilis +, Ranunculus auricomus +, Lathyrus vernus +, Fagus sylvatica S 2a, Sorbus aucuparia S r, Plagiochila porelloides +.

4.2.6 Erlen-Eschenwald und Carici remotae-Fraxinetum (Tab. 6)

Es handelt sich hier um Waldbestände im Bereich der Quellhorizonte und des abfließenden Rambachs im Königental.

Nur kleinflächig als bachbegleitender Saum ist das Carici remotae-Fraxinetum ausgeprägt, das durch *Carex remota* an den Bachrändern gekennzeichnet ist (Aufnahme 6).

Diese Art tritt auch an Vernässungsstellen in den Hangbereichen des Nordabfalls auf, wobei diese Standorte jedoch so kleinflächig ausgebildet sind, daß sie sich kaum vom umgebenden Melico-Fagetum abheben. Auch tritt hier *Fraxinus excelsior* nicht in Erscheinung.

Im Königental befindet sich an den quelligen Stellen mit stärkerer Schüttung ein offener Erlen-Eschenwald, in dem in der Krautschicht insbesondere *Carex acutiformis* vorherrscht. Diese Art kommt aber hier nicht mehr zur Blüte. Daneben sind *Crepis paludosa, Valeriana dioica, Filipendula ulmaria* und *Equisetum palustre* häufig. In der gut ausgebildeten Moosschicht dominieren *Calliergonella cuspidata* und *Cratoneuron commutatum*. Eine klare soziologische Fassung ist wiederum nur schwer möglich. Großseggenrieder, als fragmentarisches Caricetum paniculatae angedeutet, und das sonst durch Tuffbildung auffallende Cratoneuretum commutati sind auf engstem Raum verzahnt.

4.2.7 Querco-Carpinetum (Tab. 7)

Diese Waldgesellschaft ist vor allem auf den früher im Mittelwaldbetrieb bewirtschafteten Flächen des ehemaligen Netraer Gemeindewaldes im Westen der Hochfläche ausgebildet. Ein schmaler Streifen zwischen Weg und Nordabfall im Ostteil des Plateaus zeigt auch noch einen ähnlichen Aufbau.

Kennarten des Carpinion-Verbandes sind *Carpinus betulus, Dactylis polygama* und *Stellaria holostea* (OBERDORFER 1983).

Schwerpunktartig sind *Agropyron caninum, Campanula rapunculoides, Polygonatum multiflorum, Aegopodium podagraria, Orchis mascula* und vereinzelt *Orchis pallens* in den beiden nördlichen Abteilungen vertreten. Auffallend ist das weite Vordringen von *Arabis brassica* im Nordwesten.

Im weiteren Bereich der Rabenkuppe bestimmen Geophyten wie *Leucojum vernum* und *Gagea lutea* den Frühjahrsaspekt.

Die weit gefaßte Bezeichnung der Assoziation als Querco-Carpinetum wurde WINTERHOFF (1963: 38) entnommen. Diese Gesellschaft läßt sich dem Galio-Carpinetum anschließen, für das SCHLÜTER (1968:121) unter anderem *Galium sylvaticum, Dactylis polygama, Stellaria holostea, Ranunculus auricomus* und *Campanula trachelium* angibt.

Die Artenzusammensetzung, insbesondere die der Baumschicht, ist eindeutig eine Folge der früheren

Tab. 7: Querco-Carpinetum.

Laufende Nummer	1	2	3	4	5	6	7	8	9	10	11	12	13	14	15	16	17	18	19	20	21	22
Aufnahme-Nummer	12	13	14	15	16	17	18	25	23	33	24	19	20	21	22	215	216	217	200	32	154	202
Größe der Fläche (m^2)	100	100	100	100	100	100	100	225	225	100	225	100	100	100	100	100	100	120	225	100	225	100
Deckung der Baumschicht (%)	80	75	90	70	75	80	90	80	85	85	80	75	80	75	75	80	90	80	80	70	70	30
Höhe der Baumschicht (m)	10	10	10	12	10	12	10	15	12	10	10	10	10	10	10	12	15	12	20	10	12	8
Exposition	S	S	-	-	-	-	-	S	-	-	-	-	N	-	-	N	S	-	-	-	-	-
Neigung (°)	5	5	-	-	-	-	-	5	-	-	-	-	5	-	-	5	5	-	-	-	-	-
Baumschicht																						
Carpinus betulus	4	3	3	2b	3	2a	4	2b	4	2b	3	3	4	2a	3	3	3	2b	2b	3		
Quercus robur	+	2b	2a	3	2a		2a	2b	2a		2a	2b	2a	2a	2a	2a	2a	2a		2a	2a	
Fagus sylvatica				2b	2a	4		3		2b	2b	2b	2a	3	2b		3	2a	4		2b	
Fraxinus excelsior	2a	2a	2b	2a	3		2a					2a	2a	2a		3		2b				
Acer pseudoplatanus	+	2b				2a			2a	2b	2a			2b			2a				2a	
Acer campestre		2b			2a		2a	2a	+	2b		2b		2a					+			
Acer platanoides			3			+							2a			2a						
Sorbus torminalis											+					+		2a				
Tilia platyphyllos				2a					+								2a	2a				
Betula pendula																				2b	2b	2b
Populus tremula																				2a	2b	2a
Sorbus aucuparia							2a											+				
Strauchschicht																						
Crataegus oxyacantha	+				+	+		1	+	1	1	+	1		+	2a	2a	+	+	2a	+	+
Daphne mezereum	+						+			+	+				+				+			
Carpinus betulus S				2b														2a		2a	+	+
Fagus sylvatica S						+		+									2a			+	2a	
Rubus idaeus									+											1	1	+
Rosa canina		+			+			+												+		
Fraxinus excelsior S		+			+	+										+						
Acer pseudoplatanus S											+									+	+	
Acer platanoides S											+		+					+				
Sorbus torminalis S											+						+	+				
Populus tremula S																				+	+	+
Corylus avellana										+										2b	2a	4
Lonicera xylosteum																					+	+
Ribes alpinum								+					+									
Acer campestre S				+						+												
Crataegus cf. monogyna			r	+																		
Carpinion- Verbands-charakterarten																						
Dactylis polygama	2m	1	1		1	2a	1	1	1	1	1	1	1	1	1	+	+		1	1	1	1
Stellaria holostea					2m			2m	1		1	2m		+	+	+	1		1	1	+	1
Galium sylvaticum				+	1			1				+		(+)		+		+	+	1	1	1

Fortsetzung Tabelle 7

Arten mit deutlichem Schwerpunkt																						
Agropyron caninum	1	1	1	1	1	1	2m		1	+	1							1			+	
Campanula rapunculoides	1	1	2m	1	1	1	1		1	+			+		+					+		
Polygonatum multiflorum	1	1	+	+	+	+	1	1	1	+	+	1	+		+							
Aegopodium podagraria	1	2m	1	1	2a	1	1	1	2m	1												
Orchis mascula	+		+		+		+			+												
Arabis brassica	1	+	+		1																	
Fagion- Verbands-charakterarten																						
Hordelymus europaeus	1	1	1	1		1	1	2m	2m	2m	2m	2m	2m	1	1	1	1	2m	2m	1	1	+
Galium odoratum				1	1			1			1			(+)		1	1		1			
Festuca altissima						1								+		1						
Fagetalia- Ordnungs-charakterarten																						
Lathyrus vernus	+	+	+	+	1	1	+	1	1	1	1	+	1	1	1	1	1	1		1	+	+
Melica uniflora	1	1	1	+	2m	1		2a	2m	1	2m	2m	2m	2m	1	1	2a	1	2m	+		1
Lamium galeobdolon	2m	1	1	1	1		1	1	2m	2m		1	1	2m	1	1	1		1	2m	1	2a
Viola reichenbachiana	1	1	1	1	1	1	1	1	+	+	1	1	1	1	1		1		1	1	1	
Campanula trachelium	1	+		+	+	1	+	1	1	+	+	+	+	+	+		+	+	+	(+)	+	
Mercurialis perennis	2a	4	3	5	2a	3	4		1	2b	2b	4	3	2b	2m	3	2b	3	2a			
Phyteuma spicatum	1	+	+		+	1	+	1	1	1	1	1	1	1	1			+		1	1	
Lilium martagon	1	1	+			+				+		1		1		1		1	+	+		
Arum maculatum	+	+	+									1			+	+	1					
Bromus benekenii												+		+								
Asarum europaeum					1																	
Milium effusum		+						1											+	1	+	1
Carex sylvatica								r												+	1	
Sanicula europaea								1											+			
Dryopteris filix- mas										r											+	
Charakterarten der Querco- Fagetea																						
Hedera helix	1	+	+	+		1		1	1	1	1		+	1	1	1	1	1	1	1	1	
Convallaria majalis	1	+			+	1		+	1	1	1		+	+	+	+	1	+		1	1	1
Poa nemoralis	1	1	+		1		1		1	1	1	1			1					1	1	1
Anemone nemorosa							+		+		1		+		+					1		
Brachypodium sylvaticum													+						+			
Hepatica nobilis								1														
Aquilegia vulgaris															+							

Fortsetzung Tabelle 7

Laufende Nummer	1	2	3	4	5	6	7	8	9	10	11	12	13	14	15	16	17	18	19	20	21	22
<u>Übrige Arten</u>																						
Senecio fuchsii	1	1	1	1	1	+	1	1	2m	1	1	1	1	1	1				1	1	+	+
Vicia sepium	1	1	+	+	1	+	(+)		1	+	1	1	+	1	1		1		1	1	1	
Ranunculus auricomus	1	1	+		1	1	1	2a	2m	1	2m	1	1	1	1				+	+		
Acer pseudoplatanus K	+	+	+					1	1		1		1	1	1	1	1	1	1	1	1	1
Fraxinus excelsior K		1		1	1	1	2m					2m	1	1	2m	1	1	1	1		1	1
Hieracium sylvaticum		+			+	+		+	1		+				1		+	+			1	
Acer platanoides K	+		+	+		+				+	1			1			+	+				
Taraxacum officinale	1	+	+		+	+	+		+													
Deschampsia cespitosa								1	+										+	+	2a	1
Fagus sylvatica K	+								+				+	+	+							+
Melica nutans	1							+						1						+	+	
Chaerophyllum temulum			+		1										r	1						
Geum urbanum	+		+		+																+	
Sorbus aucuparia K									+						+			r		+		
Aconitum vulparia				1	1										3							
Fragaria vesca																				+	1	1
Maianthemum bifolium	+							1	+													
Acer campestre K	+					+			+													
Epilobium montanum					+																+	+
Actaea spicata			+	+									+									
Scrophularia nodosa		+																			+	+
Luzula pilosa														r						+		+
Veronica chamaedrys					1																+	
Luzula luzuloides																					1	+
Mycelis muralis	1															+						
Bromus ramosus																				+	1	
Primula veris									+													+
Hypericum hirsutum																					1	+
Galeopsis tetrahit				+	+																	
Orchis pallens		(+)			+																	
Bupleurum longifolium					+				r													
Sorbus torminalis K											+					+						
Laserpitium latifolium																	+	r				
Dryopteris carthusiana		r																				r

Fortsetzung Tabelle 7

Moose:																						
Eurhynchium striatum	2a	1	1		1		1		2a			1								1		
Isothecium alopecuroides			+		+		+		+	+		+	+		+					+		
Plagiomnium affine	+	+	+		+							+	+		+					+		
Fissidens taxifolius	1						1		1			1	1								1	
Plagiomnium cuspidatum		+					+		+													
Amblystegium serpens		+	+																	+		
Brachythecium populeum									+	+			+									
Plagiochila asplenoides																				+	+	+
Dicranella heteromalla																				+	+	+
Atrichum undulatum																				1		1
Plagiomnium undulatum																				1	1	
Eurhynchium swartzii																					+	+

Außerdem:
In 2: Homalia trichomanoides r, Ctenidium molluscum +. In 5: Cirriphyllum piliferum +. In 9: Listera ovata r. In 11: Heracleum sphondylium +. In12: Ulmus glabra B 2a. In 16: Sorbus aria K r. In 17: Tilia cordata B 2b, Centaurea montana +. In 20: Fissidens bryoides +. In 21: Sorbus aucuparia S +, Hypericum perforatum +, Agrostis stolonifera 1, Poa pratensis 1, Stachys sylvatica 1, Prunella vulgaris 1, Plantago major 1, Betula pendula K 1, Lapsana communis 1, Alchemilla vulgaris 1, Clematis vitalba +, Pulmonaria officinalis +, Carex pallescens +. In 22: Polytrichum formosum +.

Mittelwaldwirtschaft. Beim Übergang zur Hochwaldwirtschaft würde hier die Buche eindeutig dominieren.

Eine Einschätzung des Verhaltens der Rotbuche erlaubt der Quotient nach ELLENBERG (1982:216): Buchenreiche Mischwälder herrschen vor, wenn das Tausendfache des Quotienten der Julitemperatur/Jahresniederschlag zwischen 20 und 30 liegt (vgl. auch HOFMANN 1968:136). Veranschlagt man für das Untersuchungsgebiet eine mittlere Julitemperatur von 15,5° C und eine jährliche Niederschlagssumme von 720 mm, ergibt sich ein Wert von 21,5. Somit herrscht im Untersuchungsgebiet ein ausgesprochenes „Buchenklima".

Auch die übrigen Arten der Krautschicht treten alle in den Buchenwäldern auf. Das Querceto-Carpinetum ist demnach eine Ersatzgesellschaft des Melico-Fagetum elymetosum bzw. allietosum.

Noch deutlicher wird die ehemalige Mittelwaldnutzung in Abteilung 19, in der *Corylus avellana* und *Crataegus* stark deckend auftreten. Hier sind auch alte Huteflächen vorhanden gewesen, auf denen sich unter anderem Pioniergehölze wie *Populus tremula* und *Betula pendula* angesiedelt haben (Aufnahmen 20 bis 22).

4.2.8 Übrige Laubmischwälder auf der Hochfläche (Tab. 8)

Es handelt sich hier um weitere Bestände, die infolge anthropogener Eingriffe eine stark abweichende Artenzusammensetzung zeigen. Die Aufnahmen 1 bis 3 geben die Verhältnisse auf ehemaligen Mittelwaldflächen in Abteilung 19 wieder, wo unter Belassung der Überhälter (Buche, Eichen) ein Umtrieb stattfand. Die Flächen sind vor allem mit Ahorn- und Lindenarten bepflanzt worden.

Hier haben sich unter anderem *Agrostis stolonifera*, *Scrophularia nodosa* und als Nässezeiger *Deschampsia cespitosa* ausgebreitet.

Bei den Aufnahmen 4 bis 8 handelt es sich um Bestände im Ostteil des Plateaus, in denen *Fraxinus excelsior* dominiert und teilweise *Larix decidua* beigemengt ist. Auffallend ist das starke Auftreten von *Brachypodium sylvaticum*. Weiterhin sind mit *Euphorbia cyparissias*, *Anthriscus sylvestris*, *Poa pratensis*, *Myosotis arvensis*, *Viola hirta* und *Linum catharticum* Arten vertreten, die eher zu Wiesen- oder Rasengesellschaften überleiten.

Auch fallen zahleiche Orchideen auf. *Orchis pallens*, *O. mascula*, *Platanthera bifolia* und *Listera ovata* sind hier hauptsächlich vertreten.

Tab. 8: Übrige Laubmischwälder auf der Hochfläche.

Laufende Nummer	1	2	3	4	5	6	7	8
Aufnahme-Nummer	6	7	8	34	35	36	37	157
Größe der Fläche(m^2) (%)	100	100	100	100	100	100	100	100
Deckung d.Baumschicht	50	50	60	75	65	65	60	75
Höhe der Baumschicht(m)	15	20	15	10	6	6	8	10
Baumschicht:								
Fraxinus excelsior				4	4	3	3	4
Larix decidua				2a	+		3	
Fagus sylvatica	2b	3						2a
Quercus robur	2b	2b						
Acer pseudoplatanus			2b	+				
Tilia platyphyllos			2a					
Sorbus torminalis			2b					
Acer platanoides				2a				
Acer campestre							+	
Strauchschicht:								
Lonicera xylosteum	+		+	1	1	1	+	
Crataegus oxyacantha	+	+	+			+	+	+
Acer pseudoplatanus S	1	1	1			+		+
Fraxinus excelsior S					2a	2a	2a	1
Rubus idaeus	1	2a	1				+	
Fagus sylvatica S		+	+					+
Daphne mezereum					+	+		
Corylus avellana	+	+						
Arten mit deutlichem Schwerpunkt:								
Deschampsia cespitosa	2m	+	1					
Scrophularia nodosa	1	+	+					
Agrostis stolonifera	2a	2a						
Moehringia trinervia	+		+					
Brachypodium sylvaticum				2a		2a	2a	2b
Euphorbia cyparissias				1	1	1	1	
Anthriscus sylvestris				1	1	1		
Poa pratensis					1	1	1	
Myosotis arvensis				r	+	+	+	
Viola hirta				1		1	+	
Linum catharticum					1	1		
Orchis pallens				+			+	
Platanthera bifolia						+	+	
Charakterarten der Fagetalia (incl. Verbände):								
Dactylis polygama	1	2a	2b	1	1	2m	2a	1
Melica uniflora	1	1	1	1		1	1	2a
Galium sylvaticum		1	1	1	1	1	+	+
Phyteuma spicatum		+	+	1	+	+	+	+
Hordelymus europaeus	1	1	2m		+		2m	1
Mercurialis perennis				1	1	1	2m	1
Stellaria holostea	1	1	1	2m		+		
Campanula trachelium		+			r	+	+	+
Milium effusum	2a	1	+				+	
Lamium galeobdolon	1	1	1					1
Viola reichenbachiana			1	+			1	1
Galium odoratum	1			2m				1
Lathyrus vernus			+			+		+
Bromus benekenii			+		+		+	
Klassencharakterarten der Querco- Fagetea:								
Poa nemoralis	2a	2m	2a	2m	2m	2m	1	
Anemone nemorosa	1	1	1	1		+	1	+
Convallaria majalis		+	1					
Übrige Arten:								
Fraxinus excelsior K	1	+	1	1	1	1	1	1
Primula veris	+	+	1	1	1	1	1	+

Fortsetzung Tabelle 8

Laufende Nummer	1	2	3	4	5	6	7	8
Veronica chamaedrys	+	+	1	1	2m	1	1	
Fragaria vesca		1	1	1	1	1	2m	
Senecio fuchsii	1	1	2m			+	1	+
Hypericum perforatum	1	+	+		1	1	+	
Vicia sepium	+		1			+	r	1
Taraxacum officinale			+	+	+	+	+	
Ranunculus auricomus		+			1		1	+
Hieracium sylvaticum			+				+	+
Acer pseudoplatanus K				1			1	
Melica nutans				1			1	
Geum urbanum				1			+	
Hypericum hirsutum			+					1
Luzula luzuloides	1	+						
Quercus robur K	1	+						
Sorbus aucuparia K		+	+					
Galeopsis tetrahit	+	+						
Acer platanoides K			+				+	
Fagus sylvatica K	r		+					
Moose:								
Eurhynchium striatum				1	1	1	1	1
Polytrichum formosum	+			+	+	+	+	
Plagiomnium undulatum				1	1			1
Dicranum polysetum					+	+	+	
Scleropodium purum				+	+			
Plagiomnium affine				+				+
Pohlia nutans	1	1	1					
Dicranella heteromalla	1	1						
Atrichum undulatum	1	1						
Ceratodon purpureus	1	1						

Außerdem:
In 1: Acer platanoides S +, Populus tremula S +. In 2: Mycelis muralis +. In 3: Rosa canina r, Aegopodium podagraria 1, Stachys sylvatica +, Cirsium vulgare +, Eurhynchium swartzii +. In 4: Polygonatum multiflorum +. In 5: Campanula persicifolia +, Sorbus aria K +, Rhytidiadelphus triquetrus 1, Rh. squarrosus +, Thuidium tamariscinum +, Hylocomium splendens +. In 6: Peltigera canina +. In 7: Orchis mascula 1, Bromus ramosus +, Galium aparine +, Epilobium angustifolium +. In 8: Dryopteris carthusiana +, Dicranum scoparium +, Amblystegium serpens +, Brachythecium populeum +, Br. rutabulum +.

Diese Flächen wurden vermutlich schon vor langer Zeit als Niederwald oder Huteflächen genutzt.

4.2.9 Fichtenforste (Tab. 9)

Größere Fichtenforste befinden sich in den südlich des Naturschutzgebietes gelegenen Abteilungen, kleinflächige Bestände am westlichen Waldrand (mit *Pinus sylvestris* und *Larix decidua*) und in Abteilung 35 auf der Hochfläche. Östlich der Schäferburg stehen Fichten zerstreut im Hangbuchenwald.

Die kleinflächigen Bestände weichen in ihrer Artenzusammensetzung kaum von den in der Nähe befindlichen Buchenwaldgesellschaften ab. Dagegen treten in den Fichtenforsten südlich des Gebietes vor allem *Sambucus racemosa, Epilobium angustifolium, Dryopteris carthusiana* und *Plagiothecium curvifolium* auf der Nadelstreu auf.

Diese Forstgesellschaft läßt sich der Senecio fuchsii-Gruppe zuordnen, für die SCHLÜTER (1965: 62) unter anderem *Senecio fuchsii* und *Sambucus racemosa* angibt. Es handelt sich hier um Standorte mit guter Nährstoffversorgung.

4.2.10 Dickungen und Stangenholzbestände (Tab. 10)

Diese Bestände sind vor allem in Hanglage so artenarm, daß sie soziologisch nicht zugeordnet wurden. Sie werden als solche gesondert kartiert.

Mit der Zeit dürften sie sich zu entsprechenden Hochwaldgesellschaften (Melico-Fagetum, Carici-Fagetum) entwickeln.

Meistens dominiert in ihnen die Rotbuche, jedoch sind vor allem im Könligental auch Esche und Bergahorn stark vertreten. Diese Bestände tendieren

Tab. 9: Naturferne Fichtenforste.

Laufende Nummer	1	2	3	4
Aufnahme-Nummer	1	2	3	27
Größe der Fläche(m^2)(%)	100	100	100	100
Deckung der Baumschicht	60	70	70	65
Höhe der Baumschicht(m)	12	12	12	12
Baumschicht:				
Picea abies	4	4	4	4
Strauchschicht:				
Rubus idaeus	1	1	1	1
Sambucus racemosa	2a	1	1	
Daphne mezereum(Fag.O.)				1
Acer pseudoplatanus S				1
Lonicera xylosteum(Kl.)	+			
Ribes alpinum		r		
Fagetalia- Ordnungs-charakterarten:				
Milium effusum	1	1		1
Melica uniflora			2a	1
Mercurialis perennis			1	1
Viola reichenbachiana				1
Polygonatum multiflorum				+
Phyteuma spicatum				+
Cephalanthera damasonium (Ass.- Char.)	+			
Fagion- Verbands-charakterarten:				
Hordelymus europaeus			2m	2a
Galium odoratum			1	1
Carpinion- Verbands-charakterarten:				
Dactylis polygama	1		+	1
Galium sylvaticum			+	
Querco- Fagetea-Klassencharakterarten:				
Poa nemoralis	1	1		1
Scrophularia nodosa				+
Übrige:				
Epilobium angustifolium	2m	1	2m	1
Senecio fuchsii	1	+	2m	1
Acer pseuoplatanus K	+	+	1	2m
Sorbus aucuparia K	+	1	1	
Mycelis muralis	1	+	1	
Dryopteris carthusiana	+	1	1	
Moehringia trinervia	+	1	1	
Picea abies K	+	1	+	
Taraxacum officinale	+		1	+
Salix caprea K	+	+	1	
Oxalis acetosella		+	1	
Tussilago farfara	1		+	
Galium aparine	1		+	
Epilobium montanum	+			+
Quercus robur K		+	+	
Urtica dioica	+			r
Moose:				
Plagiothecium curvifolium	2a	2a	2a	
Pohlia nutans	+	1	1	
Mnium hornum	+		+	
Dicranella heteromalla	+	+		
Polytrichum formosum	+	+		
Atrichum undulatum	+			+

Fortsetzung Tabelle 9

Außerdem:
In 1: Hypericum perforatum 1, Poa pratensis 1, Cirsium vulgare 1, Ranunculus repens 1, Leucanthemum vulgare 1, Calamagrostis epigeios 1, Stellaria uliginosa +, Vicia cracca +, Atropa bella- donna +, Plagiothecium undulatum 1, Plagiomnium affine 1, Pl. undulatum +. In 2: Festuca gigantea +, Galeopsis tetrahit +, Stellaria media +, Fagus sylvatica K r. In 3: Carex muricata s.l. +, Primula elatior +, Campanula rotundifolia +. In 4: Fraxinus excelsior K 1, Stachys sylvatica 1, Vicia sepium 1, Euphorbia cyparissias +, Deschampsia cespitosa +, Veronica officinalis r.

vermutlich zu den Ahorn-Eschen-Hangfußwäldern, die ELLENBERG (1982:201f) erwähnt.

4.2.11 Seslerio-Mesobromion-, Seslerio-Xerobromion-Gesellschaften und Dryopteridetum robertianae (Tab. 11)

Die Rasengesellschaften auf Kalkschutt und Verwitterungsbändern der Abrißwände, in denen *Sesleria varia* dominiert, sind meistens nur kleinflächig ausgeprägt. Bei der soziologischen Zuordnung folgte der Verfasser vor allem WINTERHOFF (1965:160f). Das Seslerio-Xerobromion ist demnach nur fragmentarisch mit *Allium montanum* und *Carex humilis* an der Schäferburg und im oberen Könligental auf besonnten Felsköpfen ausgebildet (Aufnahmen 1 bis 5). *Hieracium sylvaticum* zeigt als Differentialart bereits Übergänge zum Polygalo-Seslerietum an. Weiterhin sind hier *Carduus defloratus, Coronilla vaginalis, Hippocrepis comosa* und *Anthericum liliago* vertreten. Als Saumart des Geranion-Verbandes ist *Libanotis pyrenaica* bezeichnend. *Laserpitium latifolium* tritt auch noch an der Rabenkuppe auf, meidet aber die Schutthalden (Aufnahmen 1 bis 10).

Tab. 10: Dickungen und Stangenholzbestände.

Laufende Nummer	1	2	3
Aufnahme-Nummer	149	155	65
Größe der Fläche (m^2)	100	100	100
Exposition	N	S	S
Neigung (°) (%)	20	15	25
Deckung der Baumschicht	85	90	80
Höhe der Baumschicht (m)	12	12	10
Baumschicht:			
Fagus sylvatica	3	4	4
Fraxinus excelsior	2b	2a	
Acer platanoides	2a	2a	
Acer pseudoplatanus	2b		
Pinus nigra			2b
Baumkeimlinge:			
Fraxinus excelsior	2m	2m	1
Acer platanoides		+	+
Fagus sylvatica		+	+
Acer pseudoplatanus	1		
Populus tremula	+		
Sorbus aria			+
Taxus baccata			+
Tilia platyphyllos	r		
Waldbodenpflanzen:			
Hordelymus europaeus	+		1
Galium odoratum	+		+
Lamium galeobdolon	2a		
Phyteuma spicatum	+		
Sesleria varia			+
Mercurialis perennis			+
Lilium martagon			r

Auf diesen sind bei noch beweglichem Schutt kleinflächig Bestände von *Gymnocarpium robertianum* eingestreut (Aufnahmen 11 bis 13). Diese Bestände lassen sich dem Dryopteridetum robertianae zuordnen, das nur an der Rabenkuppe typisch ausgebildet ist. Die Aufnahmen 14 bis 17 (Manrod) lassen sich bereits dem Polygalo-Seslerietum zuordnen, das auf allen offenen Schutthalden im Untersuchungsgebiet als typische Gesellschaft in Erscheinung tritt. Als kennzeichnende Arten sind hier *Epipactis atrorubens, Polygala amara, Hieracium sylvaticum* und *Leontodon hispidus ssp. hastilis* anzuführen.

Auf den Schutthalden leiten vor allem *Corylus avellana, Sorbus aria* und *Salix caprea* die Verbuschung und Wiederbewaldung ein.

4.2.12 Gentianello-Koelerietum (Tab. 12)

Die Zuordnung der Aufnahmen zum Gentianello-Koelerietum erfolgte nach RUNGE (1980:181) und WILMANNS (1978:187).

Die Bestände im Bereich des alten Steinbruchs unterhalb der Rabenkuppe (Aufnahmen 1 bis 7) stellen noch Übergänge zum Polygalo-Seslerietum dar, da die Arten beider Assoziationen hier auf homogen zusammengesetzten Flächen auftreten.

Die Aufnahmen 8 bis 10 geben die Verhältnisse auf einer aufgelassenen Schaftrift im Könligental außerhalb der Waldfläche wieder.

Hier fehlen die Arten des Seslerio-Mesobromion. Weiterhin wird auf dieser Fläche die Strauchschicht

Tab. 11: Seslerio-Mesobromion-, Seslerio-Xerobromion-Gesellschaften und Dryopteridetum robertianae.

Laufende Nummer	1	2	3	4	5	6	7	8	9	10	11	12	13	14	15	16	17	18	19	20
Aufnahme-Nummer	79	174	175	74	117	115	83	113	203	107	90	208	103	184	129	130	104	185	213	109
Größe der Fläche (m^2)	49	30	30	50	24	48	40	30	24	24	25	30	56	35	100	100	25	25	25	40
Exposition	S	S	S	S	S	S	S	S	W	W	W	W	W	N	N	N	W	N	W	W
Neigung (°)	35	35	35	40	35	40	40	30	30	40	20	30	30	30	5	20	20	30	30	35
Deckung d. Strauchschicht (%)	5	-	-	20	5	10	5	20	-	20	20	10	15	-	60	20	15	-	-	30
Höhe d. Strauchschicht (m)	1	-	-	3	2	3	2	2	-	1	4	3	3	-	4	2	3	-	2	4
Differentialarten des Seslerio-Mesobromion u. Seslerio-Xerobromion:																				
Sesleria varia	2a	2b	2b	1	2a	2a	2a	2a	4	3	2b	3	+	4	3	2a	3	4	3	3
Epipactis atrorubens	1	1				+	+	+	1		1	+	1	1	1	1	1		1	1
Polygala amara	r	+	+			+	+		1	+				1	+		+	1		+
Carduus defloratus	1	1	1	1		1	1	1												
Coronilla vaginalis	1	1	1		1															
Arten mit deutlichem Schwerpunkt:																				
Hippocrepis comosa	1	1	1	+	1	1	+	+												
Anthericum liliago	1	1	1			1	1													
Differentialarten des Seslerio-Brometum:																				
Allium montanum	1	1	1	1																
Carex humilis				1	2a															
Differentialarten des Polygalo-Seslerietum:																				
Hieracium sylvaticum	+	1	1	1	+	+	+		1	+	1	+	1	1	1	1	1	1	1	1
Leontodon hispidus ssp. hastilis									+							+	1		1	1
Arten des Geranion sanguinei:																				
Laserpitium latifolium	1	2a	1	+		+	1	+	2a	1										
Libanotis pyrenaica	1	1	1	1		+		1												
Campanula rapunculoides												+						r		
Coronilla coronata							1													

Fortsetzung Tabelle 11

<u>Arten des Mesobromion:</u>																				
Gymnadenia conopsea	(r)							1	+		+		r		+		1	+	1	1
Linum catharticum	1	1			+				1	1									1	(+)
Carex flacca																		1		
Carlina vulgaris																	+			
<u>Ordnungs- und Klassen-Charakterarten:</u>																				
Pimpinella saxifraga	1	1	1	1	1	1	1	1	1								r	1	+	
Euphorbia cyparissias	1		1	1	1	1	+								1	1		+	1	
Brachypodium pinnatum	2m	2m	1			2a	1	1	1	1										
Helianthethemum nummularium					1				+	1										
Scabiosa columbaria	+	r			1															
Sanguisorba minor										1									+	
<u>Charakterart des Dryopteridetum robertianae:</u>																				
Gymnocarpium robertianum											2a	2a	2a	1	1	1	1			
<u>Sträucher und Jungwuchs von Bäumen:</u>																				
Corylus avellana	+	+				+	+	+		2b	2b	+	+	+	+	+	2a		+	3
Cornus sanguinea	+	+	1	+	1	+	+	+		+					2a	+			+	
Sorbus aria	+			2b	+	2a	+	+	+				2a		+		+		+	
Salix caprea												2a		+	2b	2a				
Pinus sylvestris															+	+				
Frangula alnus												+			+					
Crateagus oxyacantha					+			+												
Taxus baccata								+											+	
Crataegus monogyna				r						r										
Fraxinus excelsior				+				+												
Lonicera xylosteum												r			+					
<u>Übrige Arten:</u>																				
Vincetoxicum hirundinaria	1	1	2m	1	1	2a	1	2m	1	1	1	+	1				1		+	1
Convallaria majalis	1	1		1		1			1		1	1	1		1		1		1	1
Solidago virgaurea	+			+			+	1	+					+	+	+		+		
Carex digitata						+			1	+		+	+	1			+		+	1
Fraxinus excelsior K		+	+			+	+		1						+	+		1	1	
Acer pseudoplatanus K	1	+		1		+						+				1	+	+		1
Lotus corniculatus s.l.	1	1		1	1	1	+													
Rosa canina K		+		+	+	1	+					r								

Fortsetzung Tabelle 11

Laufende Nummer	1	2	3	4	5	6	7	8	9	10	11	12	13	14	15	16	17	18	19	20
Clematis vitalba				+	+										+	+				
Taraxacum officinale				+		+								+			+			
Melica nutans													+		+	2m				
Thymus pulegioides					1					+					+					
Viola hirta					+	+				+										
Hieracium cf.lachenalii	+	+	+																	
Quercus cf.petraea K									+								r		+	
Fagus sylvatica K	r								+						+					
Hypericum perforatum					1	1														
Poa nemoralis															+	1				
Fragaria vesca										+					1					
Pyrola rotundifolia														1	1					
Anthemis tinctoria	+		+																	
Mycelis muralis														+	+					
Tilia platyphyllos K				+							r									
Moose:																				
Tortella tortuosa	1	1	+		+	+			1	+	+	1		+	1	1		+	1	
Schistidium apocarpum						1			1		1		1	1	1	2m	+	+	1	1
Ctenidium molluscum									1		1	2a	1	1	1	1		1	1	2a
Bryum capillare s.l.	+			+					1		+	+	+			+			+	+
Homalothecium lutescens					+	+	+		+			+				+				+
Encalypta streptocarpa	+			+					1		+					+				
Ditrichum flexicaule											+			+	1	1				
Fissidens cristatus												1				1			+	
Bryum argenteum	+	1					+													
Tortella inclinata		1	+			+														
Homalothecium sericeum	+										+		+							
Hylocomium splendens												2a						+		
Hypnum cupressiforme												+			1					
Dicranum scoparium												+							+	
Campylium chrysophyllum										+	+									
Neckera crispa									+										+	
Fissidens taxifolius					+												+			
Tortula intermedia	+												r							

Außerdem:
In 4: Calamagrostis epigeios +,Acer platanoides K +, Rosa cf.tomentosa +. In 5: Carduus nutans 1,Juniperus communis r. In 6: Quercus petraea S +. In 7: Amblystegium serpens +. In 10: Arabis hirsuta 1, Galium mollugo +, Leucanthemum vulgare +, Primula veris +. In 12: Scleropodium purum +, Rhytidiadelphus triquetrus 1, Plagiochila porelloides +, Lophocolea bidentata +, Peltigera canina +, Calliergonella cuspidata +. In 15: Fagus sylvatica S 2b, Sorbus aucuparia S 2a, Picea abies S +, Origanum vulgare 1, Brachypodium sylvaticum +, Tortula muralis 1, Grimmia pulvinata +. In 16: Hypnum lacunosum +. In 19: Populus tremula S +. In 20 : Hedera helix +.

Tab. 12: Gentianello-Koelerietum.

Laufende Nummer	1	2	3	4	5	6	7	8	9	10
Aufnahme-Nummer	86	168	87	89	167	171	93	126	127	179
Größe der Fläche (m^2)	36	50	90	60	50	48	60	100	100	49
Exposition	W	W	W	W	-	W	W	S	S	S
Neigung (°)	20	5	5	10	-	20	20	10	10	30
Deckung der Strauchschicht (%)	10	-	-	20	-	-	40	10	10	5
Kennarten des Gentiano-Koelerietum:										
Cirsium acaule	1	1	+	1	1	1	1	1	1	2a
Koeleria pyramidata	1	1	+	1	1	1	1	1	1	1
Gentianella germanica		1			1	+				1
Gentianella ciliata					+					+
Ophrys insectifera				+						
Ranunculus bulbosus			+							
Arten des Seslerio-Mesobromion u. Polygalo-Seslerietum:										
Sesleria varia	2a	2a	1	1	1	1	1			
Leontodon hispidus ssp. hastilis	+	+	1	1	+		1			
Polygala amara	+		1	+		1	+			
Hieracium sylvaticum	+	+		1		+	+			
Epipactis atrorubens	1					1	1			
Charakter- und Differentialarten des Mesobromion:										
Carex flacca	1	1	1	2a	2a	2a	1	1	1	1
Carlina vulgaris	1	1	+	1	1	1	1	1	+	1
Gymnadenia conopsea	1	1		1	1	+	1	1	1	1
Briza media		1	+	1	1	1	+	+	+	+
Linum catharticum	+	1	+	+	1		+	+	+	+
Ononis repens								1	1	1
Kennarten der Ordnung Brometalia erecti:										
Scabiosa columbaria	1	2a	+	1	1	2m				1
Anthyllis vulneraria		1	1	1	1					
Potentilla tabernaemontani			1		1					
Bromus erectus										2m
Kennarten der Festuco-Brometea:										
Euphorbia cyparissias	1	1	1	1	1	+	1	1	1	1
Brachypodium pinnatum	2a		2m	2a	2a	2m	2a	3	3	1
Pimpinella saxifraga	1	1			1	1	1	1	1	1
Sanguisorba minor	1	+	1	+	1	+		+	1	
Polygala comosa								+	+	

Fortsetzung Tabelle 12

Laufende Nummer	1	2	3	4	5	6	7	8	9	10
Sträucher und Jungwuchs von Bäumen:										
Prunus spinosa			r					2a	+	1
Juniperus communis	r							+	+	+
Cornus sanguinea	1			+			+	+		+
Pinus sylvestris	1	+		+			+			+
Populus tremula						1	2a		1	
Sorbus aria	+			+		+				
Salix caprea				2b			2a			
Corylus avellana	+						2a			
Crataegus oxyacantha									+	+
Übrige Arten:										
Festuca ovina s.l.		1	1	+	1	1	1	1	1	1
Thymus pulegioides	+	1	+	+	1	1		1	1	+
Galium mollugo s.l.	1	+	1	1	1			1	1	+
Solidago virgaurea	+	+		+	+	+	1			1
Vincetoxicum hirundinaria	1	+		+	1	1	1			
Hypericum perforatum			+		+	+	+	1		+
Viola hirta	+		1					1	1	1
Leucanthemum vulgare		1	1	+			1	+		
Daucus carota			1		1			+	+	+
Trifolium pratense		+	+	1					+	1
Fagus sylvatica K	+	+		+		+	+			
Convallaria majalis				+	1	1	1			
Lotus corniculatus		1		1	1				+	
Hieracium pilosella	+	1	1	1						
Origanum vulgare	+	+			1		+			
Medicago lupulina		+	1		+				r	
Acer pseudoplatanus K	+		+	+			+			+
Clematis vitalba			+		+		+	+		
Quercus petraea K	+	+		+		+	+			+
Agrimonia eupatoria								1	1	1
Carex montana		1		1				1		
Festuca rubra			1					1	+	
Plantago media		+		1					+	
Carex digitata	1						1			
Senecio erucifolius									1	1
Primula veris	+							1		
Plantago lanceolata			1					+		
Acer campestre K						+		1		
Poa compressa			1		+					
Prunella vulgaris			1							+
Rosa canina K								+	+	
Hieracium cf.lachenalii									+	+

Fortsetzung Tabelle 12

Laufende Nummer	1	2	3	4	5	6	7	8	9	10
<u>Moose:</u>										
Ctenidium molluscum	+	1		1	1	1	+			+
Tortella tortuosa	+	1		+	1	1	+			
Fissidens taxifolius	+				+					+
Ditrichum flexicaule					+	+	+			
Schistidium apocarpum						+	1			
Hypnum lacunosum						1				+
Scleropodium purum	+			+						

Außerdem:
In 1: Laserpitium latifolium +, Amblystegium serpens +. In 2: Cladonia cf.pyxidata 1. In 3: Campanula rapunculoides +, Calamagrostis epigeios 1, Chaenorrhinum minus +, Ranunculus repens 1, Calamintha acinos 1, Trifolium cf.dubium r, Agrostis stolonifera +, Pastinaca sativa +. In 4: Pyrola rotundifolia 1,Orchis mascula +, Bryum argenteum +, Hylocomium splendens +, Tortula intermedia +. In 5: Acer platanoides K +. In 7: Frangula alnus +, Taxus baccata r, Picris hieracioides r, Hypnum cupressiforme +. In 8: Melica nutans +,Festuca pratensis 1, Platanthera bifolia +, Trisetum flavescens +, Thuidium delicatulum +. In 9: Quercus petraea S r,Picea abies +, Fragaria vesca +, Betonica officinalis 1, Dactylis glomerata +, Trifolium medium +, Vicia tetrasperma +, Cirsium arvense +,Anagallis arvensis +, Allium vineale r, Calliergonella cuspidata +. In 10: Medicago falcata 1, Campanula rotundifolia 1, Centaurea jacea +, Rhytidiadelphus triquetrus +, Rhytidium rugosum +.

von *Prunus spinosa* und *Juniperus communis* aufgebaut.

Das Ende der Beweidung wird durch das Vorkommen von *Bromus erectus* angezeigt (ELLENBERG 1982: 639). Diese Art breitet sich im unteren Teil des Rasens stark aus (Aufnahme 10).

4.2.13 Kleinfarngesellschaften

Kleinfarngesellschaften treten vor allem in den schattigen, nordexponierten Felsspalten auf. Häufige Arten sind:

Asplenium trichomanes
Cystopteris fragilis

Übrige: *Mycelis muralis*
Geranium robertianum
Hieracium sylvaticum
Galium sylvaticum
Ribes alpinum

Auch einige Moose besitzen hier ihre wichtigsten Standorte. In den feuchten Klüften der Bergzerreissungsstadien am Nordabfall der Graburg sind es *Thamnobryum alopecurum* und *Conocephalum conicum*.

Die Kleinfarnbestände lassen sich der Assoziation Asplenio-Cystopteridetum fragilis zuordnen, die im Tiefland als verarmte Blasenfarngesellschaft auftritt (OBERDORFER 1977:31f).

5. Schutzwürdigkeit des Gebietes und Vorschläge für Pflegemaßnahmen

5.1 Artenschutz

Das Gebiet bietet für zahlreiche seltene und gefährdete Pflanzenarten geeignete Wuchsorte. Hier erreichen einige Arten die Grenze ihres Verbreitungsgebietes, wodurch die pflanzengeographische Bedeutung der Muschelkalkgebiete dieser Region deutlich wird.

Folgende Arten der „Roten Liste Farn- und Blütenpflanzen Hessen (1980)" sind im Gebiet vertreten (mit Gefährdungsgrad):

Aconitum vulparia 3
\+ *Allium montanum 4*
Aquilegia vulgaris 3
\+ *Calamagrostis varia 4*
\+ *Carduus defloratus 4*
Carex humilis 4
Carex paniculata 3
Cephalanthera rubra 3
\+ *Coronilla coronata 4*
\+ *Coronilla vaginalis 4*
Cypripedium calceolus 2 (BRD 2)
Dactylorhiza maculata 3
Gentianella ciliata 3 (BRD 3)
Gentianella germanica 3 (BRD 3)
Geum rivale 3
Laserpitium latifolium 4
Lathraea squamaria 4
Leucojum vernum 3 (BRD 3)
Lilium martagon 3
\+ *Melampyrum nemorosum 4*
Ophrys insectifera 3 (BRD 3)
Orchis mascula 3 (BRD 3)
\+ *Orchis pallens 4 (BRD 4)*
Orchis purpurea 3 (BRD 3)
Orthilia secunda 3
Petasites albus 4
Platanthera chlorantha 3 (BRD 3)
\+ *Polygala amara ssp. brachyptera 3*
Polygala comosa 3
Pulmonaria officinalis 4
Pyrola minor 3
Pyrola rotundifolia 3
Quercus pubescens 4
Seseli libanotis (= Libanotis pyrenaica) 4
Taxus baccata 3

Angaben in Klammern: Arten, die in der „Roten Liste der gefährdeten Tiere und Pflanzen in der Bundesrepublik Deutschland (1984)" angegeben sind (mit Gefährdungsgrad).

\+ Arten, die in Hessen ihre Verbreitungsgrenze erreichen

Gefährdungsgrade:
4 potentiell gefährdet
3 gefährdet
2 stark gefährdet

Die meisten Arten werden als gefährdet oder potentiell gefährdet eingestuft. *Cypripedium calceolus* ist in Hessen und in der BRD stark gefährdet (auch im europäischen Maßstab gefährdet).

Viele dieser Arten sind durch die Unterschutzstellung des Gebietes einerseits und die Unzugänglichkeit einiger Standorte andererseits, durch die eine intensive Bewirtschaftung unmöglich wird, in ihrem Fortbestand relativ gesichert. Dies gilt vor allem für die Arten, die an den kaum beeinflußten Trockenstandorten an der Schäferburg und im oberen Königental vorkommen.

Es sei aber hier ausdrücklich bemerkt, daß infolge längerfristiger Klimaveränderungen auch Verschiebungen im Vegetationsbild auftreten können. So konnte z.B. *Quercus pubescens* nur noch in einem Exemplar, das bereits stark von Buchen bedrängt war, nachgewiesen werden. Auf den Reliktcharakter der wärmeliebenden Eichenmischwälder wurde bereits hingewiesen (FÖRSTER 1968a:44, 1968b: 277).

Andere Arten, z.B. Arten der Gattungen *Orchis* und *Gentianella*, sind in ihrem Vorkommen hauptsächlich auf anthropogen entstandene Standorte (Niederwälder, Weideflächen) beschränkt. Diese Standorte sind im Sinne einer „Biotopschutzkonzeption" zu erhalten. Spezielle Maßnahmen hierzu werden im folgenden Teil vorgeschlagen.

Attraktive Arten, wie z.B. *Cypripedium calceolus*, der von SAUER (in HILLESHEIM-KIMMEL 1978: 358) noch als zahlreich für das Gebiet angegeben ist, vom Verfasser aber nur noch in wenigen Exemplaren aufgefunden werden konnte, sind insbesondere durch Abpflücken oder Ausgraben gefährdet.

In diesen Fällen können eigentlich nur Bestandsbewachungen helfen, die jedoch aus Personalmangel kaum realisierbar erscheinen.

Einige Arten, die als Besonderheiten für das Gebiet angegeben werden, sind vom Verfasser trotz intensiver Nachsuche nicht aufgefunden worden. Es handelt sich um: *Orobranche bartlingii, Peucedanum cervaria, Ophrys apifera* und *Epipactis leptochila*.

5.2 „Biotopschutz"

Das Konzept des Biotopschutzes (eigentlich auf Biozönosen angewandt) ist eng mit Fragen des Artenschutzes verknüpft. Dieses sollte aber auch die Bereiche mit typischen Vergesellschaftungen umfassen, die nicht unbedingt Wuchsorte seltener Pflanzenarten beinhalten.

An dieser Stelle sei darauf hingewiesen, daß der Verfasser hier nur ausschließlich botanische bzw. vegetationskundliche Gesichtspunkte anführen kann.

Neben den Vorkommen seltener Pflanzenarten liegt in der beispielhaften Verknüpfung typischer Vergesellschaftungen die überragende Bedeutung des Gebietes. Einerseits liegen hier wenig oder kaum beeinflußte naturnahe Vergesellschaftungen, andererseits durch bestimmte Bewirtschaftungsformen geprägte Gesellschaften vor.

Wenig oder kaum beeinflußt sind die Ahorn-Eschen-Lindenwälder auf Muschelkalkschutt, das Vincetoxico-Tilietum, die xerothermen Vegetationseinheiten und die naturnah ausgebildeten Hochwaldbestände des Melico-Fagetum bzw. Carici-Fagetum. Auch die verschiedenen Rasengesellschaften mit Ausnahme des Gentianello-Koelerietum sind hierher zu stellen.

Durch eine Erweiterung des Schutzgebietes auf das Königental mit den Schuttmassen am Manrod ließe sich so ein beispielhaftes Biozönosengefüge sichern, das sich von den Trockenrasen über verschiedene Waldgesellschaften hin bis zu den Quellfluren erstreckt. Eine Einbeziehung der Waldgesellschaften der gesamten nördlich exponierten Schichtstufe im Königental wäre dabei wünschenswert (vgl. hierzu die bei BOHN 1981 angegebene Abgrenzung).

Beispielhaft ist weiterhin das Nebeneinander von naturnahen Buchenhochwaldbeständen und Waldgesellschaften, die aus ehemaligem Mittel- oder Niederwald hervorgingen. Hier ist vor allem der ehemalige Netraer Gemeindewald zu nennen, daneben auch kleinere Flächen im Ostteil der Hochfläche.

5.3 Spezielle Pflege- und Erhaltungsmaßnahmen

5.3.1 Hochwaldbetrieb

Problematisch erscheint dem Verfasser in einzelnen Fällen die in der Schutzverordnung gestattete Bewirtschaftung in Hochwaldform, die in fast allen Bereichen der Hochfläche zu geschlossenen Buchenbeständen führen würde, wenn nicht geeignete Maßnahmen ergriffen werden (vgl. soziologischer Teil: Querco-Carpinetum).

Dieser Punkt sollte vor allem bei der beabsichtigten Umwandlung des ehemaligen Netraer Gemeindewaldes berücksichtigt werden. Hier kommen insbesondere mit *Orchis pallens* (zerstreut) und *Leucojum vernum* floristische Kostbarkeiten vor.

Fagus sylvatica sollte in den Abteilungen 16 und 17 als stark beschattende Art zurückgehalten werden. *Acer-*, *Tilia-* und *Quercus*-Arten sowie *Fraxinus excelsior* sind dagegen zu fördern. Im Oberholz ist vor allem *Quercus* zu schonen, um eine weitere Verjüngung zu ermöglichen. Im Unterholz sind dichte Jungbestände zu vermeiden, da z.B. *Leucojum vernum* und *Orchis mascula* ein recht hohes Lichtbedürfnis besitzen (ELLENBERG 1979:78, 84). Die anzustrebenden helleren Lichtverhältnisse wären auch der epiphytischen Flechtenvegetation zuträglich (Prof. Dr. Christian LEUCKERT, mündl. Mittlg.).

Ein mittelwaldartiger Aufbau ist in den beiden oben genannten Abteilungen anzustreben, wie es einer Schonwaldkonzeption entsprechen würde (DIETERICH 1981:86). Ebenso, wie echte Niederwälder sollte dieser Bewirtschaftungstyp beispielhaft erhalten bleiben (TRAUTMANN 1978:261, ARBEITSKREIS FORSTLICHE LANDESPFLEGE 1981:61ff). Größerflächige Maßnahmen, wie sie in Teilen der Abteilungen 18 und 19 durchgeführt worden sind, müssen wegen der nicht kalkulierbaren Artenverschiebungen unterbleiben.

In diesen beiden Abteilungen wird vorgeschlagen, die restlichen verbliebenen Flächen sich selbst zu überlassen, um ein gezieltes Studium der einsetzenden Veränderungen zu ermöglichen (ELLENBERG 1982:220).

Vom Hochwaldbetrieb ausgenommen werden müssen auch die niederwaldartigen Eschenbestände in den Abteilungen 31 und 34. Die Lärchen müssen hier allerdings entfernt werden. Auf die Gefährdung der wertvollen Orchideenstandorte durch schattige Buchenwälder weist bereits NIESCHALK (1964:25f) hin. Die Bedeutung des Erhaltes von Niederwäldern wird auch von TRAUTMANN (1978:261) betont.

Bei der Bewirtschaftung der übrigen Hochwaldbestände auf dem Plateau und an den Hängen sollten edelholzreiche Buchenmischwälder angestrebt werden. Der Einschlag hat jedoch nicht großflächig zu erfolgen, da sonst später ausgedehnte artenarme Dickungen und Stangenholzbestände entstehen. Ein stufiger Aufbau, der genügend Licht für die Ausbildung der Bodenvegetation zuläßt, ist anzustreben.

5.3.2 Nadelholzbestände

Die südlich des Naturschutzgebietes gelegenen Abteilungen, auf denen vor allem Fichtenbestände stehen, sollten ebenfalls als edelholzreiche Buchenmischwälder in Hochwaldform bewirtschaftet werden. Die kleinflächigen Nadelholzbestände innerhalb des Schutzgebietes auf der Hochfläche und am Westabfall des Plateaus (Abteilungen 35, 128 und 127) sowie die östlich der Schäferburg zerstreut stehenden Fichten sind zu entfernen. Das gleiche ist für alle Schwarzkiefern in Abteilung 29 zu veranschlagen. Hier macht sich auf dem trockenen Boden ungünstige Rohhumusbildung bemerkbar.

Vereinzelt im Bereich der Hangkanten und Schutthalden stehende Waldkiefern sind als spontanes Element von Sukzessionsstadien oder Sonderstandorten anzusehen. Hier sind keine Eingriffe erforderlich. Auf die zahlreichen Lärchenbestände wurde bereits im vorigen Abschnitt eingegangen.

Die im Gebiet noch zahlreichen Eiben werden gesondert behandelt.

5.3.3 Xerothermvegetation

Die als schmales Band besonders oberhalb des Königentals und an der Rabenkuppe vertretenen Vegetationseinheiten (Buschwälder mit Rasengesellschaften) stellen zum Teil wertvolle Standorte dealpiner und submediterraner Arten dar. Besonders hervorzuheben sind die reich ausgebildeten Erdseggenvorkommen in Abteilung 30, die hier noch typischer ausgebildet sind als die an der Schäferburg.

Insgesamt gesehen behauptet sich vor allem die Rotbuche trotz des krüppelhaften Wuchses an diesen Standorten sehr stark und ist daher von Zeit zu Zeit zurückzudrängen. Es erscheint zwar mehr als fraglich, ob damit das einzige Vorkommen von *Quercus pubescens* erhalten werden kann (westlich der Schäferburg), aber zahlreiche andere Arten, insbesondere Saum- und Trockenrasenarten erhielten bessere Standortbedingungen. In den Abteilungen 29 und 30 befinden sich am Rand der Hochfläche Stangenholzbestände, in denen *Sorbus torminalis* häufig ist und weiter gefördert werden sollte. Die eigentlichen Trokkenrasen an der Schäferburg sind in ihrer Entwicklung genau zu beobachten, um mögliche Veränderungen (z.B. Verbuschung) festzustellen. Auf Dauer können hier Pflegemaßnahmen zur Erhaltung der Rasengesellschaft erforderlich werden. STEPHAN, B. & S. (1971:304) erwähnen erforderliche Pflegemaßnahmen (Brand) zur Erhaltung eines *Sesleria caerulea-Carex humilis* Xerobrometum im Naturschutzgebiet Stolzenburg. Dringende Maßnahmen sind nach Ansicht des Verfassers hier zur Zeit noch nicht erforderlich. Bei einer eventuell stattfindenden Entbuschung müssen die *Sorbus*-Bastarde geschont werden.

Der hier fragmentarisch ausgebildete *Geranium*-Saum ist stark durch Tritt gefährdet (s.u.).

5.3.4 Blockschuttwälder

Diese Waldgesellschaften fallen vor allem durch das Zurücktreten von *Fagus sylvatica* auf. Es dominieren dafür *Acer pseudoplatanus, Tilia platyphyllos* und *Fraxinus excelsior*. In Süd- und Westexposition ist das Vincetoxico-Tilietum ausgebildet. Die übrigen Bestände an den absonnigen Hängen stellen Übergangsgesellschaften zum Phyllitido-Aceretum dar. Alle diese Gesellschaften sind als naturnahe Bestände anzusehen und sollten weiterhin einer wirtschaftlichen Nutzung entzogen werden. Anfallendes Totholz, das vor allem durch Windwurf entsteht, trägt gut ausgebildete Bryophytengesellschaften. Nicht zuletzt aus diesem Grund ist dieses Totholz an diesen Standorten zu belassen. Dieses Vorgehen kommt einer Einstellung jeglicher forstlicher Nutzung gleich und entspricht der Konzeption von Naturwaldreservaten (TRAUTMANN 1980:132ff). Diese Gesellschaften eignen sich hervorragend für weitere grundlagenwissenschaftliche Untersuchungen. Überlegenswert erscheint weiterhin die Möglichkeit, alle Hangbereiche innerhalb der bestehenden Grenzen des Naturschutzgebietes oder zumindest die oberen Bereiche der Steilhänge von forstlicher Nutzung auszuschliessen.

Nicht bewirtschaftet werden sollten auf jeden Fall die Waldgesellschaften auf Bergsturzmaterial am Manrod und an der Rabenkuppe, wo beispielhafte natürliche Vegetationszonierungen entstanden sind.

5.3.5 Pflege von Rasenflächen

Auf die Rasenflächen innerhalb des Komplexes der Xerothermvegetation wurde bereits oben eingegangen. An dieser Stelle wird vor allem auf das Gentianello-Koelerietum eingegangen, das zeitlich schwer abzuschätzenden Veränderungen in der Sukzession zu entsprechenden Waldgesellschaften hin unterliegt. Im Gebiet ist bereits eine beginnende Verbuschung zu beobachten, die unterhalb der Rabenkuppe durch *Salix caprea, Sorbus aria* und *Corylus avellana* und auf einer alten Weidefläche im Königental vor allem durch *Prunus spinosa* eingeleitet wird.

Hier muß von Zeit zu Zeit eine Entbuschung erfolgen, die jedoch durch die geförderte Wurzelbrut problematisch ist (WOLF 1980:377). Von einer anhaltenden Beweidung ist wegen der damit verbundenen Trittgefährdung der Orchideen abzusehen. Ein jährlich erfolgender Schnitt der Rasenfläche im Herbst mit Schonung der Standorte von *Gentianella*-Arten erscheint als Maßnahme denkbar, sollte aber mit anderen Gutachtern abgesprochen werden (siehe z.B. faunistische Erhebungen).

Die auf der Fläche im Königental eingebrachten Fichten sind zu entfernen.

An dieser Stelle muß auch auf die unmittelbar außerhalb des Untersuchungsgebietes gelegene kohldistelreiche Feuchtwiese am Rambach hingewiesen werden, auf der *Picea abies* und *Larix decidua* gepflanzt worden sind. Der Sinn einer solchen Maßnahme läßt sich kaum einsehen. Nachteilige Folgen sind für den an dieser Stelle noch ungestörten (!) Rambach durch später ständig erfolgende Beschattung und Nadelstreueintrag vorauszusehen. Auf solche nachteiligen Veränderungen weist unter anderem TIETMEYER (1981:410) hin.

Eine Aufforstung hat hier mit standortgemäßen Schwarzerlen und Eschen zu erfolgen, wenn eine solche Maßnahme überhaupt in Erwägung gezogen wird (vgl. Bach-Erlen-Eschenwald in ELLENBERG 1982:356).

5.3.6 Eibenbestände im Gebiet

Besonderes Augenmerk verdienen die umfangreichen Bestände von *Taxus baccata* insbesondere in den Abteilungen 38 bis 40. Sie bilden eine typische zweite Baumschicht. Der anthropogene Einfluß auf diese Bestände macht sich unter anderem dadurch bemerkbar, daß die Grenze dieser Vorkommen mit der administrativen Grenzziehung (Gemarkungen) übereinstimmt. In den übrigen Abteilungen befinden sich nur noch vereinzelt Eiben, an den Hangkanten und Verwitterungsbändern sind sie etwas häufiger.

Die Verjüngung macht vor allem wegen des hohen Wilddrucks Schwierigkeiten. Eine weitere Eingatterung von dem Wild zugänglichen Flächen ist nicht zu vermeiden.

Problematisch erscheinen in diesem Zusammenhang weiterhin die dicht geschlossenen Stangenholzbestände in den Abteilungen 38 und 39. Hier sollte eventuell eine vorsichtige Auflichtung des Stangenholzes erfolgen. Weitere Untersuchungen über das Verhalten der Eibe sind erforderlich, um gezieltere Maßnahmen zur Erhaltung der Bestände ergreifen zu können.

5.3.7 Wildproblematik

Ein Teilaspekt dieser Problematik wurde bereits bei den Schwierigkeiten der Eibenverjüngung angesprochen. Hierzu muß weiter ausgeführt werden, daß bei dem hohen Wilddruck eine natürliche Verjüngung bei Laubhölzern beeinträchtigt und damit eine tatsächlich natürliche Baumartenzusammensetzung unmöglich wird (ARBEITSKREIS FORSTLICHE LANDESPFLEGE 1984:65).

Das Wild übt jedoch nicht nur negativen Einfluß auf die Naturverjüngung aus, sondern schädigt durch den Verbiß von Knospen auch Pflanzen der Krautschicht. Besonders auffällig ist der Verbiß an Blütenknospen von *Lilium martagon*.

Aus diesen Gründen sollte eine Verringerung des Wildbestandes angestrebt werden. Inwieweit die Bestandsangabe von mehr als 10 Individuen/ha (PFLEGEPLAN 1977/81:5) überhaupt zutrifft, erscheint mehr als fraglich. So haben exakte Bestandserfassungen in Mitteleuropa drei- bis fünfmal stärkere Populationen ergeben, als dies nach erfolgten Zählungen erwartet wurde (REMMERT 1980:218). Dieser Erfahrungswert trifft vermutlich auch für das Untersuchungsgebiet zu. Zur Zeit erscheint daher eine fortgesetzte Eingatterung von Flächen unabdingbar.

5.3.8 Wegebau und Beschilderung

Das im Gebiet vorhandene Wegenetz sollte nicht weiter ausgebaut werden. Auch sollten Verbreiterungen, wie sie auf der Hochfläche durchgeführt wurden, zukünftig unterbleiben. Es muß in diesem Zusammenhang auch darauf hingewiesen werden, daß Hinweistafeln, die beim Besucher Verständnis für Naturschutzbelange wecken sollen, nicht sehr überzeugend wirken, wenn sie neben breiten Wegen oder Schneisen stehen.

Die Beschilderung des Gebietes erscheint sonst ausreichend, vorzuschlagen wäre eventuell die Aufstellung von Hinweistafeln an den außerhalb gelegenen Parkplätzen, auf denen mit kurzgefaßten und prägnanten Appellen die Besucher zu verantwortungsbewußtem Verhalten aufgefordert werden. Hinweise auf besondere Seltenheiten sollten unterbleiben.

5.3.9 Lenkung der Besucher

Nennenswerte Besucherzahlen sind im Gebiet vor allem während der Feiertage (Ostern, Pfingsten, 1. Mai) sowie zur Blütezeit von *Orchis pallens* zu registrieren.

Während der Sommermonate suchen nach eigenen Beobachtungen nur Einzelwanderer und wenige Gruppen die Graburg auf.

Aufwendige Lenkungsmaßnahmen erscheinen hier wenig sinnvoll, da die meisten ortsansässigen Ausflügler und auch die teilweise weither angereisten botanisch interessierten Besucher meistens über eine gute Ortskenntnis verfügen. Trotzdem sollten, wie bereits vorgeschlagen wurde, unauffällige Hindernisse den Weg zu den Orchideenstandorten im Ostteil der Hochfläche verbauen. Weitgehend unzugänglich gemacht werden sollte auch der Weg, der über den Felsgrat der Schäferburg führt. Das dort kleinflächig ausgebildete Vegetationsmosaik ist bei starkem Ausflüglerandrang hohen Trittgefahren ausgesetzt. Auch hier sollten die Hindernisse möglichst unauffällig sein (Holzstapel o.ä.) und schon im Ostteil des Plateaus postiert werden.

5.4 Wissenschaftliche Bedeutung

Durch das Vorkommen der oben beschriebenen Pflanzengesellschaften in einer beispielhaft ausgeprägten Vielfalt besitzt das Untersuchungsgebiet auch eine wichtige Bedeutung für Forschung und Lehre.

Durch das nicht weit entfernt liegende Standquartier für Erdwissenschaften der Freien Universität Berlin bieten sich gute Möglichkeiten für weitere Untersuchungen.

Neben weiteren grundlagenwissenschaftlichen Untersuchungen sollte vor allem langfristig die fortlaufende Entwicklung der Vegetationseinheiten untersucht werden. Dies gilt für die ehemaligen Mittelwaldflächen, die Einheiten der Xerothermvegetation und die Gesellschaften im Bereich der Bergstürze, insbesondere am Manrod.

Floristisch-ökologische Untersuchungen bieten sich auch an den Moosgesellschaften auf morschem Holz am Nordabfall der Graburg an. Als ausgesprochen lückenhaft sind auch die bisherigen faunistischen Angaben zu bewerten. Neue Angaben sind in eine Gesamtschutzkonzeption einzubeziehen.

6. Literatur

ACKERMANN, E. 1958: Bergstürze und Schuttströme an der Wellenkalk-Schichtstufe in Gegenwart und Vergangenheit. – Natur u. Volk, 88: 123-132, Frankfurt/M.

ARBEITSKREIS FORSTLICHE LANDESPFLEGE 1984: Biotop-Pflege im Wald. – 1-230, Greven.

BLAB, J. et al. 1984: Rote Liste der gefährdeten Tiere und Pflanzen in der Bundesrepublik Deutschland. – 4. Aufl.: 1-270, Greven.

BOHN, U. 1981: Vegetationskarte der Bundesrepublik Deutschland 1 : 200 000, Potentielle natürliche Vegetation, Blatt CC 5518 (Fulda). – Schriftenr. Vegetationskde., 15, Bonn, Bad Godesberg.

BRAUN-BLANQUET, J. 1964: Pflanzensoziologie - Grundzüge der Vegetationskunde. – 3. Aufl.: 1-865, Wien, New York.

DIETERICH, H. 1981: Das Bann- und Schonwaldprogramm in Baden-Württemberg. – Beih. Veröff. Naturschutz Landespflege Baden-Württemberg, 20: 83-89, Karlsruhe.

ELLENBERG, H. 1979: Zeigerwerte der Gefäßpflanzen Mitteleuropas. – Scripta Geobot., 9: 1-122, Göttingen.

ELLENBERG, H. 1982: Vegetation Mitteleuropas mit den Alpen in ökologischer Sicht. – 3.Aufl.: 1-989, Stuttgart.

ELLENBERG, H. & MÜLLER-DOMBOIS, D. 1967: Tentative physiognomic-ecological classification of plant-formations of the Earth. – Ber. Geobot. Inst. Rübel, 37: 21-55, Zürich.

FÖRSTER, M. 1968a: Neufund von Quercus pubescens WILLD. in Hessen. – Hess. Florist. Briefe, 17(200): 43-44, Darmstadt.

FÖRSTER, M. 1968b: Über xerotherme Eichenmischwälder des deutschen Mittelgebirgsraumes. – Diss. Hann. Gem.: 1-424, Göttingen.

FRÖLICH, E. 1939: Die Flora des mittleren Werratales in pflanzengeographischen Bildern. – 1-144, Eschwege.

GRIMME, A. 1958: Flora von Nordhessen. – Abh. Ver. Naturkde. Kassel, 61: 1-212, Kassel.

GRIMME, K. 1977: Wasser- und Nährstoffversorgung von Hangbuchenwäldern auf Kalk. – Scripta Geobot., 12: 1-58, Göttingen.

HARTMANN, F.-K. 1974: Mitteleuropäische Wälder. – 1-214, Stuttgart.

HESSISCHE LANDESANSTALT FÜR UMWELT 1980: Rote Liste der Farn- und Blütenpflanzen Hessen. – 1-46, Wiesbaden.

HESSISCHES LANDESVERMESSUNGSAMT 1979: Luftbildkarte 1 : 5000, 5-7864 L. – Wiesbaden.

HESSISCHES LANDESVERMESSUNGSAMT 1984: Topographische Karte 1 : 25 000, Blatt 4826, Eschwege.

HILLESHEIM-KIMMEL, U. et al. 1978: Die Naturschutzgebiete in Hessen. – 2. Aufl.: 1-395, Darmstadt.

HOFMANN, W. 1968: Vitalität der Rotbuche und Klima in Mainfranken. – Feddes Rep., 78: 135-137, Berlin.

JAKUCS, P. 1970: Bemerkungen zur Saum-Mantel-Frage. – Vegetation, 21: 29-47, Den Haag.

KLIMAATLAS VON HESSEN (1950): Deutscher Wetterdienst in der US-Zone - Zentralamt Bad Kissingen, Bad Kissingen.

KNAPP, H.D. 1979: Geobotanische Studien an Waldgrenzstandorten des herzynischen Florengebietes. Teil 1 und Teil 2. – Flora 168: 276-319, Jena.

KNAPP, H.D. 1980: Geobotanische Studien an Waldgrenzstandorten des herzynischen Florengebietes. Teil 3. – Flora, 169: 177-215, Jena.
KÖNIG, P. 1983: Vegetation und Flora der „Klosterwiesen von Rockenberg" (Wetterau, Hessen). – Jahresber. Wetterau. Ges. Ges. Naturkde.: 59-112, Hanau.
MARTIN, W. 1965: Die Geologie der Umgebung von Weißenborn auf Blatt 4826 Eschwege (Nordhessen). – Diplomarbeit: 1-85, Frankfurt/M.
MOOR, M. 1972: Versuch einer soziologischen Gliederung des Carici-Fagetum. – Vegetatio, 24: 31-69, Den Haag.
MOOR, M. 1975: Die soziologisch-systematische Gliederung des Hirschzungen-Ahornwaldes. – Beitr. Naturkdl. Forsch. Südwest-Deutschland, 34: 215-223, Karlsruhe.
MÜLLER, T. 1962: Die Saumgesellschaften der Klasse Trifolio-Geranietea sanguinei. – Mitt. Flor. Soz. Arbeitsgem., N.F., 9: 95-140, Stolzenau.
NIESCHALK, A. & Ch. 1964: Orchis pallens in Nordhessen. – Hess. Florist. Briefe, 13(150): 25-27, Darmstadt.
OBERDORFER, E. (Hg) 1977: Süddeutsche Pflanzengesellschaften. Teil 1. – 1-311, Stuttgart.
OBERDORFER, E. (Hg) 1978: Süddeutsche Pflanzengesellschaften. Teil 2. – 1-355, Stuttgart.
OBERDORFER, E. 1983: Pflanzensoziologische Exkursionsflora. – 1-1051, Stuttgart.
REICHELT, G. & WILMANNS, O. 1973: Vegetationsgeographie. – 1-210, Braunschweig.
REMMERT, H. 1980: Ökologie. – 2. Aufl.: 1-304, Berlin, Heidelberg, New York.
RÜHL, A. 1967: Das Hessische Bergland. Eine forstlich-vegetationskundliche Übersicht. – Forsch. Dt. Landeskde., 161: 1-164, Bad Godesberg.
RUNGE, F. 1980: Die Pflanzengesellschaften Mitteleuorpas. – 6./7. Aufl.: 1-278, Münster.
SCHLÜTER, H. 1965: Vegetationskundliche Untersuchungen an Fichtenforsten im Thüringer Wald. – Die Kulturpflanze, 13: 55-99, Berlin.
SCHLÜTER, H. 1968: Zur systematischen und räumlichen Verbreitung des Carpinion in Mittelthüringen. – Feddes Rep., 77: 117-141, Berlin.
STEPHAN, B. & S. 1971: Die Vegetationsentwicklung im NSG Stolzenburg und ihre Bedeutung für die Schutzmaßnahmen. – Decheniana, 123: 281-305, Bonn.
TIETMEYER, M. 1981: Feuchtbiotope in westfälisch-lippischen Wäldern, Nutzung, Korrektur, Neuanlage. – Allg. Forstzeitschr., 17: 409-412, München.
TRAUTMANN, W. 1978: Wälder und Forste. – In: OLSCHOWY, G. (Hg): Natur- und Umweltschutz in der Bundesrepublik Deutschland: 260-266, Hamburg, Berlin.
TRAUTMANN, W. 1980: Die Bedeutung der Naturwaldreservate für Schutzgebietssysteme. – Natur u. Landschaft, 55: 132-134, Stuttgart.
WILMANNS, O. 1978: Ökologische Pflanzensoziologie. – 2. Aufl.: 1-351, Heidelberg.
WINTERHOFF, W. 1963: Vegetationskundliche Untersuchungen im Göttinger Wald. – Nachr. Akad. Wiss. Göttingen II, Math.-Phys. Kl.: 21-79, Göttingen.
WINTERHOFF, W. 1965: Die Vegetation der Muschelkalkfelshänge im hessischen Werrabergland. – Veröff. Landesst. Naturschutz u. Landespflege Baden-Württemberg, 33: 146-197, Ludwigsburg.
WOLF, G. 1980: Zur Gehölzansiedlung und -ausbreitung auf Brachflächen. – Natur u. Landschaft, 55: 375-380, Stuttgart.

Anschrift des Autors:

Dipl.-Biol. JOCHEN HALFMANN, Institut für Systematische Botanik und Pflanzengeographie der Freien Universität Berlin, Altensteinstr. 6, 1000 Berlin 33.

Berliner Geogr. Abh., Heft 41: 107–123, Berlin 1986.

Analyse der Bryophytenflora und -vegetation der Bergsturzhalde am Manrod (Ringgau, Nordhessen)

mit 15 Abbildungen und 2 Tabellen

WOLFGANG FREY und JOCHEN HALFMANN

K u r z f a s s u n g: Die Vergesellschaftungen (Assoziierungen) von Bryophyten auf Muschelkalkblöcken am Manrod (Ringgau, Nordhessen) wurden mit vegetationsanalytischen Arbeitstechniken erfaßt und dargestellt. Auf den Gesamtflächen der Blöcke treten folgende charakteristische Assoziierungen auf: die *Tortula muralis-Ditrichum flexicaule-*, *Tortula muralis-Tortella tortuosa-*, *Tortula muralis-*, *Mnium marginatum-* und die *Dicranum scoparium-*Assoziierung; auf den Teilflächen die *Tortula muralis-Ctenidium molluscum-*, *Tortula muralis-*, *Mnium marginatum-*, *Thuidium delicatulum-*, *Hypnum cupressiforme-* und die *Dicranum scoparium-*Assoziierung. Der Einfluß verschiedener Standortfaktoren (Exposition und Neigung der Flächen, Beleuchtung, Stabilität der Blöcke, Oberflächenbeschaffenheit der Aufnahmeflächen) auf die Bildung und Differenzierung der Assoziierungen konnte aufgezeigt werden. Schon kleinste mikroklimatische Faktoren bedingen auf verschieden exponierten Teilflächen eigenständige Assoziierungen. Die Assoziierungen werden zudem durch Arealspektren näher charakterisiert. „Zirkumpolare" und kosmopolitische Arten sind am häufigsten vertreten.

Analysis of the bryophyte flora and vegetation of the limestone debris at the Manrod (Ringgau, Nordhessen/W-Germany)

A b s t r a c t: The communities („Assoziierungen") of bryophytes on shell lime blocks at the Manrod (Ringgau, Nordhessen) were recorded and presented using methods of vegetation analysis. The following characteristic „Assoziierungen" occur on the total area of the blocks: the „Assoziierung" of *Tortula muralis-Ditrichum flexicaule, Tortula muralis-Tortella tortuosa, Tortula muralis, Mnium marginatum* and *Dicranum scoparium*; the „Assoziierung" of *Tortula muralis-Ctenidium molluscum, Tortula muralis, Mnium marginatum, Thuidium delicatulum, Hypnum cupressiforme* and *Dicranum scoparium* occur on the partial surfaces. The influence of various site factors (exposition and inclination of surfaces, light, stability of blocks, condition of surfaces of the sample area) on the formation and differentiation of the „Assoziierungen" could be demonstrated. Already smallest microclimatic factors bring about own „Assoziierungen" on the partial surfaces exposed differently. In addition the „Assoziierungen" are further characterized by area spectra. „Circumpolar" and cosmopolite species are represented in high quantities.

I n h a l t s ü b e r s i c h t

1. Einleitung

Bergstürze in Form von Sturzfließungen sind charakteristische Landschaftselemente im nordhessischen Muschelkalkgebiet. Neben den Bergsturzhalden am Schickeberg und an der Rabenkuppe (Graburg) gehört auch die am Manrod südlich der Schäferburg (Graburg) zu den bekannten Bergsturzhalden im Ringgau.

Bergsturzhalden gehören in Mitteleuropa zu den wenigen Biotopen, auf denen in relativ kurzer Zeit Sukzessionen ablaufen, insbesondere von Rasengesellschaften zu Gebüsch- und Waldgesellschaften. Diese offenen Standorte und die sich anschließenden gehölzreichen Übergangsgesellschaften zu den mitteleuropäischen Laubmischwäldern bieten über Zeiträume hinweg durch den Wechsel der Beleuchtungsverhältnisse differenzierte Bedingungen für charakteristische kalksteinbesiedelnde Bryophytengesellschaften.

Im Rahmen der naturräumlichen Analyse des Werra-Meißner-Gebietes wurde diesen für eine natürliche Waldlandschaft außergewöhnlichen Biotopen und Gesellschaften verstärkte Aufmerksamkeit gewidmet (HALFMANN 1986, KÜRSCHNER 1986a). Dabei wurde auch auf die Bryophytengesellschaften der Basaltblockhalden am Meißner eingegangen (KÜRSCHNER 1986b), so daß mit den nun vorliegenden Arbeiten ein erster Einblick in die epilithischen Moosgesellschaften im Werra-Meißner-Gebiet möglich ist.

Im folgenden werden die Ergebnisse der Analyse der Bryophytenvegetation und -flora der Bergsturzhalde am Manrod dargestellt.

2. Topographie und Geologie

Der Manrod befindet sich etwa 800 m südlich der Schäferburg (Graburg) am nördlich exponierten Abfall der Wellenkalk-Schichtstufe im Königental westsüdwestlich der Ortschaft Rambach (Topographische Karte 1 : 25 000, Blatt Eschwege, Hessisches Landesvermessungsamt). Geologisch ist er aus oberem Buntsandstein (Röt) (Hangfuß) und bankigem Muschelkalk aufgebaut. Seine Hochfläche ist schwach nach Süden geneigt, und an der nördlichen Begrenzung entwässert der Rambach im Königental nach Osten. Am Fuß der Bergstufe im Königental liegen Quellhorizonte.

Die untersuchten Muschelkalkblöcke befinden sich im Bereich der Bergsturzhalde, die durch die Sturzfließung im Mai 1895 am Manrod entstanden ist (ANGERSBACH 1896:40 ff.).

3. Arbeitstechnik

Die Rasen-, Gebüsch- und Waldgesellschaften am Manrod wurden mit der BRAUN-BLANQUETschen Arbeitstechnik aufgenommen.

Die Analyse und Klassifizierung der epilithischen Bryophytengesellschaften erfolgte mit der Normal Association Analysis (NAA) (WILLIAMS & LAMBERT 1959) und weiteren quantitativen Verfahren, die bereits bei Kryptogamengesellschaften angewendet wurden (FREY & KÜRSCHNER 1979:47 ff., HURKA, FUCHS & TRESS 1974:416 ff., KÜRSCHNER 1984:182). Berücksichtigt wurden nur Arten, die mehr als fünfmal auftraten; Arten, die weniger als fünfmal auftraten, werden als „sonstige Arten" in Tab. 2 aufgeführt.

Entlang dem Transekt wurden alle Blöcke, die sich in unmittelbarer Nähe befanden, bearbeitet, sofern ihr Durchmesser mehr als 50 cm betrug. Grundlage für die quantitativen Auswertungen war die Übertragung der epilithischen Moosrasen auf Plastikfolien. Durch die Auszählung der Flächen auf einem 1 cm-Raster („Treffermethode") können die Deckungsanteile der verschiedenen Arten direkt verglichen werden.

Bei den Aufnahmen im Gelände wurden die Parameter Exposition, Neigung, Beleuchtung, Stabilität der Blöcke und Oberflächenbeschaffenheit der Aufnahmeflächen mit aufgenommen, um die Faktoren, die bei der Ausbildung von Vergesellschaftungen von Bedeutung sind, darstellen zu können.

Die Aufnahmen wurden im Rahmen eines Standortpraktikums vom 6.11. bis 14.11.1984 durchgeführt.

4. Epilithische Moosgesellschaften am Manrod

4.1 Vegetation am Manrod und Lage des Transektes

Die Vegetationsverhältnisse am Manrod sind in HALFMANN (1986) eingehend dargestellt. Hier kann aus Platzgründen nur eine Zusammenfassung gegeben werden.

Im Zentrum der Blockhalde herrschen *Sesleria varia*-Rasen mit einzelnen Sträuchern vor. An deren Rand ist ein mehr oder weniger offener Pionierwald - teils als Buschwald - mit *Acer pseudo-platanus, Tilia platyphyllos, Sorbus aria* u.a. ausgebildet. Im unteren Bereich der verfestigten Halde siedelt ein Ahorn-Eschen-Wald mit *Acer pseudo-platanus, A. platanoides, Fraxinus excelsior* und *Tilia platyphyllos*. Ausserhalb der Schuttmassen schließt sich ein typischer geschlossener Buchenhochwald an.

Der Verlauf des Transektes mit der Lage der aufgenommenen Blöcke ist in Abb. 1 dargestellt.

Der Transekt beginnt im unteren Teil der Halde in einem Ahorn-Eschen-Wald (Blöcke 44-36). Nach oben schließen sich ein Randbereich mit einem Pionierwald und ein Gebüsch mit einzelnen Bäumen an (Blöcke 35-19), das zum offenen *Sesleria varia*-Rasen (Blöcke 18-1) überleitet. Die Blöcke im *Sesleria varia*-Rasen sind unbeschattet, im Gebüschbereich teilweise beschattet.

Der Transekt verläuft weiter durch grobes Blockschuttmaterial (Blöcke 45-56) bis auf einer schmalen Verebnungsfläche (verschüttete Abrißscholle) dichteres Gebüsch erreicht wird. Hier knickt der Transekt nach Westen ab, folgt dem Gebüsch (Blöcke 57-68) zu einem offenen Pionierwald (Übergangsbereich, Ahorn-Linden-Wald) (Blöcke 69-74) und endet mit den im geschlossenen Buchenhochwald liegenden Blöcken (Blöcke 75-83).

Die Gesamtlänge des Transektes beträgt etwa 190 m, der Höhenbereich umfaßt 400 bis 440 m NN.

Zur besseren Lesbarkeit der Ergebnisse sei angemerkt, daß die Auswertung vom Zentrum der Bergsturzhalde aus vorgenommen wird, d.h. von der Hangmitte abwärts (Blöcke 1-44, unterer Teil) und aufwärts (Blöcke 45-83, oberer Teil).

4.2 Gesamtflächenbedeckung

Die Abhängigkeit der Gesamtflächenbedeckung von der Lage der Blöcke bzw. von der Beleuchtungsintensität zeigt Abb. 2. Die voll im Licht gelegenen Blöcke tragen nur wenig Bewuchs, während die teilweise oder voll beschatteten Blöcke nahezu vollständig von Moosrasen überzogen sind. Hier zeigt sich deutlich die Abhängigkeit der Bryophytengesellschaften in ihrer Flächenbedeckung von den Beleuchtungs- und Feuchtigkeitsverhältnissen.

Berücksichtigt man die Bedeckungswerte der charakteristischen Arten im Transekt in Abhängigkeit von der Lage der Muschelkalkblöcke (Abb. 3, 4), so lassen sich folgende Aussagen machen:

Tortula muralis und *Schistidium apocarpum* erreichen die höchsten Deckungsanteile auf den voll besonnten Blöcken, greifen aber auch mit geringeren Flächenanteilen auf die teilweise beschatteten Blöcke über. *Ditrichum flexicaule* ist fast ausschließlich auf teilweise beschatteten Blöcken vertreten, erreicht hier aber nur relativ niedrige Deckungsanteile. Bevorzugt tritt diese Art im Bereich des Gebüsches auf der verschütteten Abrißscholle auf. *Ctenidium molluscum* besitzt eine recht breite Amplitude, weist aber auf besonnten Blöcken nur geringe Deckungsanteile auf. Ähnlich wie *Ctenidium molluscum* verhält sich *Hypnum cupressiforme*. Diese Art hat aber ein deutlich ausgeprägtes Optimum in den Übergangsbereichen, wo der Deckungsanteil bis zu 100 % betragen kann. *Mnium marginatum* kommt mit einer Ausnahme nur auf voll beschatteten Blöcken vor. Sie erreicht keine hohen Bedeckungswerte, hat aber offensichtlich an diesen Standorten ihr ökologisches Optimum.

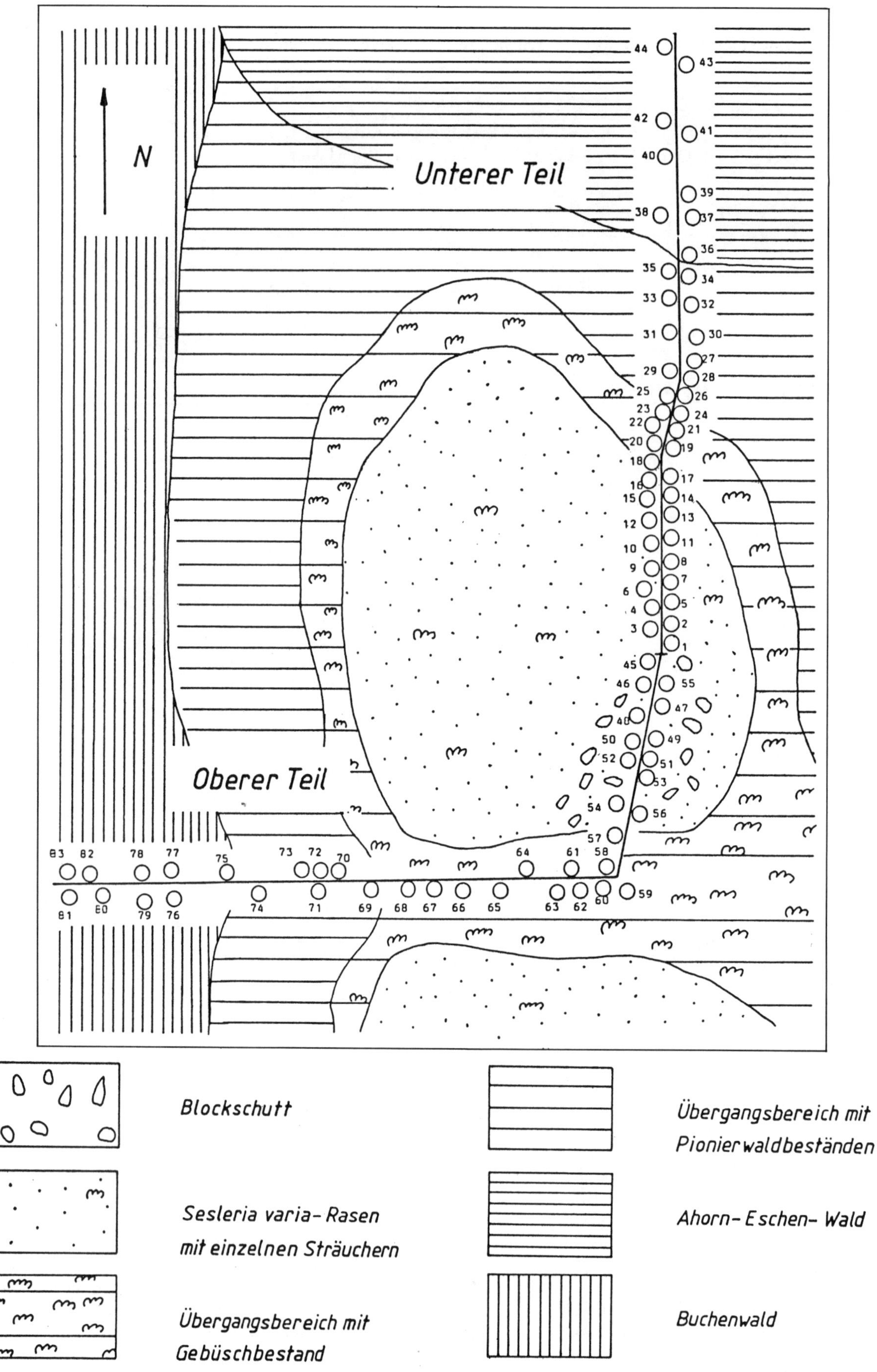

Abb. 1: Transekt Manrod. Vegetation und Lage der Muschelkalkblöcke.

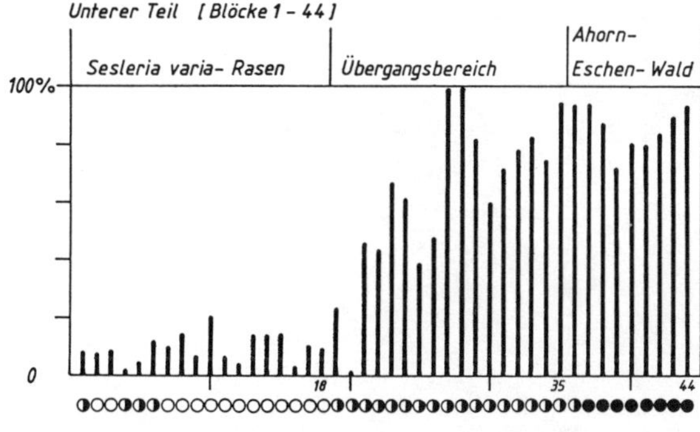

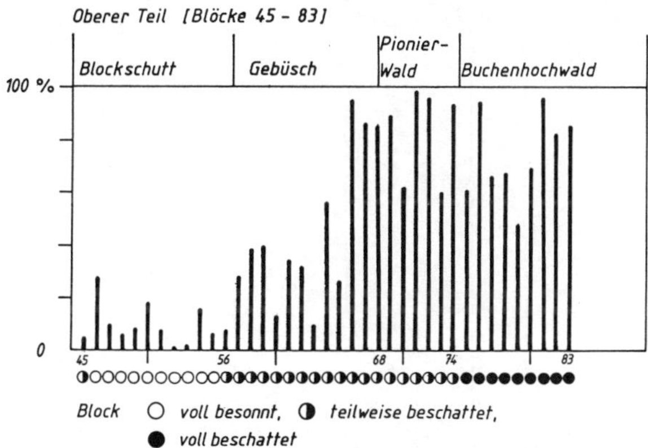

Abb. 2: Transekt Manrod. Gesamtflächenbedeckung der Blöcke.

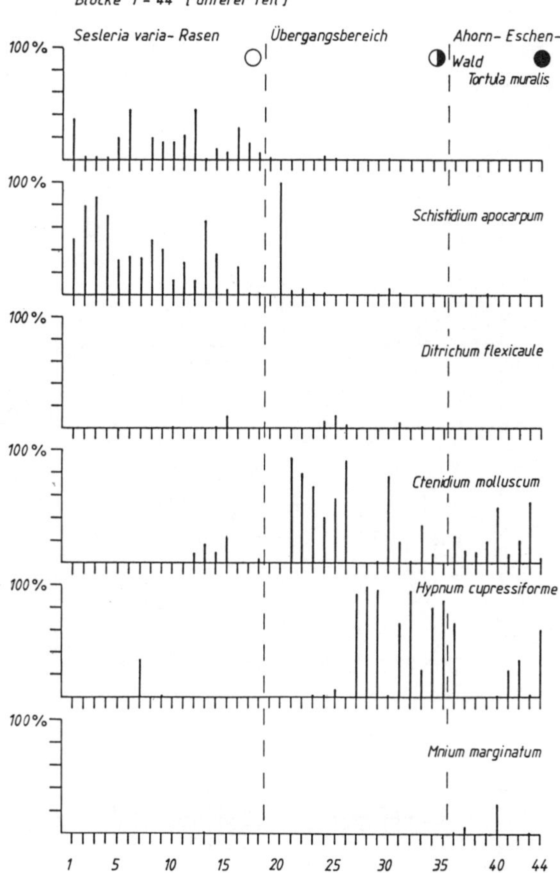

Abb. 3: Transekt Manrod (unterer Teil). Bedeckungswerte charakteristischer Arten in Abhängigkeit von der Lage der Muschelkalkblöcke (Werte in % der bedeckten Fläche) (Zeichen Beleuchtungsintensität vgl. Abb. 2).

Von KÜRSCHNER (1986a) werden für die Blockhalde an der benachbarten Rabenkuppe für *Ctenidium molluscum* und *Schistidium apocarpum* dieselben Angaben gemacht. Etwas abweichend verhält sich am Manrod *Hypnum cupressiforme*, das ein deutliches Optimum in den Übergangsbereichen, vor allem im Pionierwald, besitzt.

4.3 Assoziierungsanalyse

Zur Ermittlung der Standortgruppen (Assoziierungen) wurden zwei Rechengänge unabhängig voneinander durchgeführt. Beim ersten Rechengang sind die getrennt aufgenommenen Teilflächen jedes Blockes vereinigt, um damit die Assoziierungen der jeweiligen Gesamtflächen der Blöcke zu ermitteln. Demgegenüber wurden beim zweiten Rechengang die Teilflächen der Blöcke getrennt aufgelistet, um bei der Auswertung z.B. den Expositionseinfluß, die Neigung der Flächen und die Oberflächenbeschaffenheit zu berücksichtigen. In diesem Zusammenhang war die Frage zu beantworten, ob auf den Blöcken eventuell mehrere eigenständige Assoziierungen auftreten.

4.3.1 Assoziierungsanalyse: Gesamtflächen

Von den acht Endgruppen (Abb. 5, 6, Tab. 1) sind zwei (1, 3) nur auf einem bzw. zwei Blöcken vertreten und werden hier nicht weiter behandelt.

Die *Tortula muralis-Ditrichum flexicaule*-Assoziierung (Endgruppe 2) tritt vor allem im Bereich des Gebüschstreifens auf der Verebnung auf, seltener im *Sesleria varia*-Rasen. Die bezeichnenden Arten sind *Ctenidium molluscum, Rhynchostegium murale, Tortella tortuosa, Encalypta streptocarpa, Campylium chrysophyllum, Bryoerythrophyllum recurvirostre* und *Cladonia* cf. *pyxidata.*

Die *Tortula muralis-Tortella tortuosa*-Assoziierung (Endgruppe 4) und die *Tortula muralis*-Assoziierung (Endgruppe 5) sind für die voll besonnten Blöcke charakteristisch, wobei die *Tortula muralis-Tortella tortuosa*-Assoziierung auch auf teilweise beschattete Blöcke übergreift.

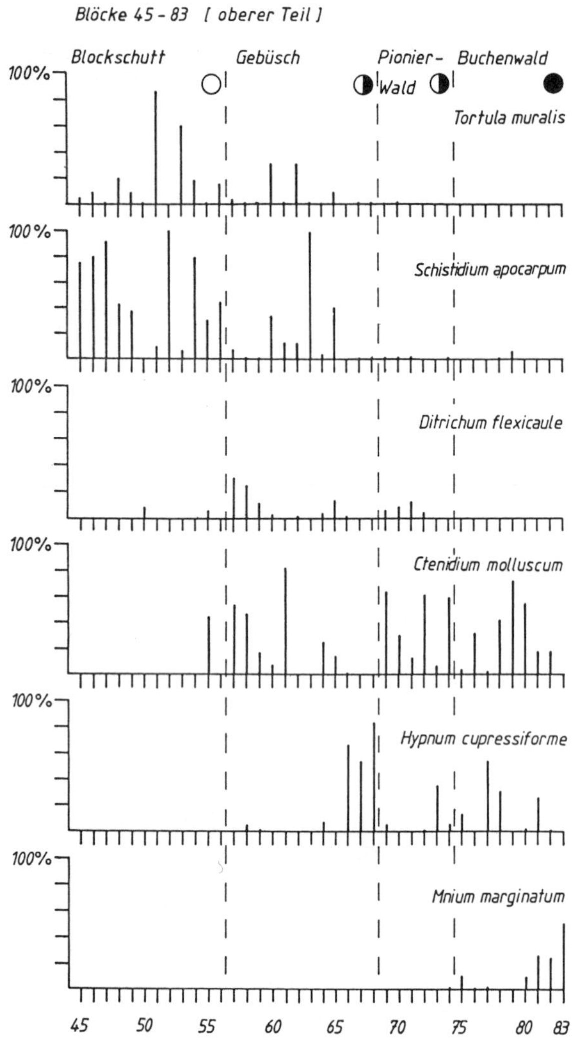

Abb. 4: Transekt Manrod (oberer Teil). Bedeckungswerte charakteristischer Arten in Abhängigkeit von der Lage der Muschelkalkblöcke (Werte in % der bedeckten Fläche) (Zeichen Beleuchtungsintensität vgl. Abb. 2).

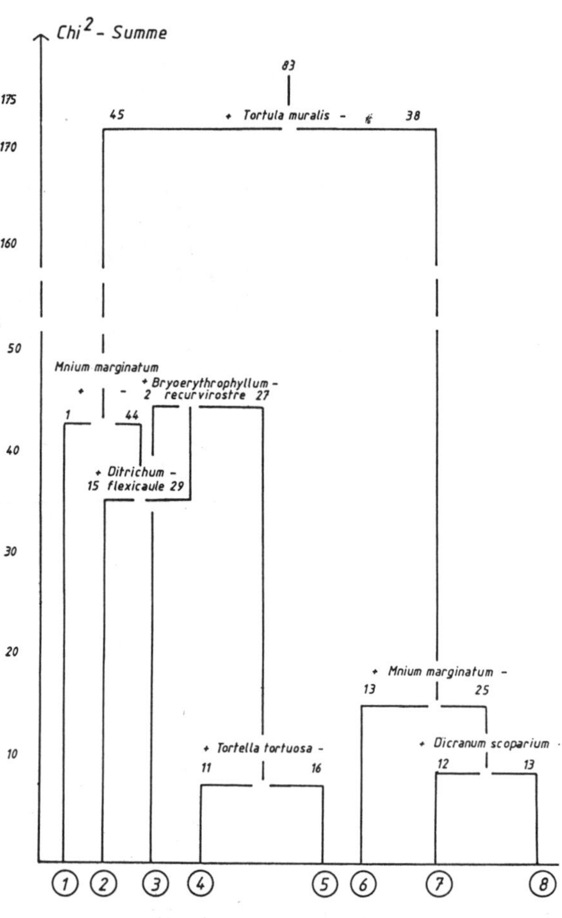

Abb 5.: Transekt Manrod. Assoziierungsanalyse Gesamtflächen (Chi^2 = 6,6, α = 0,01).

Endgruppen:

1 *Tortula muralis-Mnium marginatum*-Assoziierung
2 *Tortula muralis-Ditrichum flexicaule*-Assoziierung
3 *Tortula muralis-Bryoerythrophyllum recurvirostre*-Assoziierung
4 *Tortula muralis-Tortella tortuosa*-Assoziierung
5 *Tortula muralis*-Assoziierung
6 *Mnium marginatum*-Assoziierung
7 *Dicranum scoparium*-Assoziierung
8 ohne Assoziierung

Neben *Schistidium apocarpum* ist hier auch *Grimmia pulvinata* schwerpunktmäßig vertreten.

Die *Mnium marginatum*-Assoziierung (Endgruppe 6) kennzeichnet die Verhältnisse auf den voll beschatteten Blöcken in den geschlossenen Waldbereichen. Neben *Mnium marginatum* sind hier folgende Arten charakteristisch: *Ctenidium molluscum, Plagiochila porelloides, Plagiomnium rostratum, Brachythecium glareosum, Plagiomnium cuspidatum* und *Brachythecium populeum*.

Die *Dicranum scoparium*-Assoziierung (Endgruppe 7) tritt vor allem auf Blöcken in den Übergangsbereichen auf. Kennzeichnende Arten sind *Dicranum scoparium, Hypnum cupressiforme* und *Ctenidium molluscum*. Die letzte Endgruppe (Endgruppe 8) ist von der räumlichen Anordnung und von der Artenzusammensetzung her so heterogen, daß keine Aussagen möglich sind.

KÜRSCHNER (1986a) unterscheidet an der Rabenkuppe (Graburg) fünf Standortgruppen (*Dicranum scoparium-Hypnum cupressiforme*-Ass., *Dicranum s.*-Ass., *Brachythecium glareosum*-Ass., *Tortella tortuosa*-Ass., *Schistidium apocarpum*-Ass.). Verglichen mit diesen Auswertungen von den Muschelkalkblöcken an der Rabenkuppe ergeben sich für den Manrod deutliche floristische und standortgruppenspezifi-

Oberer Teil [Blöcke 45 - 83]

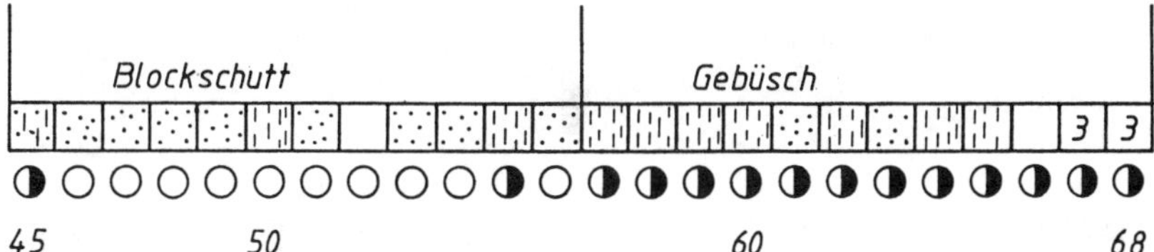

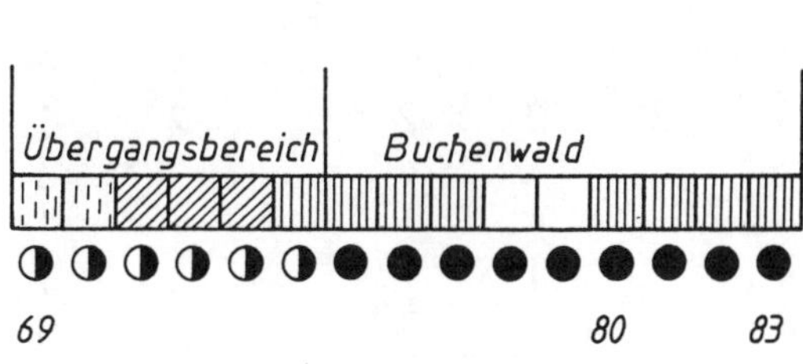

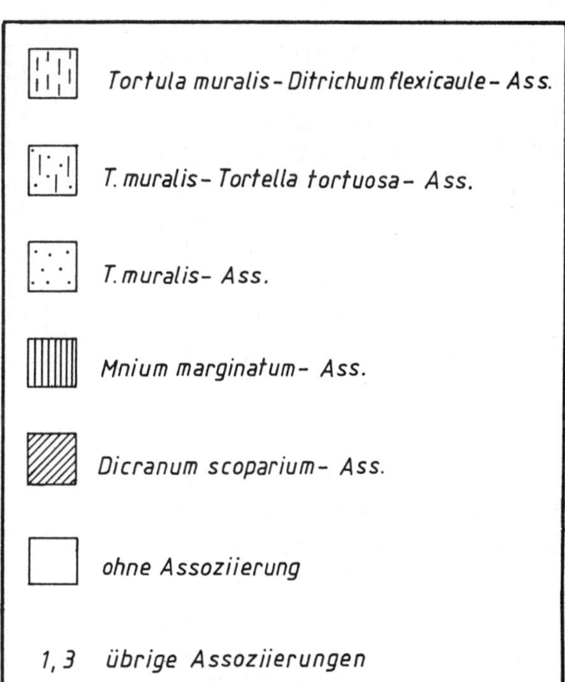

Unterer Teil [Blöcke 1 - 44]

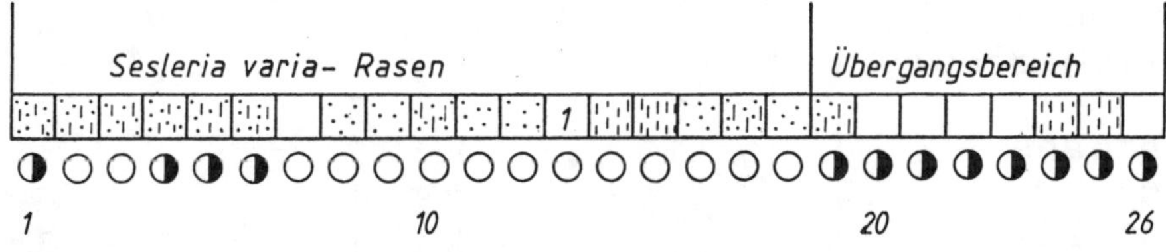

Block ○ voll besonnt

◑ teilweise beschattet

● voll beschattet

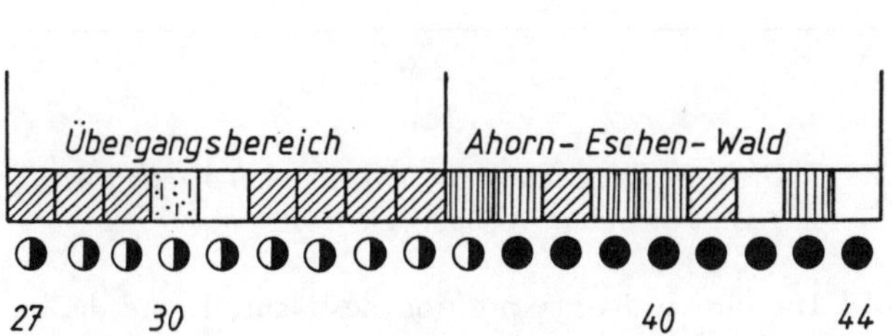

Abb. 6: Transekt Manrod. Gesamtflächen: Lage der Assoziierungen.

Tab. 1: Transekt Manrod. Gesamtflächen, Artenzusammensetzung der Assoziierungen.

([durchgezogener Rahmen] die in der Assoziierung charakteristischen Arten

[gestrichelter Rahmen] Arten mit weiterer Verbreitung)

Nummer der Assoziierung	2	4	5	6	7	1	3	8
Anzahl der Blöcke	15	11	16	13	12	1	2	13
Grimmia pulvinata	3	1	6					1
Schistidium apocarpum	13	10	16	3	3	1	2	12
Tortula muralis	15+	11+	16+			1+	2+	
Tortella tortuosa	10	11+		9	5		1	8
Encalypta streptocarpa	10	4	3	3	2		2	1
Ditrichum flexicaule	15+				4			3
Rhynchostegium murale	5			1	1			1
Campylium chrysophyllum	6	3		1	1			1
Ctenidium molluscum	14	2	3	12	9	1		10
Mnium marginatum				13+		1+		
Plagiomnium cuspidatum				5				
Brachythecium populeum				7			2	2
Plagiomnium rostratum	1			10	5			4
Plagiochila porelloides				9	4			3
Brachythecium glareosum	1			7	4		2	3
Hypnum cupressiforme	6	1	1	10	10		2	7
Dicranum scoparium	1			6	12+			
Blaualgengallerte	6	2	1		2			1
Cladonia cf.pyxidata	9	1	2	1	5		1	1
Bryum capillare s.l.	11	8	8	7	8	1	2	7
Fissidens cristatus	6	3		5	3			4
Leptogium spec.	4	2	3	1				1
Ceratodon purpureus	9	3	7	2	4		2	4
Bryoerythrophyllum recurv.	5			1			2+	2
Sesleria varia	6	1	3		3			2
Amblystegium serpens		1	•	4	2			1
Peltigera canina				1	1			3
Thuidium delicatulum				3	1			3
Rhizomnium punctatum				4	2		1	1
Homalothecium sericeum	3	1	1				2	
Collema spec.	11	3	14					1
Plagiothecium platyphyllum				3	2			1
Oxalis acetosella	2			3				

sche Unterschiede. *Schistidium apocarpum* ist am Manrod ebenfalls präsent, besitzt jedoch nicht dieselbe Signifikanz wie auf den losen Blöcken an der Rabenkuppe. Dies ist darauf zurückzuführen, daß auf den weitgehend festliegenden Blöcken am Manrod die Pioniergesellschaft mit *Schistidium apocarpum* bereits durch Folgegesellschaften (*Tortula muralis-Ditrichum flexicaule*-Ass., *Tortula m.-Tortella tortuosa*-Ass., *Tortula m.*-Ass.) abgelöst ist.

Die direkte Nordexposition des Manrods und die im gesamten stärkere Beschattung machen sich in der Assoziierungsanalyse deutlich bemerkbar. Die *Mnium marginatum*-Ass. und die *Dicranum scoparium*-Ass.

sind charakteristische Standortgruppen des Pionierwaldes und des Ahorn-Eschen-Waldes. Beide Standortgruppen sind in der „feuchten" Ausbildung an der Rabenkuppe nicht differenziert.

4.3.2 Assoziierungsanalyse: Teilflächen (Abb. 7, 8, Tab. 2)

Die räumliche Verbreitung der bei den Teilflächen ermittelten Assoziierungen gleicht derjenigen, wie sie bei der Analyse der Gesamtflächen ermittelt wurde. Es sind jedoch zum Teil andere Arten kennzeichnend.

Auffallend ist ferner die hohe Anzahl von sechs Einzelquadraten. Offensichtlich sind die kennzeichnenden Arten nicht auf allen Teilflächen vertreten, so daß häufiger Einzelflächen ausgeschieden wurden.

Im folgenden werden die klar interpretierbaren Assoziierungen mit denen des vorangegangenen Rechenganges (Gesamtflächen) verglichen und die Beziehungen zu den Einheiten des bestehenden syntaxonomischen Systems diskutiert. Da Daten über Teilflächen fehlen, ist ein Vergleich mit den Verhältnissen an der Rabenkuppe (Graburg) oder in anderen Teilen Mitteleuropas noch nicht möglich.

– *Tortula muralis*-Assoziierung (Endgruppe 8, Teilflächen)

Diese Assoziierung kennzeichnet die Verhältnisse auf den voll besonnten Flächen im Bereich des Blockschuttes und des *Sesleria varia*-Rasens. Charakteristische Arten sind hier neben *Tortula muralis Schistidium apocarpum, Grimmia pulvinata, Collema* spec. und weniger typisch *Tortella tortuosa*. Eine statistisch signifikante Auftrennung durch das Vorkommen von *Tortella tortuosa* macht sich bei den Teilflächen bei einem Signifikanzniveau von Chi^2=10,8 nicht bemerkbar (vgl. Gesamtflächen). Diese Assoziierung steht stellvertretend für die *Tortula muralis-Tortella tortuosa*-Assoziierung und die *Tortula muralis*-Assoziierung der Gesamtflächen, an denen *Tortula muralis* beteiligt ist.

Die *Tortula muralis*-Assoziierung läßt sich mit dem Orthotricho-Grimmietum pulvinatae vergleichen (MARSTALLER 1980:339). Die eigentliche Kennart dieser Assoziation trat am Manrod allerdings nur selten auf (*Orthotrichum anomalum*). Die *Tortula muralis*-Assoziierung kann als Standortgruppe mit Piomiercharakter in einem ersten Folgestadium gewertet werden. STODIEK (1937:21) weist darauf hin, daß z.B. *Grimmia pulvinata* bereits im Verein mit Krustenflechten auftritt. KÜRSCHNER (1986a) beschreibt eine *Schistidium apocarpum*-Assoziierung von der Rabenkuppe als charakteristische Pioniergesellschaft loser Blöcke. Dieser steht die *Tortula muralis*-Assoziierung am Manrod sehr nahe.

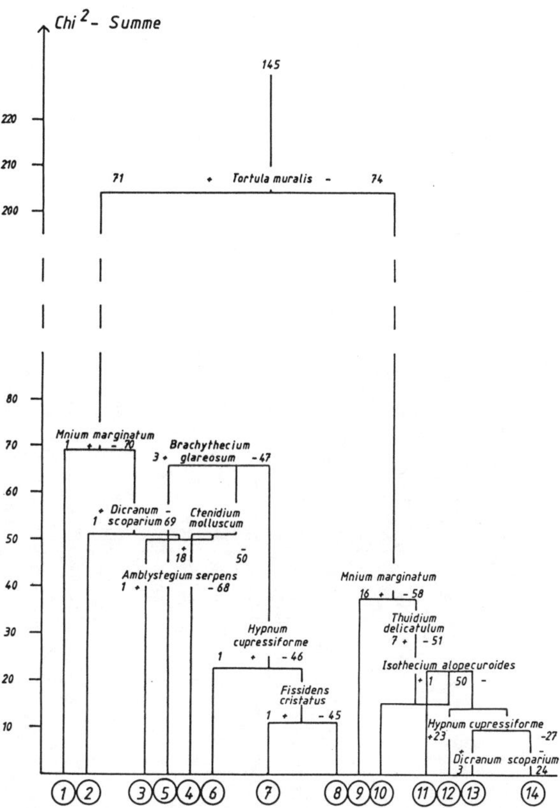

Abb. 7: Transekt Manrod. Assoziierungsanalyse Teilflächen (Chi^2 = 10,8, α = 0,001).

Endgruppen:

1 *Tortula muralis-Mnium marginatum*-Assoziierung
2 *Tortula muralis-Dicranum scoparium*-Assoziierung
3 *Tortula muralis-Amblystegium serpens*-Assoziierung
\+ 4 *Tortula muralis-Ctenidium molluscum*-Assoziierung
5 *Tortula muralis-Brachythecium glareosum*-Assoziierung
6 *Tortula muralis-Hypnum cupressiforme*-Assoziierung
7 *Tortula muralis-Fissidens cristatus*-Assoziierung
\+ 8 *Tortula muralis*-Assoziierung
\+ 9 *Mnium marginatum*-Assoziierung
\+ 10 *Thuidium delicatulum*-Assoziierung
11 *Isothecium alopecuroides*-Assoziierung
\+ 12 *Hypnum cupressiforme*-Assoziierung
13 *Dicranum scoparium*-Assoziierung
14 ohne Assoziierung

\+ Zur Auswertung herangezogene Endgruppe

– *Tortula muralis-Ctenidium molluscum*-Assoziierung (Endgruppe 4, Teilflächen)

Diese Endgruppe ist charakteristisch für die Blöcke im Bereich des Gebüschstreifens und zum Teil für die im *Sesleria varia*-Rasen. Neben den beiden die Assoziierung kennzeichnenden Arten sind *Schisti-*

Oberer Teil [Blöcke 45 - 83]

Blockschutt

Gebüsch

45 b 46 47 48 49 50 51 52 53 54 55 56 b 57 b c 58 b 59 60 61 b 62 b 63 64 65 66 67 68 b

N S W N E - - N - S - W E W W S E N S W W E W S W W - W N N W

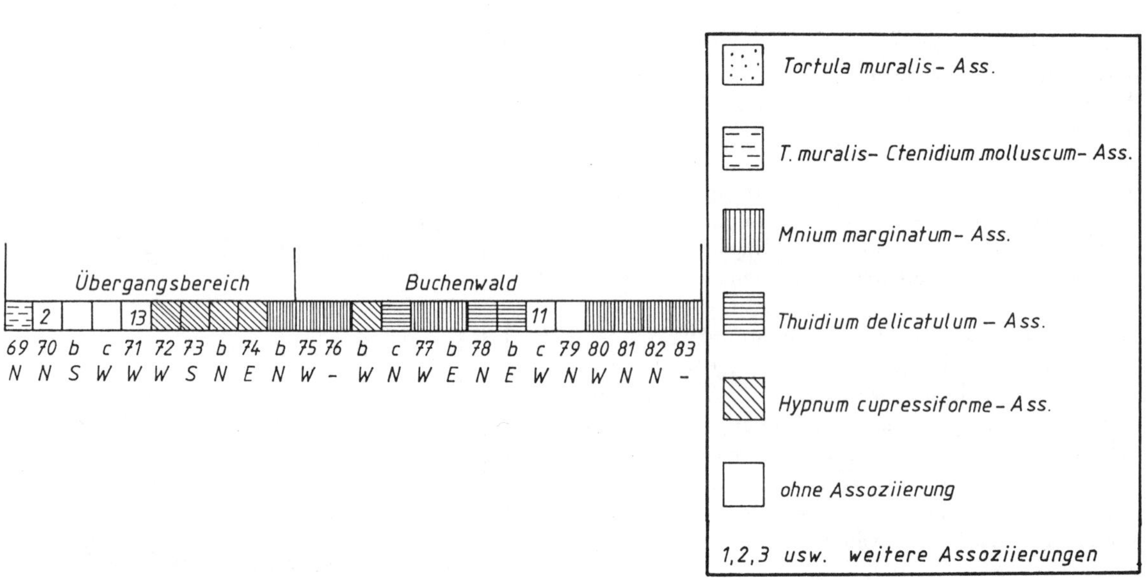

Unterer Teil [Blöcke 1 - 44]

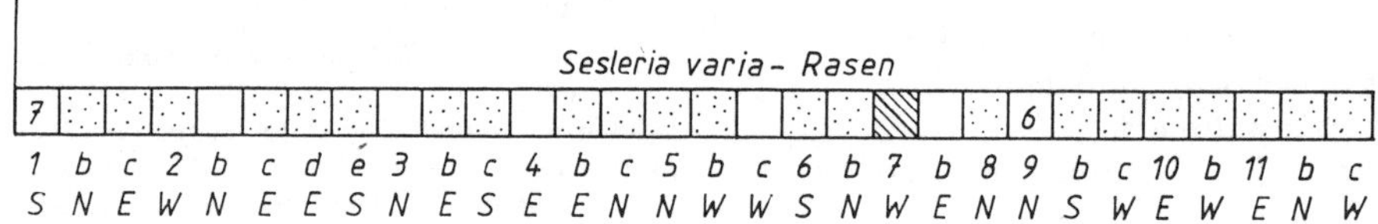

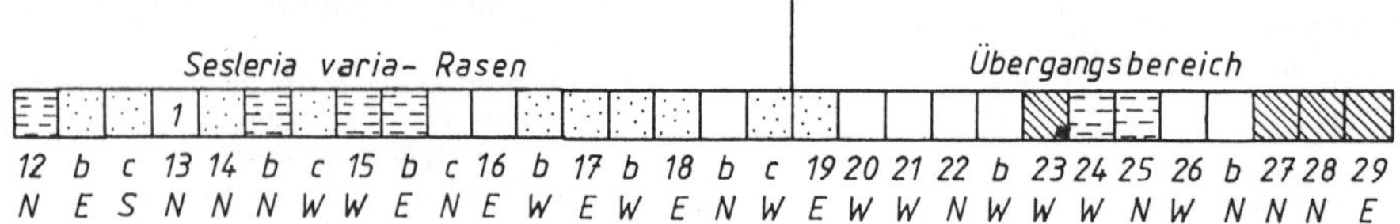

Übergangsbereich

Ahorn-Eschen-Wald

b 30 b c 31 b 32 b c 33 34 35 b 36 b c 37 b 38 39 b 40 b 41 42 43 b 44 b

W S N N N W N S S W N W E N W S N S N N W S N N N N E S N

Block- Nr. / Teilfläche
Exposition

Abb. 8: Transekt Manrod. Blöcke Teilflächen: Lage der Assoziierungen.

Tab. 2: Transekt Manrod. Teilflächen, Artenzusammensetzung der Assoziierungen.

([Rahmen] die in der Assoziierung charakteristischen Arten

[gestrichelter Rahmen] Arten mit weiterer Verbreitung)

Nummer der Assoziierung	4	8	9	10	12	1	2	3	5	6	7	11	13	14
Anzahl der Flächen	18	45	16	7	23	1	1	1	3	1	1	1	3	24
Grimmia pulvinata	2	12								1				2
Tortula muralis	18+	45+				1+	1+	1+	3+	1+	1+			
Schistidium apocarpum	15	40	4	2	6	1	1	1	2	1	1	1	1	17
Ditrichum flexicaule	13	3			5		1						1	3
Campylium chrysophyllum	6	2	1										1	2
Ctenidium molluscum	18+		15	7	16	1	1	1				1	3	16
Mnium marginatum			16+			1+								
Brachythecium glareosum			8	3	3		1		3+				3	1
Plagiomnium cuspidatum			7											
Brachythecium populeum			9	2	1				2					1
Thuidium delicatulum			3	7+										
Isothecium alopecuroides				4								1+		
Dicranum scoparium			6	2	15		1+						3+	
Hypnum cupressiforme	7		11	6	23+			1	3	1+		1		
Peltigera canina			1		4									
Plagiochila porelloides			9	4	6									1
Bryum capillare s.l.	11	18	8	5	12	1	1		3			1	2	8
Fissidens cristatus	6		4	2	6		1				1+	1		3
Rhynchostegium murale	5		1		2									
Amblystegium serpens			2	3	3			1+				1		1
Blaualgengallerte	6	3			1		1				1		1	3
Cladonia cf.pyxidata	7	7	1	1	5		1		2				1	1
Plagiomnium rostratum	1		11	3	7								1	2
Tortella tortuosa	9	15	8	4	11		1	1	1		1	1	2	10
Encalypta streptocarpa	8	9	3	1	3		1	1	3			1		2
Rhizomnium punctatum			2	2	3				1					
Leptogium spec.	4	4			1									2
Homalothecium sericeum	3	2							2					2
Collema spec.	11	24			1		1		1					2
Orthotrichum anomalum	1	2								1				1
Ceratodon purpureus	9	12		1	6		1		3			1	1	5
Bryoerythrophyllum rec.	4	1	1	1	1				3					
Plagiothecium platyph.			1	2	2									1

dium apocarpum, Ditrichum flexicaule und *Campylium chrysophyllum* bestimmend. Von der Verteilung der Assoziierung im Transekt und vom Artenbestand her entspricht diese Endgruppe der *Tortula muralis-Ditrichum flexicaule*-Assoziierung der Gesamtflächen. Sie zeigt Beziehungen zum Tortello-Ctenidietum mollusci (Gams 1927) Stodiek 1937, das mit der Kennart *Ctenidium molluscum* weit verbreitet ist. Die Ermittlung von *Ditrichum flexicaule* als kennzeichnende Art im Rechengang „Gesamtflächen" läßt auf Beziehungen zur *Ditrichum flexicaule*-Gesellschaft schließen (MARSTALLER 1979:640 f.). Diese kommt aber vor allem an Sekundärstandorten vor und unterscheidet sich durch das Fehlen von *Ctenidium molluscum*.

– *Mnium marginatum*-Assoziierung (Endgruppe 9, Teilflächen)

Sie wurde bereits bei den Gesamtflächen für die voll beschatteten Blöcke ermittelt. Diese Flächen sind, wenn man von den Flächen der folgenden Endgruppe (*Thuidium delicatulum*-Assoziierung) absieht, so homogen besetzt, daß eine Aufteilung der Flächen an den Blöcken zu dem gleichen Ergebnis führte. Weitere kennzeichnende Arten sind *Ctenidium molluscum, Brachythecium glareosum, B. populeum* und *Plagiomnium cuspidatum*.

Ein Vergleich mit dem Neckero-Anomodontetum, das an entsprechenden Standorten das Tortello-Ctenidietum mollusci ablöst (HÜBSCHMANN 1984: 529, MARSTALLER 1980:96), ist aufgrund fehlender Kennarten nicht möglich. MARSTALLER (1979: 638) erwähnt eine Subassoziation von *Brachythecium glareosum* aus dem westlichen Mitteleuropa, der diese Endgruppe nahestehen könnte. KÜRSCHNER (1986a) beschreibt eine *Brachythecium glareosum*-Assoziierung von der Rabenkuppe und vergleicht diese mit dieser Subassoziation.

– *Thuidium delicatulum*-Assoziierung (Endgruppe 10, Teilflächen)

Diese Assoziierung tritt bei der Teilflächenberechnung als neue Endgruppe auf den voll beschatteten Blöcken des Ahorn-Eschen-Waldes und des Buchenhochwaldes auf. *Mnium marginatum* wird hier offensichtlich durch *Isothecium alopecuroides* ersetzt. Es liegt der Schluß nahe, daß es sich bei der *Thuidium delicatulum*-Assoziierung um eine eigenständige Standortgruppe handelt und nicht um eine verarmte Ausbildung der *Mnium marginatum*-Assoziierung.

– *Hypnum cupressiforme*-Assoziierung (Endgruppe 12, Teilflächen)

Diese Assoziierung tritt vor allem in den Übergangsbereichen (Pionierwald) in Erscheinung, wo *Hypnum cupressiforme* auch durch hohe Bedeckungswerte auffällt. Diese Endgruppe steht hier für die bei den Gesamtflächen ermittelte *Dicranum scoparium*-Assoziierung. Arten mit breiterer ökologischer Amplitude sind hier *Ctenidium molluscum* und *Tortella tortuosa*.

KÜRSCHNER (1986a) beschreibt entsprechende Assoziierungen in mesophilen Buchenwaldgesellschaften an der Rabenkuppe. Er vergleicht diese mit den Waldboden-Synusien des *Hylocomium*-Verbandes (HERZOG 1943:278 f.) und weist auf die starke Rohhumusauflage der Blöcke hin. Das Vorkommen von *Ctenidium molluscum* auf den Muschelkalkblöcken am Manrod und auch an der Rabenkuppe spricht indessen mehr für eine echte Felsmoosgesellschaft.

4.4 Analyse ausgewählter Faktoren

Um die ökologischen Faktoren, die bei der Genese und Stabilität der verschiedenen Assoziierungen einen entscheidenden Einfluß ausüben, ansatzweise zu klären, wurden bei den Aufnahmen im Gelände die Exposition der Aufnahmeflächen, die Neigung der Flächen, die Beleuchtungsverhältnisse aufgrund der Lage der Blöcke, die Stabilität der Blöcke und die Struktur der Aufnahmeflächen berücksichtigt. Diese Parameter wurden verschiedenen Kategorien zugeordnet und die Häufigkeit (prozentual) der Standortgruppen für diese Kategorien verglichen, um Aussagen über die Standortfaktoren machen zu können.

Exposition (Abb. 9)

Die Expositionen der Aufnahmeflächen wurden folgenden Kategorien zugeordnet:

	–		Aufnahmefläche horizontal (–)
SSE	bis	SW	südliche Expositionen (S)
WSW	bis	NW	westliche Expositionen (W)
NNW	bis	NE	nördliche Expositionen (N)
ENE	bis	SE	östliche Expositionen (E)

Fast alle Endgruppen sind in jeder Kategorie vertreten (Abb. 9) (Teilflächenberechnung). Nur bei der *Thuidium delicatulum*-Assoziierung ist auf den nördlich geneigten Flächen ein deutlicher Schwerpunkt festzustellen. Eine weniger deutliche Häufung auf nördlich und westlich exponierten Flächen zeigt sich bei der *Tortula muralis-Ctenidium molluscum*-Assoziierung, bei der *Mnium marginatum*-Assoziierung und bei der *Hypnum cupressiforme*-Assoziierung.

Der Artenkomplex der *Tortula muralis*-Assoziierung besiedelt alle Flächen an freiliegenden, voll besonnten Blöcken.

Schon die nur schwach trockenheitsempfindliche *Tortula muralis-Ctenidium molluscum*-Assoziierung meidet die sonnigen südseitigen Flächen der Blöcke und die relativ trockenheitsempfindlichen drei weiteren Assoziierungen (9, 10, 12) bevorzugen selbst in den schattigen Bereichen nach Westen und Norden geneigte Flächen.

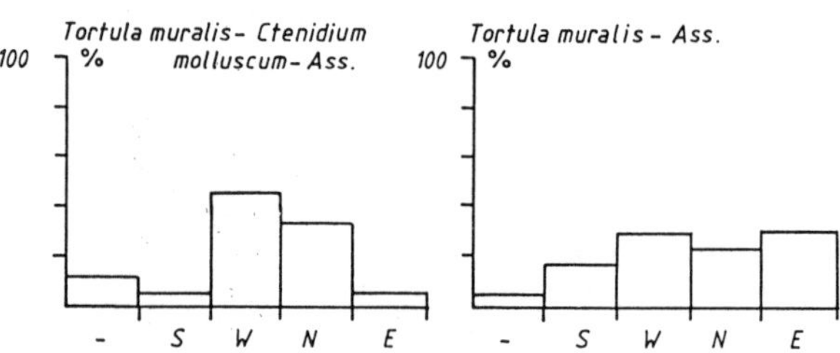

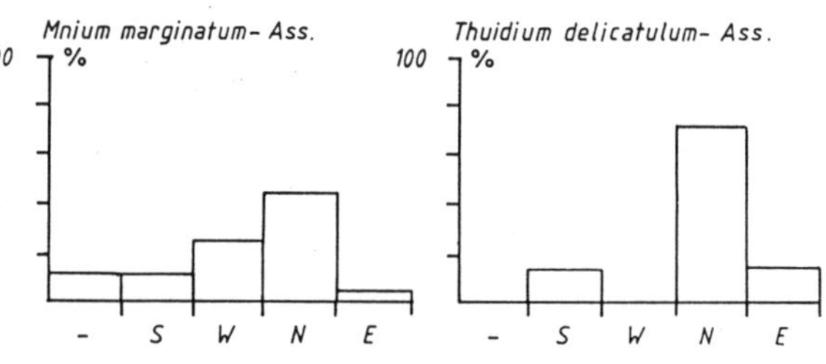

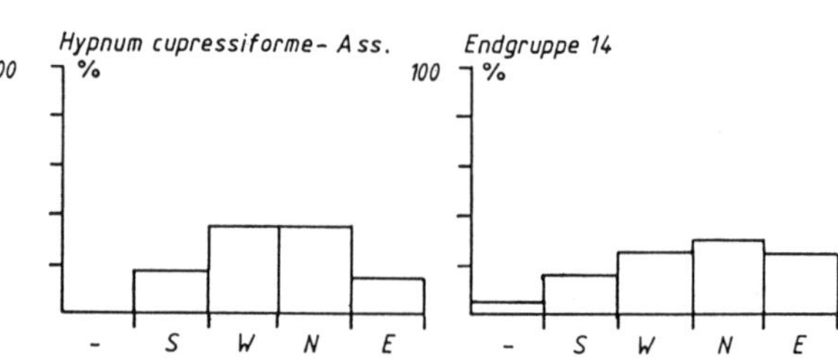

Abb. 9: Transekt Manrod. Teilflächen: Prozentuale Verteilung der Assoziierungen in Bezug auf die Exposition.

Neigung der Aufnahmeflächen (Abb. 10)

Die im Gelände geschätzte Neigung der Aufnahmeflächen wurde folgenden Klassen zugeteilt:

0 bis 30°	schwach geneigt
31 bis 60°	geneigt
61 bis 100°	stark geneigt

Die Abb. 10 läßt erkennen, daß die *Tortula muralis-Ctenidium molluscum*-Assoziierung (Endgruppe 4) schwach geneigte Flächen bevorzugt.

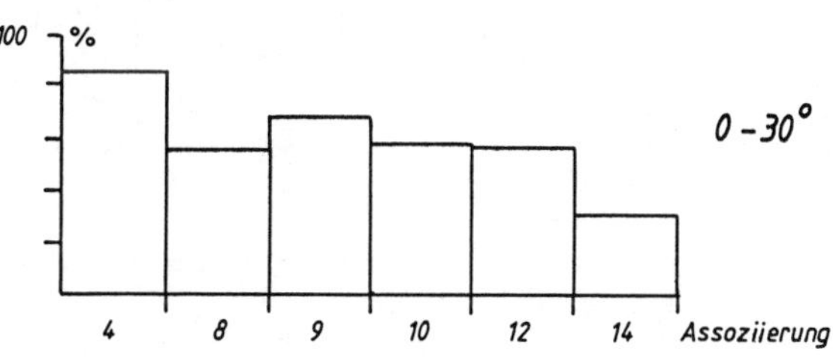

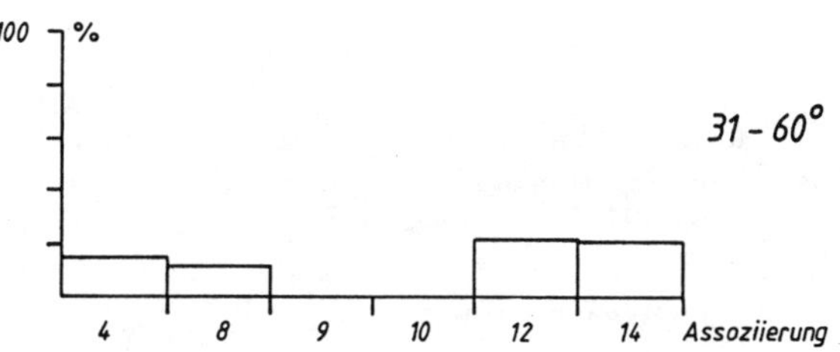

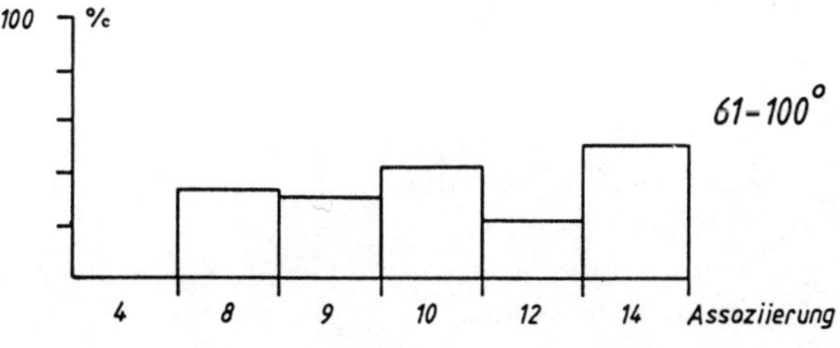

Abb. 10: Transekt Manrod. Teilflächen: Prozentuale Verteilung der Assoziierungen in Bezug auf die Neigungsklassen.

Beleuchtungsstärke (Abb. 11)

Sie wurde im Gelände je nach Lage der Blöcke in den umgebenden Vegetationseinheiten abgeschätzt. Messungen erfolgten nicht mehr, da der Laubfall im November schon weit fortgeschritten war.

Die abgeschätzte Beleuchtungsstärke wurde in folgende Kategorien aufgeteilt (bezogen auf die Verhältnisse der Sommermonate):

○ voll besonnte Blöcke
◑ teilweise beschattete Blöcke (halbschattig)
● voll beschattete Blöcke

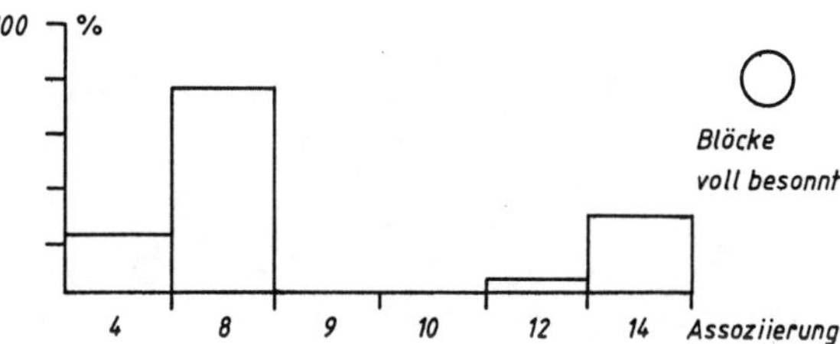

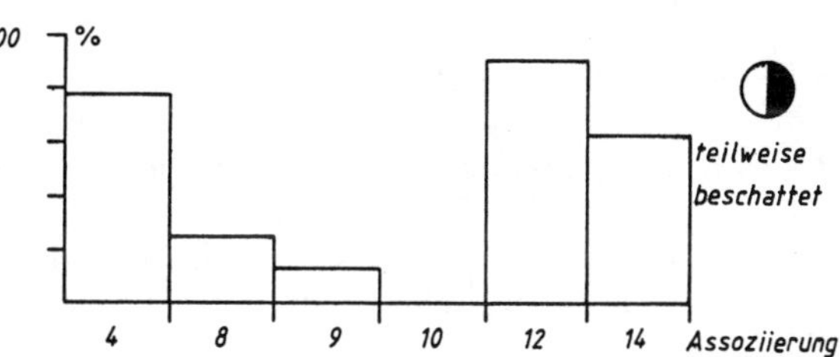

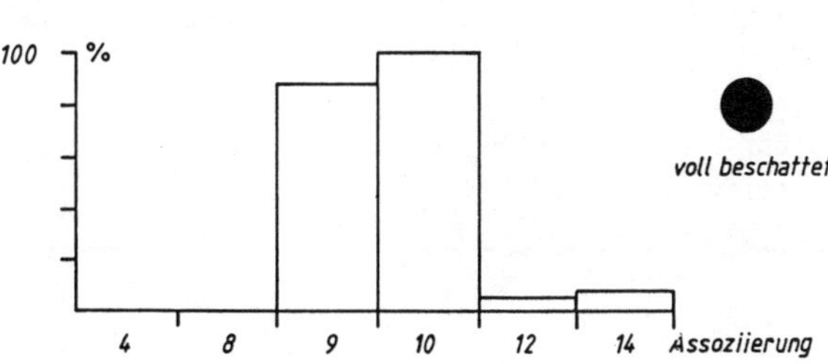

Abb. 11: Transekt Manrod. Teilflächen: Prozentuale Verteilung der Assoziierungen in Bezug auf die Beleuchtungsklassen.

Hier sind die Schwerpunkte bei der Verteilung der Assoziierungen deutlich zu erkennen. Sie stimmen im wesentlichen mit denen der Gesamtflächen überein. Die *Tortula muralis*-Assoziierung (Endgruppe 8) ist vor allem auf voll besonnten Blöcken vertreten und kennzeichnet so die Blöcke im offenen *Sesleria-varia*-Rasen und im groben Blockschutt.

Die *Tortula muralis-Ctenidium molluscum*-Assoziierung (Endgruppe 4) und die *Hypnum cupressiforme*-Assoziierung (Endgruppe 12) treten vorwiegend im Halbschatten auf. Die erste der beiden Assoziierungen bevorzugt dabei die schwächer geneigten Flächen im Bereich des Gebüsches, während die *Hypnum cupressiforme*-Assoziierung mehr im Übergangsbereich vorkommt.

Die *Mnium marginatum*-Assoziierung (Endgruppe 9) und die *Thuidium delicatulum*-Assoziierung (Endgruppe 10) sind fast ausschließlich auf die voll beschatteten Blöcke beschränkt und somit die hygrophilsten Felsmoosstandortgruppen an beiden Enden des Transekts.

Stabilität der Blöcke (Abb. 12)

Es wurden lediglich die Parameter lose bzw. fest erfaßt, wodurch eine grobe Abschätzung der Dauer der Lagezeit der Blöcke möglich ist.

Jede Assoziierung weist einen deutlich höheren Prozentsatz bei den festen Blöcken auf. Nur die *Tortula muralis*-Assoziierung (Endgruppe 8) tritt relativ häufig auch auf losen Blöcken auf. Dadurch wird der bereits oben erwähnte Pioniercharakter dieser Assoziierung tendenziell weiter bestätigt.

Struktur der Aufnahmefläche (Abb. 12)

Es wird angegeben, ob die Aufnahmeflächen senkrecht oder parallel zur Sedimentationsebene des Muschelkalks liegen. Die senkrechten Flächen weisen zahlreiche Ritzen auf, während die parallel liegenden Flächen meistens glatt sind.

Gewisse Schwerpunkte sind hier ansatzweise ausgeprägt. Die *Tortula muralis*-Assoziierung (Endgruppe 8) ist etwas häufiger auf den senkrechten Flächen, die *Tortula muralis-Ctenidium molluscum*-Assoziierung (Endgruppe 4) und die *Mnium marginatum*-

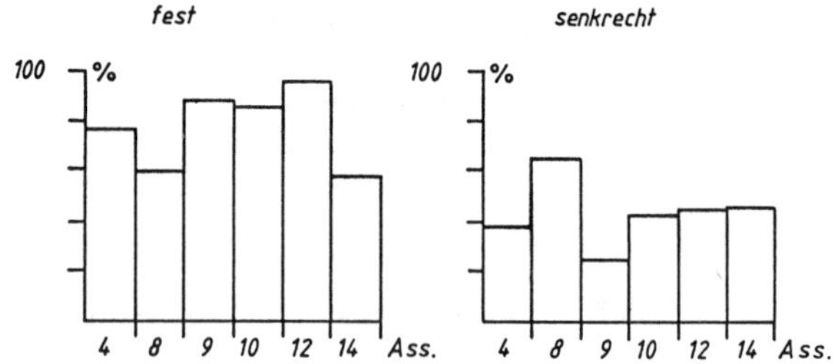

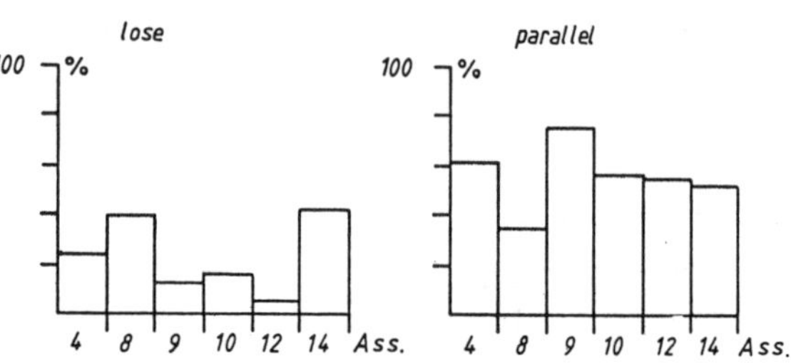

Abb. 12: Transekt Manrod. Teilflächen: Prozentuale Verteilung der Assoziierungen in Bezug auf feste und lose Blöcke und senkrechte und parallele Gesteinsflächen.

Assoziierung (Endgruppe 9) sind etwas häufiger auf parallel liegenden Flächen anzutreffen.

Hierzu ist anzumerken, daß durch das Abblättern der Sedimentationsschichten auch auf den parallel liegenden Flächen Ritzen auftreten, wodurch der Unterschied in der Ausbildung der Oberflächenbeschaffenheit verwischt wird.

5. Arealspektren

5.1 Zuordnung der Arten (in Zusammenarbeit mit H. KÜRSCHNER)

Die Zuordnung der Arten zu Arealtypen erfolgte im wesentlichen nach KÜRSCHNER (Manuskript), BOROS (1968) und FRAHM & FREY (1983).

Zirkumpolare Arten
(Boreale, eurasiatisch-sylvestre und mitteleuropäische Arten)

Mnium marginatum
Ctenidium molluscum
Plagiochila porelloides
Bryum capillare s.l.
Dicranum scoparium
Isothecium alopecuroides
Ditrichum flexicaule
Tortella tortuosa
Encalypta streptocarpa
Rhizomnium punctatum
Hypnum lacunosum
Orthotrichum anomalum
Tortula intermedia
Campylium chrysophyllum
Barbula fallax
Bryoerythrophyllum recurvirostre
Lophocolea bidentata
Brachythecium glareosum
Plagiothecium platyphyllum
Plagiomnium cuspidatum
Brachythecium populeum
Amblystegiella confervoides
Rhytidiadelphus triquetrus
\+ *Scapania aspera*
\+ *Barbilophozia barbata*
\+ *Cirriphyllum tenuinerve*
\+ *Hylocomium splendens*

\+ *Mnium stellare*
\+ *Plagiothecium nemorale*
\+ *Polytrichum formosum*

Kosmopolitische Arten

Hypnum cupressiforme
Thuidium delicatulum
Amblystegium serpens
Plagiomnium rostratum
Schistidium apocarpum
Tortula muralis
Grimmia pulvinata
Ceratodon purpureus
Bryum argenteum
Brachythecium rutabulum
Sanionia uncinata

Submediterran-subatlantische Arten

Fissidens cristatus
Rhynchostegium murale
Neckera complanata
Homalothecium sericeum
Plasteurhynchium striatulum
Trichostomum brachydontium
\+ *Cirriphyllum reichenbachianum*
\+ *Gyroweisia tenuis*

„Kontinentale"Art

Homalothecium lutescens

Mit + gekennzeichnete Arten treten nur an der Rabenkuppe auf (KÜRSCHNER 1986a).

Vergleich der Gesamtartenspektren Manrod-Rabenkuppe

Aus Abb. 13 wird ersichtlich, daß an der Rabenkuppe der Anteil zirkumpolarer und submediterran-subatlantischer Arten etwas höher liegt als am Manrod. Dagegen treten am Manrod die kosmopolitischen Arten etwas häufiger auf. Die einzige „kontinentale" Art ist hier *Homalothecium lutescens*. In beiden Gebieten dominieren, der Lage in gemäßigten Breiten entsprechend, die zirkumpolaren Arten. Der unterschiedliche Anteil der übrigen Gruppen zeigt lediglich eine Tönung der Standortverhältnisse an.

Der höhere Anteil submediterran-subatlantischer Arten an der Rabenkuppe läßt sich durch die infolge der Westexposition des Hanges vermutlich wärmeren Standortverhältnisse erklären.

Demgegenüber könnte der höhere Anteil von Kosmopoliten am Manrod durch das relativ junge Alter der Schuttmassen bedingt sein, die noch stärker von weit

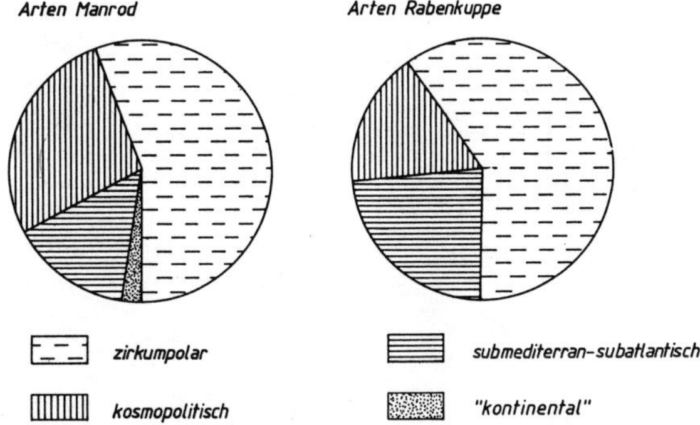

Abb.13: Arealspektren vom Manrod und von der Rabenkuppe in Bezug auf die Gesamtartenzahl.

verbreiteten Pionierarten besiedelt werden (vergleiche dazu auch die Arealspektren der Assoziierungen).

Vergleich der Arealspektren in den Assoziierungen am Manrod (Abb. 14, 15)

Hier werden nur die Arten berücksichtigt, die in die Berechnung (Assoziierungsanalyse) eingingen (Artenliste Teilflächen, 28 von 41 Arten).

Da wegen des seltenen Auftretens einiger Arten insbesondere die Gruppe der submediterran-subatlantischen Arten schwächer vertreten ist, ergeben sich gegenüber der obigen Darstellung leichte Verschiebungen.

Bei der Betrachtung des Artenanteils (Abb. 14) ergibt sich jedoch ein recht einheitliches Bild.

Zirkumpolare Arten überwiegen in allen Assoziierungen, insbesondere in der *Hypnum cupressiforme*-Assoziierung. Kosmopoliten stellen stets etwa ein Drittel der Arten, während die submediterran-subatlantischen Arten mit Ausnahme bei der *Tortula muralis-Ctenidium molluscum*-Assoziierung zurücktreten.

Die Unterschiede zwischen den Assoziierungen werden deutlicher, wenn man berücksichtigt, wie oft die jeweiligen Arten in den einzelnen Assoziierungen vertreten sind (Abb. 15).

Es zeigt sich, daß der Anteil der Kosmopoliten weiter zunimmt, dagegen geht der Anteil der submediterran-subatlantischen Arten zurück (seltenes Auftreten).

Die kosmopolitisch verbreiteten Arten treten am häufigsten in der *Tortula muralis*-Assoziierung auf,

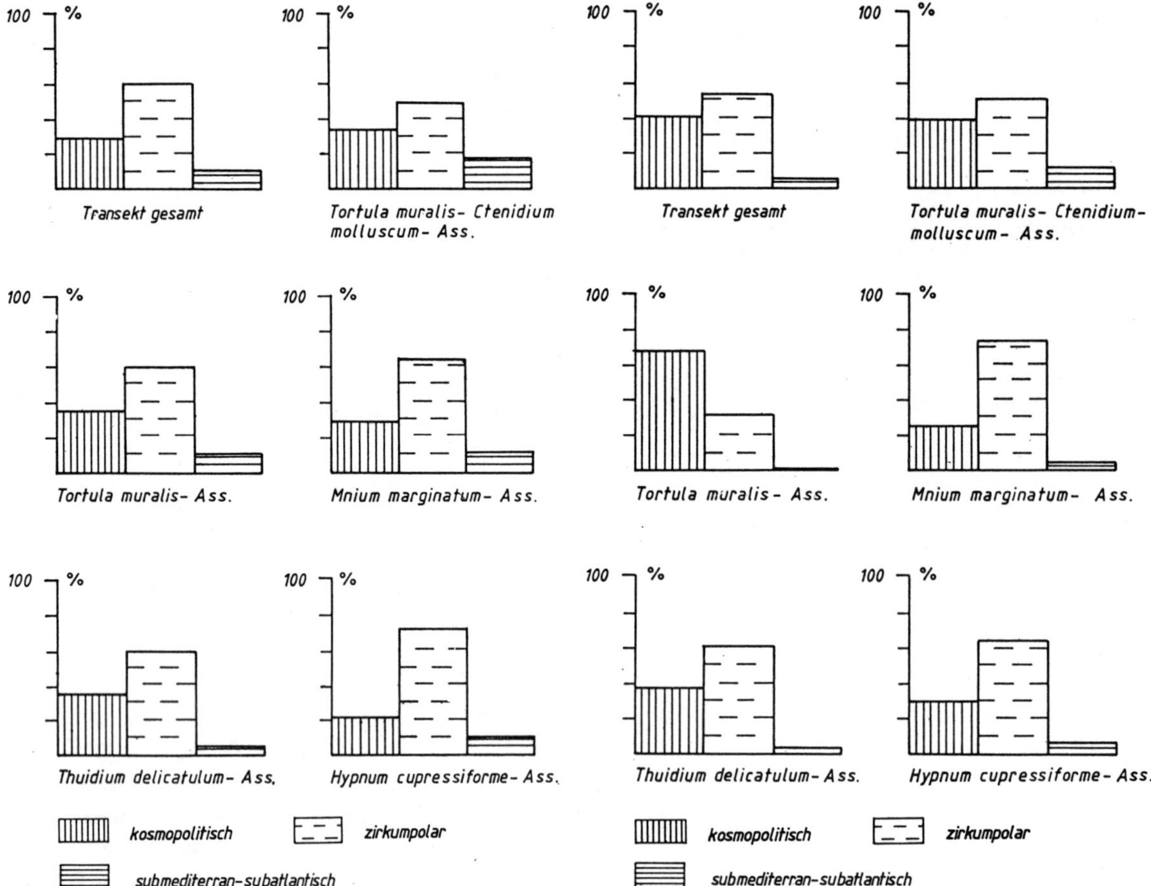

Abb.14: Transekt Manrod. Teilflächen: Arealspektren der Assoziierungen. Anteil der Arten.

Abb.15: Transekt Manrod. Teilflächen: Arealspektren der Assoziierungen. Häufigkeit der Arten.

während die submediterranen Arten kaum vertreten sind. Hierdurch wird wiederum der Pioniercharakter dieser Standortgruppe angedeutet. Um echte Xerothermstandorte kann es sich jedoch im Sinne einer Klimax-Gesellschaft kaum handeln.

Die *Mnium marginatum*-Assoziierung weist den höchsten Anteil zirkumpolarer Arten auf und wird dadurch als mesophile Standortgruppe charakterisiert. Dieser Schluß ergibt sich auch aus dem syntaxonomischen Vergleich dieser Endgruppe (s.o.).

Die *Thuidium delicatulum*- und die *Hypnum cupressiforme*-Assoziierung sind durch den relativ hohen Anteil zirkumpolar verbreiteter Arten ebenfalls als mesophil einzustufen. Dagegen nimmt die *Tortula muralis-Ctenidium molluscum*-Assoziierung eine Übergangsstellung zu xerophileren Assoziierungen ein.

6. Ergänzende Bemerkungen

Durch die Anwendung der NAA lassen sich die verschiedenen Pionier- und Folgestandortgruppen auf den Muschelkalkblöcken am Manrod differenziert darstellen. Sie sind in hohem Maße vom Alter und der Lage der Blöcke und vom Lichtklima, das von den umgebenden Vegetationseinheiten bestimmt wird, abhängig.

Eine echte Initialgruppe, wie die *Schistidium apocarpum*-Assoziierung an der Rabenkuppe (KÜRSCHNER 1986a), ließ sich am Manrod nicht nachweisen. Dafür tritt hier die *Tortula muralis*-Assoziierung (Endgruppe 8, Teilflächen) als Standortgruppe mit Pioniercharakter auf. Die *Tortula muralis-Ctenidium molluscum*-Assoziierung (Endgruppe 4, Teilflächen) gibt die weitere Entwicklung auf schwach geneigten Flächen wieder. Dieser Gruppe steht die *Tortella tortuosa*-Assoziierung an der Rabenkuppe nahe, die dort im Übergangsbereich zum Buchenwald die *Schistidium apocarpum*-Assoziierung ablöst.

Als ausgesprochen mesophil ist die *Hypnum cupressiforme*-Assoziierung (Endgruppe 12, Teilflächen) anzusehen, die sich durch einen sehr hohen Anteil zirkumpolarer Arten auszeichnet. Ihr entspricht weitgehend die *Dicranum scoparium*-Assoziierung an der Rabenkuppe, die dort im mesophilen Kalkbuchenwald auftritt.

Die *Mnium marginatum*-Assoziierung und die *Thuidium delicatulum*-Assoziierung (Endgruppen 9 und 10, Teilflächen) sind die hygrophilsten Bryophytenstandortgruppen am Manrod. Entsprechende Assoziierungen fehlen an der Rabenkuppe. Bedingt durch die nördliche Exposition der Schutthalde am Manrod und die Lage im Königental, herrschen hier günstigere mikroklimatische Verhältnisse für die Bildung hygrophiler Bryophytenassoziierungen als an der Rabenkuppe. Dies zeigt sich auch an der Bevorzugung nördlich oder westlich geneigter Flächen bei den übrigen Assoziierungen (selbst im Schatten), mit Ausnahme der *Tortula muralis*-Assoziierung (Endgruppe 8, Teilflächen).

7. Literatur

ANGERSBACH, A. 1896: Der Felssturz im Königental bei Rambach. – Abh. Ber. Ver. Naturkde. Kassel, 41: 40-48, Kassel.

BOROS, A. 1968: Bryogeographie und Bryoflora Ungarns. – 1-466, Budapest.

FRAHM, J.-P. & FREY, W. 1983: Moosflora. – 1-522, Stuttgart.

FREY, W. & KÜRSCHNER, H. 1979: Die epiphytische Moosvegetation im hyrkanischen Waldgebiet (Nordiran). – Beih. Tübinger Atlas Vorderer Orient, Reihe A (Naturwiss.), 5: 1-99, Wiesbaden.

HALFMANN, J. 1986: Vegetationskundliche Untersuchungen an der Graburg (Nord-Hessen) als Grundlage für Pflege- und Erhaltungsmaßnahmen zur Sicherung von Pflanzengesellschaften und Biotopen. – Berliner Geogr. Abh., 41: 59-105, Berlin.

HERZOG, T. 1943: Moosgesellschaften des höheren Schwarzwaldes. – Flora, 36: 263-308, Jena.

HÜBSCHMANN, A. v.1984: Überblick über die epilithischen Moosgesellschaften Zentraleuropas. – Phytocoenologia, 12: 495-538, Stuttgart, Braunschweig.

HURKA, H., FUCHS, H. & TRESS, A. 1974: Quantitative Analyse der Flechtenvegetation entlang der geplanten Bodenseeautobahn bei Tübingen. – Bot. Jb. Syst., 94: 413-436, Stuttgart.

KÜRSCHNER, H. 1984: Epiphytic communities of the Asir Mountains (SW Saudi Arabia). Studies in Arabian Bryophytes 2. – Nova Hedwigia, 39: 177-199, Braunschweig.

KÜRSCHNER, H. 1986a: Raumverbreitungsmuster basiphiler Felsmoosgesellschaften am Beispiel der Graburg (Nord-Hessen). – Berliner Geogr. Abh., 41: 125-133, Berlin.

KÜRSCHNER, H. 1986b: Raumverbreitungsmuster azidophiler Felsmoosgesellschaften am Beispiel des Hohen Meißners (Nord-Hessen). – Herzogia: (im Druck), Stuttgart.

MARSTALLER, R. 1979: Die Moosgesellschaften der Ordnung Ctenidietalia mollusci Hadac et Smarda 1944. 1. Beitrag zur Moosvegetation Thüringens. – Feddes Rep., 89: 629-666, Berlin.

MARSTALLER, R. 1980: Die Moosgesellschaften des Verbandes Schistidion apocarpi Jezek et Vondracek 1962. 6. Beitrag zur Moosvegetation Thüringens. – Feddes Rep., 91: 337-361, Berlin.

STODIEK, E. 1937: Soziologische und ökologische Untersuchungen an den xerotopen Moosen und Flechten des Muschelkalkes in der Umgebung Jenas. – Feddes Rep. Beih., 99: 1-46, Berlin.

WILLIAMS, W.T. & LAMBERT, J.M. 1959: Multivariate methods in plant ecology. I. Association analysis in plant communities. – J. Ecol., 47: 83-101, Oxford.

Anschriften der Autoren:

Prof. Dr. WOLFGANG FREY, Institut für Systematische Botanik und Pflanzengeographie der Freien Universität Berlin, Altensteinstr. 6, 1000 Berlin 33.

Dipl.-Biol. JOCHEN HALFMANN, Institut für Systematische Botanik und Pflanzengeographie der Freien Universität Berlin, Altensteinstr. 6, 1000 Berlin 33.

Berliner Geogr. Abh., Heft 41: 125–133, Berlin 1986.

Raumverbreitungsmuster basiphiler Felsmoosgesellschaften am Beispiel der Graburg (Nord-Hessen)

mit 4 Abbildungen und 2 Tabellen

HARALD KÜRSCHNER

K u r z f a s s u n g: Von der Graburg (Eschwege) werden die Bryophytengesellschaften der Muschelkalkblöcke mit Hilfe vegetationsanalytischer Verfahren vorgestellt. Die erhaltenen, photo- und sciophilen Standortgruppen (Assoziierungen) bilden ein syngenetisch eng zusammenhängendes Raumverbreitungsmuster, das sich mit Hilfe der Assoziierungsanalyse darstellen läßt.

Distributional pattern of basiphilous, epilithic bryophyte communities of the Graburg (North Hessen)

A b s t r a c t: The bryophyte communities of the limestone blocks (shell-lime) at the Graburg (Eschwege) are represented using various methods of vegetation analysis. The herewith received photo- and sciophilous groups („Standortgruppen", associations) form a syngenetically very closely related distributional pattern which can be expressend by association analysis.

I n h a l t s ü b e r s i c h t

1. Einleitung

Im Rahmen von floristisch-vegetationskundlichen Geländeübungen im Standquartier für Erdwissenschaften der Freien Universität Berlin in Eschwege/Hessen, wurden vegetationsanalytische Arbeiten zur Erfassung und kartographischen Darstellung von Kryptogamengesellschaften durchgeführt, mit deren Hilfe großflächige Raumverbreitungsmuster von ökologischer Relevanz dargestellt werden können.

Als Beispiele wurden epipetre Bryophytengesellschaften der Basaltblockhalden des Hohen Meißners und der Muschelkalkblöcke der Graburg ausgewählt. Im folgenden sollen nur die Ergebnisse von der Graburg zur Darstellung gelangen, da von den azidophilen Gesellschaften bereits an anderer Stelle berichtet wird (KÜRSCHNER im Druck). Diese basiphilen Gesellschaften der Muschelkalk-Mittelgebirge sind vor allem in Thüringen mit Hilfe pflanzensoziologischer Arbeitstechniken erfaßt worden (STODIEK 1937, MARSTALLER 1979, 1980).

Vegetationsanalytische Verfahren kamen bisher aber nicht zur Anwendung.

2. Untersuchungsgebiet

Die Mittelgebirgsregionen Nord-Hessens sind geomorphologisch stark differenziert und werden vor allem durch Buntsandstein- und Muschelkalkformationen gekennzeichnet, die, neben zahlreichen Basaltkuppen, auch die Landschaft im Eschweger Raum charakteristisch prägen.

Für die Untersuchungen als besonders geeignet erwies sich die etwa 8 km südöstlich von Eschwege liegende Erhebung „Graburg". Geologisch wird die Graburg aus oberem Buntsandstein (Röt), der am Bergfuß durch abgerutschtes Kalkgestein überdeckt ist, und bankigem Muschelkalk der Trias (untere und obere Wellenkalke) aufgebaut. Sie wird durch eine etwa 1,5 km lange und 700 m breite Hochfläche gekennzeichnet, die in ihrem Westteil (Rabenkuppe 515 m NN) durch einen Bergsturz in eine bis 50 m hohe, weithin sichtbare Felswand abbricht. Diese Felswand ist infolge unterschiedlicher Gesteinshärte in stufenförmige Felsbänder aufgelöst, die durch *Taxus baccata* gekennzeichnet werden. An ihrem Fuß finden sich mit großen Blöcken bedeckte Schuttfächer, die je nach Alter, Hangneigung und Unterlage (Rötmergel) noch mobil oder bereits verfestigt sind. Noch aktive, rutschende Schutthalden sind weitgehend baumfrei, während auf den gestauten, zur Ruhe gekommenen Halden *Sorbus aria*-Buschwälder und Kalkbuchenwälder (Melico-Fagetum, Fagetum allietosum) stocken.

3. Arbeitstechnik

Die Erfassung und Darstellung der auf Muschelkalk siedelnden Bryophytengesellschaften erfolgte mit den bereits mehrfach angewandten quantitativ-analytischen Verfahren (FREY & KÜRSCHNER 1979: 47, KÜRSCHNER 1984a:182, 1984b:424, KÜRSCHNER im Druck). Quantitative Aussagen wurden durch Übertragen der auf den Blöcken siedelnden Bryophyten auf Plastikfolie und anschließendem Auszählen der bedeckten Flächen gewonnen.

Die Klassifizierung erfolgte mit Hilfe einer Assoziierungsanalyse (WILLIAMS & LAMBERT 1959: 84f, KÜRSCHNER 1982:51f), die die Arten des analysierten Transektes auf der Grundlage der Ähnlichkeit im Verbreitungsmuster zweier Sippen zu Standortgruppen (Assoziierungen) ökologischer Relevanz zusammenfaßt. Diese Standorte ähnlicher Artenzusammensetzung wurden kartographisch festgehalten und als Raumverbreitungsmuster von in sich homogenen Standortgruppen kartiert. Entscheidende Faktoren, die dieses Raumverbreitungsmuster beeinflußen, sind, neben der Zusammensetzung der Unterlage, die Lichteinstrahlung (indirekt werden damit Wärmehaushalt und Feuchtigkeitsverhältnisse variiert) und die Lage der untersuchten Blöcke. Die Beleuchtungsstärke wurde daher exemplarisch gemessen um so Auswirkungen und Zusammenhänge zwischen der Verbreitung und Artenzusammensetzung der verschiedenen Standortgruppen aufzuzeigen.

4. Basiphile Felsmoosgesellschaften an der Graburg

Die epipetren Gesellschaften des Muschelkalks im Eschweger Raum werden durch die Analyse eines waagerecht verlaufenden Transektes im Bergsturzbereich unterhalb der Rabenkuppe (Graburg, Abb. 1) dokumentiert. Dieser, in 460 m NN aufgenommene, etwa 100 m lange Transekt umfaßt 46 Muschelkalkblöcke verschiedener Schuttfächer-Varianten, die sich fünf Standort-Kategorien (Zone A bis E) zuordnen lassen (Tab. 1).

4.1 Gesamtbedeckung

Die Gesamtbedeckung ist, je nach Alter und Lage der Blöcke, deutlich voneinander verschieden. Sie erreicht auf den jungen, stark sonnenexponierten, losen Blöcken der Zone A kaum 15 % und steigt dann mit zunehmender Beschattung kontinuierlich bis auf 100 % an. Die höchsten Bedeckungswerte weisen dabei die ältesten, fest und tief im Humus

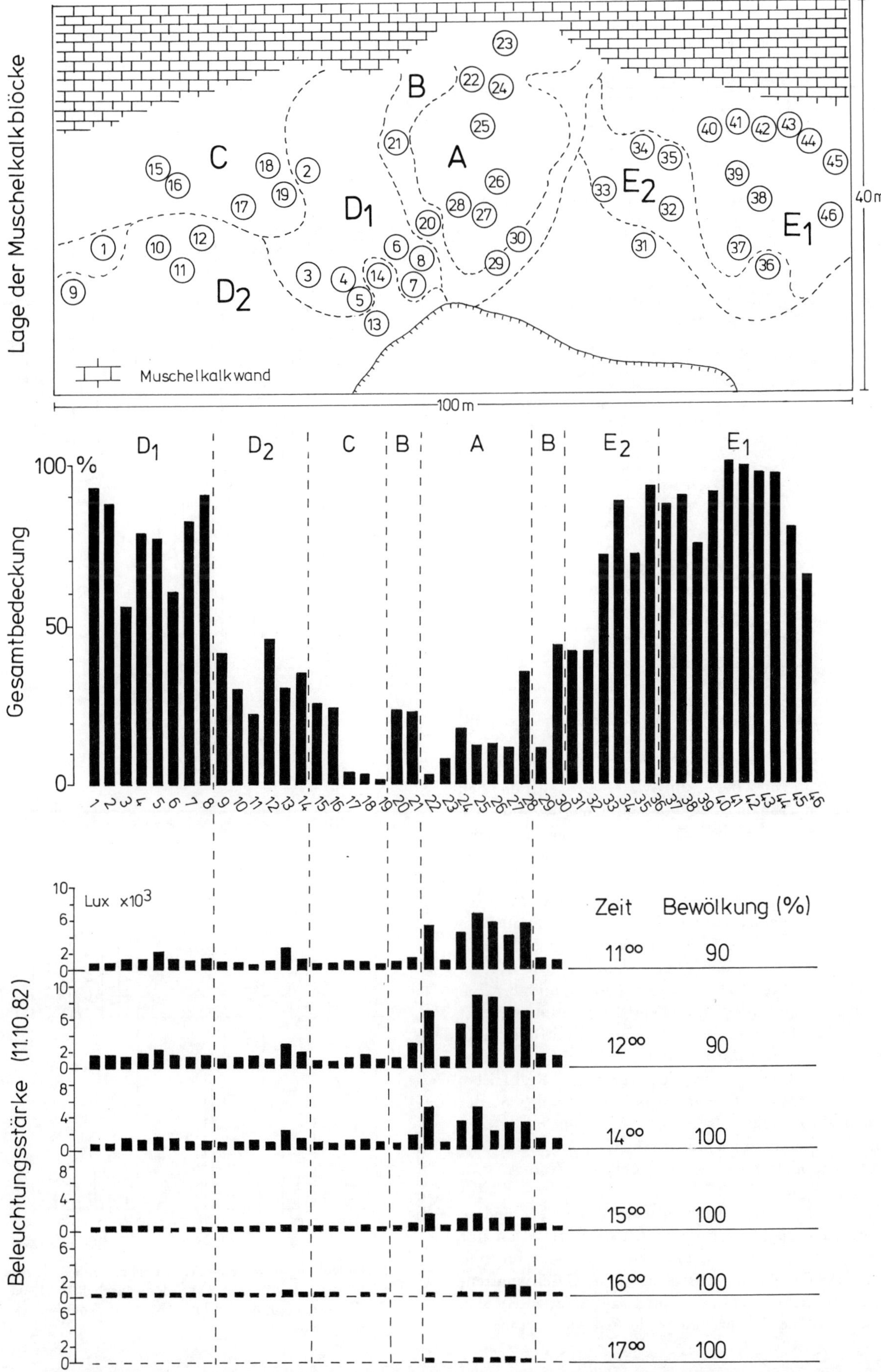

Abb. 1: Epilithen-Gesamtbedeckung an der Graburg in Abhängigkeit von der Lage der Blöcke und der Beleuchtungsstärke (vgl. Tab. 1).

Tab. 1: Charakterisierung der Muschelkalkblöcke an der Graburg (vgl. Abb. 1).

Zone	Block-Nr.	Charakterisierung
A	22-28	Unverfestigter Kalkschutthang mit größeren Muschelkalkblöcken. Relativ junge Bildung, noch mobil und daher weitgehend baumfrei. Gekennzeichnet durch Blöcke die aus der anstehenden Felswand herausgebrochen sind. Stark sonnenexponiert.
B	2o,21 29,3o	Blöcke im Übergangsbereich zum Kalkbuchenwald (Melico-Fagetum). Der Kalkschutt wird durch eine Gesteinsschuttflur (basiphile Steinschuttgesellschaften des Stipion calamagrostidis) gekennzeichnet, in der *Gymnocarpium robertianum* und *Cynanchium vincetoxicum* dominieren. Die Blöcke liegen noch lose, werden aber schon beschattet.
C	15-19	Wie B, aber bereits zunehmend vom Kalkbuchenwald erobert. Blöcke aber immer noch lose.
D	1-14	Verfestigter Schutt mit festliegenden, stark beschatteten Muschelkalkblöcken im Buchenwald. Zum Teil stark beschattet (D_1), im Randbereich aber mit Außenlichteinfall (D_2).
E	3o-46	Ältere Schutthalde mit z. T. halb im organischen Material vergrabenen Blöcken. Durch den anstehenden Buchenwald voll beschattet (E_1, 37-46). Im Übergangsbereich zum *Sorbus aria*-Buschwald aber mit Außenlichteinfall (E_2, 3o-36).

eingebetteten Blöcke im Melico-Fagetum (Zone E) auf.

Trägt man die Bedeckungswerte der auffallenden Sippen in Abhängigkeit von der Lage der Muschelkalkblöcke auf (Abb. 2), lassen sich aufgrund der Dominanz (Ausdruck der Konkurrenzkraft der jeweiligen Sippe) deutlich voneinander verschiedene Zonen ausgliedern, die wie die folgende Assoziierungsanalyse zeigt, syngenetisch in engem Zusammenhang stehen. *Schistidum apocarpum* erreicht sein Optimum dabei in den Zonen A und C (lose Blöcke, Tab. 1), während *Dicranum scoparium* und *Brachythecium glareosum* ihren Verbreitungsschwerpunkt im Melico-Fagetum (Zone E) haben. Indifferent sind *Hypnum cupressiforme* (mit Tendenz zu schattig-feuchten Blöcken) und der typische Kalkfelsbesiedler *Ctenidium molluscum*, der bezüglich des Lichtfaktors sehr tolerant ist. *Ctenidium molluscum* meidet aber deutlich die frischen, kaum angewitterten, noch nicht stabilisierten Blöcke der Zone A.

Diese, auf der Dominanz einzelner Sippen begründete Zonierung zeigt zwar deutlich eine Korrelation mit der Lage der untersuchten Blöcke, ist aber für eine umfassende Charakterisierung von Gesellschaften, die aus mehreren Sippen aufgebaut sind, nicht ausreichend. Die sich anschließende Assoziierungsanalyse

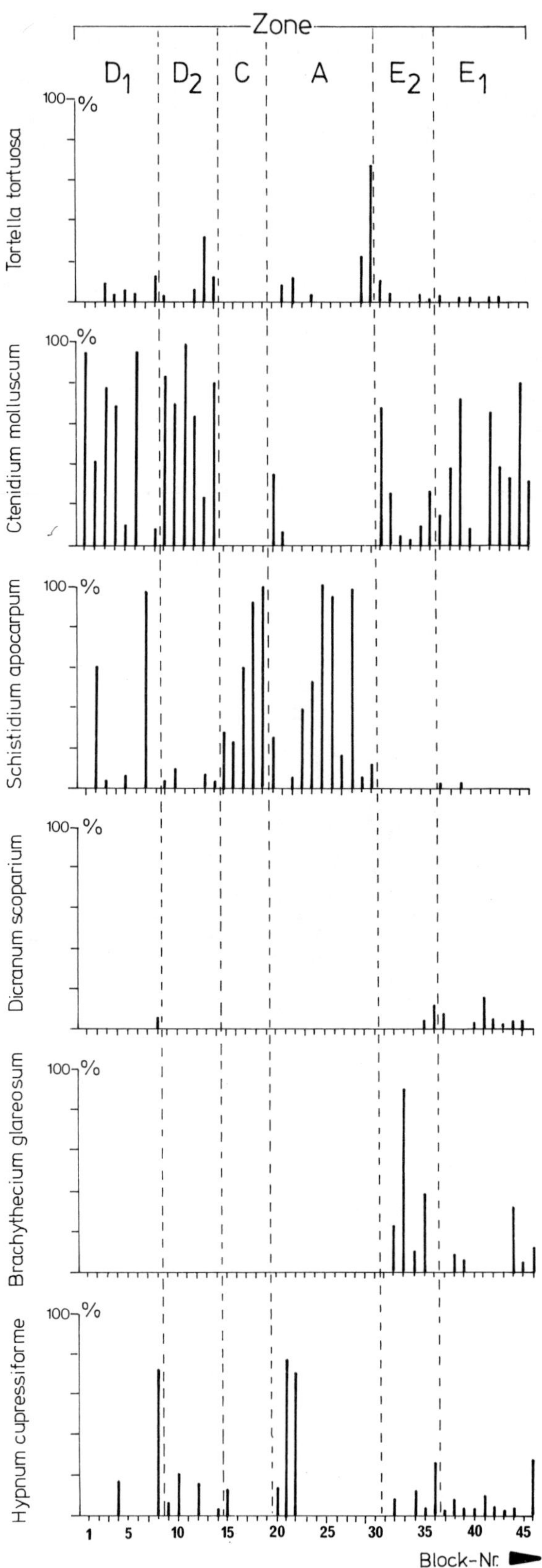

Abb. 2: Bedeckungswerte charakteristischer Sippen in Abhängigkeit von der Lage der Muschelkalkblöcke (Zone A-E) an der Graburg (Werte in % der bedeckten Fläche).

dient daher, neben ihrem primären Ziel, ökologisch relevante Standortgruppen unter Berücksichtigung aller auftretenden Sippen auszugliedern, auch der Prüfung wie aussagekräftig Dominanzspektren bei der Analyse von Kryptogamengesellschaften sind. Dabei zeigte sich, daß diese, durch die Berücksichtigung der ökologisch relevanten Arten erhaltene Zonierung im wesentlichen beibehalten wird.

4.2 Assoziierungsanalyse

Die Analyse der Muschelkalkblöcke ergibt sechs Standortgruppen, deren Raumverbreitungsmuster (Abb. 3) sich weitgehend mit der unterschiedlichen Lage der Blöcke (Abb. 1) zur Deckung bringen läßt und deren Ausbildung deutlich vom Beschattungsgrad abhängig ist.

Ausgesprochen photophil ist die *Schistidium apocarpum*-Assoziierung (5, Abb. 3), die als charakteristische Pioniergesellschaft der losen Blöcke noch mobiler Schutthalden bezeichnet werden kann. Diese Muschelkalkblöcke sind stark wasserdurchlässig und erwärmen sich rasch, so daß xerotherme Sippen auf ihnen gefördert werden. Diese Assoziierung findet sich nur auf den offenen, trockenen bis mäßig feuchten Standorten im Transekt und vereinzelt auf sehr locker liegenden Blöcken im Kalkbuchenwald wo dann pleurokarpe Vertreter wie *Ctenidium molluscum* hinzutreten, die dann die Sukzession zu den sich anschließenden mesophilen Standortgruppen einleiten. Die Gruppe ist meist nur sehr kleinflächig ausgebildet und wird auf den besonnten Blöcken an der Rabenkuppe vor allem durch *Schistidium apocarpum* gebildet.

Soziologisch steht diese Assoziierung dem Orthotricho-Grimmietum pulvinatae Stodiek 1937 der Ordnung Schistidietalia apocarpi Ježek et Vondráček 1962 sehr nahe, einer wärmeliebenden basiphilen Gesteinsmoosgesellschaft in der akrokarpe Sippen dominieren.

Sie wird im Übergangsbereich von einer *Tortella tortuosa*-Assoziierung (4, Abb. 3) abgelöst, die auf festen oder losen, bereits angewitterten Blöcken in halbschattiger Lage dominiert. Charakteristische Begleiter sind typische Kalkfelsmoose wie *Ctenidium molluscum, Ditrichum flexicaule* und *Encalypta streptocarpa* (Tab. 2). Unter zunehmender Beschattung wird diese Assoziierung, in der noch eine Reihe von akrokarpen Vertretern dominieren, durch pleurokarpe Moose wie *Homalothecium sericeum* (Tab. 2) abgebaut.

Syntaxonomisch läßt sich diese Assoziierung dem Tortello-Ctenidietum mollusci (Gams 1927) Stodiek 1937 der in den Kalkgebieten weit verbreiteten Ordnung Ctenidietalia mollusci Hadač et Šmarda 1944 einordnen, das in seiner Ausbildung stark variieren kann (HÜBSCHMANN 1984:524). Die typische Ausbildung tritt bei mittleren Lichtverhältnissen auf kleineren und größeren Kalkblöcken in Laubmischwäldern auf (HÜBSCHMANN 1984:524). Diese Korrelation der Charakterart *Ctenidium molluscum* mit mittleren Lichtverhältnissen ließ sich auch mit Hilfe eines Iterationstestes statistisch nachweisen (zur Methode vgl. FREY & KÜRSCHNER 1979:48). Dieser Test dient der Prüfung, ob eine Folge von Ergebnissen oder Beobachtungen in einer Stichprobe zufällig ist oder nicht. Ordnet man daher die Muschelkalkblöcke in einer Reihe zunehmender Beleuchtungsstärke läßt sich so prüfen, ob eine Abhängigkeit zwischen Beleuchtungsstärke und dem Vorkommen von *Ctenidium molluscum* gegeben ist. *Ctenidium molluscum* zeigt dabei eine signifikante Korrelation mit Beleuchtungswerten zwischen 1200 und 2650 Lux, während im Vergleich dazu *Schistidium apocarpum* (photophil) ihr Optimum auf Blöcken mit Beleuchtungswerten zwischen 2100 und 8500 Lux erreicht (Maximum am Meßtag 12^{00} h: 8500 Lux, Minimum: 450 Lux). Ihre optimale Ausbildung findet diese Gesellschaft auf submontan getönten, niederschlagsreichen, luftfrischen Nordhängen (MARSTALLER 1979:634). Sie gehört, wie die vorherige Gesellschaft zur Klasse der Tortello-Homalothecietea sericei Hertel 1974 (epilithische Moosgesellschaften auf basenreich verwittertem Karbonatgestein, HÜBSCHMANN 1984:513).

Die *Brachythecium glareosum*-Assoziierung (3, Abb. 3) kennzeichnet die bereits halb im Laub und Humus vergrabenen Blöcke des älteren Schutthaldenbereiches (Zone E, Abb. 1) mit Außenlichteinfluß.

Die Blöcke in diesem Bereich liegen fest, tragen z.T. dicke Humusauflagen und werden bereits von Waldbodenmoosen (*Plagiomnium rostratum, Hypnum cupressiforme, Thuidium delicatulum, Plagiochila porelloides* Tab. 2) überwachsen.

MARSTALLER (1979:638) weist auf eine *Brachythecium glareosum* Subassoziation des Tortello-Ctenidietums hin, dem diese Standortgruppe homolog ist. Es ist kennzeichnend für die Teile im westlichen Mitteleuropa, die noch unter subatlantischem Klimaeinfluß stehen. Daß dieser Einfluß tatsächlich bis in den Eschweger Raum reicht,verdeutlichen unter den höheren Pflanzen vor allem die *Sarothamnus scoparius*-Bestände der Buntsandsteinsockel.

Die tiefer im Kalkbuchenwald liegenden, stark beschatteten und tief eingegrabenen Blöcke tragen *Dicranum scoparium*-Assoziierungen (1,2, Abb. 3) und weisen nur noch auf den Felsköpfen Reste der *Tortella tortuosa*-Assoziierung auf. Sie werden vor

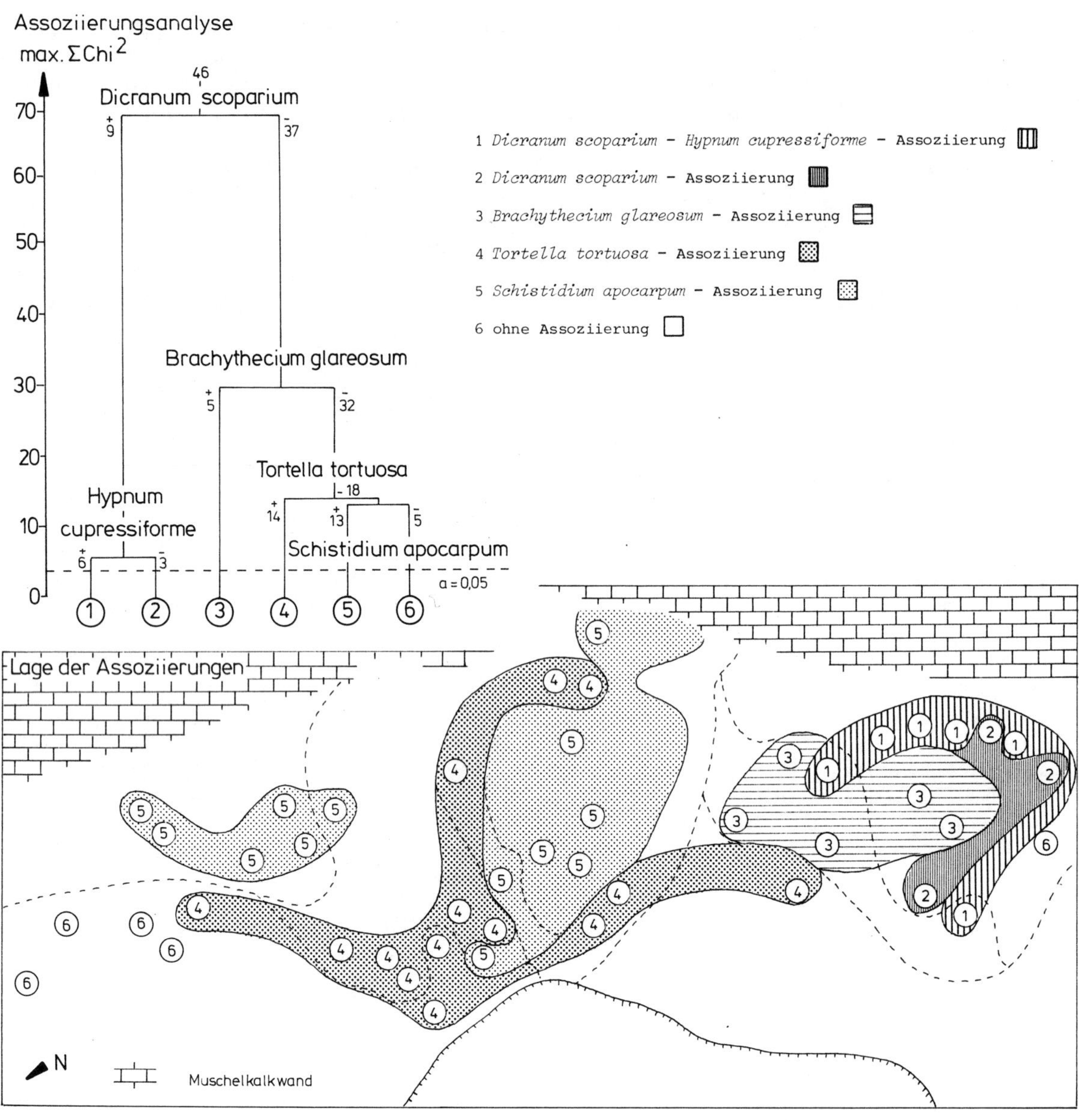

Abb. 3: Verbreitungsmuster der Standortgruppen (Assoziierungen) auf den Muschelkalkblöcken an der Graburg.

allem von mesophilen Waldbodenmoosen des europäischen Sommerlaubwaldes bewachsen. Hierbei handelt es sich um typische Waldboden-Synusien des *Hylocomium*-Verbandes (HERZOG 1943:278), der auch auf kalkhaltigem Gestein bei genügender Rohhumusbildung vorkommt. Die die Assoziierungen kennzeichnenden Arten *Dicranum scoparium* und *Hypnum cupressiforme* sind bezüglich dieses Standortfaktors sehr indifferent. Thermo- und photophile Moose sind in dieser Standortgruppe selten.

Typische, feuchtschattige Epilithengesellschaften wie das basiphile Neckero-Anomodentetum (Wiśniewski 1929) Philippi 1965, das syngenetisch dem Tortello-Ctenidietum folgt, fehlen den Muschelkalkblöcken der Graburg. Sie sind durch das sporadische Vorkommen von *Neckera complanata* nur im Anfangsstadium vorhanden und benötigen für eine optimale Ausbildung feuchtere Verhältnisse und größere Blockflächen.

4.3 Diskussion

Die Assoziierungen auf den Muschelkalkblöcken der Rabenkuppe stehen in engem syngenetischem

Tab. 2: Artenzusammensetzung der sechs Standortgruppen (Assoziierungen) auf Muschelkalkblöcken an der Graburg (Rabenkuppe).

Standortgruppe (Assoziierung)	1	2	3	4	5	6
Anzahl der Blöcke	6	3	5	14	13	5
Lage der Blöcke (Zone)	E_1	E_1	$E_{1,2}$	B,D_1	A,C	D_2
Beleuchtungsverhältnisse	●	●	◑	◑	○	◑
Brachythecium glareosum	2	1	5+	-	-	-
Plagiomnium rostratum	-	3	5	-	-	-
Peltigera canina	3	3	4	-	-	-
Dicranum scoparium	6+	3+	-	-	-	-
Hypnum cupressiforme	6+	-	4	7	5	2
Plagiochila porelloides	5	3	2	2	-	-
Thuidium delicatulum	3	3	2	1	-	-
Scapania aspera	2	1	2	1	-	-
Amblystegiella confervoides	-	-	1	2	4	-
Schistidium apocarpum	-	1	3	1o	13+	-
Ctenidium molluscum	5	3	5	13	8	1
Tortella tortuosa	3	3	3	14+	-	-
Encalypta streptocarpa	2	-	1	7	-	-
Ditrichum flexicaule	1	-	2	6	-	-
Homalothecium sericeum	-	-	-	5	2	2
Bryum elegans	3	3	3	1o	3	4
Trichostomum brachydontium ssp. *mutabile*	1	-	-	3	3	-
Fissidens cristatus	3	3	-	2	2	-
Cladonia spec.	5	1	3	4	2	1

Sonstige: *Barbilophozia barbata, Barbula fallax, Campylium chrysophyllum, Cirriphyllum reichenbachianum, C. tenuinerve, Grimmia pulvinata, Gyroweisa tenuis, Hylocomium splendens, Mnium stellare, Neckera complanata, Plagiothecium nemorale, Plasteurhynchium striatulum, Polytrichum formosum.*

+die Assoziierung kennzeichnende Art

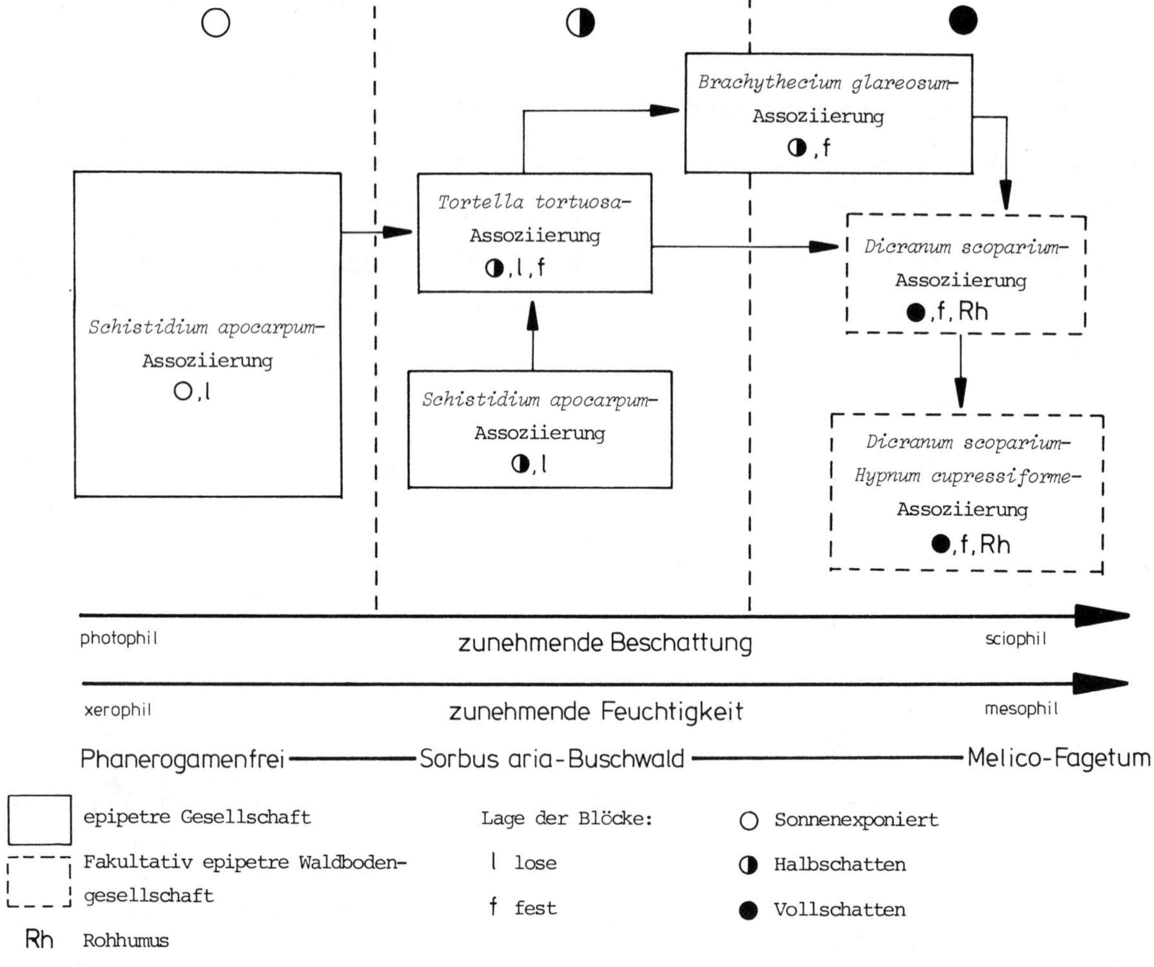

Abb. 4: Die Epilithengesellschaften der Rabenkuppe (Graburg).

Zusammenhang (Abb. 4), der vor allem durch den Grad der Beschattung (und damit verbunden Temperatur- und Feuchtigkeitsverhältnisse) und der Stabilität der einzelnen Blöcke beeinflußt wird.

Initialgesellschaft frischer Muschelkalkblöcke bewegter Steinschutthalden ist die photophile *Schistidium apocarpum*-Assoziierung, die auf verfestigten Halden unter Einfluß zunehmender Beschattung durch das Aufkommen von Gehölzen von der mesophileren *Tortella tortuosa*-Assoziierung abgelöst wird, die in ihren Lichtansprüchen wesentlich toleranter ist. In beiden Standortgruppen dominieren akrokarpe Laubmoose. Die verwitterten Kalkblöcke werden zunehmend von pleurokarpen Sippen dominiert (*Ctenidium molluscum, Homalothecium sericeum*), die die akrokarpen Gesellschaften abbauen und die Entwicklung zu scio- und mesophilen Gruppen einleiten.

In den halbschattigen Übergangsbereichen zum Melico-Fagetum dominiert eine *Brachythecium glareosum*-Assoziierung, die bei weiterer Beschattung (dichtere Laubwälder) und beginnender Rohhumusbildung von *Dicranum scoparium*-Assoziierungen abgelöst wird. Die ältesten, stark verwitterten und tief vergrabenen Blöcke werden von pleurokarpen Waldbodenmoosen überwachsen (*Dicranum-Hypnum*-Assoziierung), die in engem Kontakt zu den Moossynusien des Melico-Fagetum stehen.

5. Literatur

FREY, W. & KÜRSCHNER, H. 1979: Die epiphytische Moosvegetation im hyrkanischen Waldgebiet (Nordiran). – Beih. Tübinger Atlas Vorderer Orient, Reihe A, 5: 1-99, Wiesbaden.

HERZOG, T. 1943: Moosgesellschaften des höheren Schwarzwaldes. – Flora, 36: 263-308, Jena.

HÜBSCHMANN, A.v. 1984: Überblick über die epilithischen Moosgesellschaften Zentraleuropas. – Phytocoenologia, 12: 495-538, Berlin.

KÜRSCHNER, H. 1982: Vegetation und Flora der Hochregionen der Aladaglari und Erciyes Dagi, Türkei. – Beih. Tübinger Atlas Vorderer Orient, Reihe A, 10: 1-232, Wiesbaden.

KÜRSCHNER, H. 1984a: Epiphytic communities of the Asir Mountains (SW Saudi Arabia). Studies in Arabian bryophytes 2. – Nova Hedwigia, 39: 177-199, Braunschweig.

KÜRSCHNER, H. 1984b: An epilithic bryophyte community in the Asir Mountains (SW Saudi Arabia). Studies in Arabian bryophytes 4. – Nova Hedwigia, 40: 423-434, Braunschweig.

KÜRSCHNER, H. (im Druck): Raumverbreitungsmuster azidophiler Felsmoosgesellschaften am Beispiel des Hohen Meißners (Nord-Hessen). – Herzogia, Braunschweig.

MARSTALLER, R. 1979: Die Moosgesellschaften der Ordnung Ctenidietalia mollusci Hadač et Šmarda 1944. 1. Beitrag zur Moosvegetation Thüringens. – Feddes Rep., 89: 629-666, Berlin.

MARSTALLER, R. 1980: Die Moosgesellschaften des Verbandes Schistidion apocarpi Ježek et Vondráček 1962. 6. Beitrag zur Moosvegetation Thüringens. – Feddes Rep., 91: 337-361, Berlin.

STODIEK, E. 1937: Soziologische und ökologische Untersuchungen an den xerotopen Moosen und Flechten des Muschelkalkes in der Umgebung Jenas. – Feddes Rep. Beih., 99: 1-46, Berlin.

WILLIAMS, W.T. & LAMBERT, J.M. 1959: Multivariate methods in plant ecology. I. Association analysis in plant communities. – J. Ecol., 47: 83-101, Oxford.

Anschrift des Autors:

Dr. HARALD KÜRSCHNER, Institut für Systematische Botanik und Pflanzengeographie der Freien Universität Berlin, Altensteinstr. 6, 1000 Berlin 33.

Berliner Geogr. Abh., Heft 41: 135–149, Berlin 1986.

Ein Beitrag zur Vegetation des Weiberhemdmoores und seiner Randbereiche (Hoher Meißner, Nord-Hessen)

mit 3 Abbildungen und 7 Tabellen

HARALD KÜRSCHNER und VERONIKA MAYER

K u r z f a s s u n g: Aus dem Weiberhemdmoor und seinen Randbereichen werden fünf Assoziationen beschrieben. Charakteristisch für die Meißnerhochfläche und die Umgebung des Moores ist ein Nardetum strictae, während das Moor selbst durch Flachmoorbildungen in verschiedenen Entwicklungsstadien bestimmt wird. Juncetum acutiflori, Caricetum rostratae, *Salix aurita*-Gebüsche (Frangulo-Salicion auritae-Initiale) und Carici elongatae-Alnetum glutinosae bestimmen den Moorcharakter. Diese einzelnen Assoziationen kommen in ihrem soziologischen Aufbau, ihrer Verbreitung, in ihrer synsystematischen Stellung und in ihrem syngenetischen Zusammenhang zur Darstellung.

A Contribution to the vegetation of the „Weiberhemdmoor" and its border area (Hoher Meißner, North Hessen)

A b s t r a c t: From the „Weiberhemdmoor" and its adjacent areas five associations were described. A characteristic of the Meißner plateau and of the fringes of the bog is the Nardetum strictae, however, the bog itself is dominated by developments of flat bog in different successional stages. The Juncetum acutiflori, the Caricetum rostratae, the *Salix aurita* shrubs (Frangulo-Salicion auritae initial phase), and the Carici elongatae-Alnetum glutinosae determine the character of the bog. These different associations are discussed with respect to their sociological structure, their distribution, their synsystematical position, and their syngenetical relationships.

I n h a l t s ü b e r s i c h t

1. Lage, Entstehung und Stratigraphie des Moores

Das Weiberhemdmoor gehört mit zu den physiognomisch auffallendsten Formenelementen der Meißnerhochfläche und wird durch eine Reihe von vegetationskundlichen und floristischen Besonderheiten gekennzeichnet, die in dieser Ausbildung für den Hohen Meißner einmalig sind.

Es entstand durch die Vermoorung einer, am Nordwest-Rand des heutigen Moores ansetzenden, steilen Hangmulde in einer Höhenlage zwischen 705 m NN und 713 m NN. Seine Ausdehnung beträgt in Nord-Süd Richtung etwa 190 m, in West-Ost Richtung 130 m und es bedeckt damit, je nach Defini-

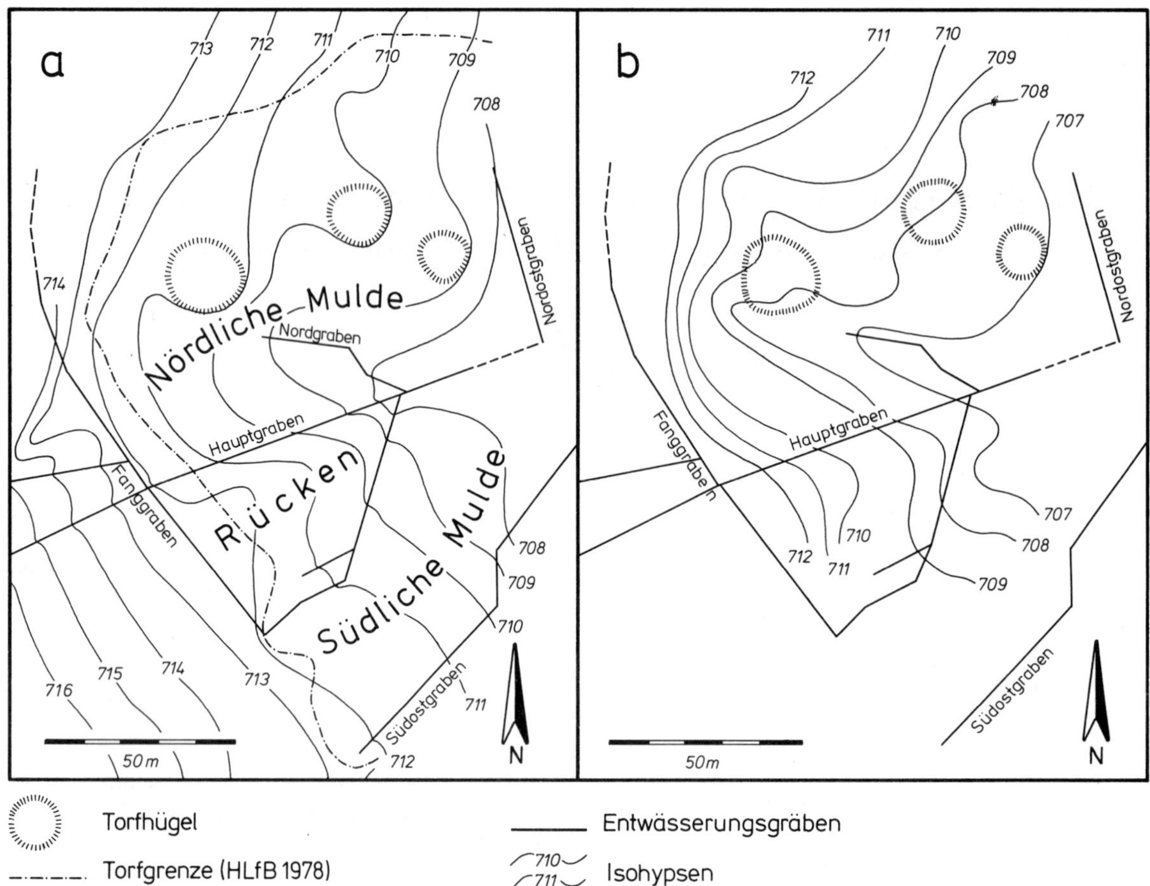

Abb. 1: Morphologie des Weiberhemdmoores (a) und Grundzüge der Untergrundmorphologie (b, verändert nach GROSSE-BRAUCKMANN 1978: 28, 35).

tion (geologisch: Vorhandensein von Torf, botanisch: moortypische Pflanzendecke), eine Fläche von 1 bis 1,5 ha. Die Entwässerung erfolgt mit einem durchschnittlichen Gefälle von etwa 5,7 % in östlicher Richtung und wird durch eine Reihe alter Grabensysteme gefördert (Abb. 1).

Über die Entstehung des Moores, zur Hydrologie, Moorstratigraphie und den bodenkundlichen Verhältnissen liegen neben der Arbeit von PFALZGRAF (1934) eine Reihe von neueren Gutachten vor (FINKENWIRTH et al. 1978, GROSSE-BRAUCKMANN 1978, HESSISCHES LANDESAMT FÜR BODENFORSCHUNG - HLfB - 1981, NIEDERSÄCHSISCHES LANDESAMT FÜR BODENFORSCHUNG - NLfB - 1983), deren Ergebnisse im folgenden kurz zusammengefaßt werden.

Voraussetzung für die Erhaltung des Moores ist eine gleichmäßige Wasserversorgung über einen von West nach Ost gerichteten Grundwassereinstrom und einen Oberflächenzufluß (soligene Wässer) von den nahegelegenen Hangabschnitten. Dabei handelt es sich um das Austreten von Niederschlagswasser, das an oberflächennahen, tonigen Schichten gestaut wird und die für das Moor von grundlegender Bedeutung sind. Hauptquellwasserleiter ist der klüftige Basalt, in dem ein Grundwasserkörper ausgebildet ist, der die Meißnerhochfläche als mächtige Basaltdecke überlagert und nur im Bereich des Weiberhemdmoores aufgrund einer Aufsattelung der Buntsandsteinschichten fehlt (NLfB 1983: 16).

Topographisch gliedert sich das Moor in zwei Mulden, die durch einen 1 bis 2 m aufragenden, bis 10° geneigten Rücken getrennt werden (Abb. 1). Nach Untersuchungen von FINKENWIRTH et al. (1978: 1f, NLfB 1983:33f) beträgt die Moormächtigkeit (Torfmächtigkeit) im Höhenrücken 1 bis 1,5 m, unter der nördlichen Oberflächenmulde mehr als 1,5 m und in der südlichen Oberflächenmulde meist weniger als 1 m. Die größte Moormächtigkeit wurde unter den im nördlichen Teil liegenden Torfhügeln mit 2,95 m gemessen (NLfB 1983:34).

Zur Stratigraphie des Moores liegen mehrere Bohrungen vor. Sie stimmen in ihren Aussagen weitgehend überein. So ist das Moor größtenteils von wasserstauenden Tonen unterlagert, die den anstehenden Basalt überdecken. Lokal steht Braunkohle auch direkt unter dem Moor an (FINKENWIRTH et al. 1978, NLfB 1983:31). Auf diese Tonlage folgt eine mit Tonen durchsetzte Mudde, die von Bruchwaldtorfen mit wechselnder Mächtigkeit überlagert wird, an die sich Radizellen-Torfe anschließen. Den Abschluß bilden oberflächennahe Niedermoortorfe (*Sphagnum*-Torfe), die lokal Reste von *Eriophorum vaginatum* enthalten (Abb. 3).

Aufgrund neuerer pollenanalytischer Auswertungen wird der Beginn der Muddebildung in das Spätglazial gelegt (NLfB 1983:35). Damit ist das Moor wesentlich älter als es PFALZGRAF (1934:68f) postulierte, nach dem die Entstehung des Moores nicht über das Boreal hinausreicht.

Aus den moorstratigraphischen Befunden wird deutlich, daß es sich bei der Entstehung des Weiberhemdmoores um die typische Sukzession Mulde mit Quellen - Versumpfung (Quellmoor) - Großseggen-Sumpf (Einleitung der Torfbildung) - oligotrophes Flachmoor bzw. eutropher Erlenbruch handelt (Verlandungssukzession). Das Vorkommen von *Eriophorum vaginatum* (Charakterart der Oxycocco-Sphagnetea), *Sphagnum magellanicum, Drosera rotundifolia* u.a. „Hochmoor-Zeigerarten" wird immer wieder als ein Anzeichen für eine Entwicklung zu einem Hochmoor gesehen. PFALZGRAF (1934:48) sieht das Moor daher als ein Übergangsstadium zum Hochmoor. Auch SAUER (1968:185) spricht von einem „fragmentarisch ausgebildeten Hochmoor". Diese Hochmoorzeiger finden sich vor allem auf drei mächtigen Torflagern („Quelltorfhügel" GROSSE-BRAUCKMANN 1978:4f), die sich über den Grundwasserschwankungsbereich erheben. Typisch für diese relativ trockenen Bereiche ist auch das verstärkte Auftreten von *Vaccinium myrtillus, Calluna vulgaris* und anderen Arten der Nardetalia. Ob diese drei Torfhügel durch soligen einströmendes Hangstauwasser oder durch den hydrostatischen Druck eindringenden Grundwassers emporgewölbt wurden, bleibt unklar (GROSSE-BRAUCKMANN 1978:17f, NLfB 1983:36f). Neuerdings wird auch eine Aufwölbung infolge klimatischer Ursachen (Frosthebung) in Erwägung gezogen (NLfB 1983:36). Damit scheidet offenbar eine biogene Entwicklung durch verstärkte Sphagnen-Aktivität bei stagnierendem, basenarmem und mineralstoffarmem Wasser aus, die aber Voraussetzung für eine echte Hochmoorentwicklung wäre. Allenfalls könnte man von einem lokal begrenzten „Versumpfungs-Hochmoor" (ELLENBERG 1978:440) in der nördlichen Oberflächenmulde sprechen, das sich in kühl-gemäßigten, humiden Klimaten bei stagnierendem Wasser, ausreichender Wärme und Mineralstoffarmut einstellen kann. Eine verstärkte *Sphagnum*-Aktivität muß aber aus klimatischen Gründen in Frage gestellt werden.

2. Klima

Langfristige Klimabeobachtungen existieren für die Meißnerhochfläche nicht. Als mittlere Jahrestemperatur gibt PFALZGRAF (1934:17) 5,1° C an (Januar-Mittel: -4,5° C, Juli-Mittel: 14,5° C. Beobachtungszeitraum 1891 bis 1925). Nach dem „Hydrologischen Atlas der Bundesrepublik Deutschland" beträgt die mittlere Niederschlagsmenge am Meißner 950 mm (siehe auch NLfB 1983:14f), wird aber von PFALZGRAF (1934:14f) und SAUER (1978:368) höher geschätzt (bis 1100 mm). Im Regenschatten der Ostabdachung fallen etwa 580 mm, während die Westhänge bei Hausen 964 mm erhalten (DEUTSCHES METEOROLOGISCHES JAHRBUCH 1977:196). SAUER (1968:184) gibt für den Meißner 120 bis 140 Frosttage, bis über 50 Eistage und etwa 100 Tage mit zeitweise beträchtlicher Schneebedeckung an. Generell kann das Klima der Meißnerhochfläche als kühl, feucht und windreich bezeichnet werden.

3. Methoden

Die Geländeuntersuchungen erfolgten im Rahmen eines Standortpraktikums im August 1984. Bei den Vegetationsaufnahmen wurde die BRAUN-BLANQUETsche Arbeitstechnik angewendet. Die soziologisch-systematische (syntaxonomische) Einordnung richtet sich nach ELLENBERG (1978:900f) und OBERDORFER (1977, 1978). Bei der Nomenklatur der Gefäßpflanzen im Text und in den Tabellen wurde auf TUTIN et al. (1964-1980) zurückgegriffen. Die wichtigsten Abweichungen gegenüber der älteren pflanzensoziologischen Vergleichsliteratur (in Klammern) sind: *Agrostis capillaris (= A. tenuis, A. vulgaris), Carex nigra (= C. fusca), Galium saxatile (= G. harcynicum), Potentilla erecta (= P. silvestris, P. tormentilla).*

4. Vegetation

Die anthropozoogene Beeinträchtigung der Meißnerhochfläche reicht bis in das 16. Jahrhundert zurück (Beginn des Meißner Braunkohle-Bergbaus 1571) und hat die Vegetation und Flora des Gebietes nachhaltig geprägt. Als entscheidender Faktor muß hier vor allem die über Jahrhunderte hinweg aufrechterhaltene Huteweide und Streugewinnung auf der Hochfläche gesehen werden, die zu einer Selektion charakteristischer Extensivweiden führte. Bis in die zweite Hälfte des 19. Jahrhunderts blieb die Hochfläche waldfrei und erst seit 1879, nach der Übernahme Kurhessens durch Preußen im Jahre 1866 und der Auflösung der „Hutegerechtsame" der Meißnerdörfer (PFALZGRAF 1934:10), wurde mit der Aufforstung der Bergwiesen mit Fichten begonnen. Unbepflanzt blieben u.a. die Hausener Hute, die Struthwiese und die Weiberhemd-Wiesen. Das Moor selbst ist seit 1921 als flächenhaftes Naturdenkmal ausgewiesen. Nach 1975 wurden im Rahmen von Pflegemaßnahmen Reste der Aufforstung und die sich einstellenden Gehölzbestände im Schutzgebiet beseitigt, um den ursprünglichen „Moorcharakter" wieder herzustellen (PFALZGRAF 1934:7f, SAUER 1968: 186f, 1978:376).

Nach der forstlichen Standorttypenkarte 1 : 10 000 (HESSISCHES FORSTEINRICHTUNGSAMT GIESSEN) wird das Moor als Farn-Schwarzerlenwald eingruppiert (Geländewasserhaushalt: naß, d.h. hoch anstehendes, wenig schwankendes Grund- bzw. Stauwasser. Trophie: mesotroph). Diese Eingruppierung muß als zu grob angesehen werden.

Da die Mooroberfläche nicht gleichmäßig von West nach Ost geneigt, sondern stark gegliedert ist, wechseln aufgrund unterschiedlicher edaphischer Bedingungen verschiedene Gesellschaften miteinander ab (Abb. 2,3). Diese Gesellschaften sind z.T. sehr kleinflächig ausgebildet, greifen stark ineinander über und bilden oft Mischbestände. Sie erschweren damit eine genaue Abgrenzung und Lokalisation. Diese Gesichtspunkte sind bei der Bewertung der hier vorgestellten Vegetationskarte (Abb. 2) zu berücksichtigen.

Übersicht der Pflanzengesellschaften im Weiberhemdmoor und Umgebung (zu Abb. 2)

Klasse	Nardo-Callunetea Prsg. 1949 (Borstgras- und Zwergstrauchheiden)
Ordnung:	Nardetalia strictae (Oberd. 1949) Prsg. 1949
Verband:	Violo-Nardion strictae (nach Ellenberg 1978, S. 666, 907, Syn.: Violion caninae Schwick. 1944, Nardo-Galion saxatilis Prsg. 1949)
Ass.:	Polygala-Nardetum Prsg. 1950 („Nardetum strictae" HUNDT 1964, S. 180 f., 1980, S. 384 f.)
Klasse	Phragmitetea R. Tx. et Prsg. 1942 (Röhrichte und Großseggensümpfe)
Ordnung:	Phragmitetalia W. Koch 1926
Verband:	Magnocaricion elatae W. Koch 1926
Ass.:	Caricetum rostratae Rübel 1912
	Caricetum paniculatae Wang. 1916
Klasse	Scheuchzerio-Caricetea nigrae Nordh. 1936 (Syn.: Scheuchzerio-Caricetea fuscae Nordh. 1936, Kleinseggen-Zischenmoore und -Sumpfrasen)
Ordnung:	Scheuchzerietalia palustris Nordh. 1936 (inkl. Caricetalia fuscae W. Koch 1926)
Verband:	Caricion nigrae W. Koch 1926 em. Klika 1934 (Syn: Caricion fuscae W. Koch 1926, Caricion canescentis-fuscae Nordh. 1937)
Ass.:	Juncetum acutiflori Br.-Bl. 1915
Klasse:	Molinio-Arrhenatheretea R. Tx. 1937 (Grünland-Gesellschaften)
Ordnung:	Molinietalia coeruleae W. Koch 1926
Verband:	Juncion acutiflori Br.-Bl. in Br.-Bl. et al. 1947
Ass.	Junco-Molinietum Prsg. in R. Tx. et Prsg. 1951
Klasse:	Alnetea glutinosae Br.-Bl. ex R. Tx. 1943 (Erlenbrüche und Moorweidengebüsche)
Ordnung:	Alnetalia glutinosae R. Tx. 1937
Verband:	Alnion glutinosae (Malc. 1929) Meij.-Dr. 1936
Ass.:	Carici elongatae-Alnetum glutinosae W. Koch 1926
Ordnung:	Salicetalia auritae Doing 1962 em. Westh. 1968
Verband:	Frangulo-Salicion auritae Doing 1926 (als Salicion cinereae Müll. et Görs 1958 im Alnetalia)
Ass.:	Frangulo-Salicetum cinereae Malc. 1929

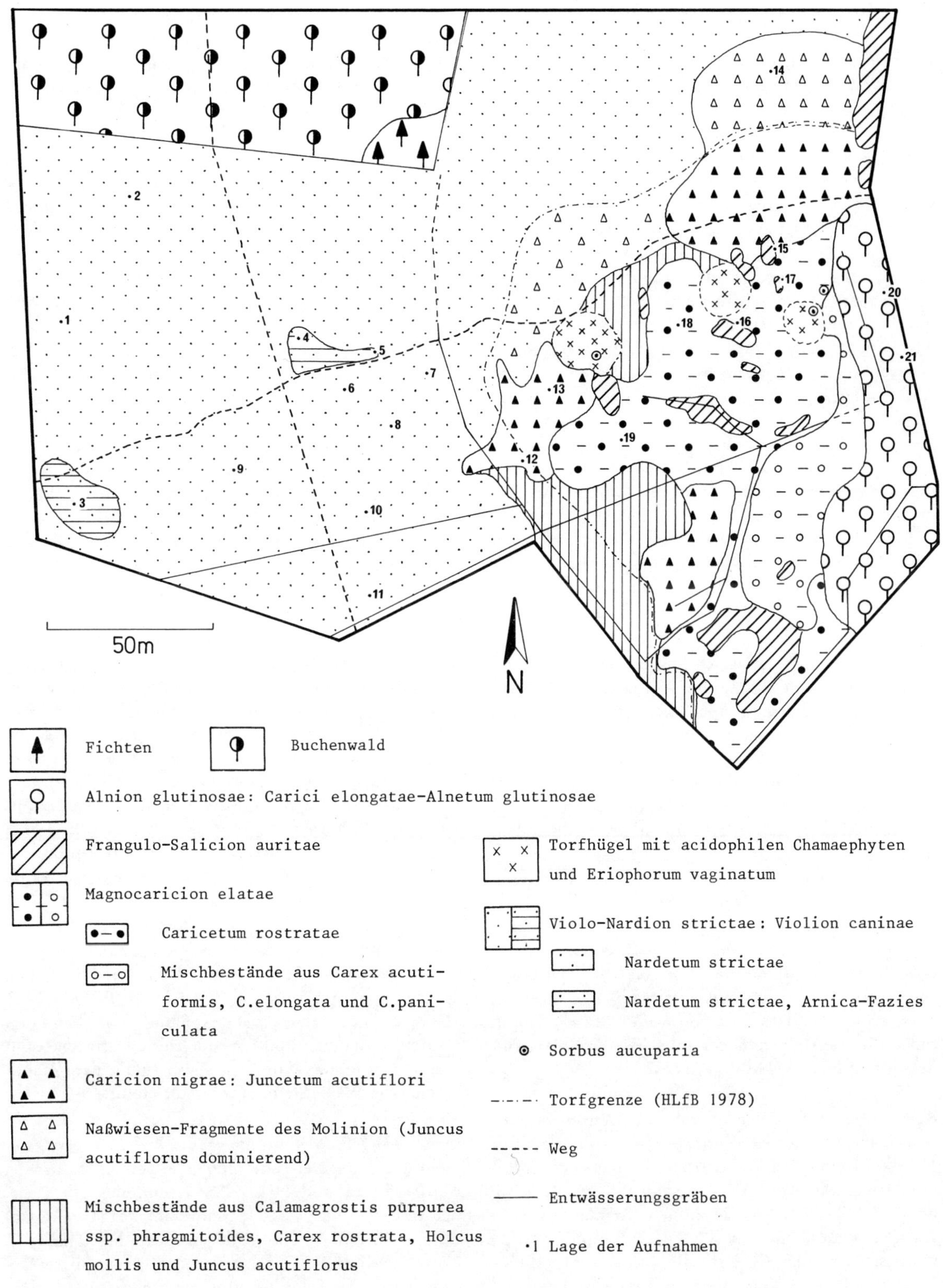

Abb. 2: Weiberhemdmoor und Randbereiche. Vegetation (in Anlehnung an GROSSE-BRAUCKMANN 1978: 28 f., ergänzt nach eigenen Beobachtungen).

4.1 Borstgrasrasen (Violo-Nardion strictae)

Die typische Gesellschaft der Wiesen im Randbereich des Weiberhemdmoores bilden anthropozoogene Borstgrasrasen (Abb. 2), die sich aufgrund des Bestandsaufbaues und der hohen Artmächtigkeit der Charakterarten *Nardus stricta, Potentilla erecta, Luzula campestris, Arnica montana* und *Galium saxatile* (Tab. 1) der Klasse der Nardo-Callunetea (Ordnung: Nardetalia) zuordnen lassen. Sie siedeln auf mäßig geneigten (bis 10°), kalkarmen, bodensauren, oligotrophen Hang-Pseudogleyen, die vom Wasserhaushalt her als wechselfeucht (Wechsel von oberflächennaher Vernässung durch temporäre Staunässe und zunehmender Austrocknung im Sommer) angesprochen werden müssen. Sie verdanken ihre Entstehung einer extensiven und selektiven Weidewirtschaft.

Solche Extensivweiden sind aus der montanen Stufe vieler Mittelgebirge bekannt (DIERSCHKE & VOGEL 1981:139f, HUNDT 1964:180f, 1980:384f, KLAPP 1951:400f, PREISING 1950:33f, 1953:112f, SPEIDEL 1956:508f) und werden dem Verband Violo-Nardion (nach ELLENBERG 1978:666, Syn.: Violion caninae Schwick. 1944) zugeordnet.

Zwar fehlen den Nardeten in der Umgebung des Weiberhemdmoores typische Verbands- und Assoziationscharakterarten, doch ist die syntaxonomische Übereinstimmung mit den in Hessen weiter verbreiteten Polygalo-Nardeten (= *Hypericum maculatum-Polygala vulgaris* Assoziation PREISING 1950: 33f) außerordentlich groß. Diese Borstgrasrasen verarmen in tieferen Lagen zunehmend und bilden dann soziologisch schlecht charakterisierbare Bestände. HUNDT (1964:180f) verwendet dafür die Gesellschaftsbezeichnung „Nardetum strictae", der im folgenden der Vorzug gegeben wird, da die Charakterarten *Viola canina* und *Polygala vulgaris* in der Umgebung des Weiberhemdmoores nur sporadisch angetroffen werden. Ein weiteres Charakteristikum dieser Nardeten ist die weite Standortamplitude und es können daher lokal ökologische Gruppen dominieren (KNAPP 1971:316).

Neben Magerkeitszeigern mit Verbreitungsschwerpunkt im Nardetalia weisen die Aufnahmen (Tab. 1) eine Reihe charakteristischer Sippen der Molinio-Arrhenatheretea auf. So fallen vor allem die hohe Stetigkeit und die hohen Artmächtigkeiten von *Polygonum bistorta* (bis zu 80 %) und *Festuca pratensis* (bis 25 %) auf, die ihren Verbreitungsschwerpunkt im eutrophen Calthion-Verband besitzen. Die Aufnahmen 3, 4 und 5 (Tab. 1) dieses Nardetum strictae zeichnen sich, im Vergleich mit den anderen Aufnahmen, durch das Auftreten von *Arnica montana* und anderen typischen Magerkeitszeigern der Borstgrasrasen aus, die auf der Meißnerhochfläche weit verbreitet sind (siehe auch Aufnahme 23 und 24 von der Struthwiese, Tab. 1). Sie können als die typische Ausbildung des Nardetum strictae am Meißner bezeichnet werden.

Die quantitative Verteilung einiger wichtiger Arten (Tab. 1) innerhalb dieser Aufnahmen (Nr. 3 bis 5, 23, 24) im Vergleich mit den anderen Aufnahmen Nr. 1, 2, 6 bis 11) unterstützt diese Annahme. Während in dieser typischen Ausbildung die Artmächtigkeit von *Polygonum bistorta* durchschnittlich zwischen < 5 % und 23 % liegt, beträgt sie in den Aufnahmen Nr. 1, 2, 6 bis 11 47 % bis 80 %. Ähnliche Verhältnisse ergeben sich für den Stickstoffzeiger *Equisetum sylvaticum* (typische Ausbildung: < 5 %, Aufnahme Nr. 1, 2, 6 bis 11: 8 bis 18 %). Umgekehrt liegt die Artmächtigkeit von *Nardus stricta* innerhalb der Aufnahmen 3 bis 5 zwischen 24 % und 45 %, in den anderen Beispielen zwischen 5 % und 25 %. Magerkeitszeiger wie *Luzula campestris, Vaccinium myrtillus* und *Campanula rotundifolia* sind, wenn quantitativ auch nur in geringen Mengen, ausschließlich auf die typische Ausbildung beschränkt und fehlen an den Standorten, die vor allem von *Polygonum bistorta* dominiert werden. HUNDT (1964: 55f) hat im Harz und Thüringer Wald eine *Polygonum bistorta* Subassoziation des eutrophen Crepido-Trisetetum-Komplexes erfaßt, die unmittelbar zu einem Polygonetum bistortae überleitet (HUNDT 1980: 380). Sie läßt sich jedoch nicht auf die Wiesen des Weiberhemdmoores übertragen. Hier liegen wohl relief- (ebene Lage, flache Mulden, Hanglage) und feuchtigkeitsbedingte Modifikationen des Nardetums vor, die sich am ehesten mit der von KNAPP (1971: 316) beschriebenen *Polygonum bistorta*-Gruppe, die feuchte bis quellige, jedoch nicht extrem saure Standorte kennzeichnet, vergleichen läßt.

Das sporadische Vorkommen von *Pedicularis sylvatica* deutet auf eine fragmentarische Ausbildung des Juncion squarrosi hin, das nach OBERDORFER (1978:232) eine Übergangsstellung zwischen den Nardo-Callunetea und Scheuchzerio-Caricetea einnimmt, in seiner typischen Ausprägung dem Randbereich des Weiberhemdmoores aber fehlt.

PFALZGRAF (1934:43f) teilt die Nardeten des Meißners in zwei Gruppen ein: einen typischen *Nardus*-Rasen und in ein Nardetum, das ein Degenerationsstadium des Caricion nigrae (C. fuscae) unter Einfluß zunehmender Trockenheit darstellt. Nach PFALZGRAF führt *Nardus stricta* diese Degenerationsphase herbei und baut dann eine Pflanzengesellschaft auf, die ein charakteristisches Nardetum vortäuscht. Diese Annahme PFALZGRAFs ist aber zweifelhaft, da die von ihm zur Begründung dieser Hypothese angeführten Charakterarten des

Tab. 1: Polygalo-Nardetum („Nardetum strictae" HUNDT 1964: 180, 1980: 384).

VS = Verbreitungsschwerpunkt. Die Aufnahmen 23 und 24 stammen von der Struthwiese und wurden zum Vergleich mit herangezogen.

Aufnahme Nr.	23	24	4	5	3	6	11	8	7	1o	9	2	1
Exposition	SSW	SO	SO	SO	SO	SO	SO	SO	SO	SO	SO	SO	SO
Neigung (in °)	2	1-2	5	5	5	5	5	1	5	1	1	5	1
Deckung (in %)	1oo	1oo	1oo	1oo	1oo	1oo	1oo	1oo	1oo	1oo	1oo	1oo	1oo
Artenzahl	15	12	17	16	13	14	1o	12	1o	9	9	1o	9
VS im Nardo-Callunetea (Nardetalia):													
Nardus stricta	3	2b	3	3	3	2b	2b	2m	2b	2b	+	1	2m
Potentilla erecta	1	2m	2a	2a	2a	3	2b	3	3	1	2b	2b	2a
Galium saxatile	2a	2m	2m	2b	2b	2b	2a	1	2m	2a	2b	2b	2m
Equisetum sylvaticum	1	1	2m	1	1	2a	+	2m	2a	2a	2b	2a	2b
Agrostis capillaris	2m	2m	1	r	1	1	+	1	1	+	+	1	+
Festuca rubra	1	2b	2a	2a	2a	2b	2b	1	2a	2b	2b	.	.
Deschampsia flexuosa	.	.	1	2m	2m	2a	1	1	1	1	1	1	2m
Arnica montana	2a	2a	4	3	2a	.	.	.	.	.	.	.	.
Luzula campestris	1	1	1	+	r	.	.	.	.	.	.	.	.
Vaccinium myrtillus	1	+	+	1	.	.	.	.	+	.	.	.	.
Campanula rotundifolia	1	.	r	r	.	.	.	.	.	.	.	.	.
Hieracium cf. *auricula*	.	.	.	r	r	r	.	.	.	.	.	.	.
Calluna vulgaris	1	.	.	r	.	.	.	.	.	.	.	.	.
Hypericum maculatum	+	.	1	.	.	.	.	.	.	.	.	.	.
Anthoxanthum odoratum	1	.	+	r	.	.	.	.	.	.	.	.	.
Briza media	.	.	+	.	.	.	.	.	.	.	.	.	.
Pedicularis sylvatica	.	.	.	.	.	.	.	+	.	.	.	.	+
VS im Molinio-Arrhenatheretea:													
Polygonum bistorta	2b	2a	+	2b	2b	2b	3	4	5	5	3	4	4
Festuca pratensis	1	1	+	+	r	1	+	+	+	+	2a	.	.
Deschampsia caespitosa	.	.	.	.	+	.	.	.	.	.	.	+	+
Stellaria graminea	.	.	.	.	.	.	.	1	.	.	.	+	.
Juncus effusus	.	.	.	.	.	1	.	.	.	.	.	+	.
Poa pratensis	.	.	.	.	.	.	.	+	.	.	.	.	.
VS im Scheuchzerio-Caricetea nigrae:													
Carex panicea	.	.	.	.	.	+	+	.	.	.	.	.	.
Dactylorhiza maculata	.	+	.	.	.	.	.	.	.	.	.	.	.
Carex nigra	.	.	.	.	.	+	.	.	.	.	.	.	.
Carex canescens	.	.	.	.	.	+	.	.	.	.	.	.	.
Sonstige:													
Agrostis stolonifera	.	.	.	.	.	2m	.	.	.	.	.	.	.

Caricion fuscae (z.B. *Viola palustris, Pedicularis palustris*) in seinen Aufnahmen nicht vorkommen, der soziologische Wert einiger Arten falsch eingeschätzt wurde und sich seine Begründung auf sporadisch vorkommende Funde bezieht, während die „hochsteten" Arten unberücksichtigt blieben.

In Tab. 2 sind die charakteristischen Arten aus den Aufnahmen von PFALZGRAF (1934:44, 46) und den hier vorliegenden gegenüber gestellt. Dabei zeigt sich, daß innerhalb des Zeitraumes von 50 Jahren Veränderungen bezüglich der Artmächtigkeit einzelner Sippen stattgefunden haben und die Artenzahl in den heutigen Aufnahmen wesentlich geringer ist.

Tab. 2: Vergleich der Stetigkeit und Artmächtigkeit charakteristischer Arten der Aufnahmen von 1934 (PFALZGRAF 1934: 44, 46) und von 1984.
F = Feuchtezahl, R = Reaktionszahl, N = Stickstoffzahl (nach ELLENBERG 1978: 912 f.).

Arten	1934	1984	Reaktionszahl		
			F	R	N
Abnehmende Arten:					
Nardus stricta	V^{4-5}	V^{+-3}	x	2	2
Arnica montana	V^{1-5}	II^{2a-4}	5	3	2
Anthoxanthum odoratum	V^{1}	II^{r-1}	x	5	x
Vaccinium myrtillus	V^{+-1}	II^{+-1}	x	2	3
Campanula rotundifolia	V^{1}	II^{r-1}	4	x	2
Hieracium pilosella	V^{+-1}	-	4	x	2
Pedicularis sylvatica	IV^{1}	I^{+}	8	1	2
Calluna vulgaris	III^{1}	I^{r-1}	x	1	1
Viola canina	III^{+}	-	4	3	2
Polygala vulgaris	III^{+}	-	5	3	2
Zunehmende Arten:					
Polygonum bistorta	IV^{1}	V^{+-5}	7	5	5
Equisetum sylvaticum	V^{1}	V^{+-2a}	7	3	4
Deschampsia caespitosa	-	V^{1-2a}	x	2	3
Agrostis capillaris	II^{1}	V^{r-2m}	x	3	3
Festuca pratensis	-	V^{r-2a}	6	x	6
Mittlere Artenzahl	26,5	1o,2			

SPEIDEL & BORSTEL (1975:540) betonen eine Stabilität der Borstgrasrasen auch nach Ausbleiben der Nutzung, die auch von GLAVAC & RAUS (1982:97) bei ihren Untersuchungen im Kasseler Raum bestätigt wird. Diese Annahme ist auch sehr plausibel, da die Form der jahrhundertelang betriebenen Hutewirtschaft zu einem Abbau der Humusvorräte im Boden führte, der wohl Versauerungsschübe durch Übernutzung der Biomasse folgten (ULRICH 1980, 1981). Diese Nährstoffverluste, die Beeinflussung durch Tritt und die floristische Verarmung durch Selektion „minderwertiger" Futterpflanzen führten zur Entstehung der Nardeten, die nach GLAVAC & RAUS (1982:97) mit fast unveränderter Artenzahl der „progressiven, sekundären Sukzession" bis heute standhalten und unter anderem auf die Aluminium-Toxidität als entscheidender Standortfaktor bei der Erhaltung dieser Gesellschaften zurückzuführen ist.

Für die Weiberhemdwiesen scheint es aber, als ob aufgrund einer Eutrophierung eine „Verunkrautung" zu beobachten ist, an der *Polygonum bistorta* und *Equisetum sylvaticum* durch eine überproportionale Zunahme wesentlichen Anteil haben. Anspruchsvollere Gräser mit Verbreitungsschwerpunkt im Molinio-Arrhenatheretea wie *Festuca pratensis* und *Agrostis capillaris,* die in den 1984er Aufnahmen kontinuierlich und stet auftreten, fehlten 1934 in den meisten Aufnahmen noch völlig. Im gleichen Zeitraum sank die Artmächtigkeit von *Nardus stricta* von 51 % bis 100 % (1934) auf < 5 % bis 15 % (1984). *Arnica montana,* 1934 in allen Aufnahmen dominant vorhanden, und andere Magerkeitszeiger der Nardetalia (*Calluna vulgaris, Campanula rotundifolia*) beschränken sich heute dagegen auf wenige, lehmig-sandige, kleinere Flächen.

Die in Tab. 2 aufgeführten Stickstoffzahlen der zunehmenden Arten weisen darauf hin, daß die heutigen Standorte nährstoffreicher sind als 1934.

4.2 Quellsumpfwiesen (Caricion nigrae: Juncetum acutiflori)

An das Violo-Nardion strictae schließt sich auf geringmächtigen, hängigen (2 bis 4°) Torflagen eine stark von *Juncus acutiflorus* dominierte Gesellschaft an. Sie verlangt nährstoffarme Standorte, fließendes oder langsam sickerndes Grundwasser (SPEIDEL 1970:110) und ist kennzeichnend für die nordwestliche Hangmulde in der Grundwasser flächig austritt und die Bereiche in denen soligen einströmendes Hangwasser zusätzlich für eine gleichmäßige Durchfeuchtung bis zur Oberfläche sorgt (Abb. 2). Die Verbands- und Assoziationszugehörigkeit solcher subatlantisch-submontan getönter Quellsumpfwiesen ist wegen ihrer syngenetischen Bandbreite umstritten (GLAVAC & RAUS 1982: 93). Viele *Juncus acutiflorus*-Bestände zeigen einen ausgesprochenen Mischcharakter und enthalten Arten des Calthions, des Caricion nigrae und des Molinions. Auf diese floristisch heterogene Zusammensetzung trotz eines physiognomisch einheitlichen Eindruckes weist GÖRS (1961:41) hin.

Nach KOCH (1926:113) stellt das Juncetum acutiflori ein Bindeglied des Molinions zum Caricion nigrae dar, ist aber dem Caricion (Kleinseggen-Sumpfrasen) einzuordnen. Bei OBERDORFER (1957: 187) MEISEL (1969:23f) und WESTHOFF & DEN HELD (1975, Junco-Molinion) steht die Quellsumpfwiese den Molinietalia näher, da es sich vielfach um Mähwiesen handelt, die bei fehlendem Schnitt degenerieren. Nach ELLENBERG (1978: 756) gliedern OBERDORFER und Mitarbeiter, wie auch RUNGE (1980:61), das Juncetum acutiflori neuerdings wieder in den Verband des Caricion nigrae ein.

Diese Verzahnung unterschiedlicher soziologischer Elemente spiegelt sich auch in den Aufnahmen des Juncetum acutiflori des Weiberhemdmoores wider (Tab. 3). Ständige Begleiter sind *Lotus uliginosus* und *Polygonum bistorta*, die ihren Verbreitungsschwerpunkt im Calthion-Verband der Feuchtwiesen haben.

Aufnahme 14 (Tab. 3) repräsentiert einen Quellsumpfwiesen-Bestand der dem Molinietalia nahesteht. Es handelt sich hierbei um ein Naßwiesen-Fragment in dem offensichtlich lokal nährstoffreicheres Wasser austritt und daher Arten der Feuchtwiesen begünstigt sind, während keine für die Kleinseggen-Sumpfrasen typischen Arten vorhanden sind. Auffallend ist hier auch die hohe Artmächtigkeit des Staunässe-Zeigers *Juncus conglomeratus*, der normalerweise die Quellsumpfwiesen meidet (GLAVAC & RAUS 1982:93). Die Lage dieser Aufnahmefläche im nördlichen Randbereich des Moores außerhalb der Torfverbreitung (Abb. 2) unterstützt diese Zuordnung. SPEIDEL (1970:110) beschreibt ein ähnliches Junco-Molinietum, das, wie im Weiberhemdmoor, im Kontaktbereich zu den *Nardus stricta*-Rasen siedelt, als Folge der Düngung aber im Rückgang begriffen ist. Da die Naßbereiche im Weiberhemdmoor nährstoffarm sind und von *Juncus acutiflorus* oder Magnocaricion-Gesellschaften eingenommen werden, sind eutraphente Naßwiesen kaum ausgebildet.

In den Aufnahmen 12 und 13 treten Charakterarten der Kleinseggen-Sumpfrasen auf, die auf einen Anschluß dieses Juncetum acutiflori zum Scheuchzerio-Caricetea nigrae deuten. OBERDORFER (1977: 243) beschreibt aus dem Schwarzwald ein Caricetum fuscae juncetosum acutiflori quelliger Stellen, dem diese Aufnahmen möglicherweise zuzuordnen wären. Diese Kleinseggen-Sumpfrasen (Caricion nigrae) sind auch in den höheren Lagen der Rhön weiter verbreitet (KNAPP 1977:66) und kennzeichnen vernässte Senken und Saumbereiche.

Bei den *Juncus acutiflorus*-Ausprägungen des Weiberhemdmoores handelt es sich nach PFALZGRAF (1934:36) um Mähwiesen, die, „wenn auch nicht regelmäßig", zur Streugewinnung genutzt wurden. Sie degenerieren ziemlich rasch, wenn sie nicht in ein- bis zweijährigem Rhythmus gemäht werden und das Stroh von den Wiesen entfernt wird und entwikkeln sich dann zum Frangulo-Salicion auritae weiter. Um sie zu erhalten, müssen daher auch weiterhin Pflegemaßnahmen betrieben werden.

Durch das Eindringen von Arten mit Verbreitungsschwerpunkt im Magnocaricion sind Übergänge dieser Aufnahmen zum Caricetum rostratae zu beobachten.

Tab. 3: Juncetum acutiflori und Junco-Molinietum-Fragmente.

VS = Verbreitungsschwerpunkt.

Aufnahme Nr.	13	12	16	14
Exposition	SSO	SSO	.	SO
Neigung (in °)	1	1	.	9
Deckung (in %)	1oo	1oo	1oo	1oo
Artenzahl	12	14	11	1o
Juncus acutiflorus	4	3	4	4
VS im Molinietalia:				
Lotus uliginosus	2m	2b	1	2b
Polygonum bistorta	3	2b	2b	2b
Holcus mollis	2b	3	1	.
Crepis paludosa	.	.	+	r
Juncus conglomeratus	.	.	.	4
Deschampsia caespitosa	.	.	.	2m
Holcus lanatus	.	.	.	+
Cirsium palustre	.	.	+	.
VS im Caricion nigrae:				
Agrostis canina	2m	1	.	2m
Eriophorum angustifolium	+	r	.	.
Epilobium palustre	.	+	+	.
Carex nigra	2a	1	.	.
VS im Magnocaricion:				
Carex rostrata	1	1	.	.
Carex paniculata	.	2b	.	.
Equisetum fluviatile	+	+	.	.
Galium palustre	.	.	+	.
Scutellaria galericulata	1	1	2a	.
Sonstige:				
Equisetum sylvaticum	.	r	.	+
Epilobium angustifolium	.	.	+	.
Potentilla erecta	1	.	+	1

4.3 Großseggen-Sümpfe (Magnocaricion elatae)

Innerhalb der Gesellschaften des Magnocaricions, die den größten Teil der Moorfläche einnehmen, treten besonders die Reinbestände von *Carex rostrata* hervor, die zum typischen Moorcharakter des Weiberhemdmoores beitragen. Dieses Caricetum rostratae (Tab. 4) bildet dichte, einförmige Rasen und ist eine der kennzeichnendsten Gesellschaften oligobis mäßig dystropher, kalkarmer Flachmoore. Es siedelt auf schwach geneigten (1 bis 2°), naß bis sehr nassen Torfschlammböden, in denen saures Grundwasser bis zur Oberfläche ansteht.

Wasseruntersuchungen von VALENTIN (1982:21 f) haben gezeigt, daß es sich überwiegend um weiche, oligotrophe bis dystrophe Wässer handelt. Der pH-Wert ist niedrig (4,5 bis 6,0) wobei ein Anstieg im Verlauf des Jahres zu beobachten ist (Frühjahr: 4,8; Sommer: 5,1; Herbst: 5,2), der durch den Verbrauch von CO_2 bei der Assimilation erklärt werden kann (BEHRE & WEHRLE 1942:14). Das Wasser ist sauerstoffarm, mit deutlicher Abnahme des durchschnittlichen Sättigungswertes im Jahresverlauf (Früh-

Tab. 4: Caricetum rostratae.

VS = Verbreitungsschwerpunkt.

Aufnahme Nr.	18	19
Exposition	o	.
Neigung (in °)	1	.
Deckung (in %)	1oo	1oo
Artenzahl	1o	1o
Carex rostrata	4	4
VS im Magnocaricion:		
Galium palustre	1	1
Equisetum fluviatile	1	1
Scutellaria galericulata	1	+
VS im Caricion nigrae:		
Agrostis canina	1	+
Epilobium palustre	+	+
Viola palustris	.	+
VS im Molinietalia:		
Lotus uliginosus	1	1
Cirsium palustre	1	+
Polygonum bistorta	+	.
Sonstige:		
Calamagrostis purpurea ssp. *phragmitoides*	1	+

jahr: 70,5 %; Sommer: 57,1 %; Herbst 49,8 %). Cl^-, SO_4^{2-} und Stickstoffverbindungen konnte VALENTIN (1982:21f) nicht nachweisen, so daß mit keinen künstlichen Belastungen des Moorwassers zu rechnen ist. Im Gegensatz dazu weisen die Untersuchungen von FINKENWIRTH et al. (1978, zit. in NLfB 1983:38) Sulfatgehalte von 34 bis 42 mg/l auf. Die Gesamthärte liegt zwischen 1,2° dH und 1,9° dH, die Carbonathärte zwischen 0,2° dH und 0,9° dH. Humusstoffe wurden von VALENTIN (1982:27) nicht direkt nachgewiesen, die Gelbfärbung des Wassers der Proben im östlichen Randbereich deutet aber auf die für Moore typischen Humine hin.

Dieses Caricetum rostratae bildet artenarme, gut abgegrenzte Bestände, die in gleicher Zusammensetzung weit verbreitet sind. *Carex rostrata, Equisetum fluviatile* und *Scutellaria galericulata* sind treue und stete Verlandungspioniere dieser Gesellschaft und leiten einen Prozeß ein, dessen Endstadium der Erlenbruchwald bildet. Besonders auf Gleyböden mit schlechter Stickstoffversorgung aufgrund gehemmter Mineralisation sind diese Schnabelseggen-Sümpfe konkurrenzfähig.

Die niedere, mittlere Stickstoffzahl (N = 3,9: mässig stickstoffreich), die Reaktionszahl (R = 3,9: saure Böden) und die hohe Feuchtezahl (F = 8,8: Nässezeiger) stimmen mit den nach Listen von BALÁTOVÁ-TULÁČKOVÁ (1976) ermittelten Zeigerwerten (ELLENBERG 1978:410) des Caricetum rostratae überein.

Tab. 5: *Salix aurita*-Gebüsche (Frangulo-Salcion auritae-Initiale).

VS = Verbreitungsschwerpunkt.

Aufnahme Nr.	15	17
Exposition	.	o
Neigung (in °)	.	2
Deckung (in %)	1oo	1oo
Artenzahl	19	13
VS im Alnetea:		
Salix aurita	4	4
Calamagrostis purpurea ssp. *phragmitoides*	2b	3
Dryopteris cristata	2a	+
VS im Magnocaricion:		
Scutellaria galericulata	2a	1
Carex rostrata	+	2a
Galium palustre	1	.
Equisetum fluviatile	.	1
VS im Caricion nigrae:		
Juncus acutiflorus	2a	.
Eriophorum angustifolium	+	.
VS im Molinietalia:		
Polygonum bistorta	2a	2b
Parnassia palustris	1	2b
Cirsium palustre	+	r
Epilobium palustre	1	1
Holcus mollis	2b	.
Crepis paludosa	+	.
Sonstige:		
Eriophorum vaginatum	+	.
Deschampsia flexuosa	2m	.
Polytrichum commune	1	2m
Sphagnum quinquefolium	3	2b
Sphagnum subnitens	4	4

Auf trockeneren Stellen dringt *Carex acutiformis* in das Caricetum rostratae ein und bildet im östlichen Teil des Moores (Abb. 2) lokal Reinbestände. Nach KRAUSCH (1964:462) kann es sich dabei um Relikte auf bis vor kurzem noch vom Alnion bestandenen Flächen handeln, die im Rahmen von Pflegemaßnahmen beseitigt wurden.

Im Südost-Teil bildet *Carex paniculata* hohe Horste auf Schlamm und Flachmoortorf. Dieses lokal begrenzte Caricetum paniculatae aus „ihren Wuchsort aktiv zur Wasseroberfläche erhöhenden Hemikryptophyten" (KOCH 1926:55), stellt für das Weiberhemdmoor eine Besonderheit dar, da diese Rispenseggen-Sümpfe in Hessen aufgrund der Melioration immer seltener werden (TRENTEPOHL 1964:37, 1965: 61). Es ist ökologisch an quellige, eutrophierte Stellen mit ständiger Wasserzufuhr und geringen Schwankungen des Grundwasserstandes gebunden. Vor allem hohe Humusgehalte unterscheiden es von den anderen Gesellschaften des Magnocaricions (BALATOVA-TULACKOVA 1976).

4.4 Moorweidengebüsche (Frangulo-Salicion auritae)

Das physiognomisch auffallendste Element im Weiberhemdmoor sind Moorweidengebüsche, die von *Salix aurita, S. cinerea* und *Frangula alnus* (nur vereinzelt im Südteil) aufgebaut werden. Sie bilden in der nördlichen Mulde lockere Bestände innerhalb des Caricetum rostratae, werden aber im Kontaktbereich zum Erlenbruch und in der südlichen Mulde dichter und zum Teil bestandsbildend.

Bezüglich der Stellung dieser Moorweidengebüsche innerhalb des pflanzensoziologischen Systems gibt es Überschneidungen. Nach BODEUX (1955) ist *Salix cinerea* eine der Charakterarten des Alnion glutinosae. Da die Moorweidengebüsche normalerweise aber nur als typische Mantelgesellschaft an die Erlenbrüche grenzen und nicht in sie eindringen, können sie nicht dem Alnion zugerechnet werden und bilden daher nach OBERDORFER (1979:38) und RUNGE (1980:231) eine besondere Ordnung Salicetalia auritae mit dem Verband Frangulo-Salicion auritae. OBERDORFER (1979:44) ordnet sie wieder dem Alnetalia zu, während WILMANNS (1978:298), die sie zwar als Salicion cinereae dem Alnion gegenüberstellt, auch die Stellung in eine eigene Klasse in Betracht zieht.

Unabhängig von ihrem syntaxonomischen Anschluß sind diese Moorweidengebüsche aber syngenetisch eng mit den Erlenbrüchen verbunden und stellen ein typisches Stadium der Sukzession dar. Zum Teil

Tab. 6: Eindringen von Charakterarten des Juncetum acutiflori und des Caricetum rostratae in den Unterwuchs der Frangulo-Salicion auritae-Initiale im Weiberhemdmoor.
VS = Verbreitungsschwerpunkt.

	Juncetum →				Salix-Gebüsche		← Caricetum	
Aufnahme Nr.	16	14	13	12	15	17	18	19
VS im Caricetum rostratae:								
Galium palustre	+	.	.	.	1	+	1	1
Equisetum fluviatile	.	.	+	+	.	1	1	1
Carex rostrata	.	.	1	1	+	2a	4	4
Scutellaria galericulata	2a	.	1	1	2a	1	1	+
VS im Alnetea glutinosae:								
Calamagrostis purpurea ssp. *phragmitoides*	.	.	.	.	2b	3	1	+
Salix aurita	.	.	.	.	4	4	.	.
Dryopteris cristata	.	.	.	.	2a	+	.	.
VS im Juncetum acutiflori:								
Juncus acutiflorus	4	4	4	3	2a	.	.	.
Eriophorum angustifolium	.	.	+	r	+	.	.	.
Holcus mollis	1	.	2b	3	2a	.	.	.

bilden sie Ersatzgesellschaften, die sich nach Rodung der Erlenbrüche einstellen (KNAPP 1971:287).

Vor allem *Salix aurita* ist ein besonders erfolgreicher Besiedler nasser Brachwiesen und bildet im gesamten Bereich des Weiberhemdmoores Initialstadien (Frangulo-Salicion auritae-Initiale, Tab. 5), während *Salix cinerea* und *Frangula alnus* nur im Südteil auftreten und hier ein gut ausgebildetes Frangulo-Salicetum cinereae bilden. Im Unterwuchs durchdringen, je nach Lage der Aufnahmefläche (Abb. 2), Charakterarten der umgebenden Großseggen-Sümpfe bzw. der angrenzenden Quellsumpfwiesen diese Gebüsche, deren Vorkommen edaphisch und syndynamisch zu erklären ist. In Tab. 6 ist dieses Eindringen von Charakterarten der angrenzenden Gesellschaften dargestellt. Aufgrund ihrer kompakten Wuchsform und den ökologisch ähnlichen Ansprüchen hat *Salix aurita* im Initialstadium kaum Einfluß auf die Artenzusammensetzung im Unterwuchs.

Die errechneten mittleren Zeigerwerte der Aufnahmen, Stickstoff N = 3,7 (relativ stickstoffarm), Reaktionszahl R = 4,2 (saure Böden) und Feuchtigkeit F = 8,7 (Nässezeiger) stimmen mit den bodenkundlichen Befunden (FINKENWIRTH et al. 1978, NLfB 1983:29f) gut überein. Die Gebüsche siedeln auf wenig geneigten (1 bis 2°), nassen, sauren Gleyböden (Naßgleye, Anmoorgleye), die sich unter Einfluß sauerstoffarmen Grundwassers bilden und den Abbau organischer Substanz hemmen und entlang der Entwässerungsgräben. Sie leiten zu dem sich am Ostrand anschließenden eutrophierten Erlenbruch über. Bei den sporadischen Vorkommen im Nordteil des Moores handelt es sich vielfach um Relikte, die als Überbleibsel der durchgeführten Pflegemaßnahmen zur Wiederherstellung des Moorcharakters anzusehen sind.

4.5 Erlenbruchwälder (Alnion glutinosae)

Die östliche Begrenzung des Weiberhemdmoores bildet ein subkontinentaler Erlenbruchwald der aufgrund seines Bestandsaufbaues (Tab. 7) dem Carici elongatae-Alnetum glutinosae zugeordnet werden muß. Er stockt auf organischem Naßboden (Bruchwaldfen) und Torfschichten, die verdeutlichen, daß es sich hierbei um das Endstadium einer Verlandungsreihe handelt. Weiteres floristisches Indiz hierfür ist das sporadisch im Alnetum auftretende Verlandungsrelikt *Scutellaria galericulata*, ein typischer Helophyt des Magnocaricions. Staunäße, langsam strömendes Wasser und günstige Nährstoffversorgung sind weitere Charakteristika dieses Bruchwaldes. Der pH-Wert liegt durchschnittlich bei 5,4 und das Sauerstoffsättigungsdefizit ist mit 52,2 % deutlich niedriger als im Caricetum rostratae (63,0 %), da vielfach stehendes, sauerstoffarmes Wasser vorhanden ist (VALENTIN 1982:21f).

Im Unterwuchs dominieren *Carex elongata, Calamagrostis purpurea* ssp. *phragmitoides* und *Carex acutiformis*. Die letztere Art tritt nach Westen aus dem Erlenbruch hinaus und bildet als Saum Reinbestände (Abb. 2).

BODEUX (1955) nimmt eine floristisch-syngeographische Untergliederung der Carici-Alneten Mitteleuropas vor, nach der der Erlenbruch am Meißner der mitteleuropäischen Subassoziation Carici elongatae-Alnetum glutinosae medioeuropaeum zuzuord-

Tab. 7: Carici elongatae-Alnetum glutinosae.
VS = Verbreitungsschwerpunkt.

Aufnahme Nr.	2o	21
Exposition	SO	SO
Neigung (in °)	1-2	1-2
Deckung (in %): Baumschicht	25	15
Krautschicht	8o	1oo
Artenzahl	14	16
VS im Alnion glutinosae:		
Alnus glutinosa	2b	2a
Carex elongata	2m	2a
Dryopteris cristata	1	1
Calamagrostis purpurea ssp. *phragmitoides*	3	3
Carex acutiformis	2b	2a
Cardamine amara	.	1
VS im Magnocaricion:		
Equisetum fluviatile	1	1
VS im Molinietalia:		
Filipendula ulmaria	2m	+
Equisetum palustre	1	1
Polygonum bistorta	1	.
Caltha palustris	.	+
Cirsium palustre	.	+
Parnassia palustris	.	+
Sonstige:		
Sorbus aucuparia	2a	.
Senecio nemorensis	2a	+
Hieracium cf. *laevigatum*	1	+
Galeopsis tetrahit	+	+
Rubus idaeus	+	+

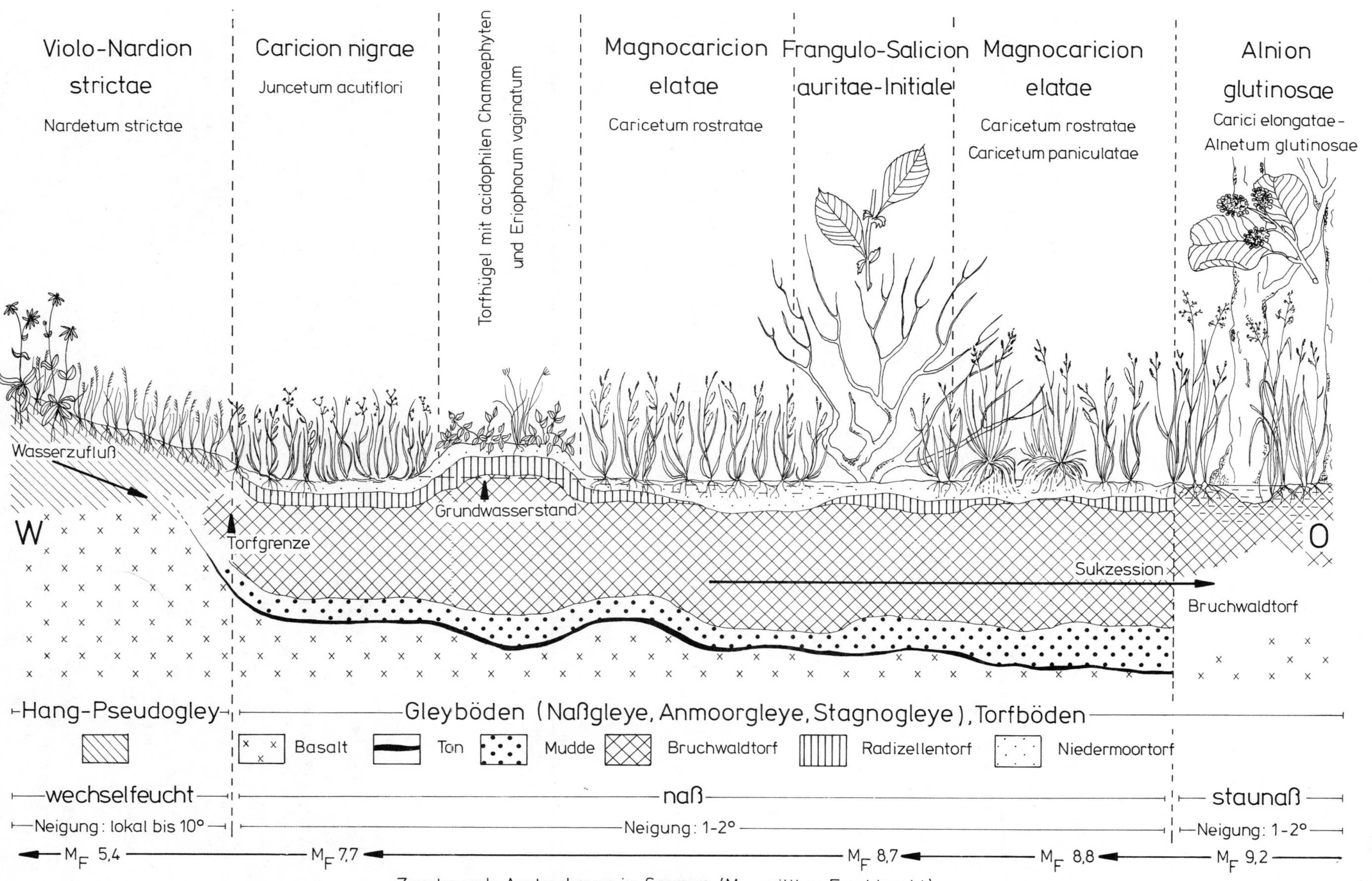

Abb. 3: Vegetationsabfolge (West-Ost-Profil) im Weiberhemdmoor.

nen ist. Häufig in mitteleuropäischen Erlenbrüchen ist auch *Rubus idaeus*, der vor allem an den lichten Rändern des Bruchwaldes in dichten Gestrüppen zu finden ist. *Dryopteris cristata* ist nach BODEUX (1955) bereits eine Charakterart der osteuorpäischen Carici-Alneten (Carici elongatae-Alnetum glutinosae orientale), ist aber im Erlenbruch am Weiberhemdmoor regelmäßig anzutreffen (Tab. 7). Entlang der Entwässerungsgräben häufen sich Arten wie *Filipendula ulmaria, Caltha palustris* und *Polygonum bistorta*, die ihren Verbreitungsschwerpunkt in den Gesellschaften der Molinietalia haben.

Dieses Carici-Alnetum stellt unter gleichbleibenden edaphischen und hydrologischen Bedingungen ein stabiles Endstadium der Verlandungssukzession dar.

4.6 Mischbestände

Teile des nördlichen Randbereiches und der sich von Westen in das Moor erstreckende Höhenrücken (Abb. 1) werden von Mischbeständen eingenommen, die sich soziologisch nicht einordnen lassen. Diese Bereiche stellen sowohl floristisch als auch von den edaphischen und topographischen Bedingungen Übergangsbereiche dar, in denen sich die Elemente der angrenzenden Gesellschaften durchmischen. Weite Bereiche werden von *Holcus mollis* bestimmt, das als Begleiter in verschiedenen Gesellschaften zu finden ist und als Pionier in Umbruchwiesen und Saumgesellschaften häufig auftritt.

Am auffallendsten sind die im nördlichen Teil gelegenen drei Torfhügel, mit Druchmessern von 8 bis 15 m, die leicht aus der Umgebung herausragen. Diese, im Vergleich zu den sie umgebenden, nassen Flachmoorbildungen, relativ trockenen Erhebungen sind durch Arten des Nardions (*Calluna vulgaris, Deschampsia flexuosa, Galium saxatile, Potentilla erecta* und *Vaccinium myrtillus*) gekennzeichnet und nehmen durch das verstärkte Auftreten von *Eriophorum vaginatum* eine Sonderstellung ein. Die Diskussion, ob es sich hierbei um eine beginnende Hochmoorentwicklung handelt oder nicht, wurde bereits in Kap. 1 aufgegriffen.

4.7 Profil durch das Weiberhemdmoor

Das West-Ost Profil durch das Weiberhemdmoor (Abb. 3) soll abschließend die charakteristischen Gesellschaften und die sie mit beeinflussenden edaphischen Parameter noch einmal vorstellen. Dabei wird deutlich, daß hier auf engstem Raum Flachmoorbildungen in verschiedenen Entwicklungsstadien zu finden sind, die syngenetisch in engem Zusammenhang (Verlandungssukzession) stehen. Als relativ stabiles Endstadium dieser Sukzession muß der Erlenbruch angesehen werden, der sich bei gleichbleibendem Grundwasserstand nicht weiter zur zonalen Vegetation entwickelt.

Den flächenmäßig größten Anteil unter den krautigen Gesellschaften hat heute das Caricetum rostratae, das im nördlichen und westlichen Randbereich von Quellsumpfwiesen (Juncetum acutiflori) abgelöst wird, die zu den höher gelegenen Borstgrasrasen der Meißnerhochfläche überleiten.

Neben den zahlreichen floristischen Besonderheiten stellt das Moor aufgrund seiner geringen flächenmässigen Erstreckung ein ideales vegetationskundliches Studienobjekt dar, das noch eine ganze Reihe Organismen beherbergt, deren Vergesellschaftung und Bedeutung für die Biotope nur unzureichend bekannt ist.

5. Literatur

BALÁTOVÁ-TULÁČKOVÁ, E. 1976: Rieder- und Sumpfwiesen der Ordnung Magnocaricetalia in der Zahonie-Tiefebene und dem nördlich angrenzenden Gebiete. — Vegetácia ČSSR, B 3: 1-258, Praha.

BEHRE, K. & WEHRLE, E. 1942: Welche Faktoren entscheiden über die Zusammensetzung von Algengesellschaften? Zur Kritik algenökologischer Fragestellungen. — Arch. Hydrobiol., 39:1-23, Stuttgart.

BODEUX, A. 1955: Alnetum glutinosae. — Mitt. Flor.-Soz. Arb. Gem., N.F., 5: 1-24, Stolzenau.

DEUTSCHES METEOROLOGISCHES JAHRBUCH 1977 — Berlin.

DIERSCHKE, H. & VOGEL, R. 1981: Wiesen und Magerrasengesellschaften des Westharzes. — Tuexenia, 1: 139-183, Göttingen.

ELLENBERG, H. 1978: Vegetation Mitteleuropas mit den Alpen in ökologischer Sicht. — 2. Aufl.: 1-981, Stuttgart.

FINKENWIRTH, A., KAUFMANN, E. & ZIEHLKE, C.-P. 1978: Bericht über die im Zusammenhang mit der Untersuchungsmaßnahme „Schurf im Lagerstättenbereich Weiberhemd" am Meißner durchgeführten Untersuchungen. — Hess. Landesamt. Bodenforsch.: 1-21, Wiesbaden.

GLAVAC, V. & RAUS, T. 1982: Über die Pflanzengesellschaften des Landschafts- und Naturschutzgebietes „Dönche" in Kassel. — Tuexenia, 2: 73-113, Göttingen.

GÖRS, S. 1961: Das Pfrunger Ried. Die Pflanzengesellschaften eines oberschwäbischen Moorgebietes. — Veröff. Landesst. Natursch. Landschaftspfl. Baden-Württemberg, 27/28: 5-45, Karlsruhe.

GROSSE-BRAUCKMANN, G. 1978: Über die Erfordernisse für die ungestörte Erhaltung des Naturdenkmals „Weiberhemdmoor" auf dem Hohen Meißner im Hinblick auf die in der Nähe des Moores beabsichtigte Anlage eines Schurfers. – Gutachten, Bot. Inst. TH Darmstadt: 1-37, Darmstadt.

HESSISCHES LANDESAMT FÜR BODENFORSCHUNG 1981: Abschlußbericht über die Verregnungsflächen für Oberflächen- und Grubenwässer aus dem Schurf im Lagerstättenbereich Weiberhemd. – 1-4, Wiesbaden.

HESSISCHES LANDESAMT FÜR BODENFORSCHUNG UND HESSISCHE LANDESANSTALT FÜR UMWELT, Außenstelle Kassel 1981: Übersicht über die hydrologischen Verhältnisse im Bereich des Weiberhemdmoores auf dem Hohen Meißner in den Jahren 1979/80. – 1-10, Kassel.

HUNDT, R. 1964: Die Bergwiesen des Harzes, Thüringer Waldes und des Erzgebirges. – Pflanzensoziologie, 14: 1-264, Jena.

HUNDT, R. 1980: Die Bergwiesen des herzynischen niederösterreichischen Waldgebietes in vergleichender Betrachtung mit der Wiesenvegetation der herzynischen Mittelgebirge der DDR (Harz, Thüringer Wald, Erzgebirge). – Phytocoenologia, 7: 364-391, Berlin.

KLAPP, E. 1951: Borstgrasheiden der Mittelgebirge. Entstehung, Standort, Wert und Verbesserung. – Ztschr. Acker- u. Pflanzenbau, 93: 400-444, Berlin.

KNAPP, R. 1971: Einführung in die Pflanzensoziologie. – 3. Aufl.: 1-338, Stuttgart.

KNAPP, R. 1977: Die Pflanzenwelt der Rhön unter besonderer Berücksichtigung der Naturpark-Gebiete. – 1-136, Fulda.

KOCH, W. 1926: Die Vegetationseinheiten der Linthebene unter Berücksichtigung der Verhältnisse in der Nordostschweiz. – Jb. Naturwiss. Ges. St. Gallen, 61: 1-144, St. Gallen.

KRAUSCH, H.-D. 1964: Die Pflanzengesellschaften des Stechlinsee-Gebietes. II. Röhrichte und Großseggengesellschaften, Phragmitetea Tx. et Prsg. 1942. – Limnologica, 2: 423-482, Berlin.

MEISEL, K. 1969: Zur Gliederung und Ökologie der Wiesen im nordwestdeutschen Flachland. – Schriftenr. Vegetationskde., 4: 23-48, Bad Godesberg.

NIEDERSÄCHSISCHES LANDESAMT FÜR BODENFORSCHUNG 1983: Gutachten über das Naturschutzdenkmal Weiberhemdmoor im Hohen Meißner, dessen Morphologie und Schutzmöglichkeit im Hinblick auf einen geplanten Braunkohleabbau. – 1-67, Bremen.

OBERDORFER, E. 1957: Süddeutsche Pflanzengesellschaften. – 1-564, Jena.

OBERDORFER, E. 1970: Pflanzensoziologische Exkursionsflora für Süddeutschland. – 3. Aufl.: 1-987, Stuttgart.

OBERDORFER, E. (Hg) 1977: Süddeutsche Pflanzengesellschaften. Teil 1. – 2. Aufl.: 1-311, Stuttgart.

OBERDORFER, E. (Hg) 1978: Süddeutsche Pflanzengesellschaften. Teil 2. – 2. Aufl.: 1-355, Stuttgart.

OBERDORFER, E. 1979: Pflanzensoziologische Exkursionsflora. – 4. Aufl.: 1-997, Stuttgart.

PFALZGRAF, H. 1934: Die Vegetation des Meißners und seine Waldgeschichte. – Feddes. Rep., Beih. 75: 1-80, Berlin.

PREISING, E. 1950: Nordwestdeutsche Borstgrasgesellschaften. – Mitt. Flor.-Soz. Arb. Gem., N.F., 2: 33-41, Stolzenau.

PREISING, E. 1953: Süddeutsche Borstgras- und Zwergstrauch-Heiden (Nardo-Callunetea). – Mitt. Flor.-Soz. Arb. Gem., N.F., 4: 112-123, Stolzenau.

RUNGE, F. 1980: Die Pflanzengesellschaften Mitteleuropas. – 6./7. Aufl.: 1-278, Münster.

SAUER, H. 1968: Der Meißner - Kernstück eines Naturparks. – Geogr. Rdsch., 20: 181-187, Braunschweig.

SAUER, H. 1978: Meißner. – In: KIMMEL-HILLESHEIM, U., KARAFIAT, H., LEWEJOHANN, L. & LOBIN, W. (Hg): Die Naturschutzgebiete Hessens: 365-379, Darmstadt.

SAUER, H. 1980: Das Weiberhemdmoor. In: Werraland. – Merian, 33: 92-93, Hamburg.

SPEIDEL, B. 1956: Die Borstgras- und Pfeifengraswiesen auf dem Vogelsberg. – Jahresh. Ver. Vaterländ. Naturkde. Württemberg, 111: 508-522, Stuttgart.

SPEIDEL, B. 1970: Grünlandgesellschaften im Hoch-Solling. – Schriftenr. Vegetationskde., 5: 99-114, Bad Godesberg.

SPEIDEL, B. 1970/72: Das Wirtschaftsgrünland der Rhön. – Ber. Naturwiss. Ges. Bayreuth, 13: 201-240, Bayreuth.

SPEIDEL, B. & BORSTEL, U. 1975: Vegetationsuntersuchungen auf Grünland - Brachflächen verschiedenen Alters. – In: SCHMIDT, W. (Hg): Sukzessionsforschung. – Ber. Internat. Symp. Rinteln 1973: 539-543, Vaduz.

TRENTEPOHL, M. 1964: Ein Vorkommen des Rispenseggensumpfes (Caricetum paniculatae) östlich von Darmstadt. – Hess. Flor. Briefe, 13: 37-40, Offenbach.

TRENTEPOHL, M. 1965: Die Vegetation schutzbedürftiger Wiesen im Staatsforst Kranichstein ostwärts von Darmstadt. – Naturschutzstelle Darmstadt, Inst. Erforsch. Landschaft Schriftenr., 8: 1-168, Darmstadt.

TUTIN, T.G., HEYWOOD, V.H., BURGES, N.A., MOORE, D.M., VALENTINE, D.H., WALTERS, S.M. & WEBB, D.A. (Hg)· 1964-1980: Flora Europaea. 5. Vols. – Cambridge.

ULRICH, B. 1980: Ökologische Geschichte der Heide. – Allgem. Forstztschr., 11: 251-252, München.

ULRICH, B. 1981: Destabilisierung von Waldökosystemen durch Biomasseentzug. – Forstarchiv, 52: 199-203, Hannover.

VALENTIN, R. 1982: Diatomeen im Weiberhemdmoor (Hoher Meißner). Beiträge zu deren Vorkommen und kleinräumlichen Verbreitung. – Wiss. Hausarbeit im Rahmen der 1. Wiss. Staatsprüfung, Freie Universität Berlin: 1-206, Berlin.

WESTHOFF, V. & DEN HELD, J. 1975: Plantengemenschappen in Nederland. – 1-324, Zutphen.

WILMANNS, O. 1978: Ökologische Pflanzensoziologie. – 1-351, Heidelberg.

Anschrift der Autoren:

Dr. HARALD KÜRSCHNER, Institut für Systematische Botanik und Pflanzengeographie der Freien Universität Berlin, Altensteinstr. 6, 1000 Berlin 33.

VERONIKA MAYER, Institut für Systematische Botanik und Pflanzengeographie der Freien Universität Berlin, Altensteinstr. 6, 1000 Berlin 33.

Berliner Geogr. Abh., Heft 41: 151–165, Berlin 1986.

Verbreitung und Ausbildung der Buchenwälder im Werra-Meißner-Kreis/Nordhessen

mit 2 Abbildungen und 3 Tabellen

UWE TRETER

Kurzfassung: Für das Werra-Meißner Gebiet werden Buchenwälder und Fichtenforste als deren Ersatzgesellschaften in Abhängigkeit von Standortfaktoren und anthropogenen Einflüssen an ausgewählten Beispielen und auf der Grundlage von drei pflanzensoziologischen Tabellen beschrieben und diskutiert. Auf den im Gebiet vorherrschenden Gesteinsarten Muschelkalk (inkl. andere karbonathaltige Gesteine) und Buntsandstein sind die Perlgrasbuchenwälder (= Melico-Fagetum in der Subass. Gruppe von *Lathyrus vernus*) bzw. Hainsimsenbuchenwälder (= Luzulo Fagetum) in mehrere gut zu trennende Ausbildungen zu gliedern, die jeweils charakteristische natürliche und anthropogene Standorteigenschaften kennzeichnen. Eine Differenzierung der Fichtenforste auf ursprünglichen Luzulo-Fagetum-Standorten anhand der Krautvegetation ist kaum zu erkennen. Die heutige Verbreitung und Ausbildung der verbliebenen Buchenwälder im Untersuchungsgebiet wird unter Berücksichtigung der potentiellen natürlichen Vegetation im Zusammenhang mit der Bodenqualität, den Reliefverhältnissen und den land- und forstwirtschaftlichen Eingriffen und Maßnahmen erklärt.

Form and Distribution of beech forests in the Werra-Meißner area (Northern Hessen)

Abstract: On the basis of three plant-sociological tables selected beech forests and spruce forests, are described and discussed in relation to site factors and human impact in the Werra-Meißner area. The dominant rocks here are Muschelkalk (including other carbonate rocks) and Bunter Sandstone with a Melico-Fagetum, subass.-group of *Lathyrus vernus* respectively a Luzulo-Fagetum in several, easily distinguishable vegetation units of lowest rank, each characterized by typical natural and anthropogenic site properties. The original Luzulo-Fagetum sites of the spruce forests are scarcely recognizable from the herb layer. Present-day form and distribution of the remaining beech forests in the study area are explained, considering the potential natural vegetation together with the soil quality, relief, and agricultural and forestry measures.

Inhaltsübersicht

1. Einleitung

Für die Differenzenzierung der Vegetation eines Gebietes nach Pflanzengesellschaften verschiedenen Ranges ist der Komplex der edaphischen Standortfaktoren von entscheidender Bedeutung. Dazu zählen in erster Linie die chemische und mineralische Zusammensetzung des Bodens, der Gehalt an Silikaten, Karbonaten, Tonmineralien und Pflanzennährstoffen sowie die Bodenfeuchtigkeit. Diese edaphischen Standortfaktoren werden im wesentlichen durch die Art des Ausgangsgesteins determiniert. Modifikationen ergeben sich hauptsächlich durch den Einfluß des Klimas, durch das Relief und die damit im Zusammenhang stehende Exposition sowie durch den Einfluß der verschiedenartigsten Wirtschaftsmaßnahmen und Umwelteingriffe des Menschen. Der Einfluß des Klimas macht sich in Abhängigkeit von Relief und Exposition am stärksten in einer Differenzierung der Luv- und Leelagen und in den Höhenstufen bemerkbar. Durch die an Nutzung, Ertrag und Gewinn orientierten Eingriffe des Menschen werden sowohl die natürlichen Standortverhältnisse als auch und vor allem das Vorkommen und die Verbreitung standortspezifischer Pflanzengesellschaften in zum Teil erheblichem Umfang verändert. Erst in jüngster Zeit werden durch die Ausweisung von Naturschutzgebieten kleinere Areale der Nutzung entzogen. Damit bestimmen in diesen Gebieten wieder vorwiegend die edaphisch-klimatischen Standortfaktoren die Ausbildung der Pflanzengesellschaften.

2. Beschreibung des Untersuchungsgebietes

In der Beschreibung des Untersuchungsgebietes werden nur die Standortfaktoren herausgestellt, die von größerem Einfluß auf die Ausbildung verschiedener Buchenwaldgesellschaften und für die Verbreitung der natürlichen bzw. naturnahen Wälder sowie der Forsten, d.h. Wälder aus standortfremden Holzarten (WILMANNS 1973:245), bedeutsam sind.

2.1 Das Ausgangsgestein

Das Untersuchungsgebiet ist Teil des westlichen Ausläufers des mitteldeutschen Triashügellandes, in dem ein dicht gedrängtes Nebeneinander vornehmlich mesozoischer Formationen charakteristisch ist. Von flächenhafter Bedeutung ist dabei der Buntsandstein sowie kalkhaltige und kalkreiche Gesteine des Muschelkalks, Keupers und Zechsteins. Von nur lokaler Bedeutung ist der tertiäre Basalt auf dem Meißnerplateau. Quartäre Decksedimente wie der nur gebietsweise vorhandene Löß unterschiedlicher Mächtigkeit modifizieren oder verhüllen die durch die Hauptgesteinsarten geprägten Standorteigenschaften.

2.2 Die Böden

Auf den genannten Hauptgesteinsarten haben sich entsprechende Bodentypen entwickelt. Auf Muschelkalk und anderen karbonatreichen Gesteinen sind Rendzinen verbreitet. Bei Löß- oder Lößlehmüberdeckung sind es Braunerden und Parabraunerden, deren Wurzelraum nicht nur basenärmer ist, sondern auch eine größere wasserhaltende Kraft besitzt als der geringmächtige, zum Teil skelettreiche Oberboden typischer Rendzinen etwa auf Muschelkalk (ELLENBERG 1978:148). Die Humusform sowohl der Rendzinen als auch der Braunerden und Parabraunerden auf kalkhaltigem bzw. kalkreichem Gestein ist der Mull. ELLENBERG 1978 bezeichnet die auf diesen Standorten stockenden Buchenwälder unter Heraushebung dieser wichtigen edaphischen Standorteigenschaft als „Mullbuchenwälder".

Deutlich von diesen abgesetzt sind die auf basenarmen Silikatgesteinen des Buntsandsteins ausgebildeten sauren und nährstoffarmen Braunerden, deren Humusform der Moder ist. Die von Natur aus auf diesen Standorten verbreiteten Buchenwälder werden demzufolge von ELLENBERG 1978 als „Sauerhumus-Buchenwälder" oder als „Moderbuchenwälder" bezeichnet.

Auch die Böden auf dem Basalt des Meißnerplateaus sind als saure Braunerden mit einer Decke von saurem, modrigem Humus entwickelt (HERMANN 1983). Die Herausbildung dieses Bodentyps auf dem vergleichsweise basischen Basalt ist auf die Basenauswaschung infolge der in dieser Höhenstufe (ca. 700 m NN) reichlichen Niederschläge (900 bis 1000 mm) zurückzuführen. Somit unterscheiden sich die Böden auf den Basalt- und Buntsandstein-Standorten zumindest unter den Ersatzgesellschaften der Fichtenforste trotz primär unterschiedlichen Basengehaltes des Ausgangsgesteins nicht.

2.3 Relief und Exposition

Die Ausprägung des Raumes als Schichtstufenlandschaft bedingt eine Anzahl charakteristischer Reliefformen, die sich grob zwei Formengruppen zuordnen lassen: den Schichtstufen (Landstufen) und den Stufenflächen (Landterrassen). Die Schichtstufen sind je nach Gestein der Stufenbildner mehr oder weniger steil. Die Stufenflächen sind zumeist flach geneigt, schwach reliefiert und von recht unterschiedlicher Flächenausdehnung.

Die Neigung, Höhe und Exposition der Schichtstufen ist von großer Bedeutung für den Einfluß der klimatischen Faktoren (Strahlung, Wärmehaushalt, Wind, Niederschlag und Wasserhaushalt) sowie für die Ausbildung der Bodeneigenschaften. Das gilt insbesondere im Hinblick auf den von Klima, Relief und Substrat gesteuerten Bodenwasserhaushalt dieser Stufenstandorte.

2.4 Das Klima

Die klimatische Differenzierung des Untersuchungsgebietes wird vor allem durch die vom Relief und von der reliefbestimmten Exposition abhängigen hygrischen Komponente geprägt. So erhält das Meißnerplateau in 700 bis 750 m NN etwa 950 bis 1000 mm Niederschlag, der auf der Leeseite, bezogen auf die vorherrschend regenbringenden westlichen Winde, im östlichen Meißnervorland bis in den Raum Eschwege hinein auf 550 bis 600 mm abnimmt. Im Südosten steigen die Niederschläge im Gebiet des Ringgaus wieder auf 700 bis 750 mm an. Der größte Teil des Untersuchungsgebietes erhält im langjährigen Durchschnitt (1931 bis 1960) zwischen 650 und 750 mm Niederschlag (DER HESSISCHE MINISTER FÜR LANDESENTWICKLUNG, UMWELT, LANDWIRTSCHAFT UND FORSTEN 1981).

Die thermische Differenzierung ergibt sich im wesentlichen aus der Höhenlage. So beträgt die mittlere Lufttemperatur (1931 bis 1960) für den Juli im Raum Eschwege bei ca. 250 m NN 17 bis 18° C, auf der Hochfläche des Meißners dagegen nur 13 bis 14° C. Dieser höhenbedingte Temperaturunterschied von 4° C im Juli gilt näherungsweise auch für die anderen Sommermonate und geht auf ca. 3° C in den Übergangsjahreszeiten und im Winter zurück.

Während die Westseite des Hohen Meißners noch dem subatlantischen Klimatyp zuzuordnen ist, sind die östlichen und südöstlichen Gebiete schon dem subkontinentalen Klimatyp zuzurechnen. Nach HILLESHEIM-KIMMEL et al. (1978:369) läßt sich diese Klimadifferenzierung auch in der Ausbildung der Vegetation wiederfinden. Obgleich das hier behandelte Klimagebiet insgesamt subkontinentalen Klimacharakter hat, ergeben sich doch aus der reliefbestimmten Geländedifferenzierung eine Reihe von Standorten, die in ihrem Geländeklima und Mikroklima vom übergeordneten Klima abweichen.

2.5 Der Einfluß des Menschen

In der Verbreitung und anhand des Flächenanteils natürlicher oder naturnaher Vegetation (DIERSCHKE 1984) tritt der Einfluß des Menschen am augenfälligsten in Erscheinung. Daneben sind durchaus mehr oder weniger starke Abhängigkeiten von natürlichen Standortfaktoren zu erkennen. So sind die ebenen geneigten Stufenflächen z.B. des Muschelkalks im Ringgau - aber auch anderenorts bei vergleichbaren Situationen - weitgehend waldfrei und unter landwirtschaftlicher Nutzung. Das gilt im Prinzip für alle Areale, die hinreichend gute Böden und eine für die eingesetzten landwirtschaftlichen Großgeräte gute Zugänglichkeit haben.

Im deutlichen Gegensatz dazu stehen die Schichtstufen, die - unabhängig vom Ausgangsgestein - durchwegs bewaldet sind und wohl auch immer aufgrund ihrer schweren Zugänglichkeit Wald in irgendeiner Form getragen haben und die Reliefstruktur auch im Kartenbild deutlich nachzeichnen. Dies sind denn auch die Gebiete, die zum Teil unter Naturschutz gestellt worden sind wie beispielsweise das Gebiet der Graburg.

Neben dem Relief bestimmt auch die Bodenqualität, die abhängig ist vom Bodentyp und vom Ausgangsgestein, als leitender Faktor für die auf Ertrag und Gewinn orientierte Landwirtschaft, welche Areale einer landwirtschaftlichen oder forstwirtschaftlichen Nutzung zugeführt werden können.

Die ärmeren Böden auf Buntsandstein sind für eine landwirtschaftliche Nutzung weniger geeignet als die auf Muschelkalk. Auf ihnen sind die natürlichen und standortgerechten ärmeren Buchenwälder zum größten Teil durch Fichtenforste ersetzt und verdrängt, und zwar etwa seit Beginn des 18. Jahrhunderts (HERMANN 1983:25).

Neben diesen deutlich sichtbaren Eingriffen und Einflüssen des Menschen bestehen auch weniger auffällige, die sich als Folge einer schon Jahrhunderte andauernden Waldnutzung im weitesten Sinne ergeben und nicht unwesentlich die edaphischen

Standorteigenschaften beeinträchtigt haben. Abgesehen von Rodungen, die nach dem Wüstfallen in den Wüstungsperioden des 13. bis 15. Jahrhunderts sich wiederbewaldeten, sind es vor allem die vielfältigen Arten der Waldnutzung durch Waldweide, Entnahme von Streu und Laub zur Viehfütterung, Holzentnahme für Hausbrand und Industrie (Glas- und Eisenhütten, Köhlerei und Sälzerei) sowie durch Eichenlohegewinnung für die Gerberei, die auf den ohnehin schon armen Buntsandsteinböden zu einer weiteren Verhagerung und Degradierung beigetragen haben und sich zum Teil noch heute in der Vegetation nachweisen lassen.

Die jüngste großräumige Beeinflussung bzw. Belastung vor allem durch Luftschadstoffe im Ferntransport, die sowohl Ackerflächen als auch Waldflächen mit derzeit noch unterschiedlicher Auswirkung betreffen, kann in ihrem tatsächlichen Ausmaß im Hinblick auf eine Veränderung der gesamten Standortverhältnisse für das Untersuchungsgebiet nicht abgeschätzt werden.

3. Die Buchenwälder

Die Gliederung der Buchenwälder wird allgemein nach den Trophieunterschieden der Böden sowie nach der Höhenlage vorgenommen (BOHN 1981, ELLENBERG 1978). Die Höhenlage stellt im Untersuchungsgebiet bei zumeist gleichen Höhen kein differenzierendes Kriterium dar.

Im Untersuchungsgebiet des Werra-Meißner-Kreises sind danach auf den nährstoffarmen Böden auf Buntsandstein vor allem die Hainsimsen-Buchenwälder verbreitet, sofern sie nicht durch Fichtenforste ersetzt sind. Die nährstoffreichen Böden auf karbonathaltigen bzw. karbonatreichen Gesteinen wie Muschelkalk, Keuper, Zechstein und Löß sind die Standorte für Gesellschaften der Kalkbuchenwälder.

Beiden im Gebiet verbreiteten standortbedingten Gesellschaftsgruppen des Buchenwaldes gemeinsam ist die absolute Vorherrschaft der Buche, der höchstens stamm- oder truppweise die Traubeneiche oder Edellaubhölzer wie Esche, Ahorn, Ulme und Linde beigesellt sind (BOHN 1981:112). Diese Buchenwälder sind durchwegs recht arm an Sträuchern, die Krautschicht ist je nach Standortbedingungen, bei denen insbesondere die Feuchte- und Lichtverhältnisse eine modifizierende Rolle spielen, üppig bis dürftig und damit auch von einem recht unterschiedlichen Aussehen.

3.1 Untersuchungs- und Auswertungsmethoden

Entsprechend der Verbreitung der Hauptgesteinsarten beschränkt sich hier die Analyse der Buchenwaldgesellschaften auf ausgewählte Standorte des Buntsandsteins und auf Standorte karbonathaltiger bzw. karbonatreicher Gesteine, im wesentlichen jedoch auf Muschelkalk. In Ergänzung dazu werden Fichtenforste auf Buntsandstein und Basalt als Ersatzgesellschaften des Hainsimsen-Buchenwaldes mit einbezogen.

Zur Kennzeichnung und Beschreibung der Buchenwald- und Fichtenforst-Gesellschaften stehen für das Untersuchungsgebiet insgesamt 35 Vegetationsaufnahmen mit begleitenden Bodenaufnahmen zur Verfügung, die von HERMANN (1983) im Rahmen einer Diplomarbeit im Frühjahr und Sommer 1982 gemacht wurden. Die Vegetationsaufnahme und die tabellarische Zusammenfassung und Gliederung erfolgte nach der BRAUN-BLANQUET-Methode in Anlehnung an ELLENBERG (1956) und DIERSCHKE, HÜLBUSCH & TÜXEN (1973). Der Deckungsgrad der Vegetation - getrennt nach Baum-, Strauch- und Krautschicht - wurde nach der BRAUN-BLANQUET-Skala geschätzt und angegeben und zwar als sogenannte Artmächtigkeitszahl.

Die Lage der jeweils ca. 400 m^2 großen Aufnahmeflächen ist in Abb. 1 wiedergegeben. Mit diesen Vegetationsaufnahmen ist jedoch nicht das ganze Spektrum der im Gebiet vorkommenden Buchenwaldgesellschaften erfaßt worden (HILLESHEIM-KIMMEL et al. 1978:344-384), wohl aber die am weitesten verbreiteten und physiognomisch auffälligsten, so daß ein erster Eindruck von der Vielfalt der Buchenwaldgesellschaften vermittelt werden kann.

3.2 Die Buchenwaldgesellschaften auf Muschelkalk

Neben der stets dominierenden Rotbuche *Fagus sylvatica* sind die Buchenwälder auf diesen Standorten

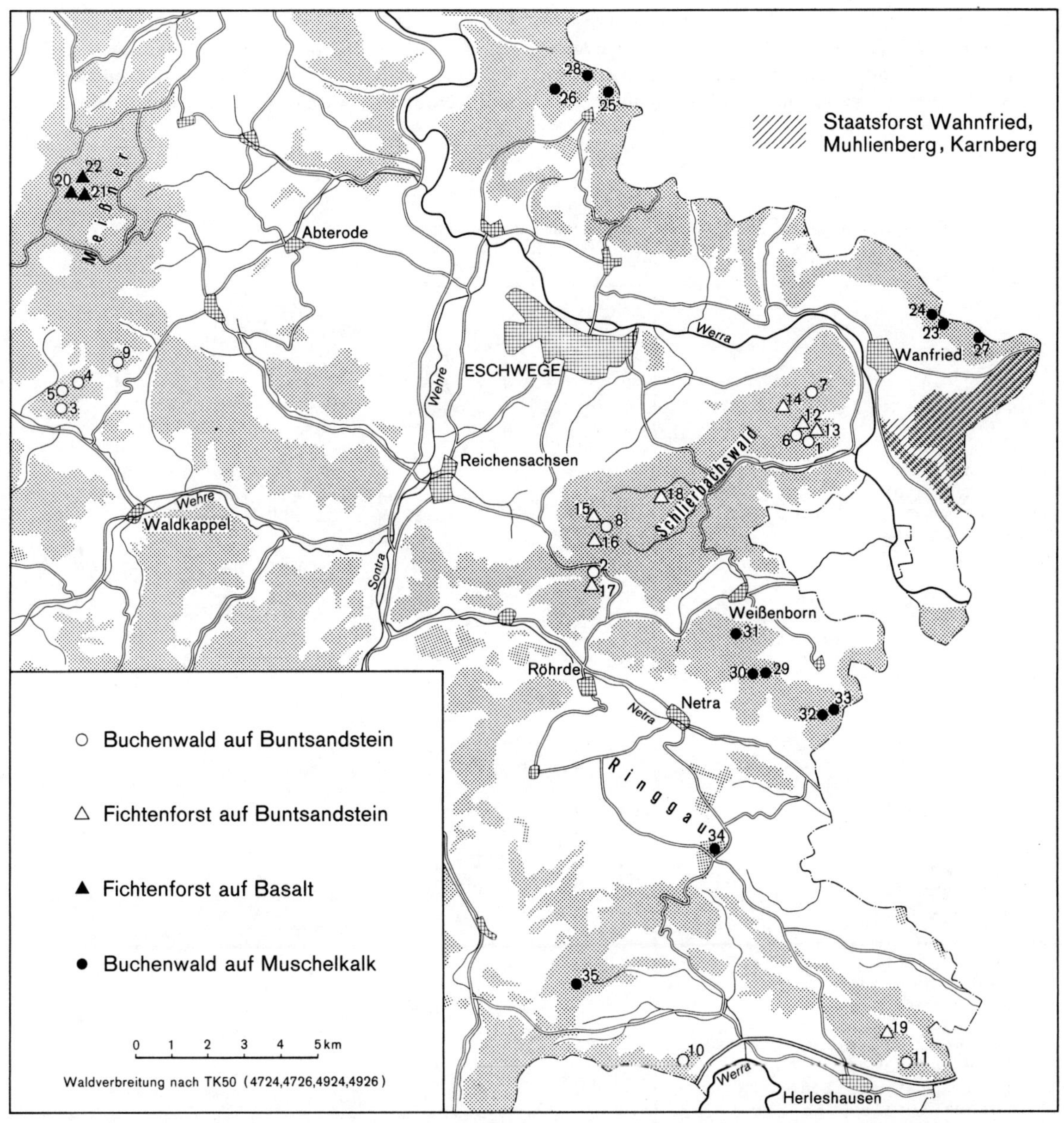

Abb. 1: Waldverbreitung (schraffierte Flächen) auf der Grundlage der TK 50 (Nr. 4724, 4726, 4924, 4926) und Standorte der Vegetationsaufnahmen.

durch das fast regelmäßige Vorkommen von *Fraxinus excelsior* (Esche) und *Acer pseudoplatanus* (Bergahorn) sowie durch das vereinzelte Auftreten anderer Laubholzarten (Tab. 1) gekennzeichnet.

Unter Bezug auf den neuesten Stand der Diskussion um die Gliederung der Buchenwälder bei DIERSCHKE (1985) sind die in der Tab. 1 zusammengefaßten und geordneten Vegetationsaufnahmen dem Melico-

Tab. 1: Melico-Fagetum Seibert 1954, Subass.-Gruppe von *Lathyrus vernus*.

	a			b		c		d		e		f	
	M.-F. allietosum			Melico - Fagetum typicum: Var. von Aegopod.		Melico - Fagetum typicum: typische Variante						Var. von Circaea	
Aufnahme Nr.	23	25	26	24	31	27	28	29	30	32	33	34	35
Höhe in m ü.NN	480	440	520	480	495	430	480	460	460	440	445	435	370
Exposition	E	SW	SE	E	SE	W	SE	SSE	SSW	S	SE	SE	SE
Neigung in Grad	6	10	5	9	6	22	9	7	6	9	5	6	9
Bodenart	sU	L	tL	U	sL/uT	uL	tL	usT	sL/uT	sL/uT	sL/uT	lS/tL	tL/sL
Bodentyp	Re	Re	Re	Re	Pa	Re	Re	Re	Pa	Pa	Pa	Pa	kB 1)
Deckung in %: Baumschicht	85	95	95	90	95	95	90	95	90	90	95	95	95
Strauchschicht	1	15	1	5	1	1	1	25	35	10	20	2	1
Krautschicht	95	95	85	95	80	60	80	90	90	85	75	90	90
Anzahl der Arten	30	26	23	28	22	22	28	34	47	42	34	33	25
Baumschicht:													
Fagus sylvatica	3	5	5	4	5	5	5	4	5	5	5	5	5
Acer pseudoplatanus	2	1	1	2	.	2	2	2	.	1	1	1	1
Fraxinus excelsior	2	1	1	2	1	2	.	2	.	.	1	.	1
Quercus petraea	.	1	.	1	.	.	.	1	1	1	1	.	1
Acer platanoides	.	1	1	1	.	1	.	.	1	.	.	.	.
Tilia platyphyllos	2	1	.	2	.	1	.	.	.	.	.	.	.
Carpinus betulus	2	1	.	2	.	.	.	.	.	.	1	.	.
Acer campestre	.	1	.	1	.	.	.	1	.	.	.	.	.
Ulmus glabra	2	.	.	.	.	.	.	1	.	.	1	.	.
Ulmus minor	.	1	.	.	.	.	.	.	.	.	.	.	.
Strauchschicht:													
Daphne mezerum	r	.	.	.	r	.	+	.	+	r	+	.	+
Fagus sylvatica	.	2	.	1	.	.	.	2	3	2	2	.	.
Fraxinus excelsior	1	+	.	.	.	.	.	.	1	.	.	.	.
Crataegus laevigata	.	+	.	.	.	.	.	.	1	.	1	.	.
Acer campestre	.	.	.	.	.	.	.	1	.	.	1	.	.
Tilia platyphyllos	.	.	.	1	.	.	.	.	.	.	.	.	.
Sorbus torminalis	.	.	.	.	.	.	.	1	.	.	.	.	.
Lonicera xylosteum	.	.	.	.	.	.	.	.	1	.	.	.	.
Corylus avellana	.	.	.	.	.	.	.	.	.	.	1	.	.
Krautschicht:													
D Mercurialis perennis	5	4	5	4	3	1	.	2	1	+	.	.	.
Allium ursinum	2	3	4	1	.	.	.	.	.	.	.	.	.
Corydalis cava	1	.	+	.	.	.	.	.	.	.	.	.	.
Leucojum vernum	1	.	.	.	.	.	.	.	.	.	.	.	.
Aegopodium podagraria	.	.	.	2	2	.	.	.	.	.	.	.	.
Aconitum vulparia	.	.	.	2	.	.	.	.	.	.	.	.	.
Convallaria majalis	.	.	.	.	.	.	.	.	.	+	+	.	.
Oxalis acetosella	.	.	.	.	.	.	.	.	.	.	.	2	2
Circaea lutetiana	.	.	.	.	.	.	.	.	.	.	.	+	+
Brachypodium sylvaticum	.	.	.	.	.	.	.	.	.	.	.	r	3
Urtica dioica	.	.	.	.	.	.	.	.	.	.	.	+	.
Athyrium filix-femina	.	.	.	.	.	.	.	.	.	.	.	+	.
Epilobium montanum	.	.	.	.	.	.	.	.	.	.	.	+	.
Melica uniflora	+	2	.	1	2	.	+	3	4	2	3	4	2
Anemone nemorosa	2	3	4	.	.	4	5	5	4	+	r	.	.
Anemone ranunculoides	2	1	1	.	.	2	2	+	+	.	.	.	.

Fortsetzung Tab. 1

V	Hordelymus europaeus	+	1	1	+	2	+	2	2	2	2	2	2	1
	Galium odoratum	+	2	1	1	1	2	2	2	2	1	2	2	.
	Dentaria bulbifera	.	.	+	.	.	.	+	.	.	.	.	.	.
	Cephalanthera damasonium	.	.	.	.	.	.	.	.	.	r	r	.	.
	Polygonatum verticillatum	.	.	.	.	.	.	r	.	.	.	.	.	.
	Carpinus betulus	.	.	.	.	.	.	.	.	.	.	r	.	.
O-K	Lamiastrum galeobdolon	1	1	1	1	3	4	1	2	2	2	2	2	2
	Lathyrus vernus	r	+	+	r	+	+	1	+	+	1	1	1	+
	Fraxinus excelsior	+	1	1	+	1	1	2	+	+	+	+	+	2
	Acer platanoides	.	+	+	+	+	+	2	r	r	r	+	r	+
	Milium effusum	+	1	+	+	.	+	+	+	+	2	+	2	1
	Acer pseudoplatanus	+	.	+	.	+	+	2	+	+	+	+	+	+
	Phyteuma spicatum	.	.	+	.	.	+	1	+	+	+	+	+	.
	Hedera helix	.	.	.	.	1	r	2	+	2	1	1	+	1
	Galium sylvaticum	.	.	.	.	+	.	+	.	1	+	+	r	+
	Viola reichenbachiana	.	.	.	.	+	+	.	.	+	+	+	+	1
	Poa nemoralis	.	+	.	.	.	.	.	.	1	+	+	+	1
	Fagus sylvatica	.	.	.	.	.	.	+	.	2	+	+	+	1
	Lilium martagon	r	+	.	+	.	+	.	+	.	.	.	.	.
	Polygonatum multiflorum	+	.	+	+	+	.	.	r	.	.	.	.	.
	Arum maculatum	1	1	+	.	.	+	.	1	.	.	.	.	.
	Lonicera xylosteum	.	.	.	.	.	.	r	.	.	+	+	r	r
	Dryopteris filix-mas	+	+	+	+	.	.	.	.	.	.	.	.	.
	Scrophularia nodosa	r	.	.	.	.	.	.	.	r	.	+	+	.
	Asarum europaeum	+	.	.	+	.	.	.	+	.	.	.	.	.
	Stachys sylvatica	+	.	.	+	.	.	.	.	.	.	.	.	.
	Bromus beneckenii	.	.	.	.	r	.	.	.	1	.	.	.	1
	Carex sylvatica	.	.	.	.	.	.	+	.	+	+	.	.	.
	Hepatica nobilis	.	.	.	.	.	.	.	+	2	+	.	.	.
	Campanula trachelium	.	r	.	.	.	.	.	r	.	.	.	.	.
	Ranunculus auricomus	.	.	.	.	.	+	.	+	.	.	.	.	.
	Quercus petraea	.	.	.	.	.	.	.	r	+	.	.	.	.
	Luzula luzuloides	.	.	.	.	.	.	.	.	+	.	.	.	1
	Viburnum opulus	.	.	.	.	.	.	.	.	.	+	r	.	.
	Acer campestre	.	.	.	.	.	.	.	.	.	.	+	r	.
	Euonymus europaeus	.	.	.	r	.	.	.	.	.	.	.	.	.
	Pulmonaria obscura	.	.	.	.	.	.	+	.	.	.	.	.	.
	Tilia platyphyllos	.	.	.	.	.	.	r	.	.	.	.	.	.
Übrige:														
	Vicia sepium	r	r	+	+	+	.	1	+	+	+	+	+	+
	Crataegus laevigata	.	.	r	.	r	.	.	+	+	r	+	+	+
	Crataegus monogyna	+	.	.	+	.	r	+	r	r	.	.	.	.
	Stellaria holostea	.	.	.	.	2	.	2	1	+	+	.	1	.
	Senecio fuchsii	.	.	.	.	.	.	r	+	+	1	+	.	.
	Viola riviniana	r	.	.	.	.	.	1	.	r	r	.	.	.
	Dactylis glomerata	.	.	.	.	.	.	.	+	2	2	r	.	.
	Sorbus aucuparia	.	.	.	.	.	.	.	.	r	+	.	r	.
	Prunus avium	.	.	.	.	.	r	.	+	.	.	.	.	.
	Geum urbanum	.	.	.	.	.	.	r	r	.	.	.	.	.
	Sorbus torminalis	.	.	.	.	.	.	.	+	+	.	.	.	.
	Hieracium sylvaticum	.	.	.	.	.	.	.	.	+	+	.	.	.
	Melica nutans	.	.	.	.	.	.	.	.	+	+	.	.	.
	Taraxacum officinale	.	.	.	.	.	.	.	.	+	r	.	.	.
	Mycelis muralis	.	.	.	.	.	.	.	.	+	r	.	.	.
	Cornus sanguinea	.	.	.	.	.	.	.	.	.	r	r	.	.
	Sambucus nigra	.	.	.	.	.	.	.	.	.	+	.	+	.
	Epipactis atrorubens	.	.	.	.	.	.	.	.	.	.	.	r	r

Dazu je einmal in :
24 Agropyron caninum +, 24 Laserpitium latifolium +, 31 Ribes uva-crispa r, 31 Dryopteris dilatata r, 26 Primula veris +, 30 Ranunculus repens r,30 Deschampsia cespitosa 2, Epipactis helleborine +, 30 Pyrola minor +, Avenella flexuosa +, 30 Sorbus aria r, 32 Ulmus glabra r, 32 Hieracium lachenalii +, 32 Epilobium angustifolium r, 32 Calamagrostis epigeios +,33 Geranium robertianum r, 33Polygonatum odoratum r, 34 Rubus idaeus +, 34 Agrostis tenuis +, 35 Fragaria vesca r.

1) Re = Rendzina , Pa = Parabraunerde, kB = kolluviale Braunerde

Fagetum Seibert 1954 (= Perlgras-Buchenwälder) zuzurechnen. Aufgrund des charakteristischen Arteninventars ergibt sich des weiteren eine Zuordnung der unterschiedenen Ausbildungen zum Melico-Fagetum, Subass.-Gruppe von *Latyrus vernus* (DIERSCHKE 1985), wenngleich *Lathyrus vernus* als Charakterart dieser Subass.-Gruppe nur vergleichsweise gering vertreten ist.

Für das Untersuchungsgebiet lassen sich trotz der relativ wenigen Vegetationsaufnahmen charakteristische Ausbildungen unterscheiden (Tab. 1):

a) *Mercurialis perennis-Allium ursinum*-Ausbildung,
b) *Mercurialis perennis-Aegopodium podagraria*-Ausbildung,
c) *Anemone nemorosa-A. ranunculoides*-Ausbildung,
d) *Anemone nemorosa-Melica uniflora*-Ausbildung,
e) *Melica uniflora*-Ausbildung,
f) *Melica uniflora-Circaea lutetiana*-Ausbildung.

Die Reihenfolge dieser Ausbildungen entspricht weitgehend einem Nährstoffgradienten, der modifiziert wird durch graduelle Feuchteabstufungen, von reicheren zu ärmeren Standortverhältnissen.

In Anlehnung an DIERSCHKE (1985) kann die Ausbildung a, die im Frühjahrsaspekt von *Allium ursinum*, ansonsten von *Mercurialis perennis* bestimmt wird, auch als Melico-Fagetum allietosum eingestuft werden. Die für diese Gesellschaft charakteristischen Nährstoffzeiger *Corydalis cava* und *Leucojum vernum* treten jedoch nur vereinzelt auf.

Die Ausbildungen b bis f sind nach DIERSCHKE (frdl. mündl. Mitt.) als Melico-Fagetum typicum zusammenzufassen, wobei die Ausbildung b als Variante von *Aegopodium podagraria*, die Ausbildungen c, d und e als typische Variante und die Ausbildung f als Variante von *Circaea lutetiana* zu bezeichnen ist.

Die Ausbildung b repräsentiert innerhalb des Melico-Fagetum typicum die nährstoffreicheren und frischeren Standorte, an denen *Mercurialis* aspektbestimmend ist und mit dem noch vereinzelten Vorkommen von *Allium ursinum* die ökologische Nähe zur Ausbildung a dokumentiert.

Die Ausbildungen c, d und e dokumentieren den allmählichen Übergang zu immer ärmer werdenden Standorten. Das Vorkommen von *Anemone ranunculoides* nimmt von der Ausbildung c bis hin zur Ausbildung e ab. Durch das vereinzelte Auftreten von Arten wie *Hieracium sylvaticum* und *Mycelis muralis* (Aufnahme 30, 32), die nicht als Trennarten ausgewiesen sind, und insbesondere von *Convallaria majalis* (Aufnahme 32, 33) werden zunehmende Aushagerungen und nach DIERSCHKE (1985:510) Übergänge zum Carici-Fagetum angedeutet. Der Übergangscharakter dieser Ausbildung des Melico-Fagetum wird noch unterstrichen durch das fast vollständige Fehlen von Frühjahrsgeophyten sowie auch durch die recht hohe Artenzahl.

Feuchtere Standorte mit ganzjährig guter Wasserversorgung werden in der Ausbildung f insbesondere durch *Circaea lutetiana* und *Athyrium filix-femina* kenntlich gemacht. Das Vorkommen dieser Ausbildung ist nur kleinflächig und wird noch durch den Nitratzeiger *Urtica dioica* als möglicherweise stärker anthropogen beeinflußt charakterisiert.

Innerhalb der Krautschicht sind neben den sowohl nach pflanzensoziologischen als auch nach physiognomisch-ökologischen Kriterien verwendeten „Differentialarten" noch bestimmte Gruppen von Arten zu erkennen, die sich entweder gegenseitig ausschliessen oder doch zumindest einen deutlichen Schwerpunkt über mehrere Ausbildungen hinweg haben, und als zumindest lokale „Zeigerpflanzen" zu bewerten sind.

Die Gliederung der Krautschicht-Vegetation in verschiedene Ausbildungen läßt sich durch weitere Merkmale mehr oder weniger deutlich unterstützen bzw. ergänzen. So besteht innerhalb der Baumschicht - abgesehen von der stets vorherrschenden *Fagus sylvatica* sowie den recht steten Arten *Acer pseudoplatanus* und *Fraxinus excelsior* - ein merkliches „Gefälle" bezüglich der Artenzahl, des Deckungsgrades und der Stetigkeit der übrigen Baumarten von den reicheren *Mercurialis*-bestimmten Ausbildungen a und b bis hin zu den ärmeren von *Melica uniflora*-bestimmten Ausbildungen. Für die Strauchschicht kehren sich die Verhältnisse in der Weise um, daß in den ärmeren Ausbildungen sowohl nach der Artenzahl als auch nach dem Deckungsgrad ein Schwerpunkt zu verzeichnen ist, wobei die relativ hohen Deckungsgrade im wesentlichen auf den Buchen-Jungwuchs zurückzuführen sind.

Mit der Analyse der in der Tab. 1 zusammengefaßten Vegetationsaufnahmen unter Einbeziehung der zusätzlich im Gelände gesammelten Befunde wird deutlich, daß die mit Hilfe der Krautschichtvegetation vorgenommene Differenzierung des Melico-Fagetums sich ansatzweise auch in der Baum- und Strauchschicht wiederfinden läßt, wenn auch zum Teil verborgen bleibt, welche ökologischen Faktoren schließlich für diese Differenzierung maßgebend sind.

3.3 Die Buchenwaldgesellschaften auf Buntsandstein

Auf den basenarmen Gesteinen des Buntsandsteins sind die Gesellschaften der Hainsimsen-Buchenwälder verbreitet. Es sind azidophile, durchwegs artenarme Gesellschaften, die im Untersuchungsgebiet dem Luzulo-Fagetum Meusel 1937 zuzuordnen sind.

Auch den Buchenwäldern des Luzulo-Fagetum ist das Vorherrschen der Buche gemeinsam, auf armen und trockenen Standorten ist die Traubeneiche *Quercus petraea* stamm- oder truppweise beigesellt. Andere Baumarten spielen kaum eine Rolle. Eine Strauchschicht fehlt oder besteht im wesentlichen aus Buchenverjüngung.

Die Böden sind vornehmlich Braunerden oder Parabraunerden. Unabhängig vom Bodentyp ist den Standorten des Luzulo-Fagetum eine Decke von saurem Moderhumus gemeinsam, so daß ELLENBERG (1978:112) diese Buchenwaldgesellschaften als Moder-Buchenwälder zusammenfaßt.

Trotz seiner Artenarmut läßt sich das Luzulo-Fagetum in recht gut floristisch und ökologisch begründete Ausbildungen gliedern (Tab. 2):

a) *Avenella flexuosa*-Ausbildung,
b) typische Ausbildung,
c) *Deschampsia caespitosa-Dryopteris carthusiana*-Ausbildung.

Die Avenella-Ausbildung mit *Avenella flexuosa, Vaccinium myrtillus* und *Calamagrostis epigeios* kennzeichnet mäßig frische und saure bis sehr saure Standortverhältnisse. Innerhalb dieser Ausbildung werden durch Arten wie *Impatiens noli-tangere* und *Carex remota* feuchtere Standorte angezeigt.

Die Typische Ausbildung des Luzulo-Fagetum ist am weitesten verbreitet und kennzeichnet mäßig frische und saure Böden. Die Krautschicht hat in der Regel nur eine geringe Deckung und ist im Vergleich zu den anderen Ausbildungen des Luzulo-Fagetum die artenärmste. *Luzula luzuloides* selbst ist auch hier nur recht gering vertreten.

Etwas reichere Standortverhältnisse auf schwach bis mäßig sauren Böden werden durch die Ausbildung c ausgewiesen. Mit *Milium effusum* und *Hordelymus europaeus*, die etwas höhere Ansprüche an die Nährstoffverhältnisse haben, wird der Übergang zum basenreicheren Melico-Fagetum angedeutet.

Im Luzulo-Fagetum sind die Übereinstimmungen zwischen den Ausbildungen der Krautschicht einerseits und der Strauch- und Baumschicht andererseits nicht in dem Maße vorhanden, wie für das Melico-Fagetum beschrieben. Für die den Buchen beigesellten Eichen (*Quercus petraea*) läßt sich lediglich allgemein feststellen, daß sie auf den ärmeren und saureren Standorten stärker vertreten sind. Buchenverjüngung ist dagegen vorwiegend in der typischen Ausbildung anzutreffen.

Nahezu alle durch Vegetationsaufnahmen belegten Standorte des Luzulo-Fagetum wurden nachweislich zum Teil bis Ende des 19. Jahrhunderts als Nieder- oder Mittelwald genutzt, wobei Waldweide und Streunutzung insbesondere für die Standorte des Schlierbachswaldes belegt ist (HERMANN 1983). Als Relikt dieser Wirtschaftsformen ist *Quercus petraea* aufzufassen, so daß der Zeigerwert dieser Art weniger im Hinblick auf die Standortverhältnisse als vielmehr im Hinblick auf den Grad der anthropogenen Beeinflussung zu bewerten ist.

Der Wandel der Niederwald- zur Hochwaldwirtschaft vollzog sich in den verschiedenen Aufnahmegebieten zu recht unterschiedlichen Zeiten. Im südlichen Meißnervorland (Aufnahme 3, 4, 5) setzte eine Hochwaldbewirtschaftung erst vor 50 Jahren ein, obgleich das durchschnittliche Baumalter von mehr als 100 Jahren zunächst einen früheren Beginn vermuten läßt. Im nördlichen Schlierbachswald (Aufnahme 1, 6, 7) begann diese Umwandlung etwa ab 1810, und zwar mit der gezielten Aufforstung mit Buche. Gleichzeitig beginnt allerdings auch die Aufforstung mit Fichte, Kiefer und Lärche (HERMANN 1983: 40). In der weiteren Umgebung von Herleshausen (Aufnahme 10, 11) lassen die 130- bis 140jährigen Buchenbestände ebenfalls schon eine länger andauernde Hochwaldbewirtschaftung erkennen, aber auch hier nimmt die Fichte in unmittelbarer Nachbarschaft größere Flächen ein.

Inwieweit die Zeitdauer, die seit der Aufgabe der Nieder- und Mittelwaldwirtschaft vergangen ist, oder die Dauer und die Intensität dieser früheren Nutzungsweisen in ihrer Auswirkung auf die edaphischen Standortverhältnisse oder gar die ursprünglichen Standortdifferenzierungen von Bedeutung ist für die Ausbildung der gut zu differenzierenden Pflanzengesellschaften der Krautschicht, ist nicht abzuschätzen.

3.4 Fichtenforste

Ein großer Anteil der im vorausgegangenen Kapitel beschriebenen Standorte auf Buntsandstein mit ursprünglich Hainsimsen-Buchenwäldern tragen heute als Ersatzgesellschaften Fichtenforste. Sie werden für das Untersuchungsgebiet anhand von 11 Vegetationsaufnahmen belegt (Tab. 3). Davon befinden sich acht Standorte auf Buntsandstein bei Höhenlagen zwischen 260 bis 425 m NN. Drei Standorte liegen auf dem Meißnerplateau in 700 bis 750 m NN. Das Ausgangsgestein ist hier der Basalt. Obgleich der Basalt ursprünglich wesentlich basenreicher als der Buntsandstein ist, haben sich unter dem Einfluß vor allem

Tab. 2: Luzulo-Fagetum Meusel 1937.

		a Avenella-Ausbildung			b typische Ausbildung					c reichere Ausbildung		
	Aufnahme Nr.	2	3	5	1	4	9	10	7	6	11	8
	Höhe in m ü.NN	415	330	390	330	400	420	275	350	330	320	445
	Exposition	SSE	E	E	-	-	SE	E	ESE	SE	SW	E
	Neigung in Grad	10	23	11	0	0	20	12	10	6	20	13
	Bodenart	fS/sL	lS	sL	sL	L	mS/lS	fS/mS	L	L	lS	fS
	Bodentyp	MoB	MoB	MoB	MoB	MoB	MoB	MoB	MoB	MoB	MoB	MoB 1)
	Deckung in %: Baumschicht	90	95	95	85	95	95	90	90	90	90	95
	Strauchschicht	0	0	5	0	10	15	25	10	2	3	0
	Krautschicht	70	65	15	2	4	10	8	5	5	40	25
	Anzahl der Arten	14	15	16	11	9	8	10	12	18	13	12
	Baumschicht:											
	Fagus sylvatica	5	5	5	4	4	5	5	5	5	5	5
	Quercus petraea	2	1	2	2	3	.	.	.	.	.	.
	Quercus rubra	.	.	.	2	.	.	.	.	1	.	.
	Larix decidua	.	.	.	2	.	.	.	1	.	.	.
	Pinus sylvestris	.	.	.	.	.	.	.	.	.	1	.
	Strauchschicht:											
	Fagus sylvatica	.	.	2	.	2	2	2	2	1	.	.
	Krautschicht:											
CH	Luzula luzuloides	1	2	+	1	1	+	1	1	1	2	+
D	Avenella flexuosa	2	4	2	.	.	.	+	.	.	+	.
	Vaccinium myrtillus	+	3	.	.	.	.	.	.	.	.	.
	Calamagrostis epigeios	2	.	r	.	.	.	.	.	.	.	.
	Impatiens noli-tangere	.	.	1	.	.	.	.	.	.	.	.
	Carex remota	.	.	r	.	.	.	.	.	.	.	.
	Deschampsia cespitosa	.	.	.	.	.	.	.	.	+	.	.
	Urtica dioica	.	.	.	.	.	.	.	.	+	.	.
	Geranium robertianum	.	.	.	.	.	.	.	.	+	.	.
	Scrophularia nodosa	.	.	.	.	.	.	.	.	r	.	.
	Rumex sanguineus	.	.	.	.	.	.	.	.	r	.	.
	Dryopteris carthusiana	+	r	.	.	.	.	.	+	1	2	+
	Sambucus racemosa	.	+	.	.	.	.	.	.	.	2	+
	Hordelymus europaeus	.	.	.	.	.	.	.	.	.	3	+
	Milium effusum	1	.	.	.	.	.	.	.	.	.	+
	Stellaria holostea	.	.	.	.	.	.	.	.	.	.	r
	Dryopteris filix-mas	.	.	.	.	.	.	.	.	.	.	r
O-K	Fagus sylvatica	3	1	1	.	1	.	1	+	.	+	.
	Poa nemoralis	+	1	1	.	1	.	.	.	.	1	.
	Athyrium filix-femina	.	.	r	r	.	.	+	1	.	.	+
	Quercus petraea	+	1	+	.	+	.	.	.	.	.	.
	Epilobium montanum	.	+	.	.	.	.	.	r	r	.	.
	Moehringia trinerva	.	.	+	.	.	+	.	+	.	.	.
	Mycelis muralis	.	+	.	.	+	.	.	.	.	.	.
	Fraxinus excelsior	.	.	r	.	.	.	.	.	.	.	r
	Acer pseudoplatanus	.	.	.	.	.	.	r	r	.	.	.
	Anemone nemorosa	.	.	.	1	.	.	.	.	.	.	.
	Senecio fuchsii	.	.	.	+	.	.	.	.	.	.	.
	Carex sylvatica	.	.	.	.	.	.	1	.	.	.	.
	Hedera helix	.	.	.	.	.	.	+	.	.	.	.
	Tilia platyphyllos	.	.	.	.	.	.	.	r	.	.	.
	Hieracium sylvaticum	.	.	.	.	.	.	.	r	.	.	.
	Bromus ramosus	.	.	.	.	.	.	.	.	+	.	.
	Calamagrostis arundinacea	.	.	.	.	.	.	.	.	.	+	.
	Übrige:											
	Rubus idaeus	1	1	r	+	+	1	.	.	+	+	.
	Oxalis acetosella	+	+	+	.	.	1	+	.	+	2	2
	Epilobium angustifolium	.	+	.	+	r	.	.	r	r	.	.
	Sorbus aucuparia	+	.	.	.	.	r	.	.	.	r	r
	Galeopsis tetrahit	.	.	.	.	r	.	.	.	+	r	.
	Prunus avium	.	+	.	.	.	.	r	.	.	.	.
	Stellaria media	.	.	+	.	.	.	.	.	r	.	.

Fortsetzung Tab. 2

Poa annua	.	.	r	.	.	.	.	.	+	.	.
Veronica officinalis	.	.	.	r	.	.	.	.	r	.	.
Veronica hederifolia	.	.	.	.	r	r	.	.	.	.	.
Rhamnus frangula	r	.	.	.	.	.	.	.	.	.	.
Agrostis tenuis	.	+	.	.	.	.	.	.	.	.	.
Betula pendula	.	.	r	.	.	.	.	.	.	.	.
Sambucus nigra	.	.	.	.	.	1	.	.	.	.	.
Luzula pilosa	.	.	.	.	.	.	1	.	.	.	.
Carex pilulifera	.	.	.	.	.	.	.	r	.	.	.
Pinus sylvestris	.	.	.	.	.	.	.	.	.	r	.

1) MoB = Moderbraunerde

der höheren Niederschläge tief verwitterte, saure und nährstoffarme Braunerden entwickelt, die denen auf Buntsandstein weitgehend entsprechen. Die Humusform ist wie bei den Standorten des Luzulo-Fagetum der Moder, mit einer allerdings stärkeren Streuauflage und Rohhumusschicht als dort.

Die 50 bis 90 Jahre alten Fichtenforste sind in der Regel Fichtenreinbestände und erreichen einen Deckungsgrad von 80 bis 95 % in der Baumschicht. Eine Strauchschicht fehlt durchwegs. Dagegen ist die Krautschicht überraschend gut ausgebildet und schwankt in den Extremen zwischen 10 und 90 % Deckung. Im Gegensatz zum Luzulo-Fagetum ist hier zumeist eine Moosschicht vorhanden, die bis zu 20 % Deckung erreichen kann. Ehemals stärker z.B. durch Streunutzung degradierte Standorte haben eine geringere Ausbildung der Kraut- und Moosschicht (Tab. 3, Aufnahme 17, 18, 19).

Eine Differenzierung der Fichtenforste nach der Krautschicht-Vegetation ist kaum möglich. Unterschiede bestehen zwischen den Fichtenforsten auf Buntsandstein und auf Basalt, die aber wohl eher der unterschiedlichen Höhenlage sowie der unterschiedlichen früheren Waldnutzung zuzuschreiben sind.

Die Fichtenforste sind als Folge der speziellen Zusammensetzung der Nadelstreu (TRAUTMANN 1966) durch verschiedene Artengruppen zu kennzeichnen wie z.B. nitrophile Schlagpflanzen, säuretolerante Arten, Farne und Moose. Die säuretoleranten Arten wie *Oxalis acetosella, Avenella flexuosa, Senecio sylvaticus, Vaccinium myrtillus* und *Mycelis muralis* sind in allen Fichtenforsten nahezu regelmäßig anzutreffen, ebenso wie Farne, die hier vor allem in der Art *Dryopteris carthusiana* (inkl. ssp. *dilatata*) besonders reichlich in den höheren Lagen des Meißners vertreten sind.

Die nitrophilen Schlagpflanzen wie *Epilobium angustifolium, Rubus idaeus* und *Senecio fuchsii* haben ihren Schwerpunkt auf den Buntsandsteinstandorten bzw. den tieferen Lagen. Auch die Arten des Niederwaldes wie *Betula pendula, Cytisus scoparius, Calluna vulgaris* und *Quercus petraea* beschränken sich in ihrem vereinzelten Vorkommen vornehmlich auf diese Standorte und sind als Zeichen einer früheren Niederwaldbewirtschaftung anzusehen. Unter den übrigen Arten finden sich einige, die wie *Luzula luzuloides, Milium effusum* und *Carex sylvaticus* auf einen potentiellen natürlichen Buchenwald in der Ausbildung des Luzulo-Fagetum hinweisen.

4. Die potentielle natürliche Vegetation

Um einen Eindruck zu gewinnen, wie die Verbreitung und Differenzierung der Wälder in einem natürlichen Zustand unter Ausschluß des menschlichen Einflusses aussehen könnte, bedient man sich des Konzepts der potentiellen natürlichen Vegetation. Nach TÜXEN (1956) versteht man unter der (heutigen) potentiellen natürlichen Vegetation diejenige Vegetation, die sich nach dem Aufhören jeglicher menschlicher Wirkung auf die Vegetation einstellen würde. Die potentielle natürliche Vegetation unterscheidet sich sehr wesentlich von der realen natürlichen Vegetation bzw. der ursprünglichen Vegetation vergangener Zeiten, in denen durch menschliche Wirtschafts-Eingriffe noch keine Standortveränderungen stattgefunden hatten. Anthropogen bedingte Standortveränderungen können sowohl in Richtung einer Verarmung als auch in Richtung einer Bereicherung abgelaufen sein. Heutige naturnahe

Tab. 3: Fichtenforste auf Buntsandstein und Basalt.

Aufnahme Nr.	12	13	14	15	16	17	18	19	20	21	22
Höhe in m ü.NN	330	330	380	450	425	410	260	350	710	710	750
Exposition	-	N	S	S	S	SE	NW	NW	W	W	SW
Neigung in Grad	0	4	8	5	10	6	14	8	6	6	5
Bodenart	fS/mS	L	fS/sU	fS/sL	fS	fS/lS	fS	fS/mS	U/lS	U/lS	U
Bodentyp	RB	RB	RB	RB	RB	RB	RB	RB	RB	RB	RB [1]
Deckung in %: Baumschicht	90	85	90	80	95	90	90	90	95	95	95
Strauchschicht	0	0	0	5	0	0	0	0	0	0	0
Krautschicht	65	85	90	20	65	10	15	55	50	25	30
Anzahl der Arten	26	24	19	25	28	14	25	16	17	14	8
Baumschicht:											
Picea abies	5	5	5	4	5	5	5	5	5	5	5
Larix decidua	.	.	.	2	.	.	.	.	.	.	.
Pinus syvestris	.	.	.	.	.	.	1	.	.	.	.
Quercus petraea	.	.	.	1	.	.	.	.	.	.	.
Strauchschicht:											
Fagus sylvatica	.	.	.	1	.	.	.	.	.	.	.
Krautschicht:											
Oxalis acetosella	2	4	+	r	4	1	1	3	1	+	+
Avenella flexuosa	+	+	+	1	+	1	1	4	1	+	1
Mycelis muralis	+	+	1	.	+	.	.	r	r	.	.
Dryopteris carthusiana	1	2	1	1	+	1	1	1	.	.	.
Senecio sylvaticus	+	r	+	+	1	r	1	+	.	.	.
Vaccinium myrtillus	.	.	.	.	r	r	+	+	2	1	1
Dryopteris dilatata	.	.	.	.	.	.	.	.	2	2	2
Galium harcynicum	.	.	.	.	.	.	.	.	2	2	2
Epilobium angustifolium	3	2	5	2	1	+	1	r	.	+	.
Rubus idaeus	1	+	+	+	+	.	.	r	.	1	.
Senecio fuchsii	r	2	.	+	.	.	r	.	+	+	.
Galeopsis tetrahit	+	.	r	.	.	+	+	.	+	.	.
Rhamnus frangula	.	.	1	+	1	r	r	.	.	.	.
Sambucus racemosa	.	.	.	r	+	.	+	r	.	.	.
Moehringia trinerva	+	.	.	.	r	.	r	.	.	.	.
Urtica dioica	r	.	.	.	r	.	.	.	.	.	.
Betula pendula	+	+	+	+	+	+	+	+	+	.	.
Cytisus scoparius	+	+	+	r	+	.	.	.	.	.	.
Agrostis tenuis	.	.	1	2	+	.	.	.	.	.	.
Calluna vulgaris	.	r	.	.	r	.	.	.	.	.	.
Quercus petraea	.	.	r	.	.	.	r	.	.	.	.
Picea abies	1	+	+	+	1	+	2	+	+	+	.
Sorbus aucuparia	+	+	+	1	+	r	r	r	+	+	+
Luzula luzuloides	.	+	+	1	r	r	.	1	+	1	.
Fagus sylvatica	+	r	+	r	+	r	.	.	.	.	.
Calamagrostis arundinacea	+	r	.	+	r	.	r	+	.	.	.
Luzula pilosa	+	1	.	+	1	.	+	.	.	.	.
Deschampsia cespitosa	+	.	1	.	.	.	.	.	+	r	.
Stellaria media	+	+	.	.	.	.	.	.	1	.	.
Holcus lanatus	.	+	.	r	.	.	r	.	.	.	.
Calamagrostis epigeios	.	.	1	.	.	.	.	+	.	+	.
Carex pilulifera	.	.	.	.	r	.	.	.	+	.	r
Carex sylvatica	r	r	.	.	.	.	.	.	.	.	.
Carex flacca	r	r	.	.	.	.	.	.	.	.	.
Dryopteris filix-mas	r	.	+	.	.	.	.	.	.	.	.
Athyrium filix-femina	r	r	.	.	.	.	.	.	.	.	.
Bromus ramosus	+	r	.	.	.	.	.	.	.	.	.
Sambucus nigra	.	r	.	.	.	r	.	.	.	.	.
Dactylis glomerata	.	.	+	.	r	.	.	.	.	.	.
Milium effusum	.	.	.	r	r	.	.	.	.	.	.
Acer pseudoplatanus	.	.	.	.	r	.	.	.	.	r	.
Hieracium spec.	.	.	.	.	r	.	r	.	.	.	.
Hieracium lachenalii	.	.	.	.	.	.	r	+	.	.	.
Epilobium montanum	+	.	.	.	.	.	.	.	.	.	.
Larix decidua	.	.	.	r	.	.	.	.	.	.	.
Anemone nemorosa	.	.	.	r	.	.	.	.	.	.	.
Stellaria holostea	.	.	.	r	.	.	.	.	.	.	.
Scrophularia nodosa	.	.	.	.	r	.	.	.	.	.	.

Fortsetzung Tab. 3

Carex pallescens	.	.	.	.	.	.	+	.	.	.	.
Gymnocarpium dryopteris	.	.	.	.	.	.	+	.	.	.	.
Maianthemum bifolium	.	.	.	.	.	.	+	.	.	.	.
Lonicera xylosteum	.	.	.	.	.	.	r	.	.	.	.
Convallaria majalis	.	.	.	.	.	.	+	.	.	.	.
Polygonum bistorta	.	.	.	.	.	.	.	.	r	.	.
diverse Moose											

1) RB = Rohhumus - Braunerde

Pflanzengesellschaften, insbesondere aber naturnahe Waldgesellschaften mit nur noch geringen menschlichen Einflüssen, kommen der potentiellen natürlichen Vegetation recht nahe.

Zur Methodik der Erfassung und Beurteilung der potentiellen natürlichen Vegetation muß hier auf die umfassende Darstellung bei TRAUTMANN (1966) verwiesen werden.

Mit der Karte der potentiellen natürlichen Vegetation des Blattes Fulda CC 5518 von BOHN (1981) wird der größte Teil des hier vorgestellten Untersuchungsgebietes abgedeckt (Abb. 2). Für den verbleibenden nördlichen Teil des Untersuchungsgebietes liegt noch keine Kartierung der potentiellen natürlichen Vegetation vor und konnte im Rahmen dieser Übersichtsdartellung auch nicht erstellt werden.

Nach BOHN (1981) sind - stark vereinfacht und generalisiert - im Untersuchungsgebiet folgende Pflanzengesellschaften (Assoziationen und Subassoziationen) von größerer flächenhafter Verbreitung und Bedeutung:

- der Hainsimsen-Buchenwald (= Luzulo-Fagetum),
- der Flattergras-Hainsimsen-Buchenwald (= Luzulo-Fagetum milietosum),
- der Platterbsen-(Orchideen)-Buchenwald (= Lathyro-Fagetum),
- der typische Perlgras-Buchenwald (= Melico-Fagetum).

Verschiedene Ausbildungen des Hainsimsen-Buchenwaldes und des Flattergras-Hainsimsen-Buchenwaldes sowie deren Übergänge und Durchdringungen sind relativ kleinflächig und mit Hilfe der Legende in der Abb. 2 zu lokalisieren. Auch der typische Zahnwurz-Buchenwald der höheren Lagen etwa des Meißnergebietes ist nur kleinflächig im Gebiet vorhanden.

Daneben treten in den zum Teil weiten Talniederungen sowie entlang der kleineren Fluß- und Bachtalungen verschiedene Gesellschaften des Stieleichen-Hainbuchen-Auenwaldes (= Stellario-Carpinetum mit Stellario-Alnetum) und des Waldlabkraut-Eichen-Hainbuchenwaldes (= Galio-Carpinetum) auf.

Die von BOHN vorgenommene Gliederung der auf basenreicheren Standorten vorkommenden Buchenwaldgesellschaften in ein Lathyro-Fagetum und ein Melico-Fagetum erfolgte im Rahmen der Kartierung der potentiellen natürlichen Vegetation in der Weise, daß die trockeneren und flachgründigeren Kalkstandorte mit dem regelmäßigen und zahlreicheren Auftreten östlicher Kennarten zur Einheit des Lathyro-Fagetum gestellt wurden. Die in Tab. 1 zusammengestellten Aufnahmen der Kalkbuchenwälder entfallen sämtlich auf das von BOHN als Lathyro-Fagetum ausgewiesene Areal. Dieses Lathyro-Fagetum kann daher (DIERSCHKE 1985) dem Melico-Fagetum, Subass.-Gruppe von *Lathyrus vernus*, das Melico-Fagetum von BOHN dem Melico-Fagetum, typische Subass.-Gruppe gleichgesetzt werden.

Zwischen der Verbreitung der Einheiten der potentiellen natürlichen Vegetation und der Verbreitung heutiger Waldbestände bestehen charakteristische Beziehungen, die im wesentlichen durch das Ausgangsgestein, die darauf entwickelten Böden, das Relief und durch die auf diese Standortfaktoren bezugnehmenden land- und forstwirtschaftlichen Nutzungen zu erklären sind.

Als erstes gilt festzuhalten, daß eine hohe flächenhafte Koinzidenz zwischen den verschiedenen potentiellen natürlichen Buchenwaldgesellschaften und dem geologischen Untergrund besteht. Die ärmeren Gesellschaften der Hainsimsen-Buchenwälder nehmen in ihren verschiedenen Ausprägungen die Buntsandsteinflächen ein, die Gesellschaften der Perlgras-Buchenwälder zeichnen die Areale aller karbonatreichen bzw. karbonathaltigen Gesteine der verschiedenen geologischen Formationen einschließlich der lößüberdeckten Areale nach. Die in der Karte der potentiellen natürlichen Vegetation ausgewiesenen Flächen der Hainsimsen-Buchenwälder sind zum größten Teil auch heute noch von Wald bedeckt, entweder

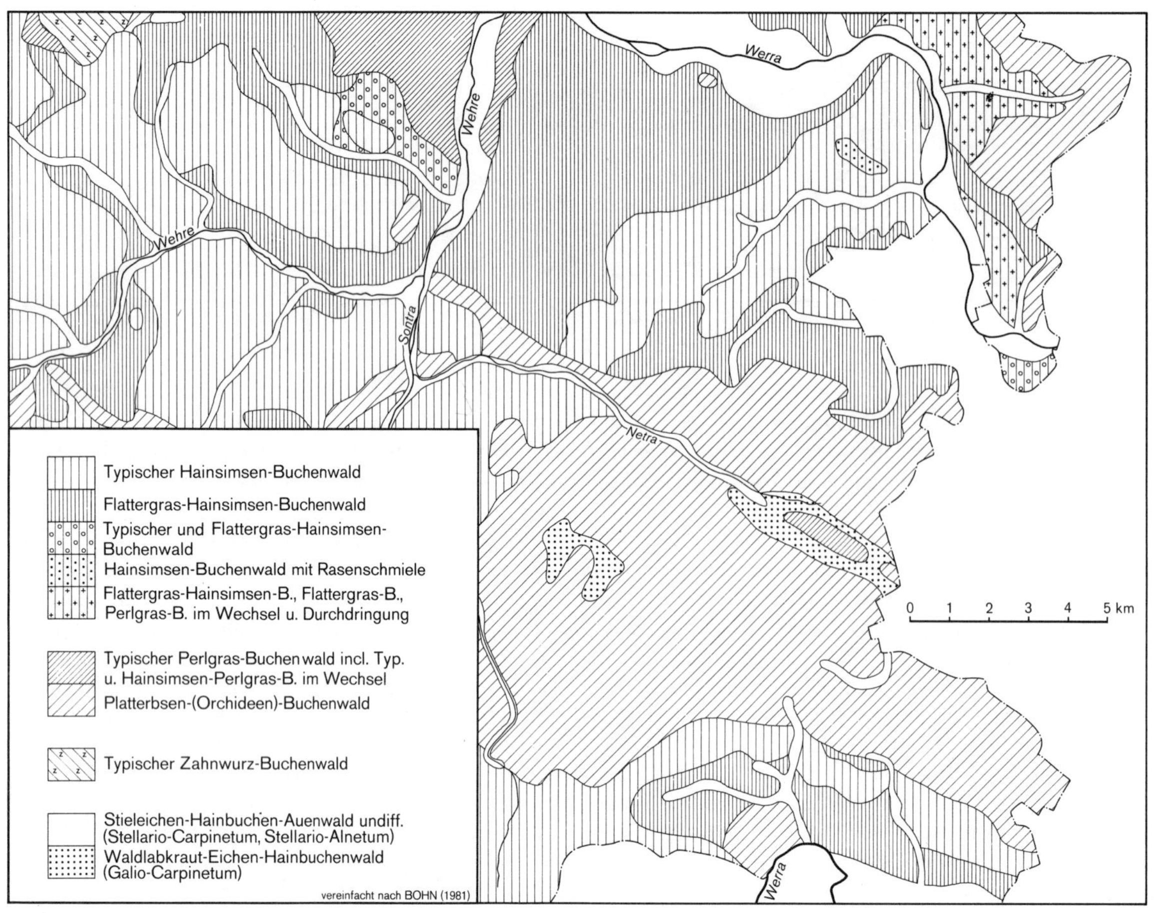

Abb. 2: Karte der potentiellen natürlichen Vegetation, vereinfacht nach BOHN (1981).

als naturnahe Wälder in der Ausbildung des Luzulo-Fagetum oder als verschiedene Forst-Ersatzgesellschaften bei Vorherrschen der Fichtenforste. Es sind dies alles die armen Standorte mit sauren und nährstoffarmen Böden in zum Teil stark reliefiertem Gelände, die sich weniger zur landwirtschaftlichen Nutzung eignen und früher weitgehend als Nieder- und Mittelwälder genutzt wurden.

Die Flächen der potentiellen natürlichen Flattergras-Hainsimsen-Buchenwälder auf nährstoffreicheren Böden ebenfalls auf Buntsandstein, die nach BOHN (1981) eine vermittelnde Stellung zu den reicheren Perlgrasbuchenwäldern einnehmen, sind heute weitgehend waldfrei. Aufgrund der etwas besseren Bodenqualität sowie der zumeist geringeren Reliefierung des Geländes stehen die Wuchsgebiete der potentiellen natürlichen Flattergras-Hainsimsen-Buchenwälder heute durchwegs unter landwirtschaftlicher Nutzung.

Das Verbreitungsgebiet des Melico-Fagetums im Sinne von BOHN (= Melico-Fagetum, typische Subass.-Gruppe) ist auf das Dreieck der Orte Eschwege, Reichensachsen und Abterode beschränkt. Auch dieses Gebiet ist heute ebenfalls weitgehend unter landwirtschaftlicher Nutzung und somit waldfrei. Das Lathyro-Fagetum (bzw. das Melico-Fagetum, Subass.-Gruppe von *Lathyrus vernus*) nimmt die Muschelkalk- und Keuper-Flächen im Südosten und in den östlichen Randgebieten des Untersuchungsgebietes ein. Hier sind vorzugsweise die Schichtstufen bewaldet, während die Schichtstufenflächen zumeist - abgesehen von Waldinseln - waldfrei sind.

5. Literatur

BOHN, U. 1981: Vegetationskarte der Bundesrepublik Deutschland 1 : 200 000 - Potentielle natürliche Vegetation - Blatt CC 5518 Fulda. – Schr.-R. Vegetationskde., 15: 1-330, Bonn, Bad Godesberg.

DER HESSISCHE MINISTER FÜR LANDESENTWICKLUNG, UMWELT, LANDWIRTSCHAFT UND FORSTEN (Hg) 1981: Das Klima von Hessen. Standortkarte im Rahmen der agrarstrukturellen Vorplanung. – Wiesbaden.

DIERSCHKE, H. 1984: Natürlichkeitsgrade von Pflanzengesellschaften unter besonderer Berücksichtigung der Vegetation Mitteleuropas. – Phytocoenologia, 12 (2/3): 173-184, Stuttgart, Braunschweig.

DIERSCHKE, H. 1985: Pflanzensoziologische und ökologische Untersuchungen in Wäldern Süd-Niedersachsens. II. Syntaxonomische Übersicht der Laubwaldgesellschaften und Gliederung der Buchenwälder. – Tuexenia, 5: 491-521, Göttingen.

DIERSCHKE, H. & SONG, Y. 1982: Vegetationsgliederung und kleinräumige Horizontalstruktur eines submontanen Kalkbuchenwaldes. – In: Ber. Int. Symp. Int. Ver. Vegetationskde. 1981: Struktur und Dynamik von Wäldern: 513-539, Vaduz.

DIERSCHKE, H., HÜLBUSCH, K.H. & TÜXEN, R. 1973: Eschen-Erlen-Quellwälder am Südwestrand der Bückeberge bei Bad Eilsen, zugleich ein Beitrag zur örtlichen pflanzensoziologischen Arbeitsweise. – Mitt. Flor.-Soziol. Arbeitsgem., N.F., 15/16: 153-164, Todenmann-Göttingen.

ELLENBERG, H. 1956: Aufgaben und Methoden der Vegetationskunde. – 1-156, Stuttgart.

ELLENBERG, H. 1978: Vegetation Mitteleuropas mit den Alpen in ökologischer Sicht. – 2. Aufl.: 1-981, Stuttgart.

HERMANN, O. 1983: Der Vergleich der Waldbodenvegetation auf Buntsandstein und Muschelkalk im Raum Eschwege unter Berücksichtigung forstwirtschaftlicher und forsthistorischer Aspekte. – Diplomarbeit Geographie, FU Berlin: 1-113, Berlin.

HILLESHEIM-KIMMEL, U. et al. 1978: Die Naturschutzgebiete in Hessen. – Schr.-R. Inst. Naturschutz Darmstadt, 11(3): 1-395, Darmstadt.

TRAUTMANN, W. 1966: Erläuterungen zur Karte der potentiellen natürlichen Vegetation der Bundesrepublik Deutschland 1 : 200 000, Blatt 85 Minden, mit einer Einführung in die Grundlagen und Methoden der Kartierung der potentiellen natürlichen Vegetation. – Schr.-R. Vegetationskde., 1: 1-138, Bonn, Bad Godesberg.

TÜXEN, R. 1956: Die heutige potentielle natürliche Vegetation der Umgebung von Göttingen. – Angew. Pflanzensoz., 13: 5-42, Stolzenau/Weser.

WILMANNS, O. 1973: Ökologische Pflanzensoziologie. – 1-288, Heidelberg.

Anschrift des Autors:

Prof. Dr. UWE TRETER, Geomorphologisches Laboratorium der Freien Universität Berlin, Altensteinstr. 19, 1000 Berlin 33.

Berliner Geogr. Abh., Heft 41: 167–172, Berlin 1986.

Pflanzenökologische Arbeiten im Werra-Meißner-Kreis Bericht über eine Lehrveranstaltung

mit 2 Abbildungen und 3 Tabellen

MARTINA KLOIDT

Kurzfassung: Drei terrestrische und ein Gewässer-Ökosystem wurden von Studenten untersucht. Anhand der Aufnahme der biotischen (botanischen) und abiotischen Faktoren erfolgte der Versuch einer Charakterisierung.

Plant ecological investigations in Werra-Meißner-Kreis. Report of a students course

Abstract: Students investigated three terrestrial and one water ecosystem. They tried to characterize these biotopes by measuring the biotic (botanical) and abiotic factors.

Inhaltsübersicht

1. Einleitung

Im Rahmen des Grundstudiums der Biologie fanden im Sommersemester 1984 erstmals die „Grundkurse Ökologie" (Teil Botanik) statt.

Die Ziele dieser Kurse lagen einerseits im Erlernen pflanzenökologischer Arbeitsmethoden, andererseits in der Anwendung dieser Methoden auf bestimmte Fragestellungen. Dieser zweite Teil wurde in kleinen Gruppen an verschiedenen Lebensräumen wie Wiese, Gewässer und „Erlenbruch" geübt. Dadurch bekamen die Studenten die Möglichkeit mehrere Biotope kennenzulernen.

Im folgenden sollen kurz die Arbeiten und Ergebnisse vorgestellt werden.

2. Untersuchungsgebiete

A Rosental/Schlierbachswald
Topographische Karte 1 : 50 000, Nr. 4926 Eschwege (Fichtenforst/Eichenmischwald/Schonung)

B Werra-Altarm: Aue
Topographische Karte 1 : 25 000, Nr. 4725 Bad Sooden-Allendorf (Gewässer)

C Berka-Tal
Topographische Karte siehe B (Wiese, am Abzweig nach Wellingerode)

D „Erlenbruch" am Wasserlauf von den Hirschhagener Teichen bei Hess. Lichtenau
Topographische Karte 1 : 25 000, Nr. 4724 Großalmerode („Erlenbruch").

3. Ergebnisse und Diskussion

Ziel der Untersuchungen war eine Charakterisierung dieser Lebensräume an Hand der zu erfassenden abiotischen und biotischen Faktoren (vor allem Klima, Vegetation, Boden).

(1) Bei Standort A handelt es sich um einen Waldstandort, der eine deutliche Untergliederung in drei verschiedene Gebiete zeigt: Eine etwa drei- bis vierjährige Fichtenschonung grenzt direkt an einen Eichenmischwald und einen Fichtenforst, so daß hier direkte Vergleichsmessungen möglich waren (Tab. 1).

Im Gegensatz zu einem geschlossenen Waldbestand herrschen in einer Schonung deutlich andere Bedingungen. So können Sonnenlicht und damit auch Wärme meist ungehindert bis zum Boden dringen. Dadurch bildet sich eine gut entwickelte Bodenbedeckung, vor allem durch Gräser. Auch der Anteil lichtliebender Kräuter und Sträucher wie z.B. Besenginster ist besonders hoch. - Naturgemäß herrschen an einem derart offenen Standort andere Windverhältnisse als in einem geschlossenen Waldgebiet, in dem die Baumkronen einen hohen Widerstand darstellen und so den Wind bremsen. Lokale Unterschiede treten besonders in geneigtem Gelände auf. - Bei der Bodenbildung spielt die Art der anfallenden Streu eine große Rolle. Die von Kräutern und Stauden gebildete Streu (Schonung) ist relativ leicht zersetzbar, es wird schnell Humus gebildet. Anders sieht es in Wäldern aus, wo eine größere Menge je nach Baumart unterschiedlich zersetzbarer Streu anfällt. Diese enthält jedoch einen höheren Anteil von verholzten Geweben, deren Abbau langsamer vonstatten geht. Die Zersetzung der Blätter von Eiche und Buche, kann bis zu sieben Jahren dauern (BECK 1984). Ungünstige Verhältnisse für die Bodenbildung liegen in Nadelwäldern vor, deren Blattstreu aufgrund der schnellen Bildung von Huminsäuren nur unvollständig zersetzt wird (zum Komplex der Bodenbildung siehe BÖHLMANN 1982). - Die Feuchteverhältnisse eines Standortes ergeben sich aus Niederschlag und Verdunstung, zwei Faktoren, die wiederum von der Art der Vegetationsdecke, der Temperatur, dem Wind und den Bodenverhältnissen beeinflußt werden. Im allgemeinen geht man davon aus, daß in einer jungen Schonung aufgrund der exponierten Lage (in Bezug auf Wind und Wärme) eine geringere Luftfeuchte herrscht, als in einem Waldbestand. Ähnliche Verhältnisse ergaben sich bei unseren Untersuchungen. Neben der Gegenüberstellung Schonung - geschlossener Waldbestand können zwei verschiedene Waldtypen verglichen werden. Bei der Betrachtung der Werte für den Fichtenforst und den Eichenmischwald fällt das Verhalten der Lichtin-

Tab. 1: Vergleich Schonung - Fichtenforst - Eichenmischwald, Darstellung ausgesuchter Daten.

Standort / Faktor	Schonung	Fichtenforst	Eichenmischwald
Licht (Lux) (Messung an verschiedenen Stellen)	6000-15000	950-1200	500-1800
Lufttemperatur (^{o}C) (Min/Max)	8/13	8,5/12,5	-/11
Luftfeuchte (%r.F.)	63	76-100	77-96
Ökologische Ansprüche der Pflanzen (nach Ellenberg, 19); es wird jeweils der Zeigerwert mit den meisten Vertretern pro Standort angegeben.			
Licht	4-6/7-9 zu gleichen Anteilen	4	3-4
Temperatur	x = indifferent	x	x
Feuchte (Boden)	4-6	x	x
Reaktionszahl	3-7/x zu gleichen Anteilen	x	x
Lebensform	------------------	Hemikryptophyten	------------------
Artenzahl (Samenpfl.+Farne)	46	20	29

tensitäten auf: an beiden Standorten ist es verhältnismäßig dunkel. Während jedoch im Fichtenforst die Meßwerte nur gering schwanken, ist das Spektrum im Laubwald um ein Vielfaches größer. Die Lichtverhältnisse im Fichtenforst sind also einheitlicher. Dies beruht vor allem auf einem dichteren Kronenschluß.

Leider geht aus diesen Daten kaum hervor, wie unterschiedlich das Bild der beiden Waldtypen ist. Während im Laubwald ein teilweise bodenbedeckender Unterwuchs vorkommt, liegt im Fichtenforst der Boden überwiegend bloß; vereinzelt treten Moose auf, deren Lichtansprüche äußerst gering sind (Existenzgrenze für Kormophyten liegt bei ca. 1 bis 2 % der gesamten Einstrahlung, für Thallophyten dagegen nur bei 0,5 % (BÖHLMANN 1982)). Einen kleinen Hinweis geben lediglich die Artenzahlen, die im Eichenmischwald deutlich höher liegen. Wesentliche Ursache hierfür sind die günstigeren Bodenverhältnisse und die etwas höheren Lichtstärken.

Beim Vergleich Schonung-Wald (Tab. 1) verhalten sich besonders die Licht- und Luftfeuchtewerte erwartungsgemäß. Betrachtet man die gefundenen Pflanzen und ihre Zeigerwerte, so fällt der in der Schonung etwa gleiche Anteil von Vollicht- und Halbschattenpflanzen auf (der Wald wird überwiegend von Schatten- bzw. Halbschattenpflanzen besiedelt). Auch treten hier fast doppelt so viele Arten als in dem Waldgebiet auf, eine Tatsache, die auf die unterschiedlicheren Bedingungen innerhalb der Schonung hinweist; es sind mehr Mikrostandorte vorhanden.

Die Lebensform der Hemikryptophyten ist, als eine Anpassung an die großklimatischen Verhältnisse der mitteleuropäischen Breiten, an allen Standorten dominierend.

(2) Die Bearbeitung eines Gewässer-Ökosystems ist besonders für Anfänger-Veranstaltungen günstig, da es eine leicht begrenzbare Einheit ist. Das vorliegende Untersuchungsgebiet (B), ein Altwasser der Werra, ist seit über 100 Jahren von seinem Hauptarm abgeschnitten und damit zu einem stehenden Gewässer, vergleichbar einem See, geworden. Er befindet sich im Zustand der Verlandung mit einer maximalen Tiefe von 2 m. Ein Teil des ca. 1 km langen Gewässers wurde früher zur Fischzucht genutzt, was sich heute noch im Artenbestand der Fische ausprägt; während des Kurses wurden z.B. Rotfedern und Aale beobachtet.

Nach der Literatur (SCHWOERBEL 1977, SCHMIDT 1976) werden im allgemeinen nährstoffreiche, eutrophe von nährstoffarmen, oligotrophen Gewässern unterschieden. Ein Zeiger für den Nährstoffreichtum ist vor allem der Gehalt an Phosphaten (konnte hier nicht gemessen werden) und Nitraten. Der gemessene Nitratgehalt von 5 mg/l (Tab. 2) entspricht den 1968 im Tegeler See, einem stark eutrophierten

Tab. 2: Werra-Altarm, Meßwerte einiger abiotischer Faktoren.

Faktor	Methode	Meßwert
Ammoniumgeh.	aquamerck	0,5 mg/l
Nitritgeh.	"	0,1 mg/l
Nitratgeh.	"	5,0 mg/l
Gesamthärte	"	48°d
Carbonathärte	"	9°d
Leitfähigkeit	Elektrode	1330 µS
pH Wasser	"	7,6
pH Boden (Gewässerrand)	Hellige-Boden pH-meter	7,0
Temperatur	Thermometer	22,4°C

See in Berlin, gemessenen Konzentrationen (SCHMIDT 1976). Auch die beobachteten dichten Algenwatten weisen auf einen hohen Nährstoffgehalt hin. Am Gewässergrund konnte eine 20 bis 25 cm dicke Faulschlammschicht gemessen werden; die Sauerstoffkonzentrationen gingen hier gegen Null. An der Wasseroberfläche, bzw. im oberen Bereich der Wasserschicht ergaben sich hohe Werte für Sauerstoff, gebildet bei der Photosynthese der Algen und submersen Samenpflanzen (vor allem *Myriophyllum*). Das Leben der Produzenten und Konsumenten war also auf diesen Bereich beschränkt.

Da die Werra als salzbelasteter Fluß bekannt ist (GEISSLER 1983), hat uns dieses Problem besonders interessiert. Vergleichende Werte für den Chloridgehalt zeigt Tab. 3. Im Gegensatz zu unbelasteten Süßgewässern mit etwa 28 mg/l Cl^- stellt der Werra-Altarm schon ein salzbelastetes Gewässer dar, das jedoch noch keine Veränderung der Fauna und Flora zeigt. Die Gründe für diese Versalzung sind nicht eindeutig. Es stellt sich die Frage, ob ein Streusalzeintrag der benachbarten Bundesstraße der Verursacher ist, oder ob die etwa 300 m entfernte Werra mit einer über 400-fachen Cl^--Konzentration Einfluß nimmt. Bezieht man die Werte der Kiesgrube mit ein, so scheint sich ein Gradient zur Werra hin zu ergeben. Genauere Messungen müssen dies jedoch überprüfen.

Tab. 3: Chloridgehalt (nach aquamerck) im Wasser verschiedener Standorte.

Standort	Chloridgehalt (mg/l)
Werra-Altarm Aue	87
benachbarte Kiesgrube	120
Werra	37.000

Wie bei einem verlandeten See, so zeigen sich auch bei diesem Untersuchungsgebiet die typischen Zonierungen der Vegetation: Ein relativ schmaler Ufersaum (bedingt durch das ehemalige Flußufer), dessen Baumschicht von Schwarzerle und verschiedenen Weiden gebildet wird; im Unterwuchs finden sich neben vielen Gräsern und Doldenblütlern charakteristische gewässerbegleitende Pflanzen wie z.B. Hopfen (*Humulus lupulus*) und Sumpfhelmkraut (*Scutellaria galericulata*). Direkt an der Wassergrenze stand (gerade noch blühend) die gelbe Sumpfschwertlilie (*Iris pseudacorus*) und etwas weiter im Wasser der Flußampfer (*Rumex hydrolapathum*). Der ganze Altarm ist von einem unterbrochenen Schilfgürtel umgeben, der zur Uferseite vom Gemeinen Schilf (*Phragmites communis*) und zur Wasserseite vom Schmalblättrigen Rohrkolben (*Typha angustifolia*) gebildet wird. Die Gewässermitte war großflächig mit dem Quirlblättrigen Tausendblatt (*Myriophyllum verticillatum*) bestanden, dessen Blütenstände aus dem Wasser herausragten. - Es fehlte jedoch völlig die Zone der Schwimmblattpflanzen.

(3) Ein rein terrestrisches Ökosystem sollte am Beispiel einer Wiese untersucht werden. Leider waren zur Zeit des Kurses die meisten zugänglichen Wiesen im Bereich des Standquartiers gemäht und damit für eine Bearbeitung nicht geeignet. Eine nicht mehr genutzte, ungemähte Wiese, fand sich im Berka-Tal (Untersuchungsgebiet C) direkt an der Berka.

Das Untersuchungsgebiet zeigt eine inhomogene Pflanzendecke und wurde daher von der Bearbeitungsgruppe in Teilgebiete gegliedert: Wiesenrand - eigentliches Wiesengebiet - Uferbereich. Als mögliche Ursachen dieser ungleichen Verteilung (auch innerhalb der Teilgebiete) wurden abiotische Faktoren, überwiegend klimatischer Art gemessen. Eine Wiese ist laut Definition (SCHMIDT 1981) ein künstliches, durch die Mahd verursachtes Ökosystem, ein von verschiedenen Gräsern geprägtes Dauergrünland. Seine Struktur wird sehr stark von der Häufigkeit der Mahd beeinflußt.

Bei unserem Untersuchungsgebiet handelt es sich aufgrund der tal- und bachnahen Lage schon fast um eine Feuchtwiese. Die Fett- und Feuchtwiesen (Molinio-Arrhenatheretea) gehören zu den artenreichsten Wiesentypen und so konnten auch im Untersuchungsgebiet allein dreizehn verschiedene Grasarten (z.B. *Arrhenatherum elatius, Alopecurus pratensis, Lolium multiflorum* u.a.) bestimmt werden. Viele Arten wurden auch aus den Familien der Apiaceae (Doldenblütler), Asteraceae (Köpfchenblütler) und Fabaceae (Schmetterlingsblütler) gestellt. Besonders die letzte Familie liefert mit den verschiedenen Kleearten charakteristische Wiesenpflanzen. Der hohe Anteil der Brennessel in der Vegetation weist auf eine gute Nitratversorgung des Bodens hin. Die Brennessel und andere „Unkräuter" (SCHMIDT 1981) wie Knöterich (*Polygonum*) und Wegerich (*Plantago*) konnten sich gerade wegen der seit längerem unterbliebenen Mahd ausbreiten. Zur Nutzung der Wiese ein Zitat aus dem Praktikumsprotokoll: „Je intensiver eine Wiese genutzt wird, umso artenärmer wird sie. Es gibt gegen diesen Selektionsdruck der Nutzung sehr empfindliche Arten, von denen auf unserem Gebiet keine zu finden waren, empfindlichere Arten, wie z.B. das Rohrglanzgras, das bei uns vereinzelt und nur direkt am Bach auftrat und wenig empfindliche Arten, zu denen das Knäuelgras gehört, das in unserem Gebiet überall stark vertreten war. - Es ist also naheliegend, daß unsere Wiese unterschiedlich genutzt wurde, d.h. zum Teil als Mähwiese und zum Teil als Viehweide. Hierfür spricht neben den anderen typischen Vertretern der Mähwiesen und Fettrasen z.B. das häufige Auftreten von *Dactylis glomerata*, ein ertragsreiches, nährstoffreiches Futtergras, das ausdauernd und widerstandsfähig ist und eine Beschattung gut verträgt. Ferner ließe sich so auch das Vorkommen der stickstoffliebenden Pflanzen erklären. Außerdem nehmen wir an, daß die Wiese in letzter Zeit, bzw. in den letzten Jahren überhaupt nicht mehr genutzt wurde, was dazu führte, daß sich immer mehr Vertreter des Brennessel-Halbschattensaums ansiedelten. Für diese Annahme spricht z.B. der hohe Bestand an *Petasites,* die mit ihren bis zu 150 cm langen Ausläufern an Ufern und Verlandungszonen von Fließgewässern und Quellhängen wächst und als Viehfutter ungeeignet ist. Auf einer Nutzwiese wird sie durch häufiges Mähen und starke Düngung zurückgedrängt. Außerdem haben sich auf unserem Gebiet einige Weideunkräuter wie Brennessel und Giersch stark ausgebreitet, die bei Nutzung z.B. durch frühe Beweidung, frühe Mahd oder Düngung eliminiert werden. *Trifolium repens*, den wir nur vereinzelt gefunden haben, ist insofern ein Anzeiger, als er umso häufiger auftritt, je öfter eine Wiese gemäht wird."

Ein weiterer interessanter Aspekt, besonders bei einer Wiese als Untersuchungsgebiet, ist die Bestäubungs- und Verbreitungsbiologie der Pflanzen. Die Ergebnisse (der Bestäubungstypen, Abb. 1) sind auf den ersten Blick verblüffend, werden doch fast 60 % aller Pflanzen von Insekten bestäubt. Dies bedeutet, daß die windbestäubten Gräser hier mengenmäßig schon sehr zurückgedrängt sind; wieder eine Folge der fehlenden Mahd. Ein anderes Bild ergibt sich bei der Betrachtung der Verbreitungstypen (Abb. 2), hier dominiert die Windverbreitung (hoher Anteil der Asteraceae).

(4) Als Sondertyp eines Waldbestandes wurde der vierte Standort bei Hess. Lichtenau betrachtet: ein kleiner Wasserlauf, der im oberen Bereich auf-

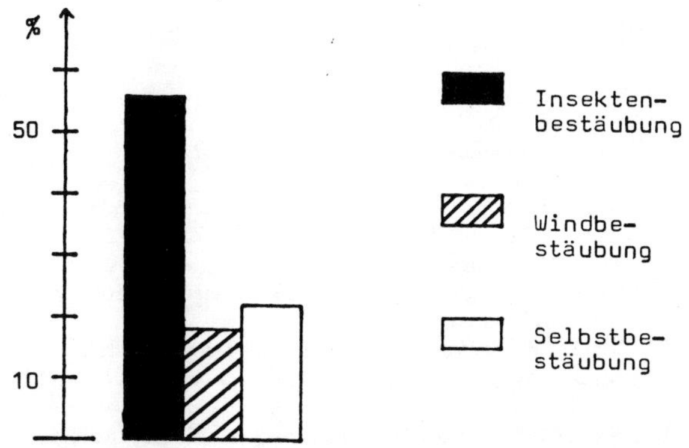

Abb. 1: Standort Wiese - prozentuale Verteilung der Bestäubungsformen.

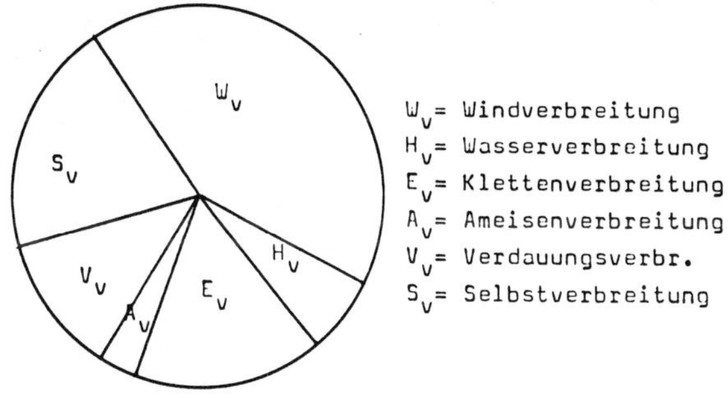

Abb. 2: Standort Wiese - Verbreitungsarten.

gestaut ist (Hirschhagener Teiche) und seitlich mit Erlen bepflanzt wurde, so daß sich ein erlenbruchartiger Bestand gebildet hat. Er dient den Wasserwerken von Hess. Lichtenau als Einzugsgebiet. Wie aus der örtlichen Presse zu erfahren war, sind die Böden und damit das Grundwasser stark durch Nitroabfälle aus einer im Krieg betriebenen Sprengstoffabrik belastet. Mit den uns zur Verfügung stehenden Methoden (aquamerck) konnten wir dies jedoch nicht nachprüfen. Dagegen scheint das häufige Auftreten von Stein- und Köcherfliegenlarven im Bach eher auf sauberes bzw. sauerstoffreiches Wasser hinzuweisen.

Bruchwälder sind Gehölzformationen, die den höchsten Grundwasserstand ertragen (HALLER & PROBST 1981). Dadurch wird der Abbau organischer Substanzen verlangsamt, es bildet sich Torf. Demgegenüber stocken die verwandten Auwälder auf mineralischen Sedimenten.

Betrachtet man nun die Böden des Untersuchungsgebietes, so konnte eine Torfbildung nicht beobachtet werden. Ebenso ist eine typische Entwicklung aus einer Seenverlandung her nicht gegeben. Die charakteristische Begleitflora ist jedoch vorhanden: Die Baumschicht setzt sich überwiegend aus Schwarzerle (*Alnus glutinosa*) und Esche (*Fraxinus excelsior*) zusammen; in der Strauchschicht kommen Himbeere (*Rubus idaeus*) und die Schwarze Johannisbeere (*Ribes nigrum*) vor. Auch die Krautschicht zeigt typische Vertreter wie mehrere Seggen (*Carex* ssp.), Kriechender Günsel (*Ajuga reptans*), Wolfstrapp (*Lycopus europaeus*), Sumpfveilchen (*Viola palustris*) und verschiedene Schachtelhalme (*Equisetum sylvaticum, E. fluviatile*). Weitere allgemein verbreitete Arten ergänzen diese Zusammenstellung.

Der Bodenfeuchtegehalt zeigte einen natürlichen Gradienten zum tiefer gelegenen Bach hin, der sich jedoch im Artenbestand der Pflanzen nur wenig ausprägte. Lediglich die Seggen bevorzugten deutlich die bachnahen Standorte.

Das Untersuchungsgebiet wurde abschließend von der Arbeitsgruppe, im Gegensatz zum Auenwald, der von regelmäßigen Überschwemmungen abhängt, als künstlich erzeugter Erlenbruch beschrieben.

Die Schwierigkeiten des Kurses lagen vor allem in den unterschiedlichen Voraussetzungen der Teilnehmer und der Art des ökologischen Arbeitens. Dabei tauchte die Frage auf, was dies überhaupt sei. Eine mögliche Antwort darauf ist folgende: die Aufnahme von Daten in Form von Messungen sowie ihre Verarbeitung. Der wesentliche Punkt ist jedoch die Beobachtung der Natur und ihrer Wechselbeziehungen. Dies scheint eine Fähigkeit zu sein, die von vielen Biologen und Ökologen bzw. den Studenten erst noch geübt werden muß.

4. Literatur

BECK, L. 1984: Bodentiere im Laub des Buchenwaldes. – forschung-mitteilungen der DFG, 2: 15-18, Weinheim.

BÖHLMANN, D. 1982: Ökophysiologisches Praktikum. Grundlagen des Pflanzenwachstums. – 1-201, Berlin, Hamburg.

ELLENBERG, H. 1979: Zeigerwerte der Gefäßpflanzen Mitteleuropas. – Scripta Geobotanica, IX (2. Auflage): 1-97, Göttingen.

GEISSLER, U. 1983: Die salzbelastete Flußstrecke der Werra ein Binnenlandstandort für Ectocarpus confervoides (Roth) Kjellmann. – Nova Hedwigia, 37: 193-217, Braunschweig.

HALLER, B. & PROBST, W. 1981: Botanische Exkursionen Bd. II. Exkursionen im Sommerhalbjahr. – 1-249, Stuttgart, New York.

KLOIDT, M. 1984: Grundkurs Ökologie. – 1-200, Berlin (Protokoll unveröff.).

SCHMIDT, E. 1976: Ökosystem See. – 1-171, Heidelberg.

SCHMIDT, H. 1981: Die Wiese als Ökosystem. – 1-176, Köln.

SCHWOERBEL, J. 1977: Einführung in die Limnologie. – 3. überarbeitete Aufl.: 1-191, Stuttgart, New York.

Anschrift des Autors:

MARTINA KLOIDT, Institut für Systematische Botanik und Pflanzengeographie der Freien Universität Berlin, Altensteinstr. 6, 1000 Berlin 33.

Berliner Geogr. Abh., Heft 41: 173–182, Berlin 1986.

Untersuchungen zur Insektenfauna im Werra-Meißner-Kreis

mit 3 Abbildungen und 1 Tabelle

JOACHIM HAUPT

K u r z f a s s u n g: Der Werra-Meißner-Kreis zeichnet sich durch eine große geographische und geologische Vielfalt aus, entsprechend groß ist das Spektrum unterschiedlicher Biotope. Die Faunenelemente reichen von boreoalpinen Arten auf dem Hohen Meißner bis zu mediterranen Arten an extrem warmen Muschelkalkabbrüchen. Im Zusammenhang mit der Naturschutzplanung wurde mit einer systematischen Erfassung des Artenbestandes begonnen. Dabei konzentrieren sich die Arbeiten derzeit auf Webspinnen und Weberknechte, Laufkäfer und Schmetterlinge. Veränderungen in einigen Biotopen werden im Zusammenhang mit Naturschutzmaßnahmen diskutiert.

Studies on the Insect and Spider Fauna in the Werra-Meißner-District (Hesse, Germany)

A b s t r a c t: In relation to projects on natural conservation a program has been established to collect data on the insect and spider fauna in the North Eastern part of Hesse. The present work concentrates on webspiders, harvestmen, carabid beetles, butterflies, and moths. The geographical and geological variety in this area provides the basic conditions for a large scale of different biotops. Faunal elements range from boreo-alpine species on Mt. Hoher Meißner to mediterranean species at steep limestone cliffs. Alterations in some biotops are discussed in relation to conservation measures.

I n h a l t s ü b e r s i c h t

1. Einleitung

Nachdem in den letzten Jahrzehnten offensichtliche ebenso wie schleichende Umweltkatastrophen stärker in das Bewußtsein von Bevölkerung und Politikern gerückt sind, braucht es vielleicht keiner besonderen Rechtfertigung mehr, wenn man sich näher mit Vorkommen und Verbreitung von Gliederfüßern befassen möchte. Es reicht, an die wichtigsten ökologischen Funktionen gerade dieser Tiere, die so gern als lästiges „Ungeziefer" abgetan werden, zu erinnern: Gliederfüßer liefern durch Zersetzung und Durchmischung von organischen Bestandteilen im Boden einen wichtigen Beitrag zur Humusbildung. Räuberische und parasitische Arten fungieren als Regulativ für pflanzenfressende Arten und alle zusammen sind sie eine wichtige Nahrungskomponente für Fische, Amphibien, Reptilien, Vögel und Säugetiere. Mit andern Worten: Gliederfüßer sind ein unverzichtbares Glied in der natürlichen Nahrungskette, im Naturganzen.

Durch ihren großen Artenreichtum, der zahlreiche ökologisch hochspezialisierte Formen umfaßt, eröffnet sich die Möglichkeit, den ökologischen Zustand von Landschaften über die Analyse des Artenspektrums von Gliederfüßern, insbesondere von Insekten, zu diagnostizieren. Für einige Insektenordnungen liegen ältere faunistische Daten vor, so daß Veränderungen im Artenbestand feststellbar werden. Auf dieser Grundlage können im Vergleich zu veränderten Einflüssen auf die Landschaft und Nutzungsänderungen Empfehlungen für eine gesunde Landschaftsentwicklung gegeben werden.

2. Entomofaunistik an Werra und Meißner gestern und heute

Die geologisch und mikroklimatisch stark gegliederte und abwechslungsreiche Landschaft des Werra-Meißner-Kreises bietet für die entomofaunistische Forschung einen besonderen Anreiz. Von der Feldmark, meist auf Buntsandstein, ausgehend reicht das Spektrum von verkarsteten Kuppen mit Halbtrockenrasen auf Zechstein über südexponierte, extrem warme Muschelkalkabbrüche bis zu staunassen Wiesen, Basaltblockhalden und Hochmoorresten auf dem Hohen Meißner.

Um dem Fernerstehenden den möglichen Umfang ebenso wie die nötige Einschränkung und Spezialisierung bei entomofaunistischer Forschung vor Augen zu führen, soll an dieser Stelle kurz auf den Umfang der heimischen Gliederfüßerfauna verwiesen werden.

Die Entomologie im weiteren Sinne umfaßt sämtliche Gliederfüßer (Arthropoden), also neben Insekten auch Spinnentiere, Krebse, Hundert- und Tausendfüßer. Dabei muß man sich vergegenwärtigen, daß dieser Tierstamm von seiner Artenzahl her über 80 % der heimischen Tierwelt ausmacht, denn auf die Spinnentiere (das Heer der Milben ausgenommen) entfallen über 850 (PLATEN 1984), auf Krebse rund 525, Hundertfüßer ca. 45, Tausendfüßer ca. 150 und schließlich die Insekten über 31 000 Arten.

Bei diesen hohen Artenzahlen ist es verständlich, daß der faunistische Kenntnisstand für verschiedene systematische Gruppen sehr unterschiedlich ist. Recht gut bearbeitet sind die Schmetterlinge, wenigstens die Familien, die gewöhnlich als „Großschmetterlinge" zusammengefaßt werden. Für sie liegen aus einem Zeitraum von über hundert Jahren faunistische Daten vor (BORGMANN 1878, KNATZ 1883, 1891, EBERT 1903, REUHL 1972 - 1981). Diese Daten sind zum Teil in Standardwerken mitverwendet worden. So bezieht sich das Werk BERGMANNs (1951 - 1954) „Die Schmetterlinge Mitteldeutschlands" zwar auf Thüringen, schließt aber die Landschaften um Eschwege und Bad Sooden-Allendorf ausdrücklich mit ein. Grundlage dafür war die umfangreiche Sammeltätigkeit von PREISS (1929), dessen Sammlung sich heute im Ottoneum in Kassel befindet. An der faunistischen Datensammlung sind in der Vergangenheit häufig interessierte Liebhaber-Entomologen ganz wesentlich beteiligt gewesen, was sich umso stärker auswirkt, wenn die betreffende Landschaft nicht im unmittelbaren Einzugsgebiet einer Universität liegt.

Seit der Gründung des Standquartiers der Erdwissenschaften der Freien Universität Berlin an der Blauen Kuppe konzentrierten sich die faunistischen Aktivitäten Berliner Entomologen im wesentlichen auf die Lehre. So wurden in den Jahren 1965 - 1967 unter Leitung von W. ALTENKIRCH im Werra-Meißner-Kreis umfangreiche faunistische Studien durchgeführt, allerdings unter jahreszeitlich sehr begrenztem Aspekt, da der Aufenthalt jeweils nur ein bis zwei Wochen betrug. Die Ergebnisse sind in Exkursionsberichten niedergelegt worden, die vor allem das Ziel hatten, nachfolgenden Lehrveranstaltern bei der Durchführung zoologischer und speziell entomologischer Exkursionen Anregungen bei der Auswahl der Standorte und einen Fundus an bereits bestimmtem Material zu bieten. Nach Möglichkeit wurden diese Exkursionsberichte in den folgenden Jahren erweitert und durch neue faunistische Daten ergänzt, soweit solche Arbeiten im Rahmen von Anfängerveranstaltungen durchführbar waren. Leider ist die Möglichkeit, in der Umgebung von Eschwege Examensarbeiten mit faunistischem oder ökologischem Inhalt durchzuführen, nur selten von Studenten der Zoologie wahrgenommen worden. Dafür dürften finanzielle Gründe nicht unwesentlich gewesen sein. Im Rahmen einer Diplomarbeit entstand jedoch eine ökologische Untersuchung an einigen Dipterenfamilien (DÜRRENFELDT 1969).

Inzwischen hat sich die Situation für die entomofaunistische Forschung grundlegend geändert. Aus dem Wirkungsfeld einiger weniger Tiergeographen und Insektensammler ist die Faunistik plötzlich in den Blickpunkt des allgemeinen Interesses gerückt. Die Ursache dafür sind alarmierende Umweltschäden und ein damit verbundener rascher Rückgang der Individuen- und Artenzahlen der heimischen Tierwelt bis hin zum Aussterben zahlreicher Arten. Damit hat die Zielsetzung faunistischer Datensammlung eine völlig neue Komponente erhalten. Sie ist in viel stärkerem Maße zur Informationsquelle und zum Hilfsmittel bei Entscheidungen in der Landschaftsplanung geworden (AUHAGEN et al. 1984). Naturschutz- und Artenschutzgesetzgebung haben umgekehrt der Faunistik neue Impulse gegeben.

Für die nun einsetzende Nachfrage öffentlicher Dienststellen nach faunistischen Bestandsaufnahmen, Artenlisten und Ratschlägen für Pflegepläne gibt es allerdings so schnell gar nicht genug Spezialisten für die verschiedenen Tiergruppen: Zu lange haben einige klassische Disziplinen der Zoologie nur ein Schattendasein an deutschen Universitäten geführt.

Auch die „Rote Liste der gefährdeten Tiere und Pflanzen in der Bundesrepublik Deutschland" (BLAB et al. 1984) spiegelt unsere mangelnden Kenntnisse über große Gruppen von Insekten wieder, selbst wenn diese Liste in ihrer vierten Auflage bereits wesentlich erweitert wurde. Die Mehrheit der Hautflügler (Hymenoptera) und Zweiflügler (Diptera) ist noch immer unbearbeitet.

Veränderungen im Faunenspektrum lassen sich aber auch nur feststellen, wenn der Artenbestand bereits aus vergangenen Jahrzehnten bekannt ist. Das ist jedoch nur für wenige Gebiete der Fall, so daß selbst für eine so relativ gut bearbeitete Insektenordnung wie die Schmetterlinge die Ansätze für eine flächendeckende Kartierung noch in den Anfängen stecken (BURGHARDT et al. 1979).

3. Über die Gewinnung faunistischer Daten

Aus der Unmöglichkeit innerhalb eines überschaubaren Zeitraumes die gesamte Entomofauna eines Gebietes zu untersuchen resultiert die Notwendigkeit, sich auf bestimmte aussagekräftige Tiergruppen zu beschränken. Diese Auswahl ist zum Teil methodisch, zum Teil historisch bedingt.

Das Auffinden beweglicher, relativ kleiner Objekte wie einzelner Gliederfüßer, die Datensammlung über ihr Vorkommen und die Erzielung reproduzierbarer Ergebnisse erfordern den Einsatz weitgehend standardisierter Fangmethoden.

Für die Erlangung von räuberisch an der Bodenoberfläche lebender (epigäischer) Arthropoden hat sich die Verwendung von Becherfallen in Reihen zu zehn Stück bewährt (BARBER 1931). Wenn auch darauf hingewiesen werden muß, daß die Fangergebnisse neben der Individuendichte auch artliche Aktivitätsunterschiede widerspiegeln (HEYDEMANN 1958), so sind die Ergebnisse für die Laufkäfer (THIELE 1977) und Webspinnen (PLATEN 1984) doch gut reproduzierbar.

Für eventuelle Untersuchungen der Bodenfauna bietet sich die klassische Methode des Berlese-Tullgren-Trichters an, bei der die meisten Gliederfüsser mit Hilfe einer Glühbirne durch zunehmende Wärme und Trockenheit aus Bodenproben bestimmten Volumens ausgetrieben werden (BRAUNS 1968). Bessere quantitative Ergebnisse werden allerdings mit modernen, wesentlich aufwendigeren Infrarot-Extraktionsgeräten erzielt.

Fliegende Insekten wie bestimmte Gruppen von Hautflüglern (Hymenopteren) und Zweiflüglern (Dipteren, insbesondere Brachyceren: Fliegen) werden durch gelbe oder blaue Farbschalen angelockt. Solche Farbschalen können über beliebige Zeiträume fängig gehalten werden.

Die Schmetterlinge schließlich werden entsprechend ihren unterschiedlichen Aktivitätszeiten am Tage durch Käscherfänge und Streifsack, nachts im wesentlichen durch die Anlockung mit geeigneten Lichtquellen (superaktinische Röhren, Mischlichtlampe) erbeutet, oder aber durch gezielte Suche von Raupen.

Methodisch bedingt bieten sich für die Gewinnung quantitativer Aussagen Untersuchungen über die Laufkäfer- und Webspinnenfauna an. Laufkäfer und Webspinnen sind zugleich die wichtigsten Predatoren pflanzenfressender Insekten und daher für die Erhaltung eines biologischen Gleichgewichtes von besonderem Interesse.

Die Fangmethoden für Schmetterlinge lassen nur bedingt quantitative Aussagen zu, insbesondere auch wegen der starken Witterungseinflüsse auf die Fangergebnisse. Absichtlich haben wir darauf verzichtet, Leuchtanlagen im Dauerbetrieb zu unterhalten, um in den zum Teil eng begrenzten Biotopen gefährdete Arten nicht unnötig zu dezimieren. Unsere gute historische Kenntnis des Artenspektrums der Schmetterlinge läßt es aber ratsam erscheinen, diese Insektenordnung ebenfalls in die regelmässigen Untersuchungen aufzunehmen.

Alle übrigen Insektenordnungen können ebenso wie die meisten Ordnungen der Spinnentiere nur punktuell untersucht werden, beispielsweise die Verbreitung einzelner auffälliger Arten, die spezifische, gut bekannte ökologische Ansprüche haben und aus diesem Grunde als „Zeigerorganismen" verwendet werden können. In der Regel wird in diesen Fällen der qualitative Nachweis genügen müssen.

4. Auffällige und charakteristische Faunenelemente

Neben Arten mit relativ weit gefaßten ökologischen Ansprüchen und entsprechend weiter Verbreitung (Ubiquisten), gibt es auch solche Arten, deren ökologisches Spektrum sehr eng umrissen ist. Wir sprechen von stenöken Arten. Die limitierenden Faktoren für das Vorkommen solcher Arten an bestimmten Örtlichkeiten können Temperatur, Feuchtigkeit, bestimmte Nahrungsquellen oder ökologische Kleinstrukturen sein, die Versteck, Brutmöglichkeit oder Überwinterung garantieren. Meist sind mehrere Faktoren miteinander kombiniert.

Wegen seiner geologischen und klimatischen Vielfalt weist der Werra-Meißner-Kreis ein großes faunistisches Spektrum auf. So leben auf dem Hohen Meißner boreoalpine Faunenelemente wie die Wolfsspinne *Acantholycosa norvegica* (HOMANN 1951), der Schneckenkanker *Ischyropsalis hellwigi* (ASSMUTH & GROH 1981), ehemals mag hier auch der Hochmoorgelbling *Colias palaeno europome* vorgekommen sein (Abb. 1a, 1b). Dagegen beherbergt ein Kalkabbruch wie die Plesse bei Wanfried Arten pontischer und mediterraner Herkunft, z.B. den Eulenfalter *Xestia candelarum* und die räuberische Milbe *Caeculus echinipes* (Caeculidae) (COINEAU & HAUPT 1976) (Abb. 1c, 1d).

Dies sind nur wenige Beispiele aus Biotopen mit extremen abiotischen Bedingungen. Dazwischen liegt das weite Spektrum von Arten, die weniger auf extreme Bedingungen spezialisiert sind, deren Biotope sich aber doch zwanglos nach Feuchtigkeitsgradien-

Tab. 1: Typische Arten aus der bodennahen Fauna verschiedener Biotope.

Vegetation	Webspinnen	Laufkäfer
Erlenwald	*Pirata hygrophilus* *Oedothorax tuberosus* *Oedothorax gibbosus* *Lophomma punctatum*	*Patrobus atrorufus* *Pterostichus strenuus*
Rotbuchenwald	*Saloca diceros* *Walckenaeria corniculans* *Cybaeus angustiarum* *Coelotes inermis*	*Carabus auronitens* *C. problematicus* *Cychrus attenuatus* *Pterostichus metallicus*
Eichen-Hainbuchenwald	*Lepthyphantes mengei* *Bolyphantes alticeps* *Dicymbium brevisetosum*	*Carabus irregularis* *Abax ovalis*
Halbtrockenrasen	*Alopecosa trabalis* *Aulonia albimana* *Centromerus pabulator* *Pardosa pullata* *Oxyptila simplex* *Xysticus erraticus*	*Callistus lunatus* *Microlestes maurus* *Cicindela campestris* *Metophonus puncticollis*
auf steilen Südhängen	*Alopecosa accentuata* *Tricca lutetiana* *Xysticus robustus* *Titanoeca quadriguttata* *Micaria dives*	*Brachinus crepitans*

Abb. 1: Geologische und klimatische Vielfalt spiegeln sich in der Fauna wider.

a Schneckenkanker (*Ischyropsalis hellwigi*), ein schneckenfressender Weberknecht vom Hohen Meißner (3fache Vergr.)
b Der Hochmoorgelbling (*Colias palaeno europome*) ist heute bundesweit stark gefährdet. Für den Hohen Meißner liegen anscheinend keine Nachweise vor, die Art fliegt noch in der Rhön (1,5fache Vergr.)
c Die Kräuter-Steinhalden-Bodeneule *(Xestia candelarum)*, eine Leitart der Geröllhalden, kommt an der Plesse bei Wanfried vor (2fache Vergr.)
d Die räuberische Milbe *(Caeculus echinipes)*, ein mediterranes Faunenelement, lebt in Gesteinsspalten an der Plesse. Mit den langen, spitzen Borsten ihrer Vorderbeine durchbohrt sie ihre Beutetiere (20 fache Vergr.)
e Der Große Schillerfalter *(Apatura iris)* und
f Der Kleine Eisvogel *(Limenitis camilla)* fliegen auf feuchten Waldwegen in Laubmischwäldern (1,25fache Vergr.).

Abb. 2: Einige bundesweit gefährdete Arten.

- a In entlegenen Wiesentälern begegnet man noch dem Braunen Würfelfalter *(Hamearis lucina)* (1,6 fache Vergr.)
- b Das Fensterschwärmerchen *(Thyris fenestrella)* lebt an warmen, geschützten Hängen, seine Raupe frißt an Waldrebe (3,3fache Vergr.)
- c Die Schlehenhecken an warmen Hängen sind der Lebensraum des Schlehen-Zipfelfalters *(Strymonidia spini)* (3,3fache Vergr.)
- d Knautien- und Skabiosenblüten sind der Lieblingsaufenthalt des Esparsetten-Widderchens *(Zygaena carniolica)* (3fache Vergr.)
- e Die trocken-warmen Kripplöcher bei Frankershausen beherberg(t)en den Bläuling *Lysandra coridon* (2,2fache Vergr.)
- f Der Kleine Ampfer-Feuerfalter *(Palaeochrysophanus hippothoe)* wird gelegentlich noch auf den staunassen Wiesen des Hohen Meißner beobachtet (2fache Vergr.)

ten unterscheiden lassen (hygrophile - mesophile - xerophile Arten). Im Rahmen von Examensarbeiten werden gegenwärtig Laufkäfer- und Webspinnenfauna ausgewählter Standorte untersucht. Einige charakteristische Arten mögen hier mitgeteilt werden (Tab. 1) (I. HOFMANN und J. MÜLLER-LÜTKEN, pers. Mitt.).

Von den Schmetterlingen begegnen uns auf schattigen Wegen und Schneisen in Laubwäldern der Große Schillerfalter (*Apatura iris*) (Abb. 1e) und der Kleine Eisvogel (*Limenitis camilla*) (Abb. 1f). Der Braune Würfelfalter (*Hamearis lucina*) bevorzugt geschützte Wiesentäler (Abb. 2a). Trockenrasenhänge in Südexposition sind oft mit Schlehen- und Weißdornhekken eingefaßt. Hier ist das Refugium des Fensterschwärmerchens (*Thyris fenestrella*) und des Schlehen-Zipfelfalters (*Strymonidia spini*) (Abb. 2b,2c). Auf den Trockenrasenhängen selbst fliegt das Esparsette-Widderchen (*Zygaena carniolica*) (Abb. 2d), wie auch der Silbergrüne Bläuling (*Lysandra coridon*) (Abb. 2e). Verwandte Arten, ebenfalls aus der Familie der Bläulinge sind der weitverbreitete Ikarus-Bläuling (*Polyommatus icarus*) und der Dunkelrote Feuerfalter (*Palaeochrysophanus hippothoe*), der als hygrophile Art wiederum die staunassen Wiesen auf dem Hohen Meißner mit ihren großflächigen Beständen an Wiesenknöterich besiedelt (Abb. 2f).

5. Praktische Anwendung faunistischer Daten in der Landschaftsplanung

Der auffällige Rückgang im Bestand einheimischer Arten, wie er in den vergangenen zwanzig bis dreißig Jahren vor unseren Augen abgelaufen ist, wird heute auf Landes- und Bundesebene in sogenannten „Roten Listen" dokumentiert (BLAB et al. 1984). Dabei wird zwischen ausgestorbenen oder verschollenen, vom Aussterben bedrohten, stark gefährdeten, gefährdeten und potentiell gefährdeten Arten unterschieden.

Die Feldarbeit erbringt zunächst Artenlisten und Angaben über die Häufigkeit der verschiedenen Arten. Diese Daten müssen mit vergleichbaren Erhebungen früherer Jahre oder Jahrzehnte verglichen werden, um Anhaltspunkte für einen eventuellen zahlenmässigen Rückgang zu erhalten. Aus dem geographischen Vergleich ergeben sich dann auch Daten über Arealeinbußen in der Verbreitung verschiedener Arten.

Artenlisten allein sind aber nicht das geeignete Mittel den Naturschutzbehörden als Hilfe für die ihnen gestellte Aufgabe zu dienen: Es muß der Schutz gefährdeter Arten über ein wissenschaftlich begründetes Biotopmanagement erreicht werden. In die regionale Landschaftsplanung muß einfließen, was wann und wie in besonders gefährdeten Biotopen zu geschehen oder nicht zu geschehen hat, um den Fortbestand bedrohter Arten zu gewährleisten. Dies soll auch noch mit dem geringstmöglichen Kostenaufwand geschehen.

Zu den rein faunistischen Daten gehören also auch Informationen über Lebensweise, Nahrungsansprüche und mikroklimatische Bedürfnisse der betreffenden Arten, Informationen, die in der Regel zur gleichen Zeit am gleichen Standort gesammelt werden müssen, wenigstens was die abiotischen Faktoren betrifft. Dadurch ergeben sich zwangsläufig Verzahnungen insbesondere mit der Pflanzensoziologie, der Klimatologie und der Bodenkunde.

Von besonderem Interesse ist oft auch die historische Entwicklung eines Biotops, denn oft genug sind Gefährdung und Aussterben von Tier- und Pflanzenarten Ausdruck von Nutzungsänderungen in Land- und Forstwirtschaft.

Auf dieser Basis müssen geeignete Programme zum Schutz der Natur und ihrer Artenvielfalt erarbeitet werden, die dann durch die Naturschutzbehörde z.B. in Pflegeplänen und in der forstlichen Rahmenplanung berücksichtigt werden können.

Zugleich wird eine Auszeichnung besonders wertvoller Landschaftsteile möglich, die je nach Bedeutung zu Landschafts- oder Naturschutzgebieten gemacht werden können. Bei den langen Zeiträumen, die solche Verfahren aber verwaltungstechnisch in Anspruch nehmen, müssen unter den heutigen Umweltbedingungen entsprechende Vorschläge so schnell wie möglich eingebracht werden - um zu retten was noch zu retten ist.

Unter den Biotopen, die in den vergangenen zwanzig Jahren regelmäßig mit zoologischen Exkursionen besucht wurden, seien einige herausgegriffen und die

Abb. 3: Moderne anthropogene Veränderung eines Biotops.

a Südwestfuß des Schickeberges bei Breitau: Halbtrockenrasenbiotop mit Vorkommen zahlreicher geschützter Arten (Aufnahme 1974)
b Der gleiche Hang nach Anlage einer Moto-Cross-Bahn (Aufnahme 1984)
c Die Rotflügelige Schnarrheuschrecke *(Psophus stridulus)* bevorzugt zwar warme, vegetationsarme oder -freie Stellen, dem Moto-Cross-Betrieb ist sie allerdings nicht gewachsen. In Hessens „Roter Liste" steht sie unter „ausgestorben oder verschollen" (2fache Vergr.)
d Die Bergzikade *(Cicadetta montana)* ehemals am Fuß des Schickeberges (Aufnahme 1974) (3fache Vergr.)
e Das Thymian-Widderchen *(Zygaena purpuralis)* ist hier sehr selten geworden, denn an die Stelle von Thymian und Skabiosen ist trittfeste Ruderalvegetation getreten (1,7fache Vergr.)
f Die Eichenlaub-Radnetzspinne *(Araneus ceropegius)* bevorzugt warme, lichte Biotope. Dort spannt sie ihr Netz zwischen Kräutern und niedrigen Büschen. Seit Anlage der Moto-Cross-Bahn wurde die Art hier nicht mehr beobachtet (2fache Vergr.).

dort zu beobachtenden Veränderungen summarisch dargestellt:

Areal	Status	Eingetretene Veränderungen, deren Ursache
Kripplöcher bei Frankershausen	Naturschutzgebiet	Seit 1970 fortschreitende Zurückdrängung der Trockenrasenvegetation und -fauna nach Anpflanzung von Kiefern in der südlichen Randzone des Gebietes (1967)
Plesse bei Wanfried	Naturschutzgebiet	Quantitativer Rückgang der xero-thermophilen Fauna durch stärkere Beschattung der Muschelkalk-Schuttflächen unterhalb des Abbruches durch benachbarte Fichtenbestände
Halbtrokkenrasen am südwestlichen Schickeberg bei Breitau (Abb. 3a, 3b)	Naturschutzgebiet beantragt	Großflächige Vegetationszerstörung durch Anlage und Betrieb einer Moto-Cross-Bahn, mechanische Beeinträchtigung der Insektenfauna: Vorkommen der Roten Schnarrheuschrecke und der Blauflügeligen Ödlandschrekke sind möglicherweise erloschen, Bestände der Widderchen *Zygaena purpuralis* und *Zygaena carniolica* sowie der Singzikade sind stark zurückgegangen. Auch negative Einflüsse durch Biozide aus der benachbarten Feldmark und Überweidung in der westlichen Randzone des Areals sind nicht auszuschließen (Abb. 3c-f).
Badenstein bei Witzenhausen, Südhang	teils Naturschutzgebiet	Zunehmende Verbuschung des Waldrandes, dadurch Rückgang von Halbtrockenrasenbiotopen mit Vorkommen verschiedener Bläulingsarten und der Tapezierspinne *Atypus affinis* (mangelnde Biotoppflege nach Nutzungsänderung).

Diese Aufzählung wirft ein Streiflicht auf aktuelle Naturschutzprobleme. Die Artenvielfalt der heimischen Natur ist heute nicht nur durch die vielgeübte Ausbringung von Bioziden und anderen Chemikalien bedroht, sondern auch in hohem Maße durch Nutzungsänderung. Insbesondere auf Muschelkalk- und Zechsteinstandorten betrifft das ehemalige Schafstriften mit extensiver Beweidung. Da dieser Wirtschaftszweig heute kaum noch gepflegt wird, droht allen entsprechenden Standorten die langsame aber sichere Vernichtung ihrer licht-, wärme- und trockenheitsliebenden Flora und Fauna. Sei es, daß solche Standorte landwirtschaftlich intensiver genutzt werden (Umbruch, Düngung, Kuhweide) oder aber in forstwirtschaftliche Nutzung überführt werden. Sich selbst überlassen verbuschen solche Gebiete im Zuge der natürlichen Pflanzensukzession, wobei vor allem Schlehe und Weißdorn vorübergehend in den Vordergrund treten. Auch diese Buschvegetation beherbergt ihr charakteristisches Artenspektrum von Insekten.

Soweit solche Biotope bereits unter Schutz gestellt sind, ist also eine regelmäßige Kontrolle der Pflanzensukzession und des Bestandes an charakteristischen Insektenarten erforderlich. Die nötige Biotoppflege ließe sich in diesem Fall wohl am einfachsten durch weitere extensive Beweidung mit Schafen erzielen. Schließlich war es wohl gerade dieser Wirtschaftszweig, der in vergangenen Jahrhunderten überhaupt erst zur Entstehung der entsprechenden Biotope in unseren Breiten geführt hat. Es darf also nicht vergessen werden, daß wir in der stellenweisen Erhaltung von Trockenrasenbiotopen ein Stück unserer eigenen landwirtschaftlichen Kulturgeschichte pflegen.

6. Literatur

ASSMUTH, W. & GROH, K. 1981: Bemerkenswerte Funde des Schneckenkankers Ischyropsalis hellwigi hellwigi (Panzer 1794) (Opilionida, Ischyropsalidae. – Hess. Faun. Briefe, 1(1): 10-12, Darmstadt.

AUHAGEN, A., FRANK, H. & TREPL, L. (Hg) 1984: Grundlagen für das Artenschutzprogramm Berlin. 3 Bde. – Landschaftsentw. Umweltforsch., 23: 1-993, Berlin.

BARBER, H.S. 1931: Traps for cave inhabiting insects. – J. Elisha Mitchell Sci. Soc., 46: 259-266, Chapel Hill.

BERGMANN, A. 1951-1954: Die Großschmetterlinge Mitteldeutschlands. Bd. 1-5. – 1-4004, Jena.

BLAB, J., NOWAK, E., TRAUTMANN, W. & SUKOPP, H. (Hg): 1984: Rote Liste der gefährdeten Tiere und Pflanzen in der Bundesrepublik Deutschland. – 4. veränderte Aufl.: 1-270, Greven.

BORGMANN, H. 1878: Anleitung zum Schmetterlingsfang und zur Schmetterlingszucht nebst Verzeichnis der Lepidopteren der Umgegend Cassels sowie einem Anhang, einige Mikrolepidoptera dieser Fauna enthaltend, unter Angabe der Fundorte, Lebensweise etc. – 1-205, Cassel.

BRAUNS, A. 1968: Praktische Bodenbiologie. – 1-470, Stuttgart.

BURGHARDT, G., INGRISCH, S. & JUNGBLUTH, J.H. 1979: Die Erstellung von regionalen Organismenkatastern. – Verh. Ges. Ökol., 7: 215-225, Münster.

COINEAU, Y. & HAUPT, J. 1976: Caeculiden im mitteldeutschen Raum: Caeculus echinipes (Acari, Actinotrichida, Actinedida). – Sitzungsber. Ges. Naturforsch. Freunde Berlin, N.F. 16(1): 34-38, Berlin.

DÜRRENFELDT, A. 1969: Ökologische Untersuchungen an einigen Dipterenfamilien des nordhessischen Berglandes in der Umgebung von Eschwege (1966-1969). – 1-86, Diplomarbeit Inst. f. Angewandte Zoologie, FU Berlin.

EBERT, H. 1903: Lepidopterenfauna von Niederhessen. – Abh. Ber. Ver. Naturkde. Kassel, 48: 213-269, Kassel.

HEYDEMANN, B. 1958: Erfassungsmethoden für die Biozönosen der Kulturbiotope. – In: BALOGH, J. (Hg): Lebensgemeinschaften der Landtiere: 453-537, Budapest.

HOMANN, H. 1951: Eine Spinne als Glazialrelikt. – Naturwiss., 38(4): 101-102, Berlin, Göttingen, Heidelberg.

KNATZ, L. 1883: Versuch einer Aufstellung und Begründung einer Lokalfauna für Kassel und Umgegend. – Ber. Ver. Naturk. Kassel, 29-30: 71-89, Kassel.

KNATZ, L. 1891: Zur Lokalfauna von Kassel und Umgegend. – Ber. Ver. Naturk. Kassel, 36-37: 97-104, Kassel.

PLATEN, R. 1984: Ökologie, Faunistik und Gefährdungssituation der Spinnen (Araneae) und Weberknechte (Opiliones) in Berlin (West) mit dem Vorschlag einer Roten Liste. – Zool. Beitr., N.F., 28: 445-487, Berlin.

PREISS, J. 1929: Die Schmetterlingsfauna des unteren Werratals (Macrolepidoptera). – Abh. Ber. Ver. Naturk. Kassel, 57: 20-103, Kassel.

REUHL, H. 1972: Die Großschmetterlinge ('Macrolepidoptera') Nordhessens. I 'Diurna' (Tagfalter). 1. 'Rhopalocera' (Echte Tagfalter) und Hesperiidae (Dickkopffalter). – Philippia 1(4): 215-230, Kassel.

REUHL, H. 1973: Die Großschmetterlinge ('Macrolepidoptera') Nordhessens. II 'Heterocera' (Nachtfalter). 1. Bombyces (Spinner) und Sphinges (Schwärmer) a. – Philippia, 1(5): 271-285, Kassel.

REUHL, H. 1973: Die Großschmetterlinge ('Macrolepidoptera') Nordhessens. III 'Heterocera' (Nachtfalter). 1. Bombyces (Spinner) und Sphinges (Schwärmer) b. 2. Noctuidae (Eulen) a. – Philippia, 2(1): 24-38, Kassel.

REUHL, H. 1974: Die Großschmetterlinge ('Macrolepidoptera') Nordhessens. IV 'Heterocera' (Nachtfalter). 2. Noctuidae (Eulen) b. – Philippia, 2(2): 94-105, Kassel.

REUHL, H. 1974: Die Großschmetterlinge ('Macrolepidoptera') Nordhessens. V 'Heterocera' (Nachtfalter). 2. Noctuidae (Eulen) c. – Philippia 2(3): 172-181, Kassel.

REUHL, H. 1975: Die Großschmetterlinge ('Macrolepidoptera') Nordhessens. VI 'Heterocera' (Nachtfalter). 2. Noctuidae (Eulen) d. – Philippia, 2(4): 248-260, Kassel.

REUHL, H. 1975: Die Großschmetterlinge ('Macrolepidoptera') Nordhessens. VII 'Heterocera' (Nachtfalter). 3. Geometridae (Spanner) a. – Philippia, 2(5): 330 -346, Kassel.

REUHL, H. 1976: Die Großschmetterlinge ('Macrolepidoptera'). VIII 'Heterocera' (Nachtfalter). 3. Geometridae (Spanner) b. – Philippia, 3(1): 45-62, Kassel.

REUHL, H. 1977: Die Großschmetterlinge ('Macrolepidoptera') Nordhessens. IX Nachtrag und Register. – Philippia 3(3): 206-223, Kassel.

REUHL, H. 1981: Die Großschmetterlinge ('Macrolepidoptera') Nordhessens. X Bibliographie. – Philippia, 4(4): 328-330, Kassel.

THIELE, H.-U. 1977: Carabid beetles in their environments. – 1-369, Berlin, Heidelberg, New York.

Anschrift des Autors:

Priv. Doz. Dr. JOACHIM HAUPT, Gluckweg 6, 1000 Berlin 46.

Berliner Geogr. Abh., Heft 41: 183–200, Berlin 1986.

Die Webspinnenfauna (Araneae) unterschiedlicher Waldstandorte im Nordhessischen Bergland

mit 4 Abbildungen und 8 Tabellen

INGRID HOFMANN

Kurzfassung: Die Spinnenfauna von fünf Waldgebieten in Nordhessen wurde 1984 untersucht. Es wurden 4796 adulte Individuen, die sich auf 128 Arten verteilen, in Barberfallen gefangen. Für alle nachgewiesenen Spinnenarten werden Angaben zum ökologischen Typ, zur Reifezeit und zum bevorzugten Stratum gemacht. Hierfür werden Literaturdaten berücksichtigt. Die Spinnengesellschaften werden hinsichtlich ihrer Struktur, ihrer Zusammensetzung, ihrer Beziehung zum Mikroklima und ihres Verwandtschaftsgrades betrachtet. Der Einfluß des geographischen Raumes, der Waldgesellschaft, der Strukturbedingungen, des Mikroklimas und des Nahrungsangebotes auf die Spinnengesellschaften der untersuchten Standorte wird diskutiert.

The spider fauna of different stands of woodland in Northern Hessia

Abstract: The spider fauna of five stands of woodland in Northern Hessia was studied in 1984. 4796 individuals out of 128 species were collected by pitfall trapping. All the spider species which were found are characterised with respect to ecological requirement, time of maturity and preferred stratum. Therefore, data from literature were taken into consideration. Faunistic pecularities are described. The spider communities are considered with regard to their structure, their composition, their relationship to the microclimate and their degree of relationship. The influence of the geographical area, the plant community, the spatial structures, the microclimate and the spectrum of potential prey on the spider communities of the areas under investigation is discussed.

Inhaltsübersicht

1. Einleitung

Im Rahmen der naturwissenschaftlichen Forschung der Freien Universität Berlin im Werra-Meißner-Kreis/Hessen wurde 1984 unter anderem die Webspinnenfauna von fünf Waldstandorten untersucht.

Dabei stand die Frage der Habitatbindung von Spinnen im Vordergrund. Diese kann nicht ohne genaue Kenntnis des Lebensraumes beantwortet werden. Daher wurden den Standortbedingungen, also der geographischen Lage, der Vegetationsart, dem Vegetationsaufbau, den mikroklimatischen und edaphischen Verhältnissen besondere Aufmerksamkeit geschenkt.

2. Beschreibung der Untersuchungsflächen

Zur Charakterisierung der Untersuchungsflächen wurden folgende Standortfaktoren herangezogen:

Die untersuchten Waldgebiete liegen im Nordhessischen Bergland (Standorte 1, 2 und 3: Rohrberg bei Reichenbach, Standorte 4 und 5: Manrod bei Weißenborn).

(1) Boden (KUNTZE et al. 1983),
(2) Pflanzengesellschaft, Vegetationsaufbau und ökologisches Verhalten der Pflanzen (mittlere Zeigerwerte ohne Berücksichtigung der Menge nach ELLENBERG 1979, 1982),
(3) Feuchtigkeit (da Messungen der Boden- und relativen Luftfeuchtigkeit sowie der Evaporation aufgrund der großen Entfernung zu den Untersuchungsflächen nicht durchgeführt wurden, bleibt die Darstellung des Faktors Feuchtigkeit auf die mittleren Zeigerwerte beschränkt),
(4) Belichtung (Messung der eingestrahlten Lichtmenge nach der Friendschen Feldmethode modifiziert nach WASNER 1976 und Bestimmung des mittleren Zeigerwerts L nach ELLENBERG 1979),
(5) Temperatur (Messung von Mitteltemperaturen auf reaktionskinetischer Grundlage nach PALLMANN et al. 1940, SCHMITZ & VOLKERT 1959 und Bestimmung des mittleren Zeigerwerts T nach ELLENBERG 1979).

Die Angaben zur geographischen Lage der Untersuchungsflächen und die ermittelten Standortfaktoren sind in Tab. 1 dargestellt.

3. Untersuchungsmethode und Material

Zur Erfassung der Webspinnen wurden Barberfallen (BARBER 1931) eingesetzt. Es handelt sich dabei um Plastikbecher (Höhe: 8 cm, Öffnungsdurchmesser: 7,5 cm), die so in den Boden eingesetzt werden, daß ihr Rand mit der Erdoberfläche abschließt. Die Fallen wurden zu einem Drittel mit 3 % Formaldehyd gefüllt, dem ein handelsübliches Mittel zur Herabsetzung der Oberflächenspannung beigegeben war. Pro Untersuchungsfläche waren 10 Fallen ausgebracht, die von Ende März bis Ende Dezember 1984 in vierzehntägigem Rhythmus geleert wurden. Insgesamt wurden 4796 adulte Individuen erfaßt, die sich auf 128 Arten verteilten. Die Bestimmung erfolgte nach LOCKET & MILLIDGE (1951, 1953), LOCKET, MILLIDGE & MERRETT (1974), WIEHLE (1923, 1937, 1956, 1960, 1963a, b, 1967), DAHL (1926, 1927, 1931), MILLER (1967, 1971), PALMGREN (1975), HARM (1976), TONGIORGI (1966), HELSDINGEN et al. (1977). Die Systematik folgt LOCKET & MILLIDGE (1951, 1953), WUNDERLICH (1972, 1973a, b) und BRIGNOLI (1983).

Tab. 1: Standortfaktoren.

Schlüssel zu Tabelle 1

Zeigerwert F : Feuchtezahl (Vorkommen im Gefälle der Bodenfeuchtigkeit vom flachgründigen Felshang bis zum Sumpfboden sowie vom seichten bis zum tiefen Wasser)
von 1 = Starktrockniszeiger bis 12 = Unterwasserpflanze

Zeigerwert L : Lichtzahl (Vorkommen in Beziehung zur relativen Beleuchtungsstärke)
von 1 = Tiefschattenpflanze bis 9 = Vollichtpflanze

Zeigerwert T : Temperaturzahl (Vorkommen im Wärmegefälle von Tieflagen zur alpinen Stufe)
von 1 = Kältezeiger bis 9 = extremer Wärmezeiger

Untersuchungsfläche	1	2	3	4	5
Höhe (m ü.NN)	422	420	390	465	470
Exposition	SSW	SSW	N	Plateau	Plateau
Inklination (Grad)	30	19	10	4	2
Boden	Rendzina	Rendzina	Rendzina	Rendzina	Rendzina
Pflanzengesellschaft	Kiefernforst	Kalkbuchenwald	Bärlauch-Buchen-wald	Kalkbuchenwald	Eichen-Hainbu-chen-Wald
Deckungsgrad (%)					
Baumschicht	40	100	90	90	80
Strauchschicht	1	s.g.	-	-	1
Krautschicht	90	s.g.	5	2	90
Feuchtigkeit					
mittl. Zeigerwert F ₮	3,63	5,0	6,8	5,0	5,08
Licht					
Messung(lux.h/28.7.-29.7.)	3814 max,106 min.	193	215	243	251
mittl. Zeigerwert L ₮	7,53	4,67	2,67	3,44	4,07
Temperatur					
Messung (C/30.6.-28.7.)	16 max.,12 min.	12,0	11,5	11,2	12,2
mittl. Zeigerwert T ₮	5,0	4,6	5,0	5,0	5,17

4. Arteninventar

Die 128 nachgewiesenen Arten mit 4796 Individuen verteilen sich wie folgt auf die Untersuchungsflächen:

(1) 80 Arten mit 729 Individuen
(2) 53 Arten mit 757 Individuen
(3) 39 Arten mit 754 Individuen
(4) 47 Arten mit 1211 Individuen
(5) 55 Arten mit 1345 Individuen.

Sie sind in Tab. 2 nach Familien geordnet dargestellt, wobei die Aktivitätsdominanz der Art für die jeweilige Untersuchungsfläche angeführt ist. Daneben finden sich Angaben zum ökologischen Typ (öT), zur Reifezeit (R) und zum bevorzugten Stratum (S) der Art, wobei Ergebnisse folgender Autoren berücksichtigt wurden: ALBERT (1982), ALBERT & KOLBE (1978), BÄHR & BÄHR (1984), BLISS (1983),

BRAUN (1969), BRAUN & RABELER (1969), BREINL (1981), BROEN & MORITZ (1963, 1964), BUCHE (1966), CASEMIR (1975, 1982), DUMPERT & PLATEN (1985), ENGELHARDT (1964), HARMS (1966), HEIMER & HIEBSCH (1982), HIEBSCH (1972, 1973, 1980), HIEBSCH et al. (1978), HERZOG (1961, 1968), HEYDEMANN (1960), KEKENBOSCH (1956), KNÜLLE (1952, 1953), LÖSER, MEYER & THALER (1982), MARTIN (1973a, c), MAURER (1975), MÜLLER & LÜPKES (1975), NENTWIG (1983), PLATEN (1984, 1985), RÜGER & HIEBSCH (1972), SCHÄFER (1976), STUBBEMANN (1980), TOFT (1976, 1978, 1979), TRETZEL (1952, 1954).

Tab. 2: Liste der erfaßten Webspinnen mit Angaben zur Dominanz (%) an den Standorten, zum ökologischen Typ (öT), zur Reifezeit (R), zum Stratum (S).

Schlüssel zu Tabelle 2

ökologischer Typ

Um eine bessere Vergleichbarkeit mit Carabidenarbeiten zu erreichen, wurden die von BARNDT (1982) für die Rote Liste der Carabiden erstellten Begriffe und Schlüssel, ergänzt nach PLATEN (1984), angewendet.

Belichtete Lebensräume

h = hygrobiont/-phil
(h) = überwiegend hygrophil
eu = eurytop (euryhygr)
x = xerobiont/-phil
(x) = überwiegend xerophil
hal = halobiont/-phil

Beschattete Lebensräume

w = Waldart (allgemein)
(w) = überwiegend/auch in Wäldern
hw = in Feucht- und Naßwäldern
h(w) = überwiegend/auch in Feucht- und Naßwäldern
(h)w = in mesophilen Laubwäldern
(h)(w) = überwiegend/auch in mesophilen Laubwäldern
(x)w = in bodensauren Mischwäldern
(x)(w) = überwiegend/auch in bodensauren Mischwäldern
arb = arboricol
R = an/unter Rinde

Spezielle Lebensräume und Anpassungen

Blüt = auf Blüten lauernd
sko = skotobiont/-phil
th = thermophil
syn = synanthrop
Wasser = zeitlebens im Wasser
myrm = myrmekophil

Reifezeit

Zur Charakterisierung der Reifezeit erscheinen mir die von PLATEN (1984) auf der Basis von TRETZELS (1954) Begriffssystem erstellten Kategorien am besten geeignet.

Eurychrone Reifezeiten

I = eurychron ganzjährig
II = eurychron sommerreif
III = eurychron winterreif

Diplochrone Reifezeit

IV = Frühjahrs-Herbst-Diplochronie
V = Sommer-Winter- Diplochronie

Stenochrone Reifezeiten

VI = Männchen stenochron, Weibchen eurychron
VII a = Frühjahrsreif
VII = Sommerreif
VII b = Herbstreif
VIII = Winterreif

Stratum

Die Definition der Stratenzonen folgt TRETZEL (1952).

0 = Assoziation unter Steinen oder in Erdspalten
1 = epigäische Assoziation
2 = Assoziation der Krautschicht
3 = Assoziation der Strauchschicht und des unteren Stammbereichs
4 = Baumschicht
5 = Kronenschicht
H = Höhlen, Kleintierbauten
K = Keller

Fortsetzung von Tab. 2

Arten	Aktivitätsdominanz an Standort 1	2	3	4	5	öT	R	S
AMAUROBIIDAE								
Amaurobius fenestralis (STROEM,1768)		0,13	0,26	0,08	0,14	(h),w,arb,R	IV	0-4
Callobius claustrarius (HAHN,1831			0,13	3,38	0,22	w	VII	1-2
DYSDERIDAE								
Harpactea lepida (C.L.KOCH,1839)	0,68	2,37	0,66	3,55	0,96	w	V	1
GNAPHOSIDAE								
Drassodes lapidosus (WALCK.,1802)	0,54					x	VII	0-1
Drassodes pubescens (THORELL,1856)	0,41	0,13			0,14	x	VII	0-1
Haplodrassus signifer (C.L.KOCH,1839)	0,27	0,13				x	VII	1
Haplodrassus silvestris (BLACKW.,1833)	0,13	0,26				(x)w	VII	1
Micaria pulicaria (SUNDEVALL,1831)		0,13				eu	VII	0-1
Phrurolithus minimus C.L.KOCH,1839		0,26				(x)	VII	1
Zelotes latreillei (SIMON,1878)	0,27					(x)	IV	1
Zelotes longipes (L.KOCH,1866)	0,13					x	VIIb	1
Zelotes pedestris (C.L.KOCH,1839)					0,07	x	VII	1
Zelotes petrensis (C.L.KOCH,1839)		0,13				x	IV	0-1
Zelotes praeficus (L.KOCH,1866)	0,68	0,13			0,07	x	VII	0-1
Zelotes subterraneus (C.L.K.,1833)	0,27					(x)(w)	VI	0-1
CLUBIONIDAE								
Apostenus fuscus WESTRING,1851				0,08		(x)(w)	VIIa?	1
Clubiona coerulescens L.KOCH,1867		0,13				w	VII	1-4
Clubiona terrestris WESTRING,1851	0,13	0,26	0,13	0,08	0,22	(x)(w)	VII	1
LIOCRANIDAE								
Agroeca brunnea (BLACKWALL,1833)	1,50	0,13			0,07	eu(w)	IV	1-5
Agroeca cuprea MENGE,1866	0,27					x,th	IV	1
Agroeca proxima (O.P.-CBR.,1871)	0,41					(x)	VI	1
Scotina celans (BLACKWALL,1841)	0,13					x,th	VIIb	1
CTENIDAE								
Zora nemoralis (BLACKWALL,1861)		0,52				(x)w	VII	1
Zora spinimana (SUNDEVALL,1833)	2,88	2,50				eu	II	1
ANYPHAENIDAE								
Anyphaena accentuata (WALCK.,1802)			0,13			(h)w,arb	VII	1-4
THOMISIDAE								
Ozyptila scabricola (WESTRING,1851)	0,13					x,myrm,th	IV	1
Ozyptila trux (BLACKWALL,1846)					0,74	h(w)	IV?/VII?	1
Xysticus bifasciatus C.L.KOCH,1837	0,68					x	VII	1-3
Xysticus erraticus (BLACKWALL,1834)	0,27					x	VII?/VI?	0-1
Xysticus lanio C.L.KOCH,1824				0,16	0,14	(x)w,arb	VII	1-3

Fortsetzung von Tab. 2

Arten	Aktivitätsdominanz an Standort					öT	R	S
	1	2	3	4	5			
PHILODROMIDAE								
Philodromus aureolus (CLERCK,1757)		0,13				arb,R	VII	2-4
SALTICIDAE								
Ballus chalybeius (WALCK.,1802)	0,13					arb	VII	1-3
Euophrys frontalis (WALCK.,1802)	0,27					(x)(w)	VII	1-2
Evarcha falcata (CLERCK,1757)	0,54					x	II	1-3
LYCOSIDAE								
Alopecosa pulverulenta (CLERCK,1757)	1,09				0,59	eu	VII	1
Alopecosa trabalis (CLERCK,1757)	3,29	0,13				x	VII	1
Aulonia albimana (WALCK.,1805)	7,4	0,39				x	VII	1
Pardosa amentata (CLERCK,1757)		0,52	0,13			eu	VII	1-2
Pardosa lugubris (WALCK.,1802)	14,12	9,37			1,85	(h)w	VII	1
Pardosa nigriceps (THORELL,1856)					0,44	x	VII	1-4
Pardosa pullata (CLERCK,1757)					0,07	eu	VII	1
Tricca lutetiana (SIMON,1876)	0,13					x	VII	1
Trochosa terricola (THORELL,1856)	9,32	3,69			0,22	(h)w	IV	1
PISAURIDAE								
Pisaura mirabilis (CLERCK,1758)		0,13				eu	VI	1-2
AGELENIDAE								
Cicurina cicur (FABRICIUS,1798)	0,27	0,26	0,13	0,08	0,29	(x)(w)	VIII	0-1
Coelotes inermis (C.L.KOCH,1855)	3,01	4,88	3,71	0,57	1,41	(x)(w)	IV	1
Coelotes terrestris (WIDER,1834)	6,03	9,11	54,90	27,66	17,32	(x)(w)	IV	1
Cryphoeca silvicola (C.L.KOCH,1834)					0,07	w	VI	1
Cybaeus angustiarum L.KOCH,1886			1,19	0,08	0,07	w	VII	1
Histopona torpida (C.L.KOCH,1834)	1,09	1,58	6,75	2,39	1,26	w	VII	1
HAHNIIDAE								
Hahnia helveola SIMON,1875	0,13	0,52			0,66	(w)	III	1
Hahnia pusilla C.L.KOCH,1841	0,54				0,07	(h)w	II	1
THERIDIIDAE								
Enoplognatha ovata (CLERCK,1757)	0,13					eu(w)	VII	2-4
Episinus angulatus (BLACKWALL,1836)	0,13					(x)w?	VII?	2-3
Euryopis flavomaculata (C.L.K.,1848)	1,92					(x)(w)	VII	1-2
Robertus lividus (BLACKWALL,1836)		0,13	0,26	0,08		(x)w	VII	0-1
Robertus scoticus JACKSON,1914		0,13				hw,h	VII	1
Theridion sisyphium (CLERCK,1757)	0,27					(x)	VII	2-4
TETRAGNATHIDAE								
Pachygnatha degeeri SUNDEVALL,1830				0,08		eu	II	1

Fortsetzung von Tab. 2

Arten	Aktivitätsdominanz an Standort					öT	R	S
	1	2	3	4	5			
ARANEIDAE								
Araneus diadematus CLERCK,1758					0,07	(x)(w)	VII	2-3
Cyclosa conica (PALLAS,1772)			0,13			(x)w	VII	2
Hypsosinga sanguinea (C.L.K.,1845)	0,13					x	VIIa?/VII	2
Meta segmentata (CLERCK,1757)	0,13		0,26			(h)w?	VIIb	2-4
MICRYPHANTIDAE								
Asthenargus paganus (SIMON,1884)	0,27	0,26				(x)(w)	II	1
Ceratinella brevipes (WESTRING,1851)					0,07	h	VII?	1
Cnephalocotes obscurus (BLACK.,1834)	0,41					eu	VII?/IV?	1-2
Dicymbium tibiale (BLACKWALL,1836)			0,26	1,65	2,52	hw	IV	1
Diplocephalus cristatus (BLACK.,1853)				0,24	0,07	(x)	V	1
Diplocephalus latifrons (CBR.,1863)	1,23	5,94	0,39	0,41	0,07	(h)w	II?/IV?	1
Diplocephalus picinus (BLACK.,1841)	0,41	23,64	2,25	37,32	4,31	(x)w	VII	1
Dismodiscus bifrons (BLACKWALL,1841)	1,37					(w)	VII	1-3
Erigone dentipalpis (WIDER,1834)	0,13			0,16		eu	II	1
Gonatium isabellinum (C.L.KOCH,1841)			1,06	1,89	5,72	hw	II	1-5
Gonatium rubens (BLACKWALL,1833)	0,82			0,24	0,29	(x)(w)	III	1-2
Gongylidiellum latebricola (CBR.,1871)	0,41					(x)(w)	II	1
Hypomma bituberculatum (WIDER,1834)	0,41					h,arb	VII	1-4
Hypomma cornutum (BLACKWALL,1831)	0,27					(h)arb	VII	3-4
Maso sundevalli (WESTRING,1851)	0,13					(x)w	IV	1-2
Micrargus herbigradus (BLACKW.,1854)	0,82	0,13	2,38	0,99	0,59	(x)w	V	1
Pocadicnemis pumila (BLACKWALL,1841)	0,41					eu	VII	1
Saloca diceros (O.P.-CAMBRIDGE,1871)			2,65	1,23	0,89	(h)w	VII	1
Tapinocyba pallens (O.P.-CBR.,1872)	0,82	1,18		0,08		w	II	1
Tapinocyboides pygmaea (MENGE,1869)	1,5	0,26				x	VII	1
Walckenaeria acuminata BLACK.,1833	0,68	0,26			1,78	(x)w	VIII	1
Walckenaeria antica (WIDER,1834)	0,13					(x)	IV	1
Walckenaeria corniculans (CBR.,1875)	0,27	5,68	0,39	3,3		(x)w	V	1-4
Walckenaeria cucullata (C.L.K.,1836)	0,41	0,52	1,59	1,23	0,89	(x)w	IV	1-5
Walckenaeria cuspidata (BLACK.,1833)			9,54	3,22	4,98	(w)	VI	1
Walckenaeria dysderoides (WIDER,1834)	0,13	0,66		0,99		(x)w	V	1-2
Walckenaeria melanocephala CBR.,1878	0,68					hw	VII	1-5
Walckenaeria mitrata (MENGE,1866)				1,23	0,89	(h)w	VIIa	1
Walckenaeria nudipalpis (WESTRING,1851)		0,13				h	III	1
Walckenaeria obtusa (BLACK.,1836)		0,26	0,13	0,08		(x)w	III	1
LINYPHIIDAE								
Agyneta affinis (KULCZYNSKI,1898)	0,27	0,13				x	VII	1
Agyneta innotabilis (O.P.-CBR.,1863)				0,08		arb,R	VII	3-4
Agyneta rurestris (C.L.KOCH,1836)				0,16		(x)	II	1
Agyneta saxatilis (BLACKWALL,1844)	0,41					(x)w	VII	1
Bathyphantes concolor (WIDER,1834)	0,13		0,39		0,14	(h)w	II	1

Fortsetzung von Tab. 2

Arten	Aktivitätsdominanz am Standort 1	2	3	4	5	öT	R	S
Bathyphantes parvulus (WESTRING,1851)	0,13					eu	VII	1-2
Bolyphantes alticeps (SUNDEVALL,1832)	0,13		0,13	0,08	3,86	(w)	VII	1-3
Centromerita bicolor (BLACK.,1833)	0,13					eu(x)(w)	VIII	1-2
Centromerus cavernarum (L.KOCH,1872)		0,13		0,16		(w)	VIII	1
Centromerus expertus (O.P.-CBR.,1871)			0,13			(h)	VIII	1
Centromerus incilius (L.KOCH,1881)	0,41	0,26				(x)w	VIII	1
Centromerus pabulator (CBR.,1875)	9,87	0,79		0,08		(x)w	VIII	1
Centromerus sylvaticus (BLACK.,1841)	9,87	14,92	0,66	1,07	2,89	(h)w	VIII	1
Drapetisca socialis (SUNDEVALL,1833)		0,13	0,39	0,24	0,07	arb,R	VIIb	1-4
Helophora insignis (BLACKWALL,1841)			1,06	0,74	0,81	(h)w	VIIb	1-2
Hilaira excisa (O.P.-CBR.,1870)			0,39			h	VII	1
Lepthyphantes alacris (BLACK.,1853)	0,13		0,13			w	III	1
Lepthyphantes cristatus (MENGE,1866)	0,68	0,39		0,16	0,07	(h)w	III	1
Lepthyphantes flavipes (BLACK.,1854)	0,13	0,79				(x)w	II	1
Lepthyphantes mengei KULCZYNSKI,1887	1,09	0,26	0,66	0,33	34,57	h(w)	V	1-2
Lepthyphantes minutus (BLACK.,1833)			0,26			(x)w	VII	0-1
Lepthyphantes pallidus (CBR.,1871)	0,27		0,13	0,41	0,07	eu(w)	V	1
Lepthyphantes tenebricola (WIDER,1834)		0,39	2,91		1,33	(h)w	II	1
Lepthyphantes tenuis (BLACK.,1952)	0,27		0,53			(x)	VII?/III?	1-2
Lepthyphantes zimmermanni BERTKAU,1890	0,13		2,25	0,08	0,59	(x)w	IV?	1-2
Linyphia emphana (WALCKENAER,1841)				0,08	0,07	(h)w	VII	1-3
Linyphia hortensis SUNDEVALL,1829					0,07	(h)w	VII	2-4
Linyphia peltata WIDER,1834				0,08		(x)w	VII	2
Linyphia pusilla SUNDEVALL,1829					0,14	eu	VII	2-3
Linyphia triangularis (CLERCK,1757)	0,27			0,41	0,59	eu(w)	VIIb	1-3
Macrargus rufus (WIDER,1834)	0,54	1,18		2,63	3,12	(x)w	VIII	1-2
Microneta viaria (BLACKWALL,1841)		3,17	0,39	0,33	0,07	(h)w	V	1
Porrhomma microphthalmum (O.P.-C.,1871)					0,14	h(?)	?	?
Sintula corniger (BLACKWALL,1856)	2,88	0,13				eu?	IV	1?
Stemonyphantes lineatus (LINN.,1738)	0,27			0,16	0,59	eu	III	1-2

5. Faunistische Besonderheiten

Nach unserem heutigen Kenntnisstand müssen die im folgenden beschriebenen Arten als faunistische Besonderheiten gewertet werden, da nur eine geringe Anzahl von Fundmeldungen vorliegt. Neben dem Fundort sind die Anzahl der gefangenen Tiere - getrennt nach Männchen, Weibchen - und der Fundmonat (Römische Ziffer) angegeben.

Centromerus cavernarum (L. KOCH, 1872)
(2) 1,0 XII
(4) 1,0 IV

LOCKET & MILLIDGE (1951), WIEHLE (1956) und BÄHR & BÄHR (1984) nennen Buchenwälder als Fundort. Weiterhin liegen Funde aus Fichtenwäldern vor (BÄHR & BÄHR 1984, BÄHR 1985).

Sintula corniger (BLACKWALL, 1856)
(1) 0,5 IV/7,2 V/3,0 VI/1,0 X/3,0 XI
(2) 1,0 VI

Sintula corniger wird genannt „in Norden Bog and Stutland heath" von MERRETT (1969) und am Spitzberg bei Tübingen von HARMS (1966). Eigene Funde stammen außerdem von Mesobromion-Standorten (HOFMANN in Vorb.). Die Funde zeigen ein deutliches Maximum im Frühjahr und ein schwächeres im Herbst, so daß *Sintula corniger* zu den diplochronen Arten zu stellen ist. Als ökologischen Typ schlage ich hemiombrophil-hemihygrophil (TRETZEL 1952) vor.

6. Die Spinnengesellschaften

6.1 Familienspektren der Standorte

Abb. 1 zeigt die Dominanzverhältnisse auf Familienebene. Bemerkenswert ist hierbei, daß - mit Ausnahme von Standort 1 auf dessen Sonderstellung noch eingegangen wird (vgl. 6.3, 6.4) - drei Familien dominieren: Agelenidae, Micryphantidae und Linyphiidae.

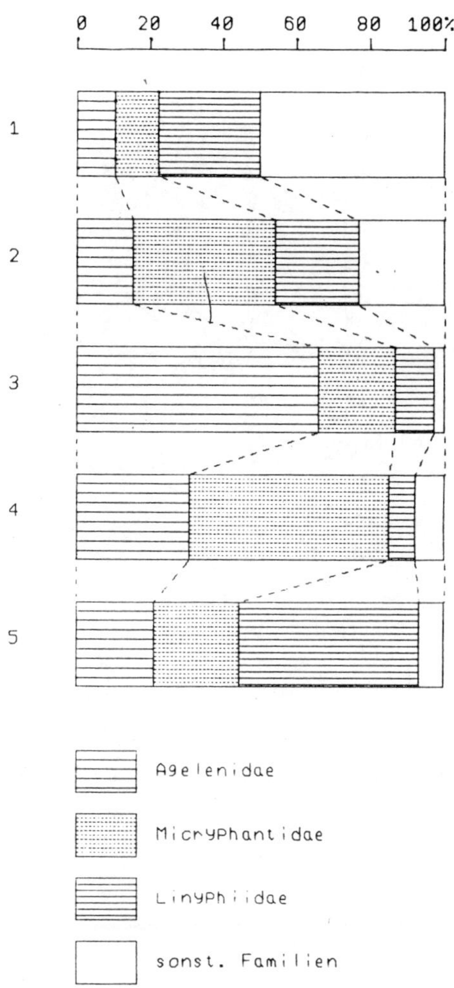

Abb. 1: Dominanzverhältnisse der Familien.

6.2 Strukturanalyse der Spinnengesellschaften

Die Struktur einer Tiergesellschaft wird in der Anzahl der Arten und der Verteilung der Individuen auf diese sichtbar. Die Artendiversität wird hier durch den Diversitätsindex (Hs) nach SHANNON-WEAVER (1949) beschrieben (Tab. 3). Der Wert von Hs ist umso größer, je mehr Arten und Individuen eine Untersuchungsfläche aufweist. Bei gleicher Arten- und Gesamtindividuenzahl ist er umso kleiner, je ungleichmäßiger die Abundanzen auf die einzelnen Arten verteilt sind.

Tab. 3: Diversitätsindices und Eveness-Werte.

Standort	Diversitätsindex	Eveness
1	3,3345	0,7609
2	2,7369	0,6893
3	1,9827	0,5376
4	2,1856	0,5645
5	2,5072	0,6256

Bei einem Vergleich verschiedener Biotope läßt der Diversitätsindex allein nicht erkennen, ob sein Wert auf einer hohen Artenzahl mit ungleichmäßiger Individuenverteilung beruht, oder auf einer gleichmäßigen Verteilung der Individuen auf wenige Arten.

Dies läßt sich mit Hilfe der Evenness (E) (PIELOU 1969) feststellen. Hierbei setzt man den Hs-Wert in Beziehung zu einem maximalen Hs-Wert (hmax). Dieser ergibt sich aus der größtmöglichen Gleichverteilung der Individuen auf die vorliegenden Arten. Der Wert von E ist umso größer, je gleichmäßiger die Individuen auf die Arten verteilt sind. Er kann Werte zwischen 0 und 1 annehmen.

Da die Diversität wesentlich von der räumlichen Heterogenität eines Standorts bestimmt wird (MAY 1980), ist für die Fauna das Angebot unterschiedlicher Mikrohabitate ausschlaggebend, wobei sich das Auftreten einer Strauch- und/oder Krautschicht positiv auf die Faunenstruktur auswirkt, wie die Werte für die Standorte 1, 2 und 5 zeigen. Standort 3 und 4 weisen niedrigere Artenzahlen bei deutlich ungleicherer Individuenverteilung auf. Diese Verhältnisse sind auch aus den Dominanzverteilungen ersichtlich (Abb. 2 a-e).

6.3 Zusammensetzung der Spinnenfaunen

Betrachtet man die Verteilung der Arten auf die Standorte, so erhält man das in Tab. 4 dargestellte Bild.

Tab. 4: Verteilung der Arten auf die Standorte.

Auftreten in	1	2	3	4	5
1	32				
2	11	9			
3	3	1	5		
4	1	1	0	5	
5	2	0	0	4	10
2+3	0				
2+4	3				
2+5	7				
3+4	0	2			
3+5	1	1			
4+5	3	0	7		
2+3+4	1				
2+3+5	0				
2+4+5	2				
3+4+5	3	3			
2+3+4+5	12				

Auffällig ist die hohe Zahl der Arten, die nur an Standort 1 auftreten und der Arten, die den Standorten 1 und 2 gemeinsam sind. Ursache hierfür ist die Nachbarschaft dieser Standorte (nur ca. 5 m lagen zwischen den Fallenreihen) und der Einfluß eines angrenzenden Mesobromions (vgl. 6.4). Für die Ableitung der ökologischen Ansprüche der Arten ist also unter anderem die Analyse des Habitats notwendig. Auf der Basis bisheriger Angaben erhält man die in Tab. 5 dargestellten Ergebnisse.

Die festgestellten Arten gehören überwiegend zur epigäischen Assoziation, daneben aber weisen viele Arten Beziehungen zu höheren Straten auf, so zum Beispiel *Lepthyphantes mengei*, die an Standort 5 neben *Bolyphantes alticeps* bei Streifsackfängen in der Krautschicht erfaßt wurde. Arten, deren Lebensbereich ausschließlich höhere Straten sind, wie *Drapetisca socialis* und *Cyclosa conica*, wurden fast immer nur in Einzelexemplaren gefangen. Arten der terrestrischen Assoziation sind nur an Standort 1 häufiger, bedingt durch das erhöhte Auftreten der Gnaphosidae.

Die Fauna der Standorte 1 und 2 weist weist einen hohen Anteil xerobionter und euryhygrer Arten auf; dies führt - vor allem an Standort 1 - zu einem Faunenmosaik, während sich an Standort 2 die Arten mäßig-trockener bis mäßig-feuchter Wälder als dominant erweisen.

Eine sehr ähnliche Faunenzusammensetzung zeigen die Buchenwaldstandorte 3 und 4 mit einem Schwerpunkt im Bereich der allgemeinen Waldarten und der Arten mäßig-trockener Wälder.

An Standort 5 sind Arten der Naßwälder und der mäßig-trockenen bis mäßig-feuchten Wälder prozentual im Gleichgewicht. Betrachtet man jedoch die Artenzahl, so treten die Arten der Naßwälder deutlich zurück. Der hohe prozentuale Anteil beruht ausschließlich auf der hohen Aktivitätsdominanz von *Lepthyphantes mengei*.

Tab. 5: Verteilung der Arten auf Straten und ökologische Typen.

Standort	1			2			3			4			5		
	AZ	D	AT	AZ	D	AT	AZ	D	AT	AZ	D	AT	AZ	D	AT
Stratum															
0 / (0)	6	2,44	7,5	7	0,92	13,21	4	0,85	10,26	3	0,24	6,38	4	0,64	7,27
1	45	83,30	56,25	35	89,13	68,04	21	90,07	56,35	26	83,47	57,51	31	46,32	58,24
(1)	23	11,54	28.75	9	9,08	17,01	11	7,79	28,16	15	16,26	31,95	15	17,47	27,30
nicht epigäisch	6	1,06	7,5	1	0,13	1,89	2	0,39	5,12	2	0,16	6,24	3	0,28	5,46
?													1	0,14	1,82
ökologischer Typ															
h und (h)				1	0,13	1,89	2	0,52	5,13				2	0,21	3,64
eu	8	8,2	10,0	5	3,41	9,45	1	0,13	2,56	3	0,4	6,39	4	1,39	7,28
x und (x)	22	18,12	27,5	10	1,82	18,9	1	0,53	2,56	2	0,4	4,26	5	0,79	9,1
w und (w)	11	6,52	13,75	8	6,17	15,12	9	18,92	23,04	11	13,84	23,43	12	12,95	21,84
hw und h(w)	2	1,77	2,5	2	0,39	3,78	3	1,98	7,68	3	3,87	6,39	4	43,55	7,28
(h)w und (h)(w)	8	36,02	10,0	7	37,87	13,23	8	8,71	20,48	8	5,25	17,04	14	9,24	25,48
(x)w und (x)(w)	26	28,13	32,5	18	49,72	34,02	13	68,51	33,28	17	75,57	36,21	12	30,88	21,84
arb/R	3	0,81	3,75	2	0,26	3,78	2	0,52	5,13	3	0,48	6,39	2	0,21	3,84

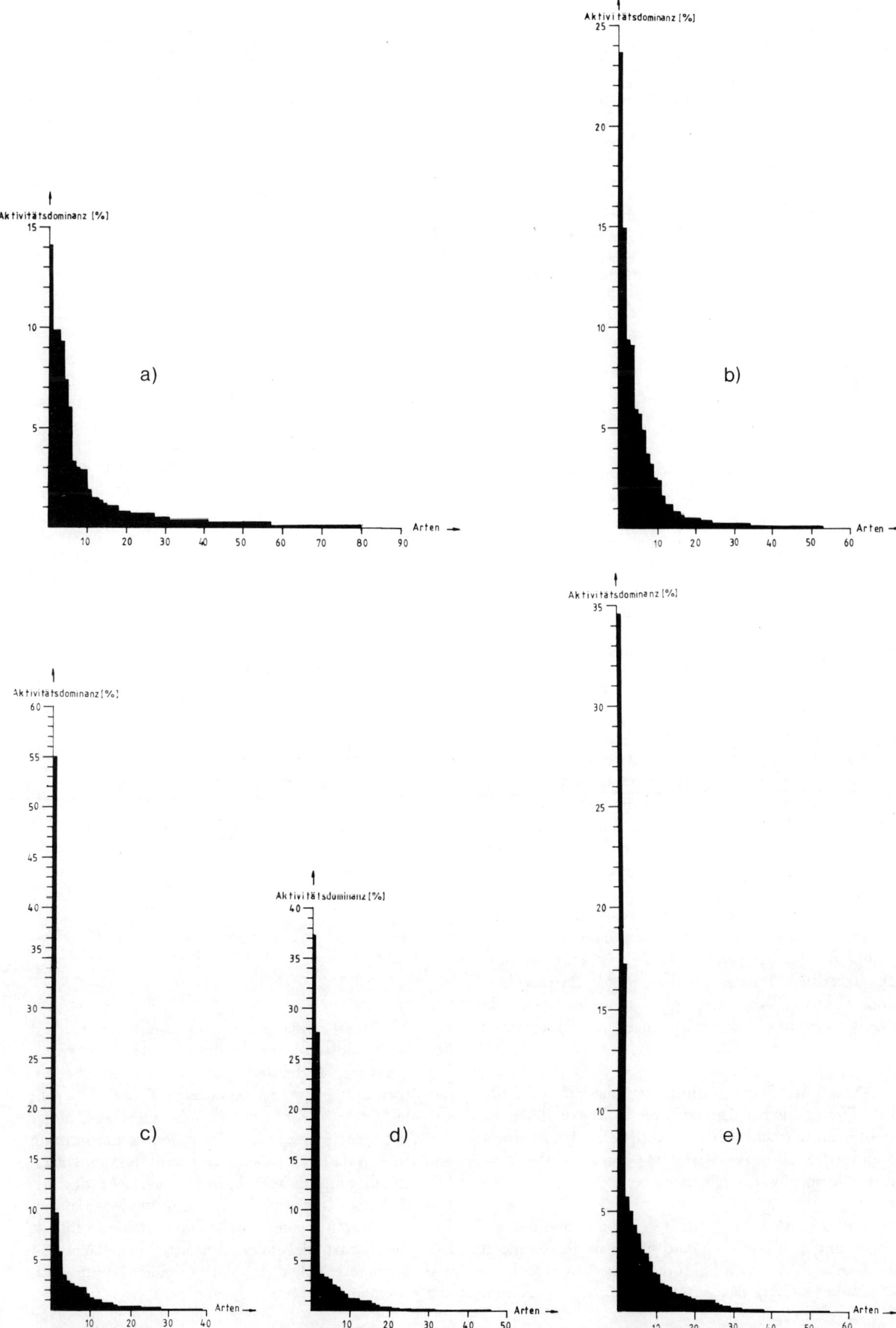

Abb. 2: Dominanzverteilung an den Standorten.
a: 1, b: 2, c: 3, d: 4, e: 5

6.4 Beziehungen zwischen mikroklimatischen Standortbedingungen und Spinnenfauna

Setzt man die Verteilung der ökologischen Typen an den Standorten in Beziehung zu den Faktoren Belichtung, Temperatur und Feuchtigkeit, so ergeben sich - je nachdem ob man die mittleren Zeigerwerte der Pflanzen (ELLENBERG 1979) oder die Meßwerte (Tab. 1) als Variablen wählt - unterschiedliche Ergebnisse (Abb. 3). Diese beruhen auf dem Unterschied zwischen den Verhältnissen auf der Pflanzenoberseite (Zeigerwerte) und im Vegetationsinneren (Messungen).

Bei beiden Darstellungen liegt Standort 1 von den anderen Standorten entfernt. Dies beruht auf vergleichsweise hoher Belichtung und Temperatur. Die Werte von Temperatur (Teff) und Belichtung (L) wurden über stark streuende Einzelmessungen gemittelt. Die dadurch erhaltenen Ergebnisse stimmen mit den Aussagen der Zeigerwerte überein. Betrachtet man die Verteilung der Dominanzwerte und Anteile der Arten auf die ökologischen Typen, so zeigt sich eine Fauna, die zu etwa gleichen Teilen aus Licht-/Wärme-liebenden Arten und Waldarten besteht. Diese Mosaikfauna steht in deutlicher Beziehung zu den stark variierenden Meßwerten von Temperatur und Belichtung. Allerdings kann auch der Zulauf biotopfremder Arten aus dem angrenzenden Mesobromion (HOFMANN in Vorb.) nicht ausgeschlossen werden.

Das Faktorengefüge von Standort 2 unterscheidet sich stark von dem des Standorts 1. Standort 2 muß als kühl und dunkel eingestuft werden. Der hohe Anteil euryhygrer und xerobionter Arten beruht daher auf dem Zulauf biotopfremder Arten. Der Standort steht den Standorten 3 und 4 hinsichtlich seines Faktorengefüges nahe. Nach den Meßergebnissen, denen ich aus oben genanntem Grund den Vorzug gebe, ist Standort 2 dunkler als die Standorte 3 und 4, bedingt durch seine südsüdwestliche Lage jedoch wärmer als der nordexponierte Standort 3 und der Plateaustandort 4. Der Feuchtigkeitswert charakterisiert ihn als frischen Wald. Entsprechend dem Faktorengefüge wird die Fauna von Arten der mäßig-trockenen bis mäßig-feuchten Wälder dominiert.

Die Standorte 3 und 4 sind ebenfalls kühl und dunkel. Ein deutlicher Unterschied zwischen ihnen besteht hinsichtlich der Feuchtigkeit. Hier nimmt Standort 3 eine Sonderstellung ein, wie der hohe Anteil hygrophiler Arten zeigt.

Standort 5 ist etwas feuchter als die Standorte 2 und 4 und etwas wärmer und heller als die Standorte 2, 3 und 4. Diesem Faktorengefüge entspricht die Zusammensetzung des Artenspektrums, das die meisten Arten als Bewohner mäßig-feuchter Wälder ausweist, aber auch eine Anzahl euryhygrer und xerobionter Arten enthält. Die Dominanzverteilung ist hingegen geprägt von den Arten der Feucht- und Naßwälder. Dies beruht, wie bereits in Kap. 6.3 ausgeführt, auf den hohen Abundanzwerten von *Lepthyphantes mengei*. Ihre hohen Abundanzen an einem nur mäßig-feuchten Standort sind dem flächendeckenden Bingelkrautunterwuchs zuzuschreiben, der durch seine evaporationshemmende Wirkung ein der Art entsprechendes Mikroklima schafft.

6.5 Verwandschaftsgrad der Spinnenfauna der untersuchten Standorte

Der Verwandschaftsgrad der untersuchten Waldgebiete wird durch die Diversitätsdifferenz (Hdiff) (Tab. 6) nach MAC ARTHUR (1965) beschrieben, wobei der Wert von Hdiff umso kleiner ist, je ähnlicher die verglichenen Standorte sind. Er liegt zwischen 0 und ln 2. Bei Hdiff = 0 unterscheiden sich die Standorte weder in der Artenzahl, dem Artenspektrum noch in der Verteilung der Abundanzen auf die Arten.

Tab. 6: Diversitätsdifferenz der Standorte.

Standort	2	3	4	5
1	0,2658	0,3869	0,5037	0,43976
2		0,2972	0,2455	0,3869
3			0,2204	0,2773
4				0,2799

Feststellbar ist eine große faunistische Ähnlichkeit der Laubwaldstandorte, während sich Standort 1, der Kiefernforst, deutlich von ihnen unterscheidet. Die Verwandtschaft der Standorte 1 und 2 beruht auf der bereits betonten räumlichen Nähe dieser Standorte zueinander und zu einem Mesobromion und auf den dadurch möglichen Randeffekten. Unter-Berücksichtigung dieses Einflusses herrscht die insgesamt größte faunistische Ähnlichkeit zwischen den Buchenwaldstandorten - vor allem zwischen 3 und 4. Die benachbart liegenden Untersuchungsflächen 4 und 5 unterscheiden sich im Vergleich dazu deutlich voneinander.

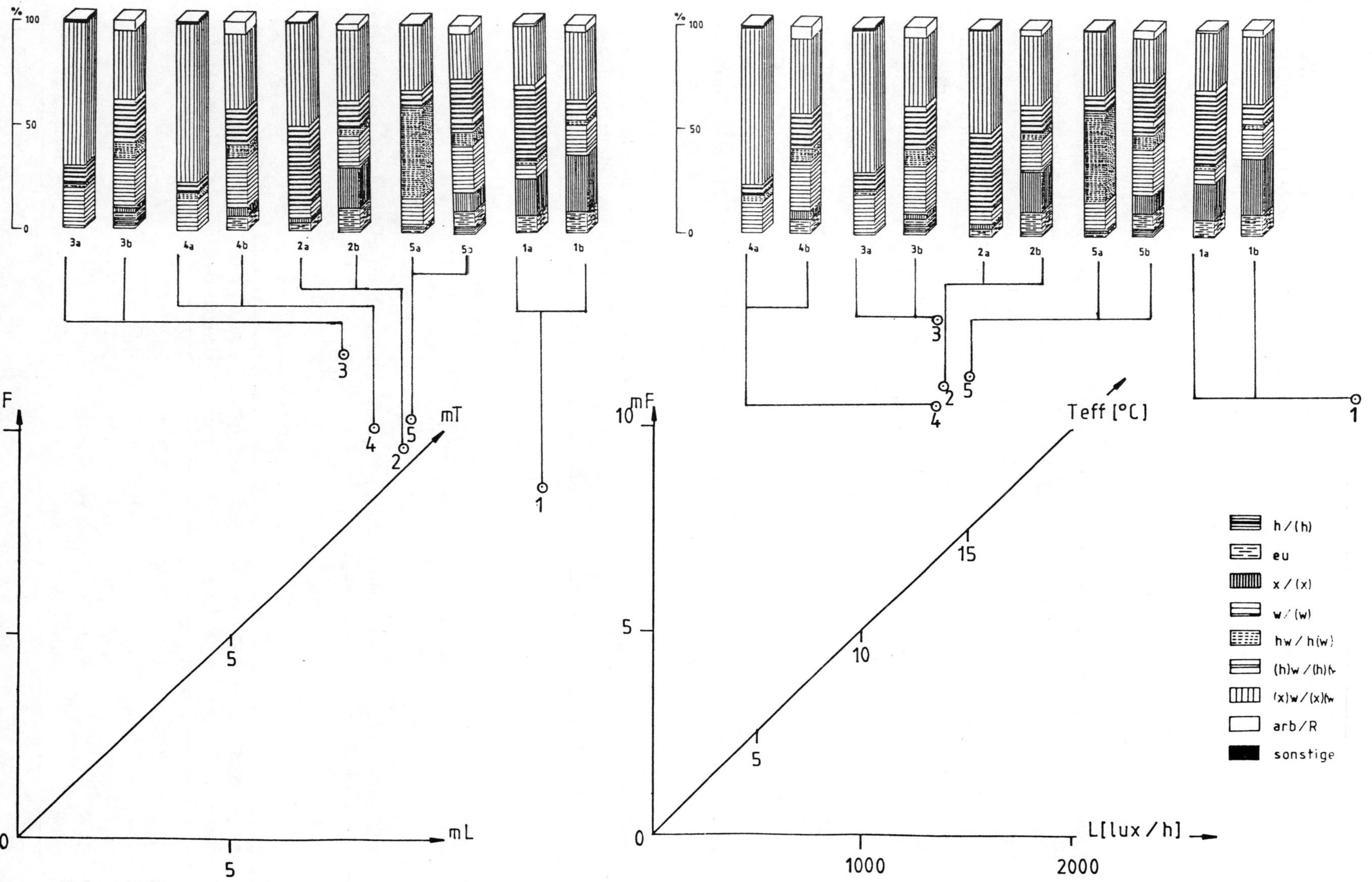

Abb. 3: Beziehung zwischen ökologischen Typen und A) mittleren Zeigerwerten der Pflanzen (mL, mT, mF) und B) den Meßwerten (Teff, L) und mF.
a) Aktivitätsdominanzanteil, b) Artenanteil

7. Diskussion

Nach der Beschreibung der Zusammensetzung und der Struktur von Spinnengesellschaften unterschiedlicher Waldtypen und ihrer Beziehung zum Faktorengefüge der Standorte und zueinander stellt sich nun die Frage nach den siedlungsbestimmenden Faktoren.

7.1 Die Rolle des geographischen Raumes

In den untersuchten Waldgebieten trat eine Reihe von Arten auf, die von DAHL (1931), WIEHLE (1956, 1960) und DUMPERT & PLATEN (1985) als Charakterarten der Mittelgebirgswälder genannt werden. Es handelt sich dabei um *Amaurobius fenestralis, Harpactea lepida, Coelotes inermis, Coelotes terrestris, Cryphoeca silvicola, Cybaeus angustiarum, Histopona torpida, Robertus scoticus, Asthenargus paganus, Diplocephalus latifrons, Saloca diceros, Walckenaeria corniculans, Bolyphantes alticeps, Helophora insignis, Linyphia emphana, Lepthyphantes alacris* und *Lepthyphantes zimmermanni.* Da die hier genannten Arten überwiegend auch in Wäldern der Ebene vorkommen, und die Untersuchung von Spinnengesellschaften von Wäldern allgemein und Mittelgebirgswäldern im besonderen noch sehr lückenhaft ist, sollte die Rolle des geographischen Raumes nicht überbewertet werden.

7.2 Die Rolle der Waldgesellschaft

Unsicher ist auch die Rolle der Waldgesellschaft als Einflußfaktor auf die Zusammensetzung der Spinnenfauna. Zwar läßt der Vergleich des erfaßten Artenspektrums mit dem anderer Walduntersuchungen zumindest für die Buchenwaldstandorte (2, 3, 4) eine hohe qualitative Ähnlichkeit erkennen (Tab. 7), allerdings ist keine der übereinstimmenden Arten ausschließlich aus Buchenwäldern bekannt.

Für den Kiefernforst (1) und den Eichen-Hainbuchenwald (5) fehlen vergleichbare Untersuchungen.

Die in Tab. 7 verwendeten Arbeiten über Kiefernmischwälder von BROEN & MORITZ (1964) und STUBBEMANN (1980) unterscheiden sich nicht nur im geographischen Raum, sondern vor allem in den Struktur- und Klimabedingungen der untersuchten Areale.

Die einzige mir bekannte Untersuchung eines Eichen-Hainbuchenwaldes der Bingelkraut-Untergesellschaft (HEIMER & HIEBSCH 1982) führt nur die dominanten Arten des Untersuchungsgebietes auf, so daß ein Vergleich des Gesamtspektrums nicht möglich ist. Vergleicht man das Artenspektrum im Bereich größer 1 % Aktivitätsdominanz, ergeben sich auffällige Unterschiede. So tritt *Lepthyphantes mengei*, die in dem von mir untersuchten Areal über 34 % Aktivitätsdominanz erreichte, am Hakel nur mit 1,7 % im Altbestand und 0,1 % im Stangenholz in Erscheinung. *Gonatium isabellinum, Walckenaeria cuspidata, Bolyphantes alticeps, Dicymbium tibiale, Walckenaeria acuminata, Coelotes inermis* und *Histopona torpida* fehlen unter den dominanten Arten des Hakel. Die Ursache dieser Unterschiede (geographischer Raum? Klima? Jahresschwankungen im Artenspektrum?) ist fraglich.

Aus den bisher vorliegenden Ergebnissen ist die ausschließliche Bindung von Spinnenarten an bestimmte Waldgesellschaften nicht ableitbar. Fraglich bleibt, ob die für die Buchenwaldstandorte festgestellte hohe qualitative Ähnlichkeit der Spinnenfauna Ausdruck einer typischen Spinnengesellschaft der Buchenwälder ist.

7.3 Die Rolle der Strukturbedingungen

Wie bereits die Artendiversitäten und Dominanzstrukturen zeigten, beeinflußt die Gliederung des Habitats Zusammensetzung und Aufbau der Spinnengesellschaft.

Berücksichtigt man die an Standort 2 aufgetretenen Randeffekte, so zeigen die Buchenwaldstandorte

Tab. 7: Anteil (%) der mit vergleichbaren Untersuchungen übereinstimmenden Spinnenarten.

	PLATEN & DUMPERT (1985) (Buchenwald)	ALBERT (1982) Buche	ALBERT (1982) Fichte	BÄHR & BÄHR (1984) Buche	BÄHR & BÄHR (1984) Fichte	v. BROEN & MORITZ (1964) Kiefernmischwald	STUBBEMANN (1980) Kiefernmischwald
1	29,52	27,50	22,50	25,00	31,25	36,25	68,75
2	32,80	45,28	39,62	41,51	39,62	41,51	73,58
3	37,72	51,28	48,72	56,41	51,28	30,77	74,63
4	34,44	51,06	40,43	48,94	42,55	38,30	74,47
5	27,88	40,00	30,91	40,00	41,82	41,82	74,55

(2, 3, 4) die geringsten Artenzahlen und die höchste Ungleichverteilung der Individuen. Dies wird aus der Gliederung des Lebensraumes verständlich. Den Spinnen steht vor allem die Laubstreu als Lebensraum zur Verfügung. Moospolster und Krautschicht fehlen in den untersuchten Arealen fast vollständig. Daher findet man vor allem Arten wie *Diplocephalus picinus*, deren Lebensraum die Streuschicht darstellt. Neben kleinen, die Streu bewohnenden Arten bestimmen die Agelenidae, vor allem die Coelotes-Arten das Bild. Diese nachtaktiven Arten bauen Trichternetze im Boden. Arten, die Netze in höherer Vegetation bauen fehlen ebenso wie tagaktive Jäger (Lichtverhältnisse!). Nur an Standort 2 treten freijagende Arten, z.B. *Pardosa lugubris*, in nennenswerter Anzahl auf. Dies beruht allerdings auf dem Zulauf biotopfremder Arten.

Der Eichen-Hainbuchenwald (5) zeichnet sich durch eine flächendeckende Krautschicht aus, die von Bingelkraut dominiert wird. Dieser relativ einheitlich strukturierte Unterwuchs bietet vor allem netzbauenden Linyphiiden Lebensraum. Besonders häufig waren *Lepthyphantes mengei* und *Bolyphantes alticeps*.

Die höchste Diversität zeigte die Fauna des Kiefernforstes (1). Hier ist die Krautschicht von Gräsern, vor allem *Brachypodium pinnatum* geprägt. Für die hohe Diversität scheinen jedoch weniger die Struktur- als vielmehr die stark variierenden Licht- und Temperaturverhältnisse verantwortlich zu sein.

7.4 Die Rolle des Mikroklimas

Deutliche Zusammenhänge zeigen sich zwischen der Zusammensetzung und Struktur der Spinnengesellschaften und dem Mikroklima der Standorte.

Der Einfluß des Faktors Belichtung wird sichtbar im Auftreten bzw. Fehlen tagaktiver Jäger aus den Familien Lydosidae, Thomisidae und Salticidae. Diese sind nur im gutbelichteten Kiefernforst (1) in nennenswerter Artenzahl und Abundanz vertreten.

Entsprechend den Temperaturwerten bleibt das Auftreten thermophiler Arten auf den Kiefernforst (1) beschränkt. Die Einzelfänge thermophiler Arten im benachbarten Buchenwald (2) beschränken sich auf laufaktive Arten der Gnaphosidae und Lycosidae, deren Auftreten an diesem Standort auf Zulauf aus dem Kiefernforst bzw. angrenzenden Mesobrometen zurückzuführen ist.

Einen deutlichen Einfluß übt der Faktor Feuchtigkeit aus. Dies zeigt das Verhältnis der Arten

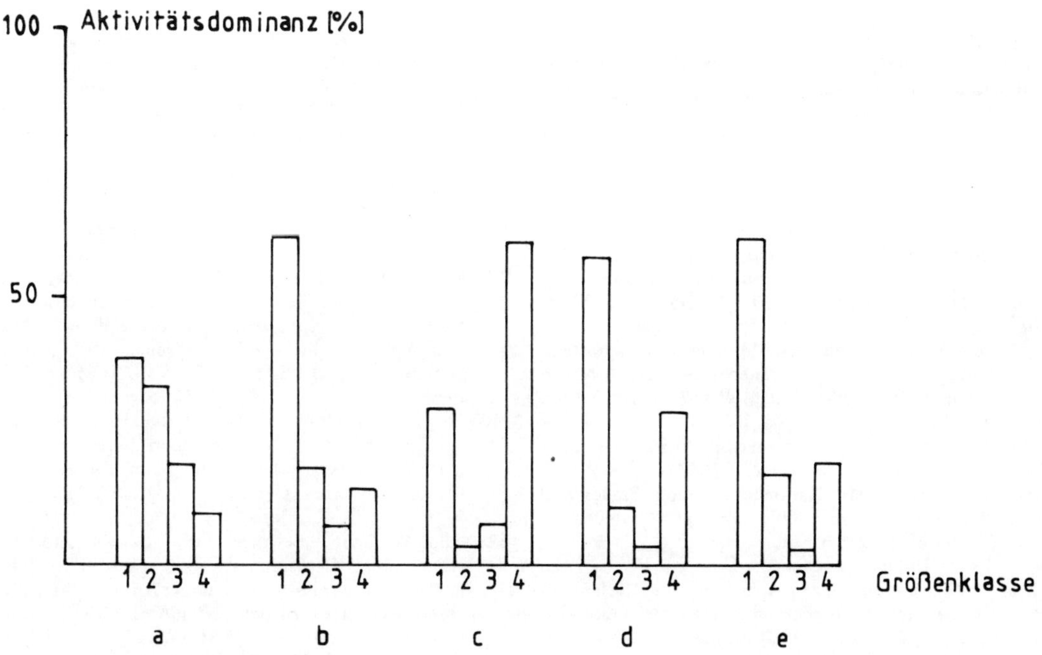

Abb. 4: Größenverteilung an den Standorten.

Größenklassen: 1 = < 3 mm; 2 = 3 bis 6 mm; 3 = 6 bis 9 mm; 4 = > 9 mm (Mittlere Größe nach LOCKET & MILLIDGE 1951/1953)

mit höheren Feuchtigkeitsansprüchen (hw/h(w) + (h)w/(h)(w)), zu denen mit geringeren Feuchtigkeitsansprüchen ((x)w/(x)(w)) (Tab. 8).

Tab. 8: Verhältnis der Arten mit höheren Feuchtigkeitsansprüchen (Af) zu denen mit geringeren (At).

Standort	Af	At	Af : At
1	10	26	1 : 2,6
2	9	18	1 : 2,0
3	11	13	1 : 1,18
4	11	17	1 : 1,55
5	18	12	1 : 0,67

7.5 Die Rolle des Nahrungsangebots

Spinnen gehören - von wenigen Ausnahmen wie Ero abgesehen - zu den polyphagen Räubern, d.h. sie nehmen jedes Tier, das sie überwältigen können, als Beute an.

Das Nahrungsangebot in Wäldern besteht vor allem aus sehr kleinen Tieren wie Collembolen und sehr großen wie Asseln und Carabidae. Letztere bilden nach TRETZEL (1961) die Hauptnahrung von *Coelotes terrestris*. Reichlich vorhanden sind an den Standorten nach Untersuchungen von MÜLLER-LÜTKEN (1985) vor allem Pterostichus- und Atrax-Arten. Entsprechend dem Nahrungsangebot, in dem mittelgroße Beutetiere in ausreichender Menge fehlen, sind an den Laubwaldstandorten (2, 3, 4, 5) vor allem sehr große (über 9 mm Körpergröße) und sehr kleine (unter 3 mm Körpergröße) Spinnenarten in hohen Abundanzen zu finden (Abb. 4).

Übereinstimmende Ergebnisse erhielten BÄHR & BÄHR (1984) an den von ihnen untersuchten Waldstandorten. Sie sehen das Nahrungsangebot - neben den Lichtverhältnissen - als Ursache für das Fehlen der freijagenden Arten an. Abweichend verhält sich die Kiefernforstfauna. Hier liegt der Schwerpunkt im Bereich der Arten zwischen 3 und 6 mm Körpergröße, aber auch Arten zwischen 6 und 9 mm Körpergröße erreichen hohe Aktivitätsanteile. Hier sind - vor allem durch das direkt angrenzende Mesobromion - mittelgroße Beutetiere (Zikaden, Wanzen, Dipteren usw.) in ausreichendem Maße vorhanden.

8. Literatur

ALBERT, R. 1982: Untersuchungen zur Struktur und Dynamik von Spinnengesellschaften verschiedener Vegetationstypen im Hoch-Solling. – Hochschulslg. Naturwiss. Biol., 16: 1-147, Freiburg i.Br.

ALBERT, R. & KOLBE, W. 1978: Araneae und Opiliones in Bodenfallen des Staatswaldes Burgholz in Wuppertal. – Jahrber. Naturwiss. Ver. Wuppertal, 31: 131-139, Wuppertal.

BÄHR, B. 1985: Bemerkenswerte Spinnenfunde aus dem Schönbuch bei Tübingen (Araneae: Linyphiidae, Mikryphantidae). – Veröff. Naturschutz, Landschaftspflege Baden-Württemberg, 59/60: 563-570, Karlsruhe.

BÄHR, B. & BÄHR, M. 1984: Die Spinnen des Lautertales bei Münsingen (Arachnida, Araneae). – Veröff. Naturschutz Landschaftspflege Baden-Württemberg, 57/58: 375-406, Karlsruhe.

BARBER, H.S. 1931: Traps for cave-inhabiting insects. – J. Elisha Mitchell Sci. Soc., 46: 259-266.

BARNDT, D. 1976: Das Naturschutzgebiet Pfaueninsel in Berlin, Faunistik und Ökologie der Carabiden. – Diss. FU Berlin: 1-191, Berlin.

BLISS, P. 1983: Untersuchungen zur Ökologie der Spinnen (Arach. Aran.) verschieden strukturierter Kiefernforste mit besonderer Berücksichtigung des Präferenzverhaltens der Wolfsspinne Pardosa lugubris (WALCKENAER, 1802). – Univ. Diss. A.: 1-165, Halle.

BRAUN, R. 1969: Zur Autökologie und Phänologie der Spinnen (Araneida) des Naturschutzgebietes „Mainzer Sand". – Mainzer Naturw. Arch., 8: 193-288, Mainz.

BRAUN, R. & RABELER, W. 1969: Zur Autökologie und Phänologie der Spinnenfauna des nordwestdeutschen Altmoränen-Gebietes. – Abh. Senckenberg. Naturforsch. Ges., 522: 1-89, Frankfurt a.M.

BREINL, K. 1981: Untersuchungen über die bodenbewohnenden Spinnen (Araneae) und Weberknechte (Opiliones) des Heer-Berges bei Gera. – Veröff. Mus. Gera, 7: 59-74, Gera.

BRIGNOLI, P. 1983: A catalogue of the Araneae described between 1940 and 1981. – 1-755, London.

BROEN, B. v. & MORITZ, M. 1963: Beiträge zur Kenntnis der Spinnen-Fauna Nordwestdeutschlands. 1. Über Reife- und Fortpflanzungszeit der Spinnen (Araneae) und Weberknechte (Opiliones) eines Moorgebietes bei Greifswald. – Dt. Entom. Z., N.F., 10(3/4): 379-413, Berlin.

BROEN, B. v. & MORITZ, M. 1964: Beiträge zur Kenntnis der Spinnen-Fauna Nordwestdeutschlands. 2. Zur Ökologie der terrestrischen Spinnen im Kiefernmischwald des Greifswalder Gebietes. – Dt. Entom. Z., N.F., 11(4/5): 353-373, Berlin.

BUCHE, W. 1966: Beiträge zur Ökologie und Biologie winterreifer Kleinspinnen mit besonderer Berücksichtigung der Linyphiiden Macrargus rufus rufus (WIDER), Macrargus rufus carpenteri (CAMBRIDGE) und Centromerus sylvaticus (BLACKWALL). – Z. Morph. Ökol. Tiere, 57: 329-448, Berlin.

CASEMIR, H. 1975: Zur Spinnenfauna des Bausenberges (Brohtal, östliche Vulkaneifel). – Beitr. Landespfl. Rheinland-Pfalz, Beih. 4: 163-203, Oppenheim.

CASEMIR, H. 1982: Zweiter Beitrag zur Spinnenfauna des Bausenberges (Brohtal, östliche Vulkaneifel). – Decheniana, Beih. 27: 47-55, Bonn.

DAHL, F. 1926: Springspinnen (Salticidae). – In: DAHL, F.: Die Tierwelt Deutschlands, 3: 1-55, Jena.

DAHL, F. 1931: Agelenidae. – In: DAHL, F.: Die Tierwelt Deutschlands, 23: 1-136, Jena.

DAHL, F. & DAHL, M. 1927: Lycosidae s. lat. (Wolfsspinnen i.w.S.). – In: DAHL, F.: Die Tierwelt Deutschlands, 5: 1-80, Jena.

DUMPERT, K. & PLATEN, R. 1985: Zur Biologie eines Buchenwaldbodens. 4. Die Spinnenfauna. – Carolinea, 42: 75-106, Karlsruhe.

ELLENBERG, H. 1979: Zeigerwerte der Gefäßpflanzen Mitteleuropas. – 2. Aufl., Scripta Geobotanica, 9: 1-122, Göttingen.

ELLENBERG, H. 1982: Die Vegetation Mitteleuropas mit den Alpen in ökologischer Sicht. – 3. verb. Aufl.: 1-989, Stuttgart.

ENGELHARDT, W. 1964: Die mitteleuropäischen Arten der Gattung Tochosa C.L. KOCH, 1848 (Araneae, Lycosidae). Morphologie, Chemotaxonomie, Biologie, Autökologie. – Z. Morph. Ökol. Tiere, 54: 219-392, Berlin.

HARM, M. 1966: Die deutschen Hahniidae (Arach., Araneae). – Senckenb. Biol., 47(5): 345-370, Frankfurt a.M.

HARMS, K.-H. 1966: Spinnen vom Spitzberg (Araneae, Pseudoscorpiones, Opiliones). – Die Natur- und Landschaftsschutzgebiete Baden-Württembergs, 3: 972-997, Ludwigsburg.

HEIMER, S. & HIEBSCH, H. 1982: Beiträge zur Spinnenfauna der Naturschutzgebiete Großer und Kleiner Hakel unter Einbeziehung angrenzender Waldgebiete. – Herzynia, N.F., 19(1): 74-84, Leipzig.

HELSDINGEN, P.v., THALER, K. & DELTSHEV, C. 1977: The tenuis group of Lepthyphantes MENGE (Araneae, Linyphiidae). – Tijddschr. Entom., 120: 1-54, Lund.

HERZOG, G. 1961: Zur Ökologie der terrestrischen Spinnenfauna märkischer Kiefernheiden. – Entom. Z., 71(20-22): 1-11, Stuttgart.

HERZOG, G. 1968: Beiträge zur Kenntnis der Spinnenfauna der südlichen Mark. Beiträge zur Tierwelt der Mark V. – Veröff. Bezirksheimattum Potsdam, 16: 5-10, Potsdam.

HEYDEMANN, B. 1960: Die biozönotische Entwicklung vom Vorland zum Koog, I. Spinnen (Araneae). – Abh. Akad. Wiss. Lit., Math.-Naturwiss. Kl., 11: 1-169, Mainz.

HIEBSCH, H. 1972: Beiträge zur Spinnen- und Weberknechtfauna des Neißetals bei Ostritz. – Abh. Ber. Naturkundemus. Görlitz, 47: 1-32, Leipzig.

HIEBSCH, H. 1973: Beitrag zur Spinnenfauna des Naturschutzgebietes „Saukopfmoor". – Abh. Ber. Mus. Nat. Gotha: 35-56, Gotha.

HIEBSCH, H. 1980: Beitrag zur Spinnenfauna des Naturschutzgebietes Bergen-Weißacker Moor im Kreis Luckau. – Naturschutzgeb. Berlin u. Brandenburg, 16: 20-28, Berlin.

HIEBSCH, H., EMMRICH, R. & KRAUSE, R. 1978: Zur Fauna einiger Arthropodengruppen des Flächendenkmals „Saugartenmoor" in der Dresdener Heide (Arachnidae: Araneae et Opliones; Homoptera: Cicadelloidea et Psylloidea; Coleptera: Carabidae, Chrysomelidae et Curculionidae). – Entom. Abh. Mus. Tierkde. Dresden, 42:.211-249, Dresden.

HOFMANN, I. (in Vorb.): Die Webspinnenfauna (Arachnida, Araneae) einiger Halbtrockenrasen im Nordhessischen Bergland unter besonderer Berücksichtigung der siedlungsbestimmenden Faktoren.

KEKENBOSCH, J. 1956: Notes sur les araignées de la faune Belgique, 2. Clubioniedae. – Bull. Inst. Roy. Sci. Natur. Belg., 32(46): 1-12, Bruxelles.

KNÜLLE, W. 1952: Die Bedeutung natürlicher Faktorengefälle für tierökologische Untersuchungen demonstriert an der Verbreitung der Spinnen. – Zool. Anz., Suppl., 16: 418-433, Leipzig.

KNÜLLE, W. 1953: Zur Ökologie der Spinnen an Ufern und Küsten. – Z. Morph. Ökol. Tiere, 42: 117-158, Berlin.

KUNTZE, H., NIEMANN, J., ROESCHMANN, G. & SCHWERTFEGER, G. 1983: Bodenkunde. – 1-398, Stuttgart.

LOCKET, G.H. & MILLIDGE, A.F. 1951: British spiders, 1. – 1-310, London.

LOCKET, G.H. & MILLIDGE, A.F. 1953: British spiders, 2. – 1-449, London.

LOCKET, G.H., MILLIDGE, A.F. & MERRET, P. 1974: British spiders, 3. – 1-314, London.

LÖSER, S., MEYER, E. & THALER, K. 1982: Laufkäfer, Kurzflügler, Asseln, Webspinnen, Weberknechte und Tausendfüßler des Naturschutzgebietes „Murnauer Moos" und der angrenzenden westlichen Talhänge. (Coleoptera: Carabidae, Staphylinidae; Crustaceae: Isopoda; Araneae; Opiliones; Diplopoda). – Entomofauna, Suppl. 1: 369-446, Linz.

MARTIN, D. 1973a: Die Spinnenfauna des Frohburger Raumes. V. Agelenidae, Argyronetidae, Hahniidae und Hersiliidae. – Abh. Ber. Naturkdl. Mus. „Mauritianum" Altenburg, 8: 27-34, Altenburg.

MARTIN, D. 1973b: Die Spinnenfauna des Frohburger Raumes. VII. Drassoidae, Anyphaenidae, Clubionidae und Eusparassidae. – Abh. Ber. Naturkdl. Mus. „Mauritianum" Altenburg, 8: 45-57, Altenburg.

MAURER, R. 1975: Epigäische Spinnen der Nordschweiz. – Mitt. Schweiz. Ent. Ges., 48: 357-376, Bern.

MAC ARTHUR 1965: Patterns of species diversity. – Biol. Rev., 40: 510-533, Cambridge.

MAY, R.M. 1980: Theoretische Ökologie. – 1-284, Weinhem, Deerfield, Beach, Basel.

MERRET, P. 1969: The phenology of linyphiid spiders on heathland in Dorset. – J. Zool., 157: 289-307, London.

MILLER, F. 1967: Studien über die Kopulationsorgane der Spinnengattung Zelotes, Micaria, Robertus und Dipoena nebst Beschreibung einiger neuer oder unvollkommen bekannter Spinnenarten. – Acta Sci. Nat. Acad. Sci. Bohemoslov., N.S., 1(7): 251-298, Praha.

MILLER, F. 1971: Araneida. In: DANIEL, M. & CERNY, V.: Klic Zvireny CSSR IV: 51-306, Praha.

MÜLLER, H.G. & LÜPKES, G. 1983: Die Zwergspinne Asthenargus paganus (SIMON) (Araneidae, Erigonidae) in Hessen. – Hess. Faun. Briefe, 3(4): 62-64, Darmstadt.

MÜLLER-LÜTKEN, J. 1985: Ökologisch-faunistische Untersuchung an der Carabidenfauna ausgewählter Standorte im Werra-Meißner-Kreis (Nordhessen). – Unveröff. Dipl.-Arb. FU Berlin: 1-98, Berlin.

NENTWIG, W. 1983: Die Spinnenfauna (Araneae) eines Niedermoores (Schweinsberger Moor bei Marburg). – Decheniana, 136: 44-51, Bonn.

PALLMANN, H., EICHENBERGER, E. & HASLER, A. 1940: Eine neue Methode der Temperaturmessung bei ökologischen und bodenkundlichen Untersuchungen. – Ber. Schweiz. Bot. Ges., 50: 337-362, Bern.

PALMGREN, P. 1975: Die Spinnenfauna Finnlands und Ostfennoskandinaviens. VI. Linyphiidae I. – Fauna fennica, 28: 1-102, Helsinki.

PIELOU, E.C. 1969: An introduction to Mathematical Ecology. – 1-286, New York, London.

PLATEN, R. 1984: Ökologie, Faunistik und Gefährdungssituation der Spinnen (Araneae) und Weberknechte (Opiliones) in Berlin (West) mit dem Vorschlag einer roten Liste. – Zool. Beitr., N.F., 28: 445-487, Berlin.

PLATEN, R. 1985: Die Spinnentierfauna (Araneae, Opiliones) aus Boden- und Baumelektoren des Staatswaldes Burgholz (MB 4708). – Jber. Naturwiss. Ver. Wuppertal, 38: 75-86, Wuppertal.

RÜGER, E. & HIEBSCH, H. 1972: Beitrag zur faunistischen Erforschung des NSG „Rabenauer Grund". – Naturschutzarb., Naturkdl. Heimatforsch., Sachsen, 14: 60-67, Dresden.

SCHÄFER, M. 1976: Experimentelle Untersuchungen zum Jahreszyklus und zur Überwinterung von Spinnen (Araneida). – Zool. Jb. Syst., 103: 127-289, Jena.

SCHMITZ, W. & VOLKERT, E. 1959: Die Messung von Mitteltemperaturen auf reaktionskinetischer Grundlage mit dem Kreispolarimeter und ihre Anwendung in Klimatologie und Bioökologie, speziell in Forst- und Gewässerkunde. – Zeiss Mitt., 1(8/9): 300-335, Stuttgart.

SHANNON, C.E. & WEAVER, W. 1949: The mathematical theory of communication. – 1-125, Urbana.

STUBBEMANN, H.N. 1980: Ein Beitrag zur Faunistik, Ökologie und Phänologie der Bodenspinnen des Lorenzer Reichswalds bei Nürnberg (Arachnida). – Spixiana, 3(3): 273-289, München.

TOFT, S. 1976: Life histories of spiders in a Danish Beech wood. – Natura Jutlandica, 19: 5-40, Aarhus.

TOFT, S. 1978: Phenology of some Danish wood spiders. – Natura Jutlandica, 20: 285-304, Aarhus.

TOFT, S. 1979: Life histories of eight Danish wetland spiders. – Entom. Medd., 47: 22-32, Kopenhagen.

TONGIORGI, P. 1966: Italian wolf spiders of the genus Pardosa. – Bull. Mus. Comp. Zool., 134(8): 275-334, Cambridge, Massachusetts.

TRETZEL, E. 1952: Zur Ökologie der Spinnen (Araneae). Autökologie der Arten im Raum von Erlangen. – Sitz.-ber. Phys. Med. Soz. Erlangen, 75: 36-129, Erlangen.

TRETZEL, E. 1954: Reife- und Fortpflanzungszeit bei Spinnen. – Z. Morph. Ökol. Tiere, 42: 634-691, Berlin.

TRETZEL, E. 1960: Biologie, Ökologie und Brutpflege von Coelotes terrestris (WIDER). – Z. Morph. Ökol. Tiere, 49: 658-754, Berlin.

WASNER, U. 1976: Eine Methode zur Mikroklimamessung im Freiland. Eichtabellen zur integrierten Lichtmengenmessung nach Friend. – Zool. Jb. Syst., 103: 353-360, Jena.

WIEHLE, H. 1923: Araneidae. – In DAHL, F.: Die Tierwelt Deutschlands, 23: 1-136, Jena.

WIEHLE, H. 1937: Theridiidae oder Haubennetzspinnen (Kugelspinnen). – In: DAHL, F.: Die Tierwelt Deutschlands., 33: 119-222, Jena.

WIEHLE, H. 1956: Linyphiidae Baldachinspinnen. – In: DAHL, F.: Die Tierwelt Deutschlands, 44: 1-337, Jena.

WIEHLE, H. 1960: Micryphantidae - Zwergspinnen. – In: DAHL, F.: Die Tierwelt Deutschlands, 47: 1-620, Jena.

WIEHLE, H. 1963a: Tetragnathidae – Streckerspinnen und Dickkiefer. – In: DAHL, F.: Die Tierwelt Deutschlands, 49: 1-76, Jena.

WIEHLE, H. 1963b: Beiträge zur Kenntnis der deutschen Spinnenfauna, 3. – Zool. Jb. Syst., 90: 227-298, Jena.

WIEHLE, H. 1967: Beiträge zur Kenntnis der deutschen Spinnenfauna, 5. – Senckenb. Biol., 48(1): 1-36, Frankfurt a. M.

WUNDERLICH, J. 1972: Zur Kenntnis der Gattung Walckenaeria BLACKWALL 1833. – Zool. Beitr., N.F., 18(3): 371-427, Berlin.

WUNDERLICH, J. 1973a: Ein Beitrag zur Synonymie einheimischer Spinnen. – Zool. Beitr., N.F., 20: 161-177, Berlin.

WUNDERLICH, J. 1973b: Weitere seltene und unbekannte Arten sowie Anmerkungen zur Taxonomie und Synonymie (Arachnida: Araneae). – Senckenb. Biol., 54 (4/6): 405-428, Frankfurt. a. M.

Anschrift des Autors:

INGRID HOFMANN, Fehmarnerstraße 21, 1000 Berlin 65.

Berliner Geogr. Abh., Heft 41: 201–215, Berlin 1986.

Die Vegetationseinheiten des Hohen Meißners (Nordhessen) und pflanzensoziologische Untersuchungen ausgesuchter Feuchtstandorte

mit 5 Abbildungen, 4 Tabellen und 1 Kartenbeilage

ANGELIKA BASSENDOWSKI

K u r z f a s s u n g: Im Folgenden wird im Rahmen einer vegetationsgeographischen Untersuchung die Vegetationsstruktur des Meißnergebietes in einer Übersichtskarte veranschaulicht. Des Weiteren werden die gewonnenen Ergebnisse einer pflanzensoziologischen Analyse dreier ausgesuchter Feuchtstandorte durch pflanzensoziologische Tabellen dargestellt und erörtert.

The vegetation units of the Hoher Meißner (Northern Hesse) and plant sociological studies of selected wet habitats

A b s t r a c t: The vegetation structure of the Meißner area is described and represented in map form. The results of a plant-sociological analysis of three selected wet habitats are reproduced in plant sociological tables and discussed.

I n h a l t s ü b e r s i c h t

1. Einleitung

Der Hohe Meißner (Topographische Karte 1 : 25 000, Blatt 4725 Bad Sooden-Allendorf, Blatt 4825 Waldkappel) ist mit 6,2 km^2 das zweitgrößte hessische Naturschutzgebiet (Schutzverordnung vom 4.5.1970). Seit 1962 ist er Bestandteil des Naturparks Meißner-Kaufunger Wald.

Eine Zerstörung des Meißners durch den Abbau von Braunkohle im Tagebau erfolgte besonders nach dem 2. Weltkrieg. Aus Rentabilitätsgründen wurde der Abbau jedoch 1974 eingestellt. Zurückblieben sind Landschaftsschäden mit weitreichenden hydrologischen und ökologischen Auswirkungen.

Ziel dieser Untersuchung war die Erstellung einer Vegetationskarte des Meißnergebietes sowie die Inventarisierung und Analyse der Vegetation ausgesuchter Feuchtstandorte, um Rückschlüsse auf deren Standortverhältnisse ziehen zu können.

2. Charakterisierung des Untersuchungsgebietes

2.1 Geographischer Überblick

Der Hohe Meißner hebt sich an seiner höchsten Stelle mit 753 m NN zwischen Kassel und Eschwege als höchster Berg Nordhessens deutlich aus der umgebenden Mittelgebirgslandschaft heraus. Der Osthang des Meißners und das östliche Meißnervorland schließt an das Eschweger Becken an und überragt die Werraniederung um 600 m. Der annähernd kastenförmige, im Grundriß ovale Plateauberg mit seinen geringen Höhenunterschieden, ist in Nordsüdrichtung ausgerichtet und erreicht eine Ausdehnung von 4,5 mal 3 km.

2.2 Geologische Verhältnisse

Der aus einer vulkanischen Gesteinsdecke über einem Sockel aus mesozoischen (Buntsandstein, Muschelkalk) bis tertiären Schichtgesteinen gebildete Bergstock des Meißners liegt im Kreuzungsbereich mehrerer Grabenbruchsysteme (Abb. 1). Aus deren Randspalten drang das Magma empor, das die Buntsandsteintäler und -mulden verfüllte und tertiäre Sande, Tone und die Braunkohle des unteren Miozäns überdeckte.

2.3 Geomorphologische Verhältnisse und Reliefentwicklung

Höhe und Gestalt des Meißners werden im wesentlichen durch die geomorphologisch widerständige bis zu 160 m mächtige Basaltdecke bestimmt. Der weniger widerständige Buntsandstein unterhalb des Basaltes wurde dagegen schneller abgetragen und bildet die zum Vorland überleitenden steilen Hänge.

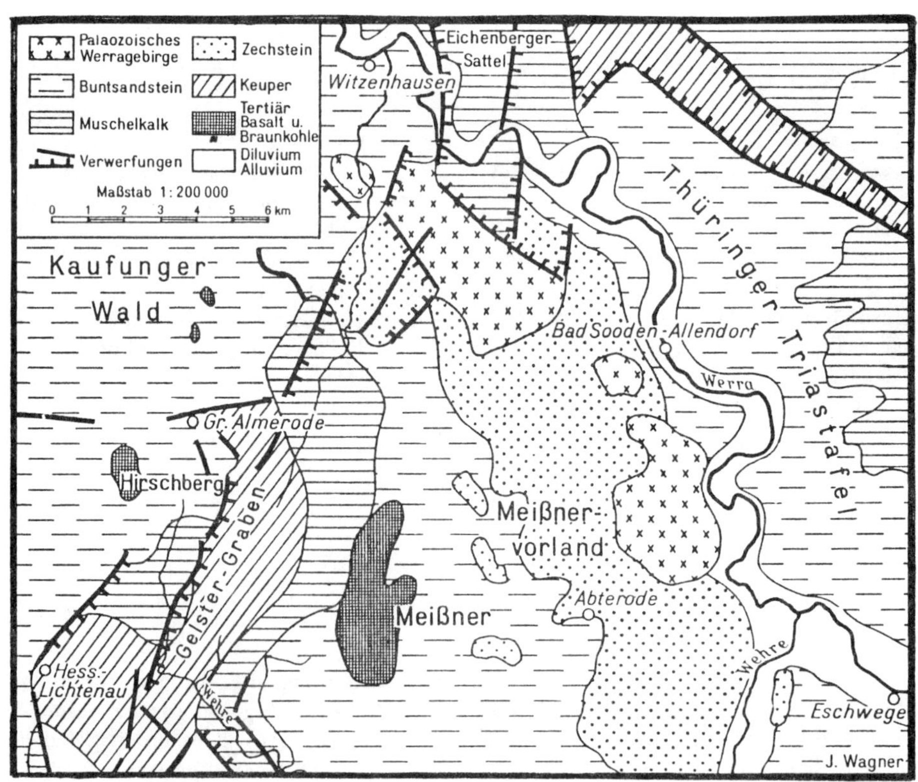

Abb. 1: Geologische Skizze des Meißners und seiner Umgebung (aus: HARMS 1961).

Die Meißnerhänge sind von pleistozänem Basaltverwitterungsschutt überzogen, der unter periglazialen Klimabedingungen während der quartären Kaltzeiten entstand und auf den Tonen und Lehmen des Tertiärs oder Röts eine ideale Gleitbahn fand. MÖLLER & STÄBLEIN (1982) sprechen daher die Meißnerhänge als kryogen überprägte Bereiche an.

2.4 Bodenverhältnisse

Nach der Bodenkarte von SCHÖNHALS (1951) wird das Meißnergebiet überwiegend von mittel- bis tiefgründige Braunerden eingenommen, daneben sind im Bereich des Unteren Buntsandstein auch Parabraunerden anzutreffen. Am Westhang des Meißners treten auf Muschelkalk neben Braunerden auch Rendzinen auf. Hydromorphe Böden sind besonders auf der Hochfläche vorhanden, wo Staunässe an vielen Stellen zur Vergleyung führte.

2.5 Klimaverhältnisse

Das Klima des Meißners unterscheidet sich deutlich von dem seines Umlandes. Aufgrund seiner Höhe und Ausrichtung quer zu den vorherrschenden westlichen Winden erreichen die Niederschläge an seiner Luvseite ihre Maximalwerte, während sie nach Osten, im Regenschatten, abnehmen (Tab. 1).

Tab. 1: Klimadaten des Meißners und seines östlichen Vorlandes (Quelle: MÖLLER & STÄBLEIN 1982).

	Meißner-Hochfläche	Bergfuß-zone	östliches Vorland
Mittl. jährl. Niederschl. in mm	850-1000	700-800	600-700
mittl. jährl. Lufttemp. in ° C	4,4-5	6,8-7,5	7-8,8

2.6 Lage der Feuchtstandorte

Die drei untersuchten Feuchtstandorte befinden sich dicht unterhalb der Basalthochfläche und liegen im Bereich des Naturschutzgebietes, das den Bereich der Steilhänge umfaßt (Abb. 2).

3. Die Vegetation des Meißners

Die Natürliche Vegetation des Hohen Meißners wäre ein fast lückenloser Laubwald, unterbrochen durch kleinräumige baumlose Areale in den Tälern, an nassen und anmoorigen Stellen und an einigen steilen Hängen und Blockhalden.

3.1 Gliederung der Vegetation und ihre Darstellung in der Karte

3.1.1 Die Vegetationskarte

Um einen Überblick über die Vegetationseinheiten des Meißners zu erhalten, wurde eine Vegetationskarte (Kartenbeilage) angefertigt. Die Grundlage dieser Karte bildeten Ausschnittvergrößerungen der topographischen Karten 1 : 25 000 Bad Sooden-Allendorf und Waldkappel.

Bei der Bearbeitung der Vegetationseinheiten wurden die Pflanzenbestände nach ihren dominanten Pflanzenarten, die sich in Abhängigkeit von den Standortfaktoren einstellen, charakterisiert. Die nach vorherrschenden Gestalttypen und ihrer Ökologie erfaßten Vegetationseinheiten werden als Formationen bezeichnet.

In der nachfolgenden Übersicht der Vegetationseinheiten (vgl. 3.1.2) wurde so weit als möglich versucht, auf Klassen, Ordnungen und Verbände des pflanzensoziologischen Systems hinzuweisen. Zur genaueren Beschreibung der verschiedenen Gesellschaften wurden die Arbeiten von KNAPP (1967), PFALZGRAF (1934) und RÜHL (1967) herangezogen.

3.1.2 Die Vegetationseinheiten des Meißners

Bodensaurer Buchenwald
Die bodensauren und nährstoffarmen Rotbuchenwälder, die dem Unterverband Luzulo-Fagion zugeordnet werden können, sind durch eine artenarme und anspruchslose Krautvegetation gekennzeichnet. Sie gedeihen auf Buntsandstein im Meißnervorland und in den mittleren und tieferen Hanglagen des Meißners. Diese Gesellschaft stellt auf den sauren Braunerden mit Moderhumusauflage das Endstadium der Vegetationsentwicklung dar.

Bodensaurer Buchen-Eichenwald
In den tieferen Lagen ist der Rotbuchenwald mit einzelnen Traubeneichen durchsetzt. Die natürliche Vorherrschaft der Rotbuche ist hier offensichtlich durch alte Eichenbegünstigung beeinträchtigt.

Buchen- und Buchenmischwälder
Wuchsraum dieser Gesellschaft sind mit Lößlehm und Verwitterungslehm überzogene Areale der Meißnerhänge. Die Buchen- und Buchenmischwälder des Unterverbandes Eu-Fagion gedeihen auf tiefgründigen Braun- und Parabraunerden, deren Humus als Mull vorliegt. Die Durchlüftung, Nährstoff- und Wasserversorgung sind in diesen Braunerden so günstig, daß neben der dominanten Rotbuche auch Bergahorn, Esche und Ulme vereinzelt auftreten. Die Krautschicht ist besonders im Frühjahr durch eine reichhaltige Frühjahrsvegetation gekennzeichnet.

Kalkbuchenwald
Der Kalkbuchenwald ist kleinflächig an der niederschlagsreichen Westseite des Hohen Meißners auf Muschelkalk anzutreffen. Diese Gesellschaft, die dem Unterverband Eu-Fagion zugeordnet werden kann, wird in der Baumschicht von der Rotbuche beherrscht, während die Krautschicht durch ihren Reichtum an Bärlauch gekennzeichnet ist. Die Standorte dieser Gesellschaft zeichnen sich durch nährstoffreiche, gut durchfeuchtete und durchlüftete Rendzinen mit Mullauflage aus.

Eschen-Ahorn-Schatthangwald
Diese naturnahe Laubwaldgesellschaft setzt sich aus den Edellaubhölzern Bergahorn, Spitzahorn, Bergulme und Esche zusammen. In wärmeren Lagen ist die Sommerlinde beigemischt. Die Rotbuche spielt an diesen Standorten keine bedeutende Rolle.

Der Eschen-Ahorn-Schatthangwald oder Schluchtwald ist pflanzensoziologisch dem Verband Tilio-Acerion zuzuordnen. Diese Gesellschaft besiedelt im Meißnergebiet die steilen Basaltblockhalden, Schluchten und steinige stark geneigte Hänge. Die Wuchsräume sind durch hohe Luftfeuchtigkeit, niedrige Temperaturen und starke Beschattung gekennzeichnet. Die basischen Böden sind gut durchlüftet und reich an Nährstoffen.

Pioniergesellschaft der Basaltblockhalden
Diese Pioniergesellschaft wird innerhalb der Basaltblockhalden am Meißner durch vereinzelte lichtbedürftige Gehölze wie Eberesche, Birke und Fichte bestimmt. Sie leitet eine langsame Entwicklung ein, die zu Laubwäldern führen wird (KÜRSCHNER 1983).

Bach-Erlen-Eschenwald
Die Bach-Erlen-Eschenwälder des Verbandes Alno-Ulmion treten im Gebiet des Hohen Meißners an den vernäßten Rändern der Bäche und in Quellmulden auf. Die Hauptholzarten sind Esche und Schwarzerle, in höheren Lagen tritt die Grauerle hinzu. Die durch regelmäßige Überflutung natürliche Düngung hat an diesen Standorten eine relativ gute Nährstoffversorgung der Böden zur Folge.

Moor- und Flachmoorgesellschaften
Die Standorte, auf denen sich die typischen Gesellschaften der Moore und Flachmoore einstellen sind von Natur aus waldfrei. Die vorherrschenden sauren Böden sind nährstoff- und basenarm. Überwiegend werden diese Standorte am Meißner von Gesellschaften eingenommen, in denen Wollgräser mit verschiedenen Seggen- und Torfmoosarten vertreten sind.

Wiesen und Weiden
Bei den ein- bis zweimal gemähten oder beweideten Wirtschaftswiesen der Klasse Molinio-Arrhenatheretea handelt es sich um Ersatzgesellschaften auf ehemaligen Laubwaldstandorten. Die hohe Anzahl der verschiedenen Grünlandgesellschaften wird nicht ausschließlich durch die Klima- und Bodenverhältnisse bestimmt. Eine große Rolle spielt hierbei auch die Form der Bewirtschaftung, die unterschiedliche Pflanzenarten fördert, so daß an einem Standort bei gleichen Standortbedingungen verschiedene Gesellschaften auftreten können.

Borstgrasrasen und Trocken/Halbtrockenrasen
Am Südwesthang des Hohen Meißners sind wärme- und trockenheitsliebende Pflanzengesellschaften anzutreffen. Hier stehen die anspruchsvolleren Arten des Trocken/Halbtrockenrasens im engen Wechsel mit den anspruchslosen und säureliebenden Arten des Borstgrasrasens.

Fichtenforst
Von einem weit ausgedehnten Fichtenforst wird besonders das Meißnerhochplateau eingenommen, aber auch an den Hängen des Meißners treten kleinere Areale mit Fichten auf. Dabei handelt es sich hauptsächlich um ehemalige Wiesen und Weiden, die 1879 (SAUER 1968) aus wirtschaftlichen Gründen mit der ortsfremden Fichte aufgeforstet wurden.

In den künstlich geschaffenen Reinbeständen änderte sich mit den Lebensbedingungen auch die Artenzusammensetzung in der Krautschicht. Die schwer zersetzbare Nadelstreu bildet einen sauren Auflagehumus und fördert auf ärmeren Böden acidophile Pflanzenarten.

Fichten-Buchenwald
Auf feuchten und basenarmen Böden im Bereich des Buntsandsteins treten vereinzelt Fichten-Buchenwälder auf. Der natürlich vorkommenden Rotbuche

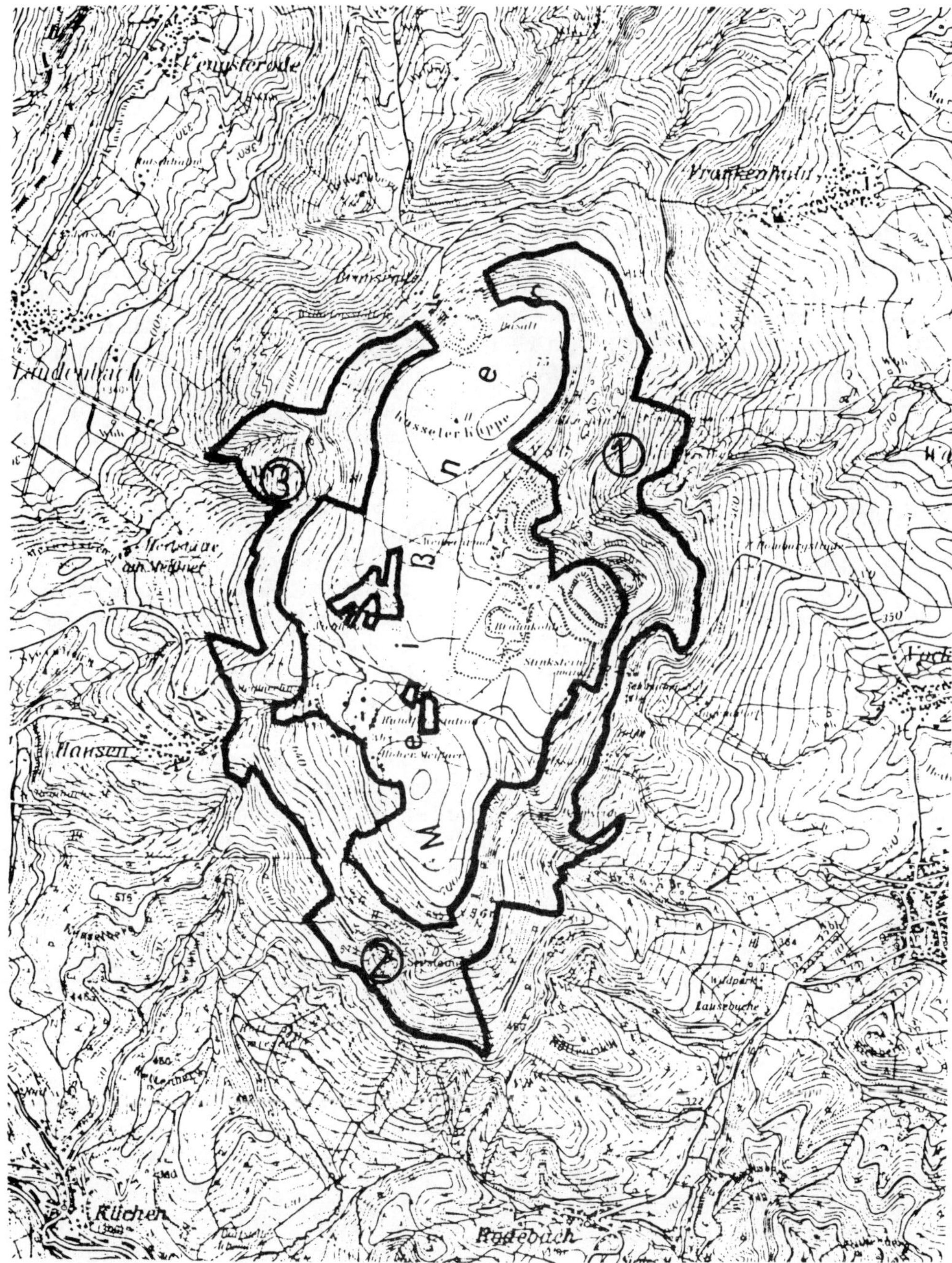

Abb. 2: Lage der Feuchtstandorte (aus: SAUER 1978).

1 Teufelslöcher
2 Seesteine
3 Kaltenborn
——— Grenze des Naturschutzgebietes

wurde durch forstliche Maßnahmen die ortsfremde Fichte beigemischt.

Die rekultivierten Bereiche des ehemaligen Braunkohleabbaus und das durch Ruderalvegetation beeinflußte Areal des aktuellen Basaltabbaus sind vegetationskundlich nicht näher erfaßt worden. Diese anthropogen beeinflußten Bereiche sind jedoch auf der Vegetationskarte ausgewiesen, da sie verhältnismäßig große Areale einnehmen.

4. Pflanzensoziologische Analyse der Vegetation ausgesuchter Feuchtstandorte

4.1 Vegetationsaufnahmen nach BRAUN-BLANQUET

Um eine differenzierte Analyse der Vegetationseinheiten der ausgesuchten Feuchtstandorte durchführen zu können, wurden zahlreiche pflanzensoziologische Aufnahmen nach der Methode von BRAUN-BLANQUET vorgenommen (BRAUN-BLANQUET 1964, KNAPP 1971, REICHELT & WILMANNS 1973).

Zur Untersuchung wurden Probeflächen ausgewählt, die hinsichtlich ihrer floristischen Zusammensetzung und ihrer Standorteigenschaften vergleichbar waren. Die Größe der Aufnahmeflächen orientierte sich an den in der Literatur angegebenen empirischen Werten für die unterschiedlichen Pflanzengemeinschaften (REICHELT & WILMANNS 1973). Die für die Untersuchung der Feuchtgebiete in Betracht kommende Flächengröße liegt zwischen 5 und 25 m^2.

4.2 Pflanzenaufnahme und Tabellenarbeit

Die listenmäßige Erfassung und Charakterisierung der Pflanzenarten erfolgte anhand der Artmächtigkeitsskala nach BRAUN-BLANQUET, in der die Stufe 2 (REICHELT & WILMANNS 1973) weiter unterteilt wurde. Um die verschiedenen Pflanzenaufnahmen vergleichbar zu machen, wurden sie nach entsprechender Umgruppierung in Tabellen zusammengefaßt. Die Anordnung der Pflanzenarten nach pflanzensoziologisch-systematischen Gruppen erfolgte in den Tabellen in vertikaler Richtung, innerhalb dieser Gruppen wurden die einzelnen Pflanzenarten nach ihrer Stetigkeit geordnet. In horizontaler Richtung sind oberhalb des Tabellenkopfs mit den allgemeinen Angaben über geologischen Untergrund, Exposition usw. die in einer Pflanzengesellschaft vereinigten Vegetationsaufnahmen ausgewiesen.

In den Tabellen wurde soweit als möglich versucht, die Vegetationseinheiten der untersuchten Feuchtgebiete den verschiedenen Klassen, Ordnungen und Verbänden zuzuordnen und zu den bisher beschriebenen Assoziationen in Beziehung zu setzen.

4.3 Feuchtstandort Teufelslöcher

Diese Untersuchungsfläche, physiognomisch eine gehölzfreie Wiese, wird im Süden, Norden und Osten durch einen bodensauren Buchenwald eingeschlossen und im Westen durch die Pioniervegetation einer Blockhalde abgegrenzt (Abb. 3).

Die Wiese weist verschiedene Ausbildungsformen auf, die durch die unterschiedliche Wasserversorgung des Untergrunds bedingt sind. Syntaxonomisch lassen sich die Aufnahmen 1 bis 12 der Tab. 2 zu den nährstoffreichen Naßwiesen einordnen, gleichzeitig weist der hohe Seggenanteil auf eine Verbindung zur Großseggenried hin.

Der Verband der nährstoffreichen Naßwiese (Calthion palustris) umfaßt Gesellschaften, die nasse bis wechselnasse Standorte mit humosen, nährstoffreichen und tonigen Böden kennzeichnet. Innerhalb dieses Verbandes wird durch das regelmäßige Auftreten von *Scirpus sylvaticus* auf eine verwandtschaftliche Beziehung zur Waldsimsenflur (Scirpetum sylvatici) hingewiesen. Diese Gesellschaft charakterisiert Standorte mit mehr oder weniger hochstehendem nur wenig bewegtem Grundwasser. Die Aufnahmen 9 bis 12 weisen auf eine Flatterbinsengesellschaft (Epilobio-Juncetum) hin, welche besonders stau- oder sickernasse Böden mit einer sehr gering entwickelten Humusdecke kennzeichnet.

In engem Kontakt steht die nährstoffreiche Naßwiese mit den Arten der Großseggenriede (Magnocaricion). Die rasig ausgebildete Segge *Carex acutiformis* ist als eigene Gesellschaft nur schwach charakterisiert, eine Fassung als Assoziation erscheint nicht sinnvoll (OBERDORFER 1977). Der Verband Magnocaricion kennzeichnet nährstoffreiche, flach überschwemmte und gelegentlich trockenfallende Standorte, deren humose Tonböden mäßig sauer sind.

In den Aufnahmen 17 bis 21 treten die Arten der Feuchtwiese (Molinietalia caeuleae) vermehrt auf, wobei *Deschampsia caespitosa* als dominante Art hervortritt. Die rasenschmielenreiche Feuchtwiese kennzeichnet feuchte Standorte, deren humose lehmig-tonige Gleyböden mäßig sauer sind.

Die Aufnahmen 13 bis 16 stellen einen Übergangsbereich zwischen der nassen und feuchten Ausbildung der Wiese dar. Hier sind die nässe- und feuchtigkeitsliebenden Arten fast gleichstark vertreten.

4.4 Feuchtstandort Seesteine

Physiognomisch wird das Untersuchungsgebiet von fünf verschiedenen Vegetationseinheiten gekennzeichnet, die sich entlang eines langsam fließenden Gewässers entwickelt haben (Abb. 4). Im Bachoberlauf, in Quellnähe, konnte sich kleinflächig eine typische Quellflur einstellen, während die Bereiche außerhalb des Baches von einer sauergrasreichen Wiese gekennzeichnet sind. Ständig überflutete Standorte werden von den Arten der Großseggenriede und der Bachröhrichte eingenommen und die nur zeitweise überschwemmten Bereiche werden von einer Hochstaudenflur beherrscht.

Das Untersuchungsgebiet wird überwiegend von Buchen- und Buchenmischwald umschlossen, nur der nach Westen exponierte Hang grenzt das Feuchtgebiet mit einer gehölzfreien Wiese ab.

Syntaxonomisch lassen sich die Aufnahmen 1 bis 2 der Tab. 3 dem Verband der Bachröhrichte (Sparganio-Glycerion fluitantis) zuordnen, gleichzeitig weist *Glyceria fluitans* auf eine Flutschwadengesellschaft (Glycerietum fluitantis) hin, die ganzjährig überflutete Bereiche mit mesotrophem bis zu 80 cm tiefem Wasser kennzeichnet.

Die Aufnahmen 3 bis 6 sind dem Verband der Großseggenriede (Magnocaricion) zuzuordnen. Durch die Dominanz von *Carex rostrata* wird die verwandschaftliche Beziehung zum Schnabelseggenried (Caricetum rostratae) hingewiesen, die als natürliche Verlandungsgesellschaft im mesotrophen 10 bis 35 cm tiefen Wasser kalkarme Gebirgsstandorte kennzeichnet.

Die Aufnahmegruppe 12 bis 17 ist dem Verband der nassen Staudenfluren (Filipendulion ulmariae) zuzuordnen. Häufig stellen sich Filipendula-Fluren ein, die nicht eindeutig einer Assoziation zugeordnet werden können (OBERDORFER 1983) und daher nur als Filipendula ulmaria-Gesellschaft behandelt werden. Im Bereich des Bachufers kennzeichnet diese Gesellschaft nasse Gleyböden, die nährstoffreich und mäßig sauer sind.

Die Aufnahmen 18 bis 24 sind der nährstoffreichen Naßwiese (Calthion palustris) zuzuordnen. Das Auftreten von *Scirpus sylvaticus* und *Juncus acutiflorus* deutet einen Übergangsbereich zwischen der Waldsimsenflur (Scirpetum sylvatici) und Waldbinsensumpf (Juncion acutiflori) an, was besonders an lebhaft durchsickerten und besser durchlüfteten Standorten typisch ist (OBERDORFER 1983).

Syntaxonomisch lassen sich die Aufnahmen 25 bis 18 dem Verband der Quellfluren kalkarmer Standorte (Cardaminio-Montion) einordnen, gleichzeitig wird auf eine Gegenblättrige Milzkrautgesellschaft (Chrysoplenietum oppositifolii) hingewiesen. Diese artenarme Gesellschaft kennzeichnet mehr oder weniger nährstoffreiche, nasse-sickernasse Standorte die kalkarm und mäßig sauer sind.

4.5 Feuchtstandort Kaltenborn

Das durch die Vegetationseinheit Bacheschenwald geprägte Untersuchungsgebiet (Abb. 5) wird weitgehend von einem Kalkbuchenwald umschlossen, nur im Norden wird das Feuchtgebiet von einem anthropogenen Fichtenforst abgegrenzt.

Das Untersuchungsgebiet Kaltenborn weist aufgrund unterschiedlicher Wasserverhältnisse zwei Ausbildungen auf, die in der Tab. 4 von links nach rechts mit abnehmendem Feuchtigkeitsanspruch geordnet sind.

Syntaxonomisch lassen sich sämtliche Aufnahmen des Feuchtstandortes dem Bacheschenwald (Carici remotae Fraxinetum) zuordnen. Diese Gesellschaft kennzeichnet Gebirgsstandorte, welche durch quellige Rinnsale oder Bäche geprägt werden und deren naß-humose Gleyböden nährstoffreich sind.

In den Aufnahmen 1 bis 11 wird durch *Equisetum telmateia* besonders auf Quellnässe in Kalkgebieten hingewiesen. Gleichzeitig wird in dieser Aufnahmegruppe durch *Carex paniculata* eine Verbindung zur Großseggenriede (Magnocaricion) hergestellt. Durch die hohe Artenmächtigkeit der horstbildenden Segge wird auf eine verwandtschaftliche Beziehung zum Rispenseggensumpf (Caricetum paniculatae) hingewiesen. Diese Gesellschaft, die als rückläufig angesehen wird, kennzeichnet in Kalkgebieten Quellbereiche, deren humose und lebhaft durchsickerten Schlammböden nährstoff- und basenreich sind.

Die Aufnahmen 12 bis 16 stellen die feuchte bis sickernasse Ausbildung des Bacheschenwaldes dar. Sie wird hauptsächlich durch das Fehlen von *Equisetum telmateia, Carex paniculata* und durch den Rückgang der Nässe zeigenden Arten gekennzeichnet.

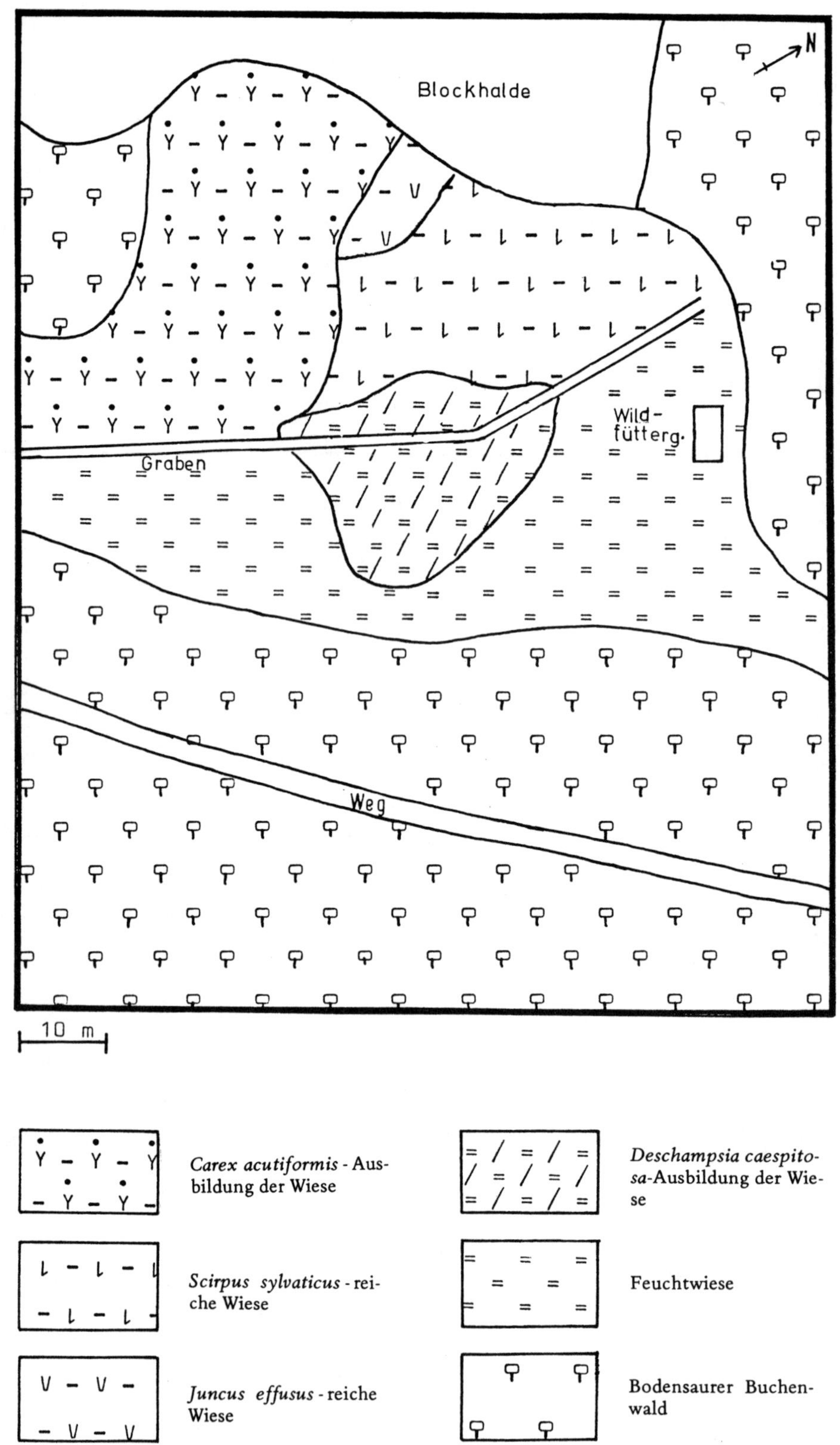

Abb. 3: Übersichtsskizze Feuchtstandort Teufelslöcher.

Tab. 2: Feuchtstandort Teufelslöcher, Wiese.

			a												b				c				
			Carex acutiformis -Ausbildung der nährstoffreichen Naßwiese												Übergang				Deschampsia ceppitosa-Ausbildung der Feucht-Wiese				
Lauf.Nr.:			1	2	3	4	5	6	7	8	9	10	11	12	13	14	15	16	17	18	19	20	21
Feld.-Nr.:			23	20	22	15	16	2	1	17	19	18	4	3	21	5	7	6	8	9	24	25	26
Datum:			6.8	6.8	6.8	5.8	5.8	2.6	2.6	5.8	6.8	6.8	3.6	2.6	6.8	3.6	6.6	6.6	6.6	6.6	8.8	8.8	8.8
Höhe in m ü.NN:			550	550	550	550	550	550	550	550	550	550	550	550	550	550	550	550	550	550	550	550	550
Exposition:			E	E	E	E	E	E	E	E	E	E	E	E	E	E	E	E	E	E	E	E	E
Neigung in Grad:			0	0	0	0	0	0	0	0	0	0	0	0	0	0	0	0	0	0	0	0	0
geol.Untergrund:			Solifluktionschutt																				
Fläche in qm:			20	25	16	16	16	25	16	16	20	20	20	25	20	16	20	20	20	20	16	16	16
Deckung in %:			100	95	100	95	95	70	65	100	90	100	75	75	100	85	70	80	90	90	100	100	100
Artenzahl:			17	12	11	8	9	11	9	8	9	14	11	11	14	14	15	15	20	21	27	23	24
	CH	Carex acutiformis	3	4	3	4	3	2b	2b	4	3	3	2b	2b	3	2a	2b	1	+	+	+	.	r
		Scirpus sylvaticus	2b	2b	3	1	+	+	.	.	2b	3	3	3	2a	2a	+	+	.	+	+	r	1
		Caltha palustris	.	.	.	+	+	2b	2b	+	.	.	.	+	.	.	.	.	.	.	.	.	.
		Juncus effusus	.	.	.	.	.	.	.	.	1	2a	2a	2b	.	.	.	.	.	.	.	.	.
(Molinie-talia)	OC	Filipendula ulmaria	+	.	.	.	+	r	.	.	.	+	.	+	2a	.	r	.	.	.	+	.	+
		Cirsium palustre	+	.	.	.	.	.	.	.	.	.	.	.	1	.	r	r	+	+	1	1	2a
		Colchicum autumnale	.	.	.	.	.	.	.	.	.	.	.	.	.	2a	2a	3	3	3	+	.	.
		Angelica sylvestris	.	.	.	.	.	.	.	.	.	.	.	.	r	.	.	.	2a	1	2a	1	1
	DO	Deschampsia cespitosa	.	.	.	.	.	.	.	.	.	.	.	.	.	.	.	.	3	3	2b	2b	2b
(Molinio-Arrhena-theretea)	KC	Alopecurus pratensis	1	1	1	.	.	.	.	.	.	+	.	2a	.	.	.	.	2b	1	+	2a	1
		Vicia cracca	.	.	.	.	.	.	.	.	.	.	.	.	.	.	r	.	.	.	1	+	+
		Holcus lanatus	.	.	.	.	.	.	.	.	.	.	.	.	.	.	.	.	.	+	2b	2a	.
		Lathyrus pratensis	.	.	.	.	.	.	.	.	.	.	.	.	.	.	.	.	.	.	1	.	1
(weitere Nässezeiger)		Epilobium palustre	+	+	+	1	1	.	.	+	+	1	+	.	.	+	r	+	.	r	+	+	r
		Stellaria uliginosa	+	+	1	.	.	.	.	+	.	+	.	.	.	.	.	+	.	.	r	r	.
		Galium palustre	1	.	+	.	.	.	.	1	.	+	+	.	.	.	.	.	.	.	.	+	+
		Mentha aquatica	.	.	.	.	.	.	.	.	.	+	.	+	.	.	.	.	.	.	.	.	.
		Phalaris arundicana	.	.	.	.	.	.	.	.	.	.	.	.	.	.	.	.	.	+	+	.	.
(nitrophile Zeiger)		Galuim aparine	1	1	+	1	+	+	+	+	1	+	.	.	+	1	+	+	.	.	+	+	+
		Urtica dioica	1	+	+	.	.	.	.	.	+	+	.	.	+	.	.	+	1	2a	+	+	+
Übrige Arten		Impatiens noli tangere	2a	2b	2a	2a	1	2m	2m	1	2a	2b	2a	2a	2a	2a	1	.	1	1	+	+	+
		Circaea lutetiana	1	1	+	1	2a	1	1	1	1	+	1	+	+	1	1	2a	2a	2a	+	1	+
		Scrophularia nodosa	1	.	1	1	+	+	+	.	.	.	1	.	1	+	1	.	1	1	+	+	1
		Ranunculus ficaria	.	.	.	.	.	2a	2a	.	.	.	2b	2a	.	1	2a	2a	1	.	.	.	.
		Anemone nemorosa	.	.	.	.	.	+	1	.	.	.	+	.	.	+	1	+	1	1	.	.	.
		Ajuga reptans	+	+	.	.	.	+	.	.	.	.	.	+	.	.	.	+	+	1	+	+	+
		Galeopsis tetrahit	1	1	.	.	.	.	.	.	.	.	.	.	+	r	.	.	+	2a	1	1	.
		Rubus idaeus	r	r	.	.	.	.	.	.	.	.	.	.	r	r	.	.	.	.	.	r	r
		Viola canina	.	.	.	.	.	.	.	.	.	.	.	.	.	.	.	.	+	1	+	r	.
		Epilobium montanum	.	.	.	.	.	.	.	.	.	.	.	.	.	1	.	.	+	+	.	+	.
		Athyrium felix femina	.	.	.	.	.	.	.	.	r	r	r	.	.	.	.	.	r	.	.	.	.
		Senecio fuchsii	.	.	.	.	.	.	.	.	.	.	.	.	2b	.	.	.	.	.	1	1	2a
		Primula elatior	+	.	.	.	.	.	.	.	.	.	.	.	.	.	1	1	.	.	.	.	.
		Moehringia trinerviana	.	.	.	.	.	.	.	.	.	.	.	.	.	.	.	.	1	.	+	.	+
		Rumex conglomeratus	.	.	.	.	.	.	.	.	.	.	.	.	.	.	.	.	.	.	+	1	.
		Stachys officinale	.	.	.	.	.	.	.	.	.	.	.	.	.	.	.	.	.	.	.	+	+
		Lysimachia vulgaris	.	.	.	.	.	.	.	.	.	.	.	.	r	.	.	.	.	.	.	.	.
		Geranium sylvaticum	.	.	.	.	.	.	.	.	.	.	.	.	r	.	.	.	.	.	.	.	.
		Acer pseudoplatanus	.	.	.	.	.	.	.	.	.	.	.	.	.	r	.	.	.	.	.	.	.
		Phyteuma spicatum	.	.	.	.	.	.	.	.	.	.	.	.	.	.	r	.	.	.	.	.	.
		Asarum europaeum	.	.	.	.	.	.	.	.	.	.	.	.	.	.	.	r	.	.	.	.	.
		Ranunculus auricomus	.	.	.	.	.	.	.	.	.	.	.	.	.	.	.	.	+	.	.	.	.
		Erysium chaimanthoides	.	.	.	.	.	.	.	.	.	.	.	.	.	.	.	.	r	.	.	.	.
		Stellaria nemorum	.	.	.	.	.	.	.	.	.	.	.	.	.	.	.	.	.	1	.	.	.
		Dryopteris felix mas	.	.	.	.	.	.	.	.	.	.	.	.	.	.	.	.	.	r	.	.	.
		Stellaria holostea	.	.	.	.	.	.	.	.	.	.	.	.	.	.	.	.	.	.	r	.	.
		Brachypodium sylvaticum	.	.	.	.	.	.	.	.	.	.	.	.	.	.	.	.	.	.	+	.	.
		Mentha arvensis	.	.	.	.	.	.	.	.	.	.	.	.	.	.	.	.	.	.	.	.	+
		Dryopteris carthusiana	.	.	.	.	.	.	.	.	.	.	.	.	.	.	.	.	.	.	.	.	r
		Hypericum maculatum	.	.	.	.	.	.	.	.	.	.	.	.	.	.	.	.	.	.	.	.	r

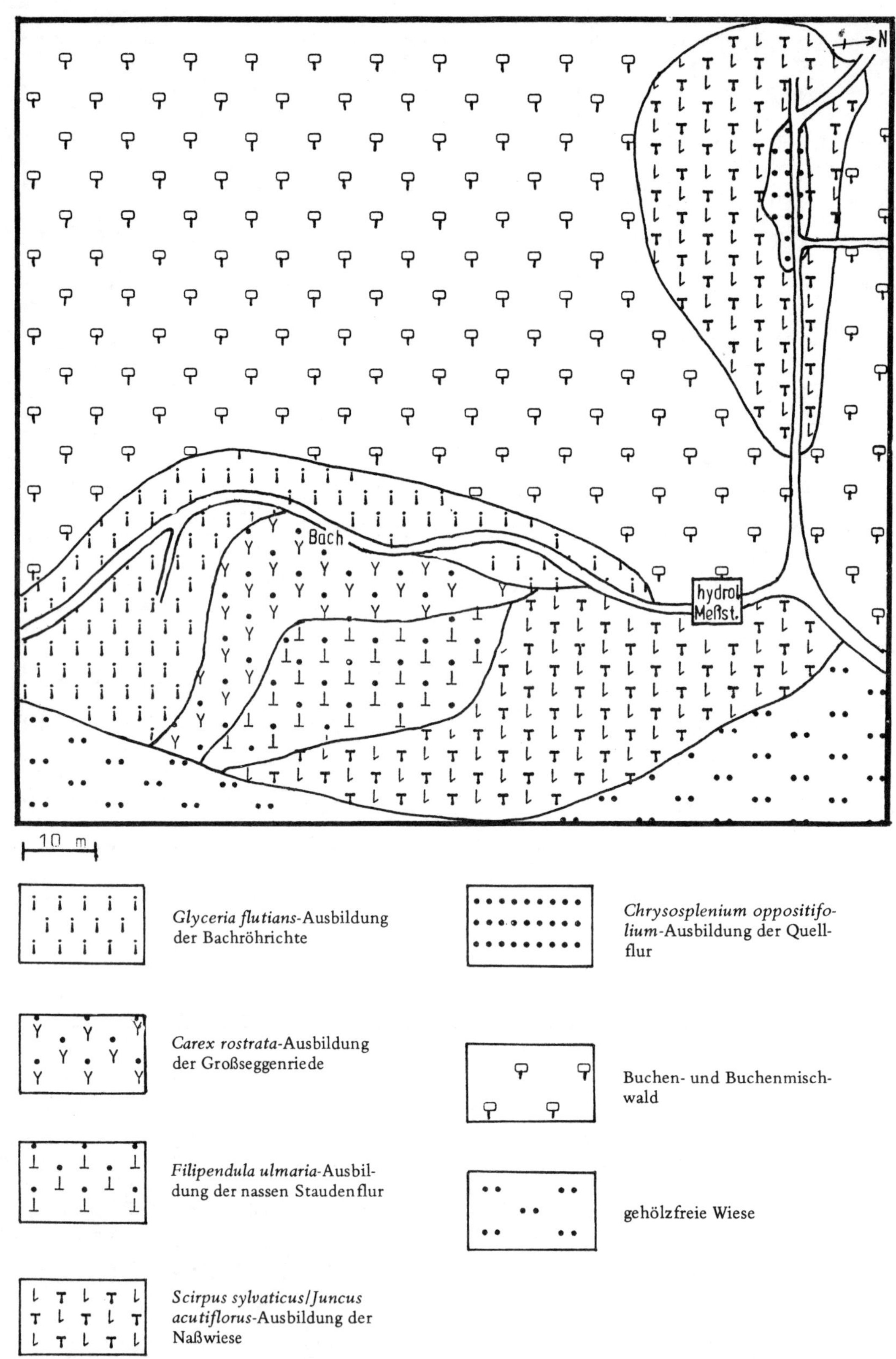

Abb. 4: Übersichtsskizze Feuchtstandort Seesteine.

Tab. 3: Feuchtstandort Seesteine, bachbegleitende Vegetation.

		a		b				c					d						e							f			
		Glyceria-flutians-Ausbildung der Bachröhrichte		Carex rostrata-Ausbildung der Großseggenriede				Großseggenriede/nasse Staudenflur					Filipendula ulmaria-Ausbildung der nassen Staudenflur						Scirpus sylvaticus/Juncus acutiflorus-Ausbildung der Nasswiese							Chrysosplenium oppositifolium-Ausbildung der Quellflur			
Lauf.-Nr.:		1	2	3	4	5	6	7	8	9	10	11	12	13	14	15	16	17	18	19	20	21	22	23	24	25	26	27	28
Feld-Nr.:		28	27	25	26	7	6	11	12	30	31	10	32	8	9	34	29	33	19	22	21	3	20	1	2	23	24	5	4
Datum:		18.8	20.8	20.8	20.8	16.6	16.6	16.6	16.6	20.8	20.8	16.6	20.8	16.6	16.6	20.8	20.8	20.8	18.8	18.8	18.8	12.6	18.8	12.6	12.6	18.8	18.8	12.6	12.6
Höhe in m ü. NN:		550	550	550	550	550	550	550	550	550	550	550	550	550	550	550	550	550	550	550	550	550	550	550	550	550	550	550	550
Exposition:		SSW	SSW	SSW	SSW	SSW	SSW	SSW	SSW	SSW	SSW	SSW	SSW	SSW	SSW	SSW	SSW	SSW	SSW	SSW	SSW	SSW	SSW	SSW	SSW	SSW	SSW	SSW	SSW
Neigung:		0	0	0	0	0	0	0	0	0	0	0	0	0	0	0	0	0	0	0	0	0	0	0	0	8	5	8	10
geol. Untergrund:		Solifluktionschutt																											
Fläche in qm:		4	4	4	4	16	12	16	16	8	8	12	8	12	16	8	8	8	4	4	4	8	4	8	8	0,25	0,25	0,20	0,25
Deckung in %:		85	90	80	85	60	75	90	90	100	100	95	100	100	100	100	100	100	100	100	100	90	100	90	95	100	100	100	100
Artenzahl:		2	3	1	1	2	4	13	13	12	10	10	13	9	9	11	9	10	17	11	15	17	16	19	16	6	6	6	7
	CH Glyceria flutians	5	5	.	.	.	.	.	.	.	.	.	.	.	.	.	.	.	.	.	.	.	.	.	.	.	.	.	.
	Veronica beccabunga	1	2a	.	.	.	.	.	.	.	.	.	.	.	.	.	.	.	.	.	.	.	.	.	.	.	.	.	.
	Carex rostrata	.	.	5	5	5	4	1	1	+	+	1	.	.	1	.	.	.	2a	2b	.	1	+	+	.	.	.	.	.
	Carex disticha	.	.	.	.	.	.	.	.	1	2b	2a	.	.	.	.	.	.	.	.	.	.	.	.	.	.	.	.	.
	Filipendula ulmaria	.	.	.	.	.	.	1	1	2a	2a	3	3	3	3	2b	2b	2a	.	.	.	.	.	.	.	.	.	.	.
	Scirpus sylvaticus	.	.	.	.	.	.	+	+	1	2a	2a	2a	2b	2b	2b	2a	2b	2b	2a	2b	1	1	+	r	.	.	.	.
	Lotus uligonosus	.	.	.	.	.	.	+	+	1	+	+	1	+	+	2a	1	1	.	.	.	.	2a	+	.	.	.	.	.
	Crepis paludosa	.	.	.	.	.	.	+	+	.	.	.	+	.	.	.	.	+	1	2a	1	.	+	.	.	r	.	.	.
	Juncus acutiflorus	.	.	.	.	.	+	.	.	2a	.	.	1	1	.	1	.	+	1	.	2a	1	2a	+	+	.	.	.	.
	Stellaria uliginosa	.	.	.	.	.	.	.	.	.	.	.	.	.	.	.	.	.	2a	1	1	2a	2a	+	1	.	2b	.	1
	Brachythecium rivulare	.	.	.	.	.	.	.	.	.	.	.	.	.	.	.	.	.	.	.	.	.	.	.	.	.	.	+	+
	Chrysosplenium oppositifolium	.	.	.	.	.	.	.	.	.	.	.	.	.	.	.	.	.	.	.	1	.	.	1	.	4	2a	4	3
(Nässezeigr)	Equisetum fluviatile	.	+	.	.	.	+	1	1	+	.	1	2b	+	1	+	+	2a	.	.	.	.	.	.	.	.	.	.	.
	Galium palustre	.	.	.	.	.	.	+	+	+	+	+	1	.	.	.	+	.	1	2m	.	+	.	.	.	.	2a	.	.
	Cardamine amara	.	.	.	.	+	2a	.	+	.	.	.	.	+	2a	.	.	.	.	.	.	2b	.	2a	1	.	.	2a	2a
(Molinietalia)	OC Equisetum palustre	.	.	.	.	.	.	.	.	.	.	.	.	.	r	.	.	.	+	1	1	1	+	1	2a	.	.	.	.
	Valeriana dioica	.	.	.	.	.	.	+	r	.	.	1	.	.	r	.	.	.	.	.	.	1	.	1	1	.	.	.	.
	Juncus effusus	.	.	.	.	.	.	.	.	1	2a	.	1	.	.	.	2a	.	2a	.	.	.	.	.	.	.	.	.	.
	Deschampsia cespitosa	.	.	.	.	.	,	.	.	.	.	.	.	.	.	.	.	.	.	2a	.	.	.	.	.	.	.	.	.
(Molinio-Arrhenatheretea)	KC Poa trivialis	.	.	.	.	.	.	.	.	.	.	.	.	.	.	.	.	.	1	.	1	+	+	+	+	+	+	r	r
	Alopecurus pratensis	.	.	.	.	.	.	.	.	.	.	.	.	.	.	+	.	.	2a	+	2a	+	1	+	1	.	.	.	.
	Ranunculus aceris	.	.	.	.	.	.	1	1	.	.	.	1	.	.	+	.	1	.	.	.	.	.	.	.	.	.	.	.
	Rumex acetosa	.	.	.	.	.	.	.	.	.	.	.	.	.	.	.	.	.	.	.	.	.	r	1	+	.	.	.	.
	Lathyrus pratensis	.	.	.	.	.	.	.	.	.	.	.	.	.	.	r	.	.	.	.	.	.	.	.	.	.	.	.	.
Übrige Arten	Ajuga reptans	.	.	.	.	.	.	3	3	+	.	+	+	r	+	+	+	+	+	+	+	2a	+	2a	1	.	.	.	.
	Impatiens noli tangere	.	.	.	.	.	.	2b	2b	2b	2a	1	.	1	1	.	1	.	1	+	2a	+	+	+	+	r	.	.	.
	Lysimachia nemorum	.	.	.	.	.	.	1	2a	.	1	.	+	.	.	1	.	1	2m	.	1	2a	2a	2m	1	.	.	.	.
	Ranunculus reptans	.	.	.	.	.	.	.	.	.	.	.	.	.	.	.	.	.	2a	2a	2a	2b	1	3	3	.	r	r	r
	Primula elatior	.	.	.	.	.	.	.	.	.	.	.	.	.	.	r	.	.	+	.	+	2a	.	1	1	.	.	.	.
	Epilobium obscursum	.	.	.	.	.	.	.	.	.	.	.	.	.	.	.	.	.	+	.	.	.	.	.	.	2b	+	r	1
	Veronica chamaedrys	.	.	.	.	.	.	.	.	.	.	.	.	.	.	.	.	.	.	.	1	.	+	2a	1	.	.	.	.
	Agrostis canina	.	.	.	.	.	.	.	.	.	.	.	.	.	.	.	.	.	1	.	1	.	1	.	.	+	.	.	.
	Epilobium palustre	.	.	.	.	.	.	.	.	.	.	.	1	.	.	.	.	+	.	.	.	.	.	.	.	.	.	.	.
	Rumex acetocella	.	.	.	.	.	.	.	.	r	.	.	.	1	.	.	.	.	.	.	.	+	.	.	.	.	.	.	.
	Alchemilla vulgaris	.	.	.	.	.	.	r	.	.	.	.	.	.	.	.	.	.	.	.	.	.	.	r	.	.	.	.	.
	Urtica dioica	.	.	.	.	.	.	.	.	.	+	.	.	.	.	.	.	.	.	.	.	.	.	.	.	.	.	.	.
	Lysimachia nummularia	.	.	.	.	.	.	.	.	.	.	.	1	.	.	.	.	.	.	.	.	.	.	.	.	.	.	.	.
	Circaea lutetiana	.	.	.	.	.	.	.	.	.	.	.	.	.	.	.	1	.	.	.	.	.	.	.	.	.	.	.	.
	Taraxacum officinale	.	.	.	.	.	.	.	.	.	.	.	.	.	.	.	.	.	.	.	.	r	.	.	r	.	.	.	.

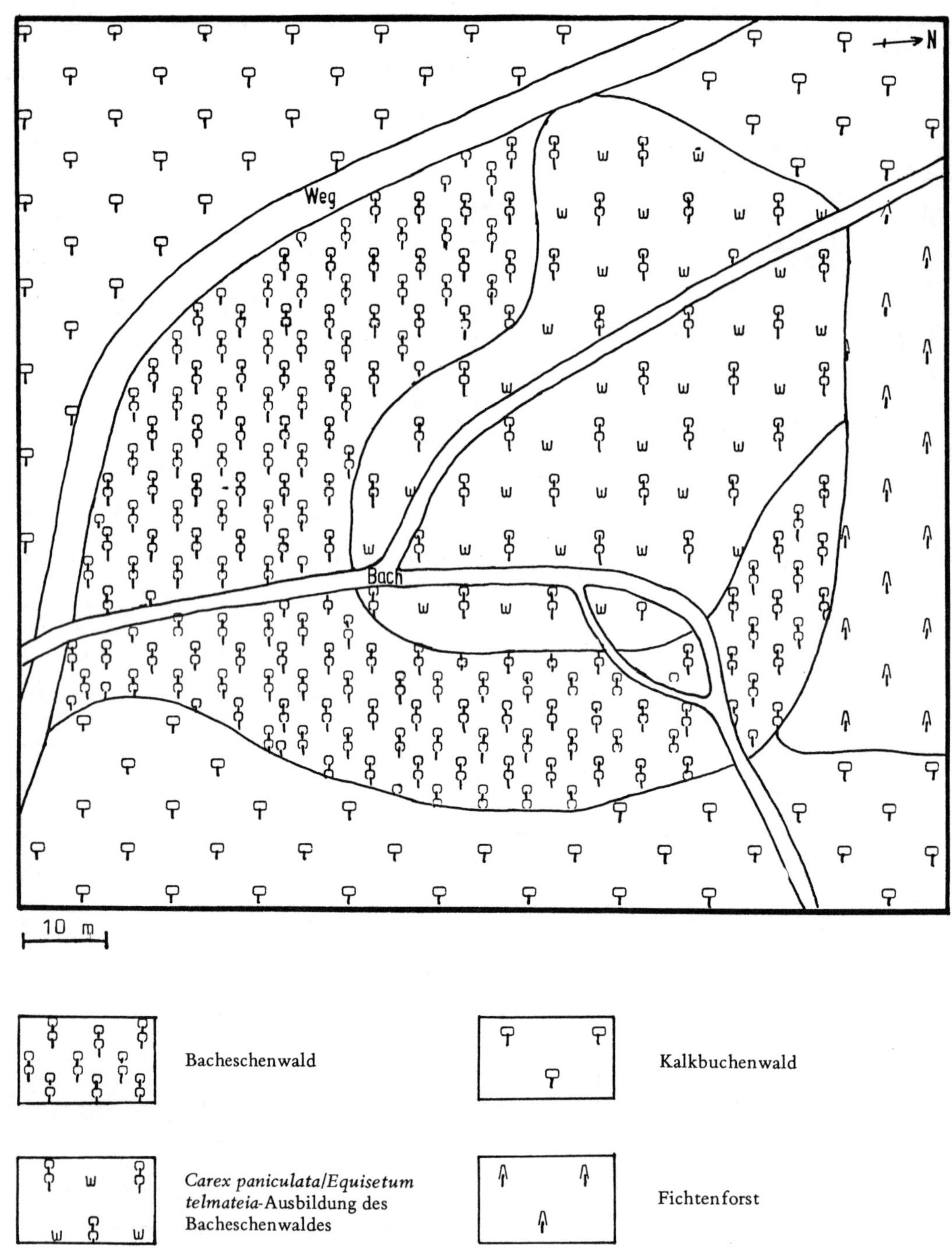

Abb. 5: Übersichtsskizze Feuchtstandort Kaltenborn.

Tab. 4: Feuchtstandort Kaltenborn, Bacheschenwald.

	a											b				
	Carex paniculata-Equisetum telmateia - Ausbildung des Bacheschenwaldes											Bacheschenwald				
Lauf.-Nr.:	1	2	3	4	5	6	7	8	9	10	11	12	13	14	15	16
Feld-Nr.:	11	12	13	1	14	15	16	2	3	6	7	18	4	19	5	17
Datum:	12.8	12.8	12.8	8.6	12.8	12.8	12.8	8.8	10.6	10.6	10.6	17.8	9.6	17.8	9.6	17.8
Höhe in m ü.NN:	550	550	550	550	550	550	550	550	550	550	550	550	550	550	550	550
Exposition:	W	W	W	W	W	W	W	W	W	W	W	W	W	W	W	W
Neigung in Grad:	2	2	2	1	0	0	0	0	2	0	0	0	1	0	2	0
geol.Untergrund:	Solifluktionschutt															
Fläche in qm:	12	12	12	16	8	8	12	15	12	16	12	20	24	20	30	25
Deckung in %: Baumschicht	65	60	60	40	55	30	65	25	30	35	45	75	75	75	65	75
Strauchschicht	-	-	-	-	-	-	-	-	-	-	-	2	1	5	-	2
Krautschicht	90	95	85	85	75	60	80	90	100	90	85	55	65	60	75	60
Moosschicht	40	40	35	35	40	40	30	30	30	25	20	10	15	10	5	15
Artenzahl:	31	30	30	29	23	17	24	25	19	26	21	33	27	29	26	27
Baumschicht																
Fraxinus excelsior	3	3	3	2b	2b	2a	3	2b	2b	2b	2b	3	3	4	3	3
Fagus sylvatica	.	.	.	.	.	.	.	.	.	.	.	2a	.	2a	.	.
Strauchschicht																
Rubus idaeus	.	.	.	r	.	.	.	.	.	.	.	+	+	+	.	+
Crataegus laevigata	.	.	.	.	.	.	.	.	.	.	.	r	.	+	.	+
Krautschicht																
CH Carex paniculata	3	3	2b	2a	1	+	2b	2a	2a	+	+	.	.	.	.	.
Equisetum telmateia	2a	2a	2a	2a	2b	2b	1	1	+	+	+	.	.	.	.	.
Lysimachia nemorum	.	.	.	.	.	.	.	.	.	+	.	2a	+	1	+	1
Carex remota	.	.	.	.	.	.	.	.	.	.	.	.	.	2a	1	+
(Nässezeiger) Cirsium oleraceum	2b	2b	2b	+	3	3	2b	1	+	1	2a	.	+	+	+	1
Caltha palustris	+	1	+	3	+	1	+	3	1	2a	2a	r	1	.	+	.
Angelica sylvestris	2a	1	+	1	2a	2a	2b	1	+	+	1	r	.	.	r	.
Filipendula ulmaria	1	.	+	r	2a	.	1	r	.	1	2a	.	1	+	+	1
Equisetum fluviatile	1	1	.	2m	1	+	+	2a	2m	2m	1	.	.	.	.	.
Valeriana dioica	.	.	+	1	.	+	.	1	1	1	2a	.	+	.	.	.
Veronica beccabunga	1	1	1	1	+	1	.	+	.	.	.	.	.	.	.	.
Crepis paludosa	1	+	1	.	+	.	.	+	.	+	+	.	.	+	.	.
Chrysosplenium oppositifolium	.	.	.	.	.	.	.	.	.	+	.	+	.	.	+	.
Poa palustris	+	.	.	+	.	.	.	+	.	.	.	.	.	.	.	.
Cirsium palustre	.	.	.	.	.	.	r	.	.	.	.	.	.	.	.	.
(Alno-Ulmion) VC Impatiens noli-tangere	1	+	+	1	+	.	+	+	.	+	+	2b	2a	2b	2a	2b
Circaea lutetiana	1	.	.	.	.	.	.	.	.	.	.	.	.	.	.	+
Stachys sylvatica	.	1	.	.	r	.	.	.	.	.	.	.	.	.	.	.
Chrysosplenium alternifolium	.	1	.	1	.	.	.	.	+	+	.	1	.	.	.	.
(Querco-Fagetea) KC Fraxinus excelsior	.	r	.	.	.	.	.	.	r	.	.	+	1	+	.	+
Epilobium montanum	.	.	+	.	.	.	.	.	.	.	.	2a	1	+	+	+
Dryopteris filix mas	.	.	+	.	.	.	r	r	.	.	.	.	.	.	.	.
Poa nemoralis	.	+	1	.	.	.	.	.	.	.	.	1	.	.	r	.
Acer pseudoplatanus	.	.	.	.	r	.	.	.	.	.	.	r	.	+	+	.
Carex sylvatica	.	.	.	.	.	.	.	.	.	.	.	+	+	.	.	+
Brachyopodium sylvaticum	.	.	.	.	.	.	.	.	.	.	.	.	.	.	2a	2a
Primula elatior	.	.	.	.	.	.	.	.	.	.	.	r	.	+	.	.
Fagus sylvatica	.	.	.	.	.	.	.	.	.	.	.	.	.	r	.	+
Übrige Arten Ranunculus repens	+	1	1	1	.	.	+	2a	1	+	1	+	1	.	+	+
Polygonum bistorta	.	+	1	1	.	.	.	r	r	2a	+	1	r	1	.	+
Urtica dioica	+	r	r	.	.	+	.	+	.	.	.	1	2b	1	2b	2a
Geum rivale	r	.	.	+	+	.	.	+	+	.	.	+	1	+	1	+
Cardamine amara	.	.	.	2b	+	+	+	2a	2a	1	2a	+	.	.	.	.
Dryopteris carthusiana	r	+	1	.	r	.	.	r	.	r	r	.	r	.	+	.
Ajuga reptans	.	.	.	r	.	.	+	.	+	2b	2b	+	+	.	1	+
Galium uliginosum	1	+	+	r	+	+	1	.	+	.	.	.	.	.	.	.
Rumex conglomeratus	+	+	+	.	.	.	.	.	.	.	+	1	.	1	+	+
Senecio fuchsii	.	r	r	.	.	.	.	.	.	.	.	+	r	2a	+	1
Geranium robertianum	r	r	+	+	.	.	.	.	.	.	+	.	.	1	1	.
Festuca rubra	+	r	1	.	.	.	.	.	.	.	.	2a	+	.	+	.
Deschampsia cespitosa	.	.	.	.	.	.	.	.	.	.	.	+	r	2a	+	1
Equisetum arvense	.	.	.	.	+	.	.	+	.	+	+	.	.	+	.	.
Poa trivialis	+	+	.	.	+	1	+	.	.	.	.	.	.	.	.	.
Galium odoratum	.	.	.	.	.	.	.	.	.	.	.	+	+	.	+	+
Stellaria media	+	-	.	.	.	.	.	.	.	.	.	1	.	.	.	+
Mentha aquatica	.	.	.	.	.	.	.	.	.	+	.	.	+	.	r	.
Equisetum palustre	.	1	.	1	.	.	.	.	.	.	+	.	.	.	.	.
Lathyrus palustris	.	.	.	+	.	.	.	.	.	.	.	.	.	.	.	.
Galium palustre	+	r	+	.	.	.	.	+	.	+	.	.	.	.	.	.
Taraxacum officinale	.	.	.	.	.	.	.	.	.	.	.	.	r	.	.	r
Ranunculus auricomus	.	.	.	.	.	.	.	.	.	.	.	.	+	.	+	.
Fragaria vesca	.	.	.	.	.	.	.	.	.	.	.	.	r	.	+	.
Epilobium palustre	1	.	.	.	.	.	.	.	.	+	.	.	.	.	.	.
Moehringia trinerviana	.	.	.	+	.	.	.	.	.	.	.	.	+	.	.	.
Potentilla erecta	.	.	.	.	r	.	.	.	r	.	.	.	.	.	.	.
Oxalis acetocella	.	.	.	.	.	.	.	.	.	.	.	.	.	+	.	r
Glechoma hederacea	.	.	.	.	.	.	.	.	.	.	.	.	.	.	+	.
Allium ursinum	.	.	.	.	.	.	.	.	.	.	.	.	.	.	r	.
Athyrium filix-femina	.	.	.	.	.	.	.	.	.	.	.	.	.	.	+	.
Gypsophila muralis	.	.	.	.	.	.	.	.	.	.	.	.	.	.	.	r
Moosschicht																
(Nässezeiger) Brachythecium rivulare	1	+	+	+	1	1	1	1	1	1	1	.	.	.	.	.
Plagiomnium undulatum	+	+	+	+	+	+	+	1	+	+	+	.	.	.	.	.
Climacium dendroides	+	.	.	+	+	+	.	.	+	+	+	.	.	.	.	.
Conocephalum conicum	.	1	.	+	.	.	.	+	.	.	.	.	.	.	.	.
Riccardia pinguis	.	.	.	.	.	.	+	.	.	.	+	.	.	.	.	.
Lophocolea bedentata	.	.	.	.	+	+	+	.	.	.	.	.	.	.	.	+
Plagiothecium denticulatum	.	.	.	1	+	.	.	.	.	.	.	.	+	.	+	.
Calliergonella cuspidata	1	.	.	.	.	.	+	.	.	.	.	+	.	+	.	+
Polytrichum formosum	.	.	.	.	.	.	+	.	.	+	.	+	.	.	.	+
Plagiomnium rostratum	+	.	+	.	.	.	.	.	.	.	.	.	.	+	.	.
Pholia c.f.	.	.	.	.	.	.	.	.	.	.	.	.	.	.	.	+
Eurhynchim pullchellum	.	.	.	.	.	.	.	.	.	.	.	.	.	+	.	.
Lophocolea heterophylla	.	.	.	.	.	.	.	.	.	.	.	.	.	+	.	.

5. Gegenwärtiger Zustand der Untersuchungsgebiete

Durch die wechselnden Wasserverhältnisse ist die Vegetation des Untersuchungsgebietes Teufelslöcher unterschiedlich ausgebildet. Die tiefergelegenen, ständig durchnäßten Bereiche werden von *Carex acutiformis* und *Scirpus sylvaticus* beherrscht. Durch die große Konkurrenzfähigkeit der Ausläufer bildenden Arten sind diese Standorte floristisch verarmt.

In den Bereichen mit geringerer Wasserversorgung dominieren die Molinietalia-Arten, die durch einen Wechsel hochwüchsiger und niederwüchsiger Flecken ein unregelmäßiges Bild vermitteln. Bei Unterbleiben der Mahd können feuchte Pioniergehölze in diesen Bereichen Fuß fassen. Häufig werden durch die wühlende Tätigkeit des Wildes lichtfreie Flächen geschaffen, in denen sich auch andere Holzgewächse einstellen können (ELLENBERG 1982). Der derzeitige Zustand der Vegetation kann über einen längeren Zeitraum stabil bleiben; Anzeichen einer Verbuschung sind nicht zu erkennen.

Innerhalb des Feuchtstandortes Seesteine, der durch ein Gewässer geprägt wird, wechseln die Lebensbedingungen auf kleinstem Raum, was sich in einer vielgestaltigen Vegetation äußert. Sie reicht von einer Naßwiese über artenarme Bachröhrichte und Großseggenrieder der Überflutungsbereiche bis zu Hochstaudenflur und kleinflächiger Quellgesellschaft.

Eine äußere Beeinflussung der Vegetation des Feuchtstandortes ist nicht zu verzeichnen. Mögliche Veränderungen können jedoch durch veränderte Wasserverhältnisse hervorgerufen werden, wenn z.B. günstige Bedingungen für die Ausbreitung der Molinietalia-arten geschaffen werden.

Bei dem Untersuchungsgebiet Kaltenborn handelt es sich wahrscheinlich um einen ehemaligen Rispenseggensumpf. Durch Entwässerung und forstliche Maßnahmen konnten sich die Arten des Bacheschenwaldes einstellen. Nur an den ständig durchnäßten Bereichen, wo das lockere Kronendach des Eschenwaldes genügend Licht zuläßt, konnte sich die licht- und kalkliebende Art *Carex paniculata* halten.

Der gegenwärtige Zustand der Vegetation kann sich bei rückläufiger Wasserversorgung in Richtung Buchenwald entwickeln. Anzeichen dafür sind bereits in der feuchten Ausbildung durch *Fagus sylvatica* und der gering entwickelten Strauchschicht gegeben.

6. Zusammenfassung

Im ersten Teil der Untersuchung wurden die Vegetationsverhältnisse des Hohen Meißners nach dominierenden Arten und ökologischen Merkmalen charakterisiert. Eine sich an diese Einteilung anlehnende Karte zeigt die verschiedenen Vegetationseinheiten in ihrer jeweiligen Ausdehnung.

Im zweiten Teil wurde in drei ausgesuchten Feuchtstandorten die Vegetationsbedeckung nach physiognomischen und ökologischen Merkmalen in einer Übersichtskarte dargestellt. Durch Vegetationsaufnahmen nach der Methode von BRAUN-BLANQUET und die Einordnung in das pflanzensoziologische System wurde ein genauerer Einblick in die Vegetationsverhältnisse der Untersuchungsgebiete gegeben.

Besonders Feuchtgebiete haben heute eine große landschaftsökologische Bedeutung (HAARMANN 1976). Durch anthropogene Maßnahmen wurden die einst typischen Feuchtstandorte stark reduziert, so daß sie heute bereits einen „Seltenheitswert" haben. Die Erhaltung der Feuchtbiotope mit ihrer vielfältigen Pflanzen- und Tierwelt stellt eine der wichtigsten Aufgaben des Naturschutzes dar.

7. Literatur

BRAUN-BLANQUET, J. 1964: Pflanzensoziologie, Grundzüge der Vegetationskunde. – 3. Aufl.: 1-865, Wien, New York.

DEUTSCHER WETTERDIENST IN DER US-ZONE (Hg) 1950: Klimaatlas von Hessen. – 1-20, Bad Kissingen.

ELLENBERG, H. 1982: Vegetation Mitteleuropas mit den Alpen in ökologischer Sicht. – 3. Aufl.: 1-989, Stuttgart.

FRAHM, J.-P. & FREY, W. 1983: Moosflora. – 1-522, Stuttgart.

GROSSE-BRAUCKMANN, G. 1977/78: Zur Sicherung und Pflege von Feuchtbiotopen aus botanischer Sicht - dargestellt an Hand von Befunden über einige südhessische Naturschutzgebiete. – Naturschutz und Landschaftspflege in Hessen 1977/78: 38-42, Wiesbaden.

HAARMANN, K. 1976: Europäische Feuchtgebietskampagne 1976. – Natur u. Landsch., 1: 11-14, Bonn, Bad Godesberg.

HARMS LANDESKUNDE 1961: Hessen, Bd. I. – 280-286, München.

HEINTZE, G. 1966: Landschaftsrahmenplan Naturpark Meißner-Kaufunger Wald. – 1-115, Wiesbaden.

HESSISCHER MINISTER FÜR LANDESENTWICKLUNG, UMWELT, LANDWIRTSCHAFT UND FORSTEN (Hg) 1979/80: Über Naturschutz und Landschaftspflege. – 5-10, Wiesbaden.

HILLESHEIM-KIMMEL, U. et al. 1978: Die Naturschutzgebiete in Hessen. – Schr.-R. Inst. Naturschutz Darmstadt, 11(3): 1-395, Darmstadt.

KNAPP, R. 1967: Die Vegetation des Landes Hessen. – Ber. Oberhess. Ges. Natur- u. Heilkde z. Gießen, N.F., Naturwiss. Abt., 35: 93-148, Gießen.

KNAPP, R. 1971: Einführung in die Pflanzensoziologie. – 3. Aufl.: 1-388, Stuttgart.

KÖNIG, P. 1983: Vegetation und Flora der „Klosterwiesen von Rockenberg" (Wetterau, Hessen). – Jber. Wetterau. Ges. Naturkde 1983: 59-11, Hanau.

KÜRSCHNER, H. 1983: Geobotanisches Praktikum im Werra-Meißner-Kreis (Eschwege) 6.10.82-21.10.82. – 1-67 (unveröff. Praktikumsber.), Berlin.

MÖLLER, K. & STÄBLEIN, G. 1982: Struktur- und Prozeßbereiche der GMK 25 am Beispiel des Meißners (Nordhessen). – Berliner Geogr. Abh., 35: 73-85, Berlin.

OBERDORFER, E. 1957: Süddeutsche Pflanzengesellschaften. – Pflanzensoziologie, 10: 1-564, Jena.

OBERDORFER, E. 1977: Süddeutsche Pflanzengesellschaften I. – 2. Aufl.: 1-311, Stuttgart, New York.

OBERDORFER, E. 1983a: Süddeutsche Pflanzengesellschaften III. – 2. Aufl.: 1-455, Stuttgart, New York.

OBERDORFER, E. 1983b: Pflanzensoziologische Exkursionsflora. – 5. Aufl.: 1-1051, Stuttgart.

PFALZGRAF, H. 1934: Die Vegetation des Meißners und seine Waldgeschichte. – Repertorium spec. nov. regi vegetabilis, 75: 1-80, Berlin.

REICHELT, G. & WILMANNS, O. 1973: Vegetationsgeographie. – 1-210, Braunschweig.

ROTHMALER, W. 1978: Exkursionsflora für die Gebiete der DDR und BRD. – 1-612, Berlin.

RÜHL, A. 1967: Das Hessische Bergland - Eine forstlich-vegetationsgeographische Übersicht. – Bundesforschungsanst. Landeskde. u. Raumforsch., 161: 8-26, 92-102, Bonn-Bad Godesberg.

SAUER, H. 1968: Der Meißner - Kernstück eines Naturparkes. – Geogr. Rdsch., 5: 181-187, Braunschweig.

SAUER, H. 1978: Meißner. – In: HILLESHEIM-KIMMEL, U. et al.: Die Naturschutzgebiete in Hessen: 365-379, Darmstadt.

SCHÖNHALS, E. 1951: Bodenkundliche Übersichtskarte von Hessen 1 : 300 000. – Hessisches Landesamt Bodenforsch., Wiesbaden.

WILMANNS, O. 1984: Ökologische Pflanzensoziologie. – 1-372, Heidelberg.

Anschrift des Autors:

ANGELIKA BASSENDOWSKI, Bayerischer Platz 2, 1000 Berlin 30.

Berliner Geogr. Abh., Heft 41: 217–225, Berlin 1986.

Die Rutschungen im Innenkippenbereich des Tagebaus Kalbe (Hoher Meißner/Nordhessen)

mit 10 Abbildungen

KLAUS MÖLLER

K u r z f a s s u n g: Das Restloch Kalbe wird in der Innenkippe aufgrund von Rutschungen und Schwemmfächerbildung als in Bewegung befindlicher Bereich dargestellt. Auslösendes Moment sind die Schwelbrände der Braunkohle, die das Flöz erreicht haben dürften. Durch das bergwärtige Wandern der Schwelbrände und den damit verbundenen Massenverlust wird das Widerlager der Kalbe immer geringer, so daß neben den klimatischen und geologischen Besonderheiten und ihren Wirkungen ein nicht aufzuhaltender Versturz der Kalbe erwartet wird.

Landslides in the abandoned open-cast mine at Kalbe (Hoher Meißner, Northern Hesse)

A b s t r a c t: In the abandoned open-cast mine at Kalbe there are active landslides and alluvial fan formation owing to the lignite smouldering which has probably reached the seam. Because of the uphill movement of the smouldering and the associated decrease in mass, the thrust of the Kalbe is steadily diminishing so that, as well as the climatic and geological factors and their effects, the collapse of the Kalbe seems inevitable.

I n h a l t s ü b e r s i c h t

1. Einleitung

Seit 1977 befaßt sich der Autor regelmäßig mit dem Hohen Meißner und den Folgewirkungen der anthropogenen Beeinflußung durch den Tagebau der Braunkohle. Im Zuge der praxisnahen Ausbildung von Studenten an der Freien Universität Berlin, die vom Standquartier an der Blauen Kuppe aus betrieben wird, waren es zuerst Praktika, die den Besuch der Kalbe zu Demonstrationszwecken von Folgen bergbaulicher Aktivitäten zum Ziel hatten. In den Jahren 1980/81 kartierte der Verfasser den Hohen Meißner als Bestandteil der Topographischen Karte 1 : 25 000, Blatt 4725 Bad Sooden-Allendorf geomorphologisch (MÖLLER 1982) im Rahmen des GMK-Schwerpunktprogramms der Deutschen Forschungsgemeinschaft (DFG) nach der „Grünen Legende" (LESER & STÄBLEIN 1975). Ihre Zielsetzung ist im Beitrag von MÖLLER & STÄBLEIN in diesem Heft beschrieben. Darüber hinaus sind seitdem regelmäßig Praktika mit Studenten durchgeführt worden, die nun, aus der Kenntnis der Situation, insbesondere dem sich verändernden Bermenbereich im Restloch und dem zunehmenden Versturz der Kalbe Aufmerksamkeit widmeten.

In diesem Beitrag möchte ich mich auf die aktuell ablaufenden geomorphologischen Prozesse, ihre Ursachen und ihre Folgewirkungen beschränken.

2. Die Rutschungen im Innenkippenbereich

Ziel der Besuche im Restloch Kalbe waren, neben der Demonstration der anthropogenen Eingriffe vor allem die dort wirkenden Schwelbrände der Braunkohle, die im Restloch in den kühleren Jahreszeiten regelrechte Nebelschwaden ausbilden (Abb. 1). Hierbei konnten an dem sich ständig verändernden bzw. verfallenden Wegenetz umfangreiche Rutschungen beobachtet werden, die im Zusammenhang mit der Verlagerung der Schwelbrände von den niederen zu den höheren Bermen in Richtung Kalbe wanderten. Zusätzlich konnte ein weiterer Versturz des Kalbezahns beobachtet werden.

Als Fixpunkt der Beobachtungen diente, wie schon angedeutet, das Wegenetz der Tiefbaustrecke im Lagerstättenbereich Lettenberg, die 1978 angesetzt und 1979 abgeschlossen wurde und zu dieser Zeit in ordnungsgemäßem Zustand waren. Die zum Abtransport der Kohle und der technischen Einrichtungen benötigten Straßen besaßen ein ausgeglichenes Gefälle und eine durchgehende Teerdecke. Nach Auflassung der Tiefbaustrecke stellte sich in zunehmendem Maße ein Verfall dieses Wegenetzes ein.

2.1 Die geologische Situation

Einen groben Überblick über die geologische Situation gibt FRIEDRICH (1977). Detaillierter ist die Darstellung in FINKENWIRTH (1978). An ihr (Abb. 2) sollen die geologischen Verhältnisse erläutert werden.

Im Liegenden der Senke befindet sich der Obere Buntsandstein - das Röt - ein in dieser Gegend durch vielfältige Gipseinschaltungen und ausgesprochen tonige Ausprägung gekennzeichnetes Gestein. Es bildet in der weiteren Umgebung die Gleitsubstanz für die mächtigen Rutschungen an den Schichtstufen des Unteren Muschelkalkes (z.B. Hörne, Plesse, Schickeberg).

Darüber liegen Sande und Tone des Tertiärs, die ihrerseits wiederum Gleitmittel sind für die Basaltrutschungen (Altarsteine, Petersruh) am östlichen Meißnerhang, was sich dort durch helle, gelblich-graue tonige Substrate an der Basis der Rutschkörper zeigt.

Abb. 1: Schwelbrände im Innenkippenbereich des Restlochs Kalbe.

Über den tertiären Sedimenten folgt die Braunkohle, die hier im Kalbebereich Flözmächtigkeiten von bis zu 58 m (FINKENWIRTH 1978:232) erreicht. Sie erstreckt sich mit geringer werdender Mächtigkeit bis unter die Kalbe und taucht als breites Band unter die zum Teil mehr als 100 m mächtige Basaltbedeckung des Lettenberges ab.

Der auflagernde Basalt, der sich ursprünglich über die gesamte Hochfläche zog, schließt den geologischen Schichtenverlauf zum Jüngsten hin ab.

Die als Innenkippe bezeichnete Region setzt sich zusammen aus Basaltschutt (Abraum) und nicht verwertbaren Kohleresten des Tagebaus (frdl. mdl. Mitt. Dr. KUHNERT). Die Innenkippe diente vornehmlich dazu den drohenden Versturz der Kalbe in das Restloch als eine Art Widerlager zu verhindern. Die Materialzusammensetzung der Innenkippe scheint hierbei nicht dem rutschungs- und verdrükkungsanfälligen Liegenden angepaßt zu sein, so daß bedingt durch die Auflast, aber auch durch die eindringenden Tageswässer, der gesamte Innenkippenbereich heute in Bewegung ist. Hinzu kommen die Schwelbrände, die zunächst nur die Restkohle in den Bermen der Innenkippe aufzehrten, bei weiterem bergwärtigen Wandern heute aber das der Kalbe unterlagernde Flöz erreicht haben müßten (frdl. mdl. Mitt. Dr. KUHNERT). Folgende Auswirkungen sind darauf zurückzuführen:

- Erzeugung von Massendefizit
- Austrocknen des Hangenden
- schneller Zutritt der Tageswässer zum Liegenden

Ihre geomorphologische Wirksamkeit wird in Kap. 2.2. erläutert.

2.2 Die geomorphologische Situation

Die in ihrem Ursprung horizontal bzw. befahrbar angelegten Bermen (Abb. 3) sind durch die oben beschriebenen Prozesse in Bewegung geraten. Während im östlichen Abschnitt zur Kaiserstraße hin die Bermenabfolge noch im Urzustand scheint, ist das Gefüge im übrigen Bereich erheblich gestört. Dies zeigt sich an den im Folgenden dargestellten Phänomenen.

Das Abrutschen der Straße an der Einfahrt in das Bermengelände und die heute aufgegebenen immer wieder vergeblich durchgeführten Reparaturmaßnahmen zeigen die heute aktiven Bewegungsvorgänge am deutlichsten (Abb. 4). Eine vorsichtige Schätzung sieht den Versatz in einer Größenordnung von 5 bis 7 m seit der Auflassung der Förderstrecke im Jahr

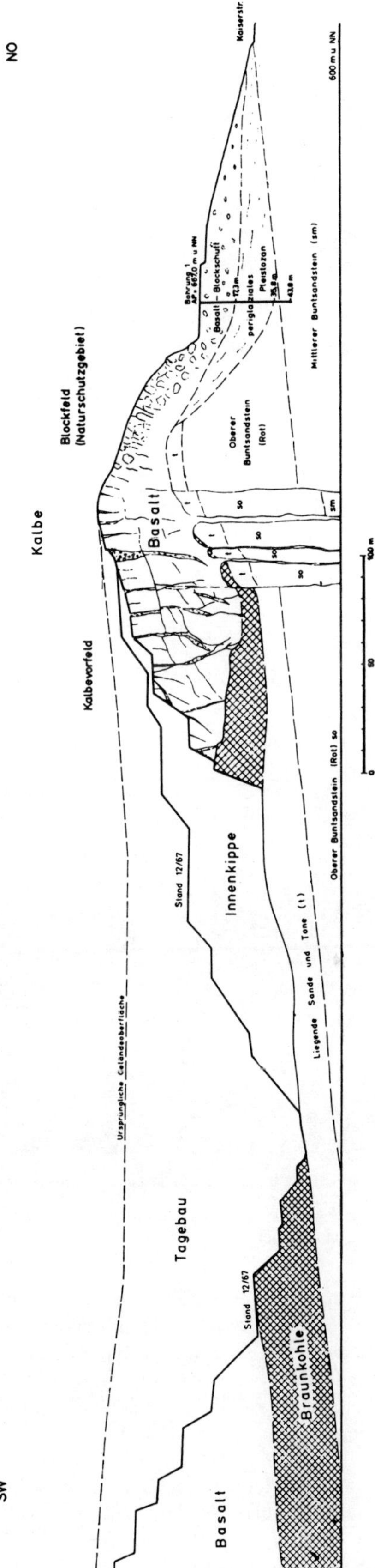

Abb. 2: Geologischer Schnitt durch das Restloch Kalbe (aus: FINKENWIRTH 1978:231).

Abb. 3: Der Innenkippenbereich im Jahre 1969 nach Anlage der Bermen (aus: SCHADE 1976:99).

Abb. 4: Die Rutschung im Bermengelände des Innenkippenbereichs.

Im Vordergrund erkennt man den Einbruch und die Rückverlegung der Bermenkante. Die Abrißnische der Rutschung ist deutlich zu erkennen.

1979. Hinzu kommen Wülste und Risse im Straßenbelag - zum Teil ist die Teerdecke bereits völlig aufgelöst -, die auf die aktive Geomorphodynamik hinweisen. Die Ausdehnung dieser Rutschungsform im oberen Teil liegt bei 35 m. Sie greift darüber hinaus in die nächsthöhere Berme ein.

Korrespondierend zu dieser Rutschung ist der Schuttfächer, der sich unterhalb in den Kalbesee schiebt (Abb. 5). Der Vergleich der Randkontur in der Topographischen Karte 1 : 25 000 Blatt 4725 Bad Sooden-Allendorf, Ausgabe 1980 mit der heutigen Uferlinie zeigt deutlich die Veränderung an.

Ebenfalls im Zusammenhang mit dem Rutschkörper - oder auch als auslösendes Moment - stehen die durch die bergwärts wandernden Schwelbrände verursachten Trockenrisse. Sie ermöglichen ein schnelles Eindringen der Tageswässer mit der Folge, daß ansetzend an den Trockenrissen das Kippenmaterial abrutscht, wie sich heute am Versatz in der Straße zur Kalbe oberhalb der Rutschung beobachten läßt (Abb. 6).

Abb. 5: Der Schuttfächer im Innenkippenbereich.

Der Beginn dieser fächerförmigen Struktur zeigt sich in der Rutschnische (vgl. Abb. 4). Langsam bewegt sich das Haldenmaterial auf den Kalbesee zu und verändert die Uferlinie in Richtung auf den Kalbesee.

Abb. 6: Die Straße zur Kalbe auf der obersten Berme.

Deutlich zeigen sich Wülste und Abriße, die auf Bewegung im Untergrund schließen lassen.

Im Vergleich zur geomorphologischen Grundaufnahme 1980/81 (vgl. Kartenbeilage zu MÖLLER & STÄBLEIN in diesem Heft) zeigt der Innenkippenbereich heute deutlich veränderte Züge mit der Tendenz zu immer schnellerem Formenwandel (Abb. 7).

2.3 Rekultivierungszustand

Mit den besonderen Verhältnissen im Tagebau-Restloch hat sich die Rekultivierung im Beobachtungszeitraum schwer getan.

Neben den klimatisch extremen Verhältnissen (mehr als 1000 mm Niederschlag pro Jahr, 5,5° C Jahresmitteltemperatur) sind es vor allem die Schwefeldämpfe der Schwelbrände, die ein Angehen naturnaher Vegetation erschweren (vgl. Abb. 1). Hinzu kommen die zum Teil extremen Steilheiten der Hänge, die mit Ursache für die Massenbewegungen sind, die den aufgebrachten Mutterboden immer wieder abtragen.

So ist heute, nach fast 15 Jahren Rekultivierung immer noch kein vorzeigbares Ergebnis vorhanden. Dies wird von den Betreibern der Wiederaufnahme des Braunkohletagebaus indirekt eingestanden, indem im Zuge der Neubeantragung formuliert wird: „Die Wiederaufnahme des Bergbaus auf dem Meißner gestattet es, den dortigen allgemein anerkannt schlechten Rekultivierungszustand durch großzügige Einbeziehung in die zukünftigen Maßnahmen zu verbessern" (FRIEDRICH 1977:157).

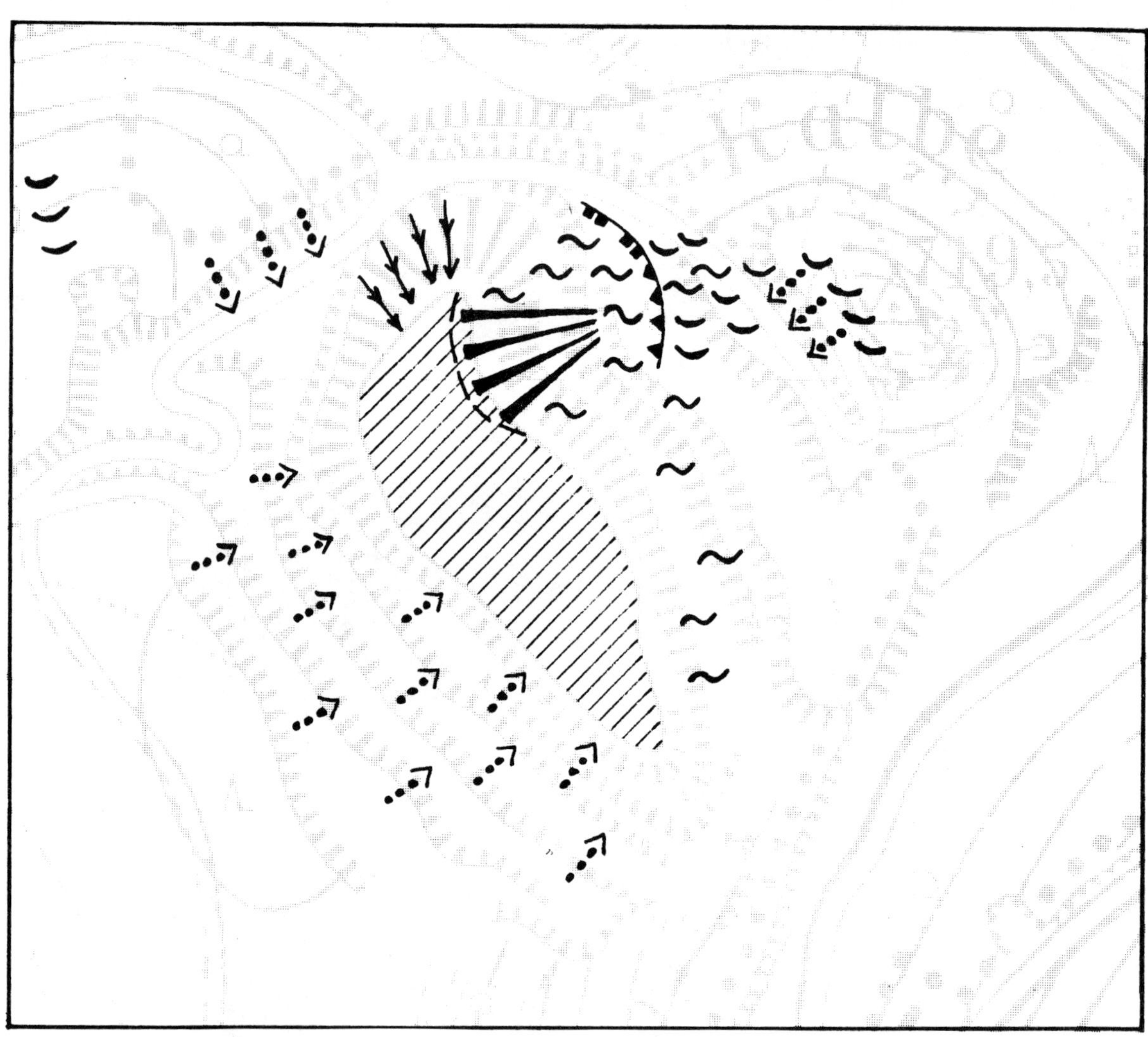

Abb 7: Geomorphologische Situation im Innenkippenbereich.

Als Grundlage dient die Vergrößerung der Topographischen Karte 1 : 25 000, Blatt 4725 Bad Sooden-Allendorf, Ausgabe 1980, auf den Maßstab 1 : 5000. Die verwendeten Signaturen sind in der Beilage zu MÖLLER & STÄBLEIN (in diesem Heft) erklärt.

Insgesamt stellt sich so der Innenkippenbereich heute als ausgesprochen labiles Gefüge dar, in dem neben den Rutschungen auch keine, naturnahe Vegetation Besitz von diesem Areal ergreift.

3. Die Kalbe

Ein zur Zeit der Jugendbewegung der 20er Jahre geschichtsträchtiger Ort droht heute zu zerfallen. Ursache hierfür ist der umgegangene Tagebau der Braunkohle, der das Restloch Kalbe hinterlassen hat. Das im Zuge des Tagebaus drohende Abrutschen der Kalbe wurde Anfang der 60er Jahre durch eine Seilverankerung aufzuhalten versucht (BRAUN 1976). Diese Maßnahme führte nicht zum gewünschten Erfolg. Trotzdem kam die Kalbe zunächst zum Stehen, was sowohl von BRAUN (1976) als auch von FINKENWIRTH (1978) als Indiz für den Zusammenhang der Kalbe mit einem Förderschlot des Basaltes, der stützend wirkte, gesehen wurde. Als zusätzliche Sicherungsmaßnahme wurde der vorbeschriebene Innenkippenbereich angeschüttet. Inwieweit diese Maßnahmen letztendlich zur Erhaltung der Kalbe beitragen, soll im Folgenden aufgezeigt werden.

1963 setzte sich der Kalbezahn noch durch eine Wandstufe (> 60° Neigung) vom Bermen- bzw. Restlochbereich ab (Abb. 8). Im Zuge wiederholter Begehungen wurden folgende Beobachtungen gemacht, die am dauernden Bestand der Kalbe Zweifel aufkommen lassen.

Die Isolierung des Kalbezahns führte zu einer Veränderung der Grundwassersituation, so daß dem dort vorhandenen Buchenbestand die Wasserzufuhr entzogen wurde, was sich heute deutlich an den abgestorbenen Bäumen feststellen läßt (Abb. 9).

Darüber hinaus verfiel die Wandstufe durch Steinschlag infolge Druckentlastung (aus dem Plateauverband herausgelöst) und klimatischer Besonderheiten (hohe Zahl von Frostwechseln, hoher Niederschlag) zu einer heute nur noch wenig imposanten Basaltkuppe, die langsam in ihrem eigenen Schutt - bermenseitig - ertrinkt (Abb. 10).

Hinzu kommen die sich zur Kalbe hinauf arbeitenden Rutschungen, die eine Beschleunigung des Versturzes erwarten lassen.

Abb. 8: Der Kalbezahn mit dem verdorrten Buchenbestand.

Die Einflüsse und Folgewirkungen dieser Prozesse und Eingriffe auf die Geomorphodynamik und die Ökologie der Blockmeere am Ost- bzw. Nordosthang sind erheblich, können an dieser Stelle jedoch nicht behandelt werden.

Abb. 9: Der Kalbezahn mit der Seilverankerung (aus: BRAUN 1976:87).

Abb. 10: Der zerfallende, im eigenen Schutt ertrinkende Kalbezahn.

4. Ausblick

Der Innenkippenbereich des Restlochs Kalbe sowie der Kalbezahn wurde bei der geomorphologischen Kartierung als anthropogen geprägter Prozeßbereich aufgenommen (MÖLLER 1982, MÖLLER & STÄBLEIN 1982, 1984), in dem heute eine Vielzahl geomorphodynamischer Aktivitäten stattfinden, die mittelfristig zwei Phänomene erwarten lassen:

- Das Abrutschen weiter Kippenbereiche mit zunehmender Zuschüttung des Kalbesees:

- Den Verfall des Kalbezahns zu einer Basaltschuttkuppe, die in die Rutschung mit einbezogen werden könnte.

So stellt sich das Restloch heute als ein von Menschenhand geschaffenes Denkmal mißglückter bergbaulicher und auch forstwirtschaftlicher Rekultivierungsmaßnahmen dar. Die heute ablaufenden Prozesse sind in ihrer Landschaftszerstörung nicht mehr aufzuhalten.

Die Aussage von BRAUN (1976:88) der den „Kompromiß zwischen Landschaftspflege und Bergbau" aus bergmännischer Sicht stark in Zweifel zieht, hat sich hier nach meiner Ansicht bestätigt. Die seinerzeit festgelegte Abbaulinie („Kabinettslinie") hat sowohl den bergbaulichen als auch den landschaftspflegerischen Aspekten in keiner Weise Rechnung getragen.

5. Literatur

BRAUN, E. 1976: Die Braunkohlenlagerstätte des Meißner und die wirtschaftlichen Aspekte des Bergbaus. – Hessische Heimat, 26(3): 85-98, Marburg.

FINKENWIRTH, A. 1978: Die Braunkohle am Meißner. – Der Aufschluß, Sonderbd. 28: 229-236, Heidelberg.

FRIEDRICH, K. 1977: Preußenelektra plant Wiederaufnahme des Braunkohleabbaus auf dem Meißner. – Braunkohle, 4: 155-162, Düsseldorf.

LESER, H. & STÄBLEIN, G. (Hg) 1975: Geomorphologische Kartierung, Richtlinien zur Herstellung geomorphologischer Karten 1 : 25 000. – 2. veränd. Aufl., Berliner Geogr. Abh., Sonderh.: 1-39, Berlin.

MÖLLER, K. 1982: Detailaufnahme und Interpretation der Geomorphologie des Hohen Meißners und seines östlichen Vorlandes. – Unveröff. Dipl.-Arb.: 1-104, Berlin.

MÖLLER, K. & STÄBLEIN, G. 1982: Struktur- und Prozeßbereiche der GMK 25 am Beispiel des Meißners (Nordhessen). – Berliner Geogr. Abh., 35: 73-85, Berlin.

MÖLLER, K. & STÄBLEIN, G. 1984: GMK 25, Blatt 17, 4725 Bad Sooden-Allendorf. – Geomorphologische Karte der Bundesrepublik Deutschland 1 : 25 000: 17, Berlin.

SCHADE, H. 1976: Vorzeitiges Ende der Kohlegewinnung am Meißner - was wird aus der Bergbaulandschaft? – Hessische Heimat, 26(3): 99-110, Marburg.

Anschrift des Autors:

Dipl.-Geogr. KLAUS MÖLLER, Geomorphologisches Laboratorium der Freien Universität Berlin, Altensteinstr. 19, 1000 Berlin 33.

Berliner Geogr. Abh., Heft 41: 227–255, Berlin 1986.

Die geomorphologische Karte 1 : 25 000 Blatt 17, 4725 Bad Sooden-Allendorf Erkenntnisse und Anwendungen

mit 15 Abbildungen, 1 Tabelle und 1 Kartenbeilage

KLAUS MÖLLER & GERHARD STÄBLEIN

Kurzfassung: Am Beispiel der GMK 25:17 werden wissenschaftliche und anwendungsbezogene Fragen, die sich aus der Detailkartierung ergeben haben, diskutiert.

Nach der Erläuterung der Konzeption der GMK 25 wird die Information dieser Karte zur Reliefgenese aufgegriffen. Unter dem Aspekt der Auslaugung werden die bisherigen, ausschließlich klimagenetischen bzw. strukturellen Reliefentwicklungsmodelle korrigiert.

In einem zweiten Hauptabschnitt wird zunächst eine reine Beschreibung der Nutzungsmuster anhand der GMK 25 vorgenommen. Im Anschluß wird die Einsetzbarkeit der GMK 25 in der Praxis anhand von Detailfragen nach dem Auswertungs- und Ableitungsprinzip vorgestellt. Fragen zur Bodenerosion, zur Mineraldüngung, zu wasserwirtschaftlichen sowie forstwirtschaftlichen Aspekten werden mit den Daten der GMK 25 verknüpft und bewertet.

Es erscheint möglich, das Konzept der GMK 25 als Grundlagenkataster in der umweltpolitischen Praxis zu verwenden.

The geomorphological map 1 : 25 000 sheet 17, 4725 Bad Sooden-Allendorf. Findings and possible use.

Abstract: With reference to the map GMK 25:17 scientific and practical questions arising from the detailed mapping are discussed.

The concept of the GMK 25 is explained and the information on relief genesis provided by the map is described. Previous models of relief development, which were restricted to climatogenetic or structural factors, are corrected to include subrosion.

The second main section consists of a description of the pattern of landuse of the GMK, followed by examples of the practical applicability of the GMK 25 on the principle of evaluation and derivation. Questions of soil erosion, mineral fertilization, water and forest management are linked to GMK 25 data and evaluated.

The concept of the GMK 25 seems suitable for use in environmental policy.

Inhaltsübersicht

1. Problemstellung

Anhand der Geomorphologischen Karte 1 : 25 000 Blatt 17, 4725 Bad Sooden-Allendorf (MÖLLER & STÄBLEIN 1984a), kurz GMK 25:17 (Kartenbeilage), sollen deren Konzeption (LESER & STÄBLEIN 1975) und die während der Gelände- und Aufbereitungsphasen (1978-1982) gemachten Erkenntnisse und Erfahrungen vorgestellt werden. Zweckmäßigerweise werden sie getrennt in wissenschaftliche Erkenntnisse einerseits und dem Anwendungsbereich dienende Aspekte andererseits. In einem Ausblick soll auf die Anwendbarkeit der GMK allgemein eingegangen werden.

2. Konzeption der GMK 25

Die im Rahmen des GMK-Schwerpunktprogramms der Deutschen Forschungsgemeinschaft (DFG) erstellte GMK 25:17, die nach der Kartieranleitung „Grüne Legende" von LESER & STÄBLEIN (1975) aufgenommen wurde, setzt sich aus einer Vielzahl von Informationsschichten zusammen (Abb. 1).

Der *Orientierung* dient die in grau unterlegte Situation, die es in Verbindung mit dem in schwarz dargestellten Gauß-Krüger-Netz schnell ermöglicht Punktbestimmungen durchzuführen.

2.1 Geomorphographie

Der Bereich der Geomorphographie, der zusätzlich geomorphometrisch geordnet ist, umfaßt eine Vielzahl von geomorphologischen Reliefeigenschaften.

Flächenhaft werden die Neigungen dargestellt, wobei sich durch den Maßstab ein Minimumkriterium von 50 x 100 m in der Natur für die darstellbaren Flächen ergibt. Bis zu dieser Größe, d.h. 2 x 4 mm auf der Karte, sind die ebenfalls als grau erscheinenden Strichraster für die Neigungsklassen eindeutig identifizierbar darzustellen.

Als weitere Legendeneinheit treten die in 50 % schwarz aufgerastert als Linien dargestellten Wölbungen auf, die konvexe und konkave Reliefelemente aufzeigen, die in ihrer Basisbreite größer als 100 m sind und über Wölbungsradien kleiner als 600 m verfügen. Hierbei wird differenziert in schwache Wölbungen (Wölbungsradius 300 bis 600 m, Pos. 2.2) und starke Wölbungen (Wölbungsradius 6 bis kleiner 300 m, Pos. 2.1).

Aufgabe der Wölbungslinien ist es, Reliefelemente oberhalb von 100 m Basisbreite darzustellen und zu gliedern, die nicht durch die flächenhafte Neigungsdarstellung erfaßt werden. Aus der Definition der Wölbungslinie (LESER & STÄBLEIN 1975) ergibt sich, daß sie dort auf der Karte auftritt, wo sich Neigungsverhältnisse markant ändern; dort wo strukturelle bzw. geomorphogenetische Gegebenheiten eine Darstellung durch Stufen und Kanten einerseits und flächenhafte Darstellung aufgrund fehlender Basisbreite andererseits noch nicht möglich machen.

In den nächsten geomorphographischen Abschnitten der Kartenlegende werden Reliefelemente erfaßt, deren Basisbreite im allgemeinen kleiner 100 m ist. Hier handelt es sich um

- *Stufen* und *Kanten* (differenziert nach Stufenhöhe und Grundrißbreite) bzw. um übergeordnete Signaturen wie z.B. der Schichtstufe, die dort wo sie ausgewiesen ist (westliche Begrenzung des Weißenbacher Tals) durchaus über 100 m Basisbreite aufweisen kann und der Grobgliederung des Reliefs dienten.

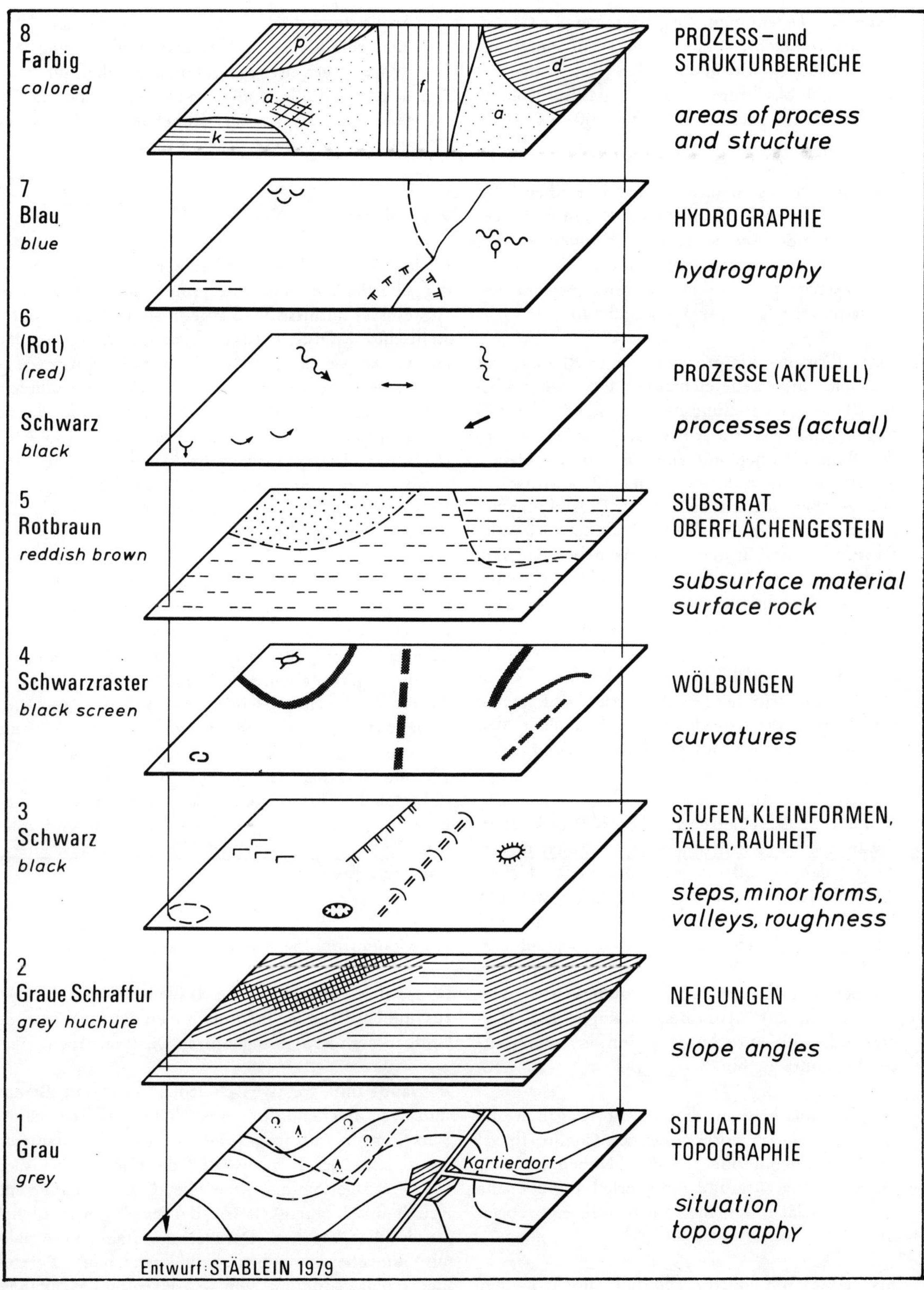

Abb. 1: Die Informationsschichten der GMK 25 (aus STÄBLEIN 1980).

Die Abbildung zeigt die einzelnen Informationsebenen der GMK 25, die in unterschiedlichen Farben dargestellt werden. Wie aus einem Baukasten bedient man sich aus dem vorgegebenen Signaturschlüssel, um Phänomene zunächst rein beschreibend darzustellen. Die Kombination der unterschiedlichen Parameter ergibt dann eine begründbare Morphogenese.

- *Täler* und *Tiefenlinien,* ausgewiesen in den Grundformen (mulden-, sohlen- und kerbförmig) mit der möglichen Ergänzung der Talasymmetrie, wobei auch Mischformen wie z.B. das Kerbsohlental im Basisbreitenbereich von 100 bis 25 m vorkommen können und

- *Tiefenlinien* als nächst kleinere Einheit. Sie sind in der Basisbreite kleiner als 25 m und kommen nur in den erwähnten Grundformen vor. Für eine weitere Differenzierung reicht vielfach die zur Verfügung stehende Darstellungsfläche der Karte im Mittelgebirgsbereich nicht aus.

- *Einzelformen, Kleinformen* und *Rauheit* als Formen und Reliefelemente, die mit vorbesprochenen Darstellungsmitteln nicht oder nur ungenügend zu erfassen sind. Hier werden in der Regel Formen mit einer Basisbreite kleiner als 100 m erfaßt. In Ausnahmefällen wird diese Grenze überschritten, so z.B. zur Darstellung von Subrosionssenken und Großdolinen um Orferode. Subsumiert sind in dieser Rubrik neben den vielfältig auftretenden Auslaugungsformen auch strukturell bedingte Sporne, Kuppen und Klippen wie z.B. westlich Bad Sooden und im Höllental. Ferner sind anthropogen bedingte Formen wie Wälle, Lesesteinhaufen, Rillen (Schleifen), Hohlwege und Hohlwegsysteme verzeichnet, die Anschauung geben über den Einfluß vormaliger und heutiger Nutzung dieses Mittelgebirgsabschnitts.

- *Rauheit,* in der Überschrift dieser Rubrik schon erwähnt, erfaßt Kleinformenvergesellschaftungen, die in der Einzelform eine Basisbreite kleiner 25 m haben. Hier sind z.B. Ackerterrassen mit dem Zeichen stufig dargestellt, weil der zur Verfügung stehende Darstellungsplatz nicht ausreicht, um jede Einzelform darzustellen. Die darüber hinaus erwähnten Rauhigkeitssignaturen weisen auf strukturell bedingte Reliefformen oder auf anthropogene Einflüsse im Zuge der Landnutzung hin.

- Als Besonderheit in dieser Rubrik gelten die als *Singularitäten* vorkommenden Quelltorfhügel im Weiberhemdmoor auf dem Hohen Meißner (Abb. 2), die aufgrund ihrer Erhebung über die Reliefoberfläche mit in diese Rubrik einbezogen sind.

- Als letzte Abschnitte, ebenfalls noch in der Schwarzplatte dargestellt, sind die *ergänzenden Angaben,* die sowohl auf Historisches verweisen (Hügelgräber, Höhlen) als auch aktuelle und aufgelassene Nutzungen aufzeigen wie z.B. Pingen, Stollenmundlöcher, Halden, Steinbrüche und Kiesgruben, die auf lagerstättenbezogene Nutzungen verweisen. Zusätzlich wurden alle beobachteten Mülldeponien verzeichnet, die ein Bild über die teilweise ungeordnet verlaufende Abfallwirtschaft in dieser Region vermitteln.

2.2 Substrat

In der nächsten Informationsebene der GMK 25 wird der oberflächennahe Untergrund abgebildet. Da die Gesteinsverhältnisse in der geologischen Karte dargestellt sind (MOESTA 1876), kann die Wiedergabe hier auf Lockergesteine beschränkt werden. Eine geologische Übersicht liefert die geologisch-geomorphologische Übersichtskarte unterhalb der Legende, die auf die Geologische Übersichtskarte von Hessen 1:300000 (RÖSING 1976) zurückgeht. Diese hat die alten geologischen Grundaufnahmen zur Grundlage und wurde von uns mit den zugehörigen geomorphologischen Informationen versehen.

Das Lockersubstrat wurde flächenhaft mit dem 1 m Pürckhauer (ca. 2200 Bohrungen) ermittelt, wobei die Hauptgemengeanteile und Nebenkomponenten nach den Korngrößengruppen Ton, Schluff, Sand und Lehm dargestellt wurden. Der Bodenskelettanteil ist durch die Zusätze steinig bzw. beigemengter Grus respektive über die Verbreitung der Basaltblöcke und des Hang- und Blockschutts erfaßt. Als Besonderheit gilt die Aussage der Geröllbeimengungen, die z.B. südwestlich Fürstenstein oder auch südöstlich des Ebersberges Bereiche alter Flußterrassen und somit den Einfluß der vormaligen Werra auf die Reliefgestaltung aufzeigen.

2.3 Geomorphologische Prozesse

Diese, sich vorwiegend aus aktuellen Beobachtungen zusammensetzende Informationsschicht, ist auf der GMK in orangeroten Signaturen wiedergegeben.

Im land- und forstwirtschaftlich genutzten Bereich sind so flächenhafte Abspülung, Rinnenspülung, Rutschungen, anthropogene Planation (= planierende Wirkung des Pflügens) und die Bildung von Viehtritten aufgenommen, die die Beanspruchung des Reliefs in Abhängigkeit von der jeweiligen Nutzungsart deutlich machen. Darüberhinaus sind in Arealen mit umgehendem bzw. umgegangenem Bergbau Steinschlag, Bildung von Abrißspalten, Sackungen und Bodenkriechen zu beobachten, während im Gefolge von Gewässerläufen Tiefenerosion, Seitenerosion, Unterspülung und Kehlenbildung, Arbeitskanten und Feinsedimentationsbereiche erfaßt sind (Abb. 3).

2.4 Hydrographie

Die in blau wiedergegebene Informationsschicht erfaßt das Gewässernetz mit seinen Begleiterscheinungen deutlich differenzierter als die topographische Karte. Neben den Informationen zum Verhalten von Quellen und linienhaften Gewässern (ständig fließend, zeitweise fließend, zum Teil reguliert, unterirdischer Abfluß) sind parallel zu machende Beobachtungen wie Grundnässe, Staunässe, Quellnässe und Ausdehnung von Überflutungsbereichen verzeichnet. Aber auch wasserwirtschaftliche Einrichtungen sind über den Detaillierungsgrad der topographischen Karte hinaus erfaßt. Als Besonderheiten gelten die episodisch mit Wasser gefüllten Auslaugungssenken, die im jahreszeitlichen Wechsel südlich Abterode auftreten (Abb. 4).

2.5 Geomorphologische Prozeßbereiche

Die in den vorbeschriebenen Informationsschichten vorhanden Detailkenntnisse werden, als geomorphologische Hauptaussage nach der grundlagenwissenschaftlichen Zielsetzung des GMK-Schwerpunktprogramms im Zusammenhang interpretiert, um eine begründete Aussage zur regional differenzierten Genese einer Landschaft zu liefern. Dieser Information wird die Flächenfarbe als das graphisch stärkste Ausdrucksmittel einer Karte zugeordnet. Unter einem Prozeßbereich wird dabei ein Areal (mit Basisbreite größer 100 m) verstanden, das vorherrschend - abgesehen von der Tatsache der polygenetischen Formung - durch einen Prozeßkomplex bzw. durch Strukturbedingungen gebildet wird oder geformt worden ist. Die Bezeichnung des Prozeßbereichs wird mittels der zur Verfügung stehenden Informationen anhand einer Entscheidungsleiter (Abb. 5) festgelegt. Es handelt sich dabei meist um Vorzeitprozesse, die heute nicht mehr wirken, und nur noch aus der Bildung der Vorzeitformen, insbesondere des Eiszeitalters (Pleistozäns), zu erschließen sind. Die Prozeßbereiche der Karte geben so ein Bild unterschiedlich erhaltener und verbreiteter Reliefgenerationen. So zeigen z.B. die Geröllfunde südlich Fürstenstein die Aktivitäten der Urwerra auf und gestatten in diesem Raum eine Flußterrasse (fluvial) auszuweisen.

Abb. 4: Eine episodisch mit Wasser gefüllte Subrosionssenke.

Zurückzuführen ist diese flache abflußlose Hohlform auf die Gipsauslaugung des unterliegenden Zechsteins. Die dort entstehenden Massendefizite führen zu einem Nachsacken des Hangenden. Im Anschluß an die kalte Jahreszeit, wenn der Frost das Versickern in den Untergrund noch verhindert, bilden sich infolge von Schmelzwasseransammlungen bzw. durch länger andauernde Niederschläge episodische Wasseransammlungen. Nach dem Auftauen des Untergrundes versickern die Wässer innerhalb eines kurzen Zeitraums.

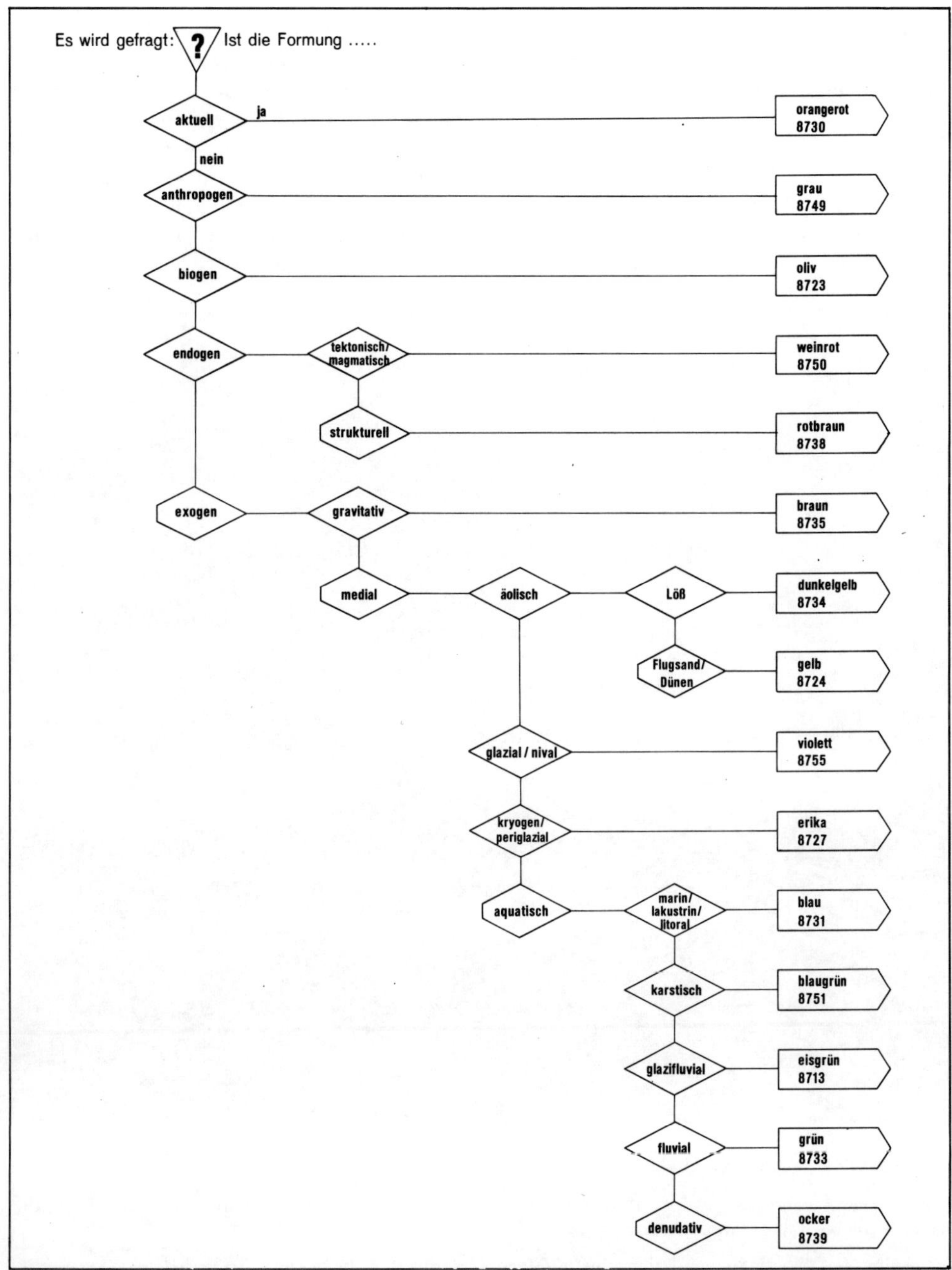

Abb. 5: Die Entscheidungsleiter für die Bestimmung der geomorphologischen Prozeßareale.

Die Entscheidungsleiter ist Grundlage für die Prozeßbereichsbestimmung der GMK 25. Für Areale gleicher Charakteristik wird der Reihe nach abgefragt, welche Argumente für diesen oder jenen Prozeß sprechen, bis eine eindeutige Prozeßaussage gemacht werden kann.

Für den Mittelgebirgsbereich erweisen sich hier die denudativen Prozeßbereiche in unterschiedlichen Altersstufen und die kryogenen Prozeßbereiche als dominant gegenüber den flächenmäßig zurücktretenden fluvial geprägten Arealen. Eine weitere nachgeordnete, aber typische Rolle, spielen die subrosiven Prozesse in Form von großräumigen Auslaugungsbereichen und Einzelformen (heute durch Gipsauslaugung) im Zechsteinausstrich zwischen Vockerode und Hundelshausen sowie im Bereich der Gipsvorkommen des Mittleren Muschelkalks im Weißenbacher Tal.

Kleine Teilbereiche sind auf der Karte gekennzeichnet als struktureller Prozeßbereich, d.h. das Gestein ist für die Reliefform verantwortlich, als gravitativer Prozeßbereich als Folge abgerutschter Basaltblockpartien, als nivaler Prozeßbereich in der Gunstsituation der Nische des Frau Holle Teichs und als periglazial-fluvialer Prozeßbereich, z.B. im Trockental bei Weißenbach.

Als eigenständig wird der anthropogene Prozeßbereich auf der Karte dargestellt, differenziert in *anthropogene Überformung* durch Bergbau, Steinbrüche und Mülldeponien als irreversibel beeinflußte Gebiete (Abb. 6) und in nur durch *anthropogene Überprägung* gekennzeichnete Areale wie z.B. die durch Stollenbergbau überformten Meißnerhänge, an denen partiell noch das ursprüngliche Prozeßgefüge zu erkennen ist. Innerhalb der Siedlungen, in denen nicht kartiert wurde, ist ebenfalls flächenhaft der anthropogene Prozeßbereich mit grau (aufgerastertes Schwarz) dargestellt. Damit wird der Versiegelungsgrad der Landoberfläche deutlich.

Abb. 6: Das Restloch Kalbe des Braunkohletagebaus von 1952 bis 1973.

Die Abbildung zeigt das Restloch Kalbe als ein durch anthropogene Überformung irreversibel beeinflußtes Areal, das sich von oben nach unten gliedern läßt in:

- den im Zerfall befindlichen Kalbezahn, auf dem wir verdorrten Buchenbestand finden,
- das Bermengelände mit seinen Schwelbränden und den aktiven Rutschungen sowie (nicht mehr abgebildet)
- den Kalbesee, dessen Wasserspiegel den Grundwasserstand in diesem Teil des Meißners zeigt.

3. Wissenschaftliche Erkenntnisse

Die systematische geomorphologische Kartierung des Kartenausschnitts des nordhessischen Berglandes brachte in der Auswertungsphase eine intensive Auseinandersetzung mit den bisher bestehenden geomorphologischen Interpretationen in der Literatur. Die rein geomorphogenetisch orientierten Arbeiten von POSER (1933) und MAIER-SIPPEL (1952) wurden anhand der Kartierergebnisse überprüft und dort verändert, wo die flächendeckende Detailaufnahme andere Interpretationen erforderte. Die Aufarbeitung der bestehenden geologischen Literatur angefangen mit BEYSCHLAG (1886), der die MOESTAsche (1876) geologische Grundaufnahme erläutert, über die Geologie des Meißners von UTHEMANN (1892) bis hin zu der Vielzahl von Diplomarbeiten des Berliner und des Göttinger Instituts, die von RITZKOWSKI (1978) zusammengefaßt und noch einmal allgemein von KUHNERT (1986) dargestellt sind, brachte in Einklang mit den geomorphologischen Befunden eine differenziertere Reliefgenese als bisher angenommen. Insbesondere muß aus der heutigen Kenntnis dem Aufstieg des Unterwerra-Sattels als Impulsgeber für die Reliefentwicklung und dem Phänomen der Auslaugung in diesem Raum wesentlich mehr Bedeutung beigemessen werden als das bisher üblich war (STÄBLEIN & MÖLLER 1986). So ergibt sich für die Interpretation der Beilagekarte weniger die Diskussion um Periglazial, Vorzeit-Vergletscherung und Landterrassen (POSER 1933), Rumpfflächen oder Rumpftreppen (MAIER-SIPPEL 1952), die aus beschreibender Sicht unstrittig sind, als vielmehr die Aufgabe die Folgewirkungen der Auslaugung und hier vornehmlich der auslaugungsfähigen Substanzen des Zechsteins vorzustellen.

Stratigraphische Angaben zu diesem Komplex sind der Tab. 1 zu entnehmen (vgl. auch KUHNERT 1986) und sind bezogen auf das östliche Meißnervorland auch von STÄBLEIN & MÖLLER (1986) vorgestellt. Umfassend werden die Angaben unter Hinzuziehung der Arbeiten von RICHTER-BERNBURG (1955), der Revidierung und Ergänzung dieser Ansichten durch FINKENWIRTH (1970) von MÖLLER (i. Vorb.) diskutiert. Insbesondere geht es dabei um die Salzverbreitung im Zechstein in der Umgebung des Unterwerra-Sattels.

Es lassen sich drei Teilbereiche unterscheiden, da in den einzelnen Gebieten unterschiedliche geomorphodynamische Prozesse, vorzeitlich und heute, reliefwirksam sind.

3.1 Die Talentwicklung der Werra

Als Ergebnis der Detailkartierung ist nachgewiesen, daß im Abschnitt des Unteren Werratales im wesentlichen drei pleistozäne Terrassenkomplexe auftreten:

- Niederterrasse in ca. 2 bis 7 m relativer Höhe,
- Mittelterrasse in 18 bis 40 m relativer Höhe,
- Hauptterrasse in 40 bis 80 m relativer Höhe.

Darüber liegen nach MÖLLER (1979) die pliozänen Breitterrassen, zweigeteilt in 100 m und 130 m relativer Höhe über der Werra.

Letztere lassen sich anhand großräumiger Reliefbetrachtungen topographisch verfolgen, Korrelate (Gerölle) sind nur sehr wenige zu finden (z.B. südlich des Ibergs - Breitterrasse im 100 m-Niveau, südlich Hitzerode - Breitterrasse im 130 m-Niveau). Unter der Voraussetzung der Gültigkeit dieser Interpretation sei angeführt, daß seit der Wende Plio-/Pleistozän (Tertiär/Quartär) eine Vielzahl von unterschiedlichen Abtragungsprozeßkomplexen über diese Reliefabschnitte hinweggegangen sind. Die drei zuerst aufgeführten, pleistozänen Terrassenkomplexe lassen sich dagegen eindeutig reliefprägend nachweisen. Hierzu existieren Kiesgruben in der Niederterrasse (Werratal) und der Mittelterrasse (Ziegelei Albungen) als auch umfangreiche Schotterstreu auf den Hauptterrassenniveaus (z.B. um den Fürstenstein).

Die speziell im Kartierbereich ausgewiesenen Niveaus (MÖLLER 1979) passen sich gut in die allgemein zur Talentwicklung der Unteren Werra gemachten Aussagen in der Literatur ein. Hier seien vor allem die Arbeiten von MEINECKE (1913), CLAASEN (1941), MAIER-SIPPEL (1952), MENSCHING (1953), GARLEFF (1966) und ELLENBERG (1968) erwähnt, die unter dem Aspekt der Talentwicklung erneute Aufarbeitung von GARLEFF (1985) erfahren haben.

Wie eingangs betont, soll die Talentwicklung der Werra, soweit sie den Blattausschnitt der GMK 25:17 betrifft, unter dem Gesichtspunkt der Auslaugung angesprochen werden[1].

Aus der Literatur sowie aus den Geländebefunden lassen sich folgende Aussagen ableiten. Die Talentwicklung der Werra an der Ostflanke des Unterwerra-Sattels ist erheblich durch die Prozesse der Auslaugung beeinflußt worden. Die Ursachen hierfür liegen in der starken Verstellung der den Grauwacken auflagernden permischen und triassischen Serien im Zuge der Aufwölbung des Unterwerra-Sattels an der Wende Jura/Kreide. Diese Verstellungen erzeugten zum Teil 25° steiles Einfallen nach Osten, so daß die Abtragungsbedingungen, besser die Wasserzugänglichkeit zu leichter löslichen stratigraphischen Horizonten, als sehr gut bezeichnet werden müssen.

Stellt BROSCHE (1984) nun für das Holozän keine Absenkungserscheinungen infolge Auslaugung fest, so kann dem für den Flußabschnitt im Blattbereich - es betrifft die Niederterrasse - zugestimmt werden. Die höhenmäßig breite Streuung der Mittel- und

---

[1] Im Rahmen einer Dissertation (MÖLLER i. Vorb.) über Auslaugung und Reliefentwicklung in der Umgebung des Unterwerra-Sattels wird diese Fragestellung mit eingehenden speziellen Gelände- und Labordaten in regional weiterem Rahmen aufgearbeitet.

Hauptterrassenrelikte (ELLENBERG 1968) zeigt jedoch, daß hier im Nachhinein noch Absenkungsprozesse stattgefunden haben, bzw. heute noch stattfinden, wie sich anhand der Subrosionssenken und Dolinen südwestlich Kleinvach und auf dem Wellingeröder Plateau nachweisen läßt (Abb. 7, 8). Daneben haben sich mit Geröllen verfüllte Einsturzdolinen in Aufschlüssen nachweisen lassen, die ebenfalls auf postsedimentäre Absenkungsprozesse hinweisen (MÖLLER 1979) (Abb. 9). Diese Beobachtungen und Interpretation finden Unterstützung durch die Arbeiten von GARLEFF (1966) und MENSCHING (1953), die im Mittelterrassenkomplex bei Witzenhausen die Verstellung ganzer Sedimentpakete nachgewiesen und auf Auslaugung im tieferen Untergrund zurückgeführt haben (GARLEFF 1985).

Diese im Klein- bis Mittelformenbereich wirkenden Prozesse, die heute auf Gipskarst zurückgeführt werden und noch aktiv in der Umgebung des Fürstensteins sind, stehen die Großformen im Relief, die weiten Talkessel der Werra, gegenüber.

Sie sind unserer Ansicht nach durch zwei Prozeßgruppen zu erklären:

(1) Die in den gestörten Gebirgskörper eindringenden Tageswässer bewirken eine schnelle Auslaugung der Salze. Das führt zu Massendefizit im tieferen Untergrund. Das Hangende bricht nach.

(2) Die von der Werra ausgelöste fluviale Dynamik bewirkt in dem zerrütteten Gesteinskörper starke Erosion.

Unterstützend haben sich in dieser Prozeßkombination noch die sich verändernden klimatischen Bedingungen des Tertiärs und Quartärs ausgewirkt, die jeweils ein spezielles Abtragungs- und Formbildungsmilieu bereitstellten.

Abb. 7: Der Abfall des Wellingeröder Plateaus zum Werratal.

In der Umgebung des Aussiedlerhofs Strahlshausen ist der linksseitige Werratalhang gegliedert durch die Zertalung des Zechsteins. Die Nutzung ist geprägt durch Ackerterrassen, die heute durch Obstbaumkulturen genutzt werden. In steileren Lagen, in denen das Anstehende zu Tage tritt, finden sich Trockenrasen und typische „Drieschgesellschaften".

Tab. 1: Die Stratigraphie in der Umgebung des Unterwerra-Sattels unter besonderer Berücksichtigung auslaugungsfähiger Substanzen.

Formation / Abteilung	Sedimente / Gestein	Mächtigkeiten	Hinweis auf lösliche Substrate**
Quartär (bis 20 m)			
qh Holozän	Auelehm, Abraum	bis 10 m	
qp Pleistozän	Terrassenschotter, Hangschuttdecken, Löß.	bis 15 m	
Tertiär (bis 235 m)			
tpl Pliozän	Fußflächengerölle (Fanger)		
tmi Miozän	Basalt,	bis 160 m	
	Braunkohle,	bis 50 m	
	Sande, Tone.	bis 25 m	
S c h i c h t l ü c k e			
Keuper (über 275 m möglich)			
ko Rhät	Sandsteine, Schiefertone	bis 40 m	
km Steinmergelkeuper	Mergelsteine	bis 100 m	
Gipskeuper	Tonsteine	bis 100 m	X
ku Grenzdolomit	Kalkstein	bis 35 m	K
Lettenkeuper	Kalk-, Dolomit-, Ton- und Mergelstein	ohne Angabe	K,D
Muschelkalk (247 m)			
mo2 Ceratiten-Schichten	Plattenkalke, Mergel	bis 70 m	K
mo1 Trochiten-Schichten	Bankkalke	12 m	K
mm Anhydrit-Schichten	Mergel, Kalke,		K
	Gipse (bis 50 m),		X
	Salz.	25-50 m	(x)
mu Wellenkalk-Schichten	mergelige Kalke.	115 m	K
Buntsandstein (730 m, im Osten 520 m)			
so Röt-Schichten	Tonsteine mit Gipslagen (30 m),		X
	und Salz.	130 m	(x)
sm Hauptbuntsandstein	Sandstein-Wechselfolgen aus Grobsand- bis Tonsteinen.	280 m	
Solling-Folge			
Hardegsen-Folge			
Detfurth-Folge			
Volpriehausen-Folge			
su unterer Buntsandstein	tonreiche Sandsteinfolgen, "Böckelschiefer" (35 m).		
Saalmünster-Folge		bis 350 m	
Gelnhausen-Folge			
Zechstein (bis 228 m)			
zo Oberer Zechstein			
z4-6 Aller-Serie (obere Letten)	Schluff- und Sandsteine mit Dolomitknollen		D
	und Anhydrit,		X
	Salzresiduen,		(x)
	Salzton.	17 m	
z3 Leine-Serie (Hauptanhydrit und untere Letten)	Anhydrit mit Gips (20 m),		X
	Plattendolomit,		D
	Salzton.	37 m	(x)
z2 Staßfurt-Serie (Hauptdolomit) ----	Basalanhydrit mit Gips (3-25 m),		X
	Dolomit,		D
	Salzton.	78 m	(x)
zm Mittlerer Zechstein			
z1 Werra-Serie 2	Anhydrit (bis über 75 m)		X
	mit Steinsalzresiduen*,		(x)
----	Karbonatbrekzie;		K
zu Unterer Zechstein			
z1 Werra-Serie 1	Kalk,		K
	Kupferschiefer, Konglomerat.	96 m	
S c h i c h t l ü c k e			
Devon			
d Albunger Paläozoikum	Grauwacke, Schiefer.	mehr als 20 m	

* im Schlierbachswald noch 117 m Steinsalz in der Tiefe.
** Hinweise auf lösliche Substrate:
(x) = Steinsalz bzw. Steinsalzresiduen, X = Anhydrit und Gips, K = Kalk, D = Dolomit.

Abb. 8: Die Geomorphographie des Wellingeröder Plateaus (aus MÖLLER & STÄBLEIN 1984a).

Die Abbildung, deren Signaturen in der Kartenbeilage erklärt sind, zeigt den Schwarzausschnitt der Informationsschichten (Abb. 1). Die umlaufenden Wölbungen westlich Strahlshausen grenzen die Hochfläche gegen den Werratalhang ab. Die tiefgreifende Zertalung ist durch die Tiefenlinienverbreitung angedeutet. Die Kessel-, Dolinen- und Subrosionssenken-Signaturen weisen auf die Auslaugung in der Umgebung der in grau dargestellten Mülldeponie hin. Das Erscheinungsbild des Eselskopfes entspricht nicht mehr den heutigen Verhältnissen. Ein zum Teil schon wieder rekultivierter Steinbruch hat das Relief hier stark verändert.

Als Fazit ergibt sich, daß die Talweitungen um Bad Sooden-Allendorf und Albungen in ihrer Uranlage auf Auslaugung zurückgehen. Fluviale Dynamik wirkte überprägend und hinterließ die beschriebenen Terrassenniveaus.

Vergleicht man die Kenntnis über lösliche Substanzen im Untergrund und ihnen zugeordnete Formen (Tab. 1), lassen sich für Bad Sooden-Allendorf nach RITZKOWSKI (1978) noch 100 m Werra-Anhydrit nachweisen, dessen Lösungsverhalten einerseits auf

Abb. 9: Auslaugungserscheinungen im Hauptterrassenbereich.

Die Abbildung zeigt einen Ausschnitt des ehemaligen Steinbruchs am Eselskopf. Das helle Liegende zeichnet in seiner Struktur den stark zerstörten Hauptdolomit nach. In der linken Bildhälfte fällt in der Steinbruchwand ein schwarzer Fleck auf. Hier handelt es sich um in eine Karstschlotte eingebrochenes organisches Material, das anschließend wieder von einer Schuttdecke überfahren worden ist. In der Umgebung der Meßlatte ist eine größere Auslaugungsform angeschnitten. Die zunehmende Mächtigkeit des Anteils von organischem Material weist hier auf Absenkungsprozesse im Zuge der Bodenbildung hin. Genauere Analysen dieses Aufschlusses lassen eine zeitliche Einordnung der unterschiedlichen Reliefformungsphasen erwarten.

die Wässer der Saline wirkt, andererseits aber durch das erzeugte Massendefizit wiederum für die großräumigen Subrosionsbereiche um diese Ortschaft mit verantwortlich ist. Das schon gelöste Salz findet sich in dieser Position heute rechts der Werra unter der Muschelkalkstufe des Gobert (FINKENWIRTH 1970, KUNZ 1962).

3.2 Die Entwicklung des östlichen Meißnervorlandes

Dieser sich von Weidenhausen bis nach Vockerode erstreckende Reliefabschnitt, der nördlich bis nach Kammerbach bzw. Orferode reicht, ist gekennzeichnet durch den Übergang von der Grauwacke in den Zechstein und weiter westlich durch den Übergang vom Zechstein in den Buntsandstein.

Die Grauwacke tritt als Härtling hervor und bildet das Hitzeröder Plateau, die höheren Teile des östlichen Meißnervorlandes, um dann in der auf der Nebenkarte angedeuteten Sattelstruktur über den Roßkopf hinweg ins Kleinalmeröder Becken abzutauchen.

In ihrer Ummantelung liegt der Zechstein, der heute durch einen Wechsel von Gips-, Ton- und Dolomitlagen gekennzeichnet ist. Zu Tage tretende widerständige Dolomite ziehen über den Höhenzug: Kripplöcher - Hielöcher - Auf dem Stein - Krösselberg. Die eingelagerten Gipse ermöglichen Lösung im Untergrund und ein Nachbrechen des Hangenden. In dieser Region liegen die einmaligen Gipskarstgebiete um die Hie- und Kripplöcher (Abb. 10).

Der Übergang in den Unteren Buntsandstein liegt auf der Linie Abterode-Wolfterode-Frankenhain-Hil-

Abb. 10: Die Umgebung der Hie- und Kripplöcher nördlich Frankershausen (Befliegung vom 7.5.1950, Reihe 1247/ Bildnr. 210, Bildmaßstab 1 : 12 000, freigegeben unter Nr. Pk 13 Zi/59 durch den Reg.-Präsidenten in Münster/Westf.).

Das Luftbild zeigt den Ort Frankershausen im Süden und die sich nördlich anschließenden Hie- und Kripplöcher, die als Auslaugungserscheinungen im Gips anzusehen sind. Im oberen rechten Bilddrittel befinden sich die Einsturzdolinen der Kripplöcher. Der helle Kessel am linken Rand dieses Areals zeigt den 1954 frisch eingebrochenen „Erdfall". Aus dem Luftbild lassen sich die Nutzungsgrenzen gut herauslesen. In Arealen mit zu großer Neigung bzw. zu geringer Bodenbedeckung setzt die ackerwirtschaftliche Nutzung aus. Grünland- bzw. Obstbaumnutzung dieser Flächen schließt sich an. In besonders steilen Arealen tritt der Hauptdolomit als heller Fleck auf.

gershausen und ist geprägt durch eine Vielzahl von Auslaugungsphänomenen, die sich aus dem Zechstein durchpausen. Wenig westlich dieser Linie setzt der Mittlere Buntsandstein mit einer deutlichen Hangversteilung zum Hohen Meißner hin ein.

An Formen sind in diesem Teil Erdfälle anzutreffen, die unterschiedliche Ausprägung haben (STÄBLEIN & MÖLLER 1986).

Die Niveaus des Meißnervorlandes wurden zunächst (MÖLLER 1979) in Übereinstimmung mit den klimagenetischen Konzepten (POSER 1933, MAIER-SIPPEL 1952, BÜDEL 1977) als klimamorphologische Reliefgenerationen der tertiär-quartären Entwicklung angesehen. Die Kartierung hat ergeben, daß auch für die weiträumigere Reliefentwicklung die Auslaugung eine wesentliche Rolle spielt (MÖLLER 1982, MÖLLER & STÄBLEIN 1982, STÄBLEIN & MÖLLER 1986). Damit müssen neben klimagenetischen, exogenen Faktoren Gesteinszusammensetzung und tektonische Einflüsse in ihrer Bedeutung bei der Interpretation stärker betont werden.

Die Analyse aller Klein-, Mittel- und Großformen des Reliefs, die auf Auslaugung zurückgeführt werden können zeigte neben den vielen Einzelformen (vgl. Beilagekarte: Dolinen, Erdfälle, Subrosionssenken) anhand der Anordnung der Wölbungslinien (Abb. 11) aber auch der Verteilungsmuster der Neigungsareale, daß großräumige Auslaugungsbereiche auftreten und mit einer Vielzahl von Kleinformen der Auslaugung vergesellschaftet sind, z.B. liegen die Ortschaften Vockerode und Frankenhain inmitten solcher Auslaugungsbereiche. Da hier, im unmittelbaren Anstieg zum Meißner, die geologischen Verhältnisse durch den Unteren Buntsandstein bestimmt sind, stellt sich unter Zugrundelegung der Tatsache der Wasserundurchlässigkeit des Unteren Buntsandsteins (RAMBOW 1977) die Frage, wie die Tageswässer Zugang zum Zechstein finden um die dort auftretenden Gipse auszulaugen.

Zur Lösung dieser Frage wurde die Zechsteinstratigraphie des Gebietes (RITZKOWSKI 1978, SCHALOW 1978) herangezogen und verglichen mit einem kompletten Zechsteinprofil, wie es z.B. von RICHTER-BERNBURG (1955), aber auch von KÄDING (1978) veröffentlicht worden ist. Hier fiel für das betrachtete Gebiet das Fehlen der Salze auf. Diese sind infolge Auslaugung für die Zerrüttung des Hangenden verantwortlich und bewirken den Verlust der Wasserundurchlässigkeit. Als Folge erlangt der Untere Buntsandstein große Wasserwegsamkeit wie FINKENWIRTH (1970) südlich Eschwege zeigt. Somit können die Tageswässer, der Meißner erhält ca. 1000 mm Niederschlag pro Jahr, relativ ungehindert in den Zechstein eindringen und zur Gipslösung führen, die sich an der Oberfläche geomorphologisch bemerkbar macht.

Es kann also davon ausgegangen werden, daß Salze vorhanden gewesen sind (MÖLLER 1985). Ihre Auslaugung führt zur Zerrüttung der hangenden Gesteinsserien, so daß darüber hinaus auch der Anhydrit umgewandelt und gelöst werden kann. Diesem für das ganze östliche Meißnervorland vorgegebenen und vorzeitlich wie heute reliefwirksamen Prozeß überlagern sich die klimagenetischen Prozeßabfolgen prägend. In den älteren Phasen wurde mehr flächenhaft abgetragen, dann hangformend bzw. zertalend. Dies begründet die Prozeßbereichsausweisung wie sie auf der GMK 25:17 vorgenommen wurde.

Diese ist gekennzeichnet durch:

– den periglazialen Prozeßbereich
an den Steilhängen des Meißners und des Berkatales, hier sind es die Schutt- und Blockschuttdecken, die diesen Prozeß als bis heute prägend erscheinen lassen,

– den denudativen Prozeßbereich
einerseits in der allgemeinen Kategorie des hangialen, heute noch reliefwirksamen flächenhaften Abtrags im landwirtschaftlich genutzten Gebiet, andererseits im Fußflächenbereich des Meißners, ausgewiesen aufgrund der mit leichtem Gefälle nach Osten abdachenden Hangfußverebnungen, in deren Lockersedimentdecke Fanger eingeschlossen sind (i.S. von STÄBLEIN 1970, vgl. MÖLLER 1982).

– den strukturellen Prozeßbereich,
der dort verzeichnet ist, wo die Gesteine oberflächenbestimmend auftreten,

– den schon beschriebenen subrosiven Prozeßbereich.

Als Besonderheit gilt der Krösselberg, der von POSER (1933) als Gipsaufpressung bezeichnet wurde, da Anhydrit bei Hydratation zu Gips eine Volumenvergrößerung um das 1,557-fache erfährt (BÖGLI 1978:8). Zweifelsfrei läßt sich diese Frage der Gipsaufpressung nicht beantworten. Doch erscheint eine derartige Aufpressung zur Entstehung des Krösselbergs nicht unbedingt nötig. Zieht man die Ablagerungsbedingungen des Zechsteins, insbesondere im Bereich der Randfazies, heran, so fällt auf, daß sich die Anhydritablagerungen hier nicht flächen-, sondern linsenhaft ausbilden (PRINZ 1982).

Im kleineren Maßstab ist das z.B. in den Rötgipsen zu beobachten (Steinbruch Braunrode). Hierfür würde auch die geomorphologische Form des Krösselberges sprechen, der in sich wiederum durch eine Vielzahl von Kuppen gegliedert ist, in denen der Gips zu Tage tritt. Der Krösselberg ist als Anhydritkomplex einzustufen, der sich aufgrund der Volumenzunahme während der Umwandlung zu Gips eine gewisse Abtragungsresistenz bewahrt hat und heute als isolierter Komplex im östlichen Meißnervorland steht. Eine aktive Gipsaufpressung läßt sich nicht nachweisen.

3.3 Der Hohe Meißner

Die wissenschaftliche Auseinandersetzung mit dem höchsten Berg Nordhessens (754 m NN) setzt im Zuge der geologischen Grundaufnahme (MOESTA 1876) ein. Eine weitere Behandlung erfährt der Hohe Meißner aus lagerstättenkundlicher Sicht von UTHEMANN (1892) und aus hydrogeologischer Sicht von KEILHACK (1912). Geomorphologischen Fragestellungen gehen POSER (1933) in seiner „Meißnerarbeit" und POSER & BROCHU (1954), die Vergletscherung des Frau Holle Teiches betreffend, nach. In einer zweiten Phase geologischer Bearbeitung beschäftigen sich KUPFAHL (1958), BUSSE (1964), LAEMMLEN (1958) und vor allem PFLANZL (1953) mit der Geologie des Hohen Meißners, die zu einer Neuauflage der geologischen Karte des Hohen Meißners (KUPFAHL, LAEMMLEN & PFLANZL 1979) führte. Parallel dazu beschäftigen sich Geologen und Hydrogeologen mit den Folgen des Braunkohleabbaus (FINKENWIRTH 1978). Die genetische Deutung des Hohen Meißners aus der Sicht der Geologie läßt sich am besten anhand zweier verkürzt formulierter Positionen aufzeigen (STÄBLEIN & MÖLLER 1986):

(1) Umfangreiche Hebung des Gebietes wird seit dem Tertiär angenommen, da die jungtertiären Ablagerungen des Meißners, die sich nur wenig über Meeresspiegelniveau gebildet haben dürften, heute in Höhen von mehr als 700 m NN liegen (RITZKOWSKI 1978:200).

(2) Die morphologische Widerständigkeit des mehr als 100 m mächtigen Basaltplateaus schützt die darunter liegenden mesozoischen und tertiären Schichten gegen postbasaltische jung- und nachtertiäre Abtragung. Die „Erosionskräfte" modellieren das Bergmassiv aus der Landschaft heraus (HENTSCHEL 1978:208).

Die widersprüchlichen Aussagen kennzeichnen den Diskussionsstand, in dem die Autoren mit der Bearbeitung des Hohen Meißners begonnen haben.

Hierbei brachte die Arbeit von MÖLLER (1982) erstmals den Begriff der großräumigen Auslaugungsbereiche am Osthang des Hohen Meißners. Die Begründung hierfür wurde von MÖLLER & STÄBLEIN (1982) verfeinert und mündete in der Ansicht, daß die Auslaugung als Ursache für die geomorphologische Entwicklung des Hohen Meißners gelten kann (STÄBLEIN & MÖLLER 1986). Ausgehend davon, daß im Bereich von Bad Pyrmont (HERRMANN 1969, 1972), aber ebenso im Reinhardswald (MEIBURG 1980, MEIBURG & KAEVER 1977) sowie am Rande des Fuldaer Beckens (LAEMMLEN, PRINZ & ROTH 1979) Auslaugungserscheinungen des tiefen Salinarkarstes Buntsandsteinmächtigkeiten von bis zu 1000 m durchschlagen und zu „Erdfällen und Wolkenbrüchen" führen, wird in Analogie auf die Genese des Hohen Meißners geschlossen.

Hervorzuheben ist hier, daß die genetische Darstellung, also die farbige Gestaltung der Karte, sich nur an den überprüfbaren Korrelaten orientiert. Die Hypothesendiskussion geht in die Kartengestaltung nicht ein. Sie wird für den Meißner, wie für die Gesamtkarte in den Erläuterungen geführt.

Ausgehend von den geologischen und tektonischen Verhältnissen und der Lage zu den Lineamenten und Gräben (vgl. Großstrukturen der geologisch-geomorphologischen Übersichtskarte der GMK) wird mit der Salzauslaugung und ihren Folgeerscheinungen ein Großteil der bisherigen genetischen Vorstellungen revidiert.

Auslösender Impuls für diesen Vorgang ist der Aufstieg des Unterwerra-Sattels an der Wende Jura/Kreide (STILLE & LOTZE 1933) der, bedingt durch die Zerrüttung des Hangenden, den Tageswässern schnellen Zugang zu leicht löslichen Komponenten ermöglichte. Hierbei wurde gemäß den Modellvorstellungen WEBERs (1930) das Relief geprägt, indem der schnellen Salzauslaugung mit der Folge des nachsackenden Hangenden, die langsamere Anhydritumwandlung mit anschließender Gipslösung folgte.

Für den betrachteten Reliefausschnitt einschließlich des östlichen Meißnervorlandes ist dieses Phänomen folgendermaßen einzustufen (STÄBLEIN & MÖLLER 1986, MÖLLER i.Vorb.).

(1) Salzauslaugung über das gesamte östliche Meißnervorland hinweg bis an den Osthang des Hohen Meißners führt hier unter der mächtigen Buntsandsteinauflage (ca. 600 m) zur Muldenbildung, in deren Fortschreiten sich die heute abgebaute bzw. bauwürdige Braunkohle durch tertiäre Sümpfe bilden konnte. Keine Einbruchsschlote, sondern langsames salzhangparalleles Einsacken des Hangenden, analog zu den Vorstellungen, die HERRMANN (1930) für die Braunkohlebildungen im Geiseltal bei Merseburg postuliert hat.

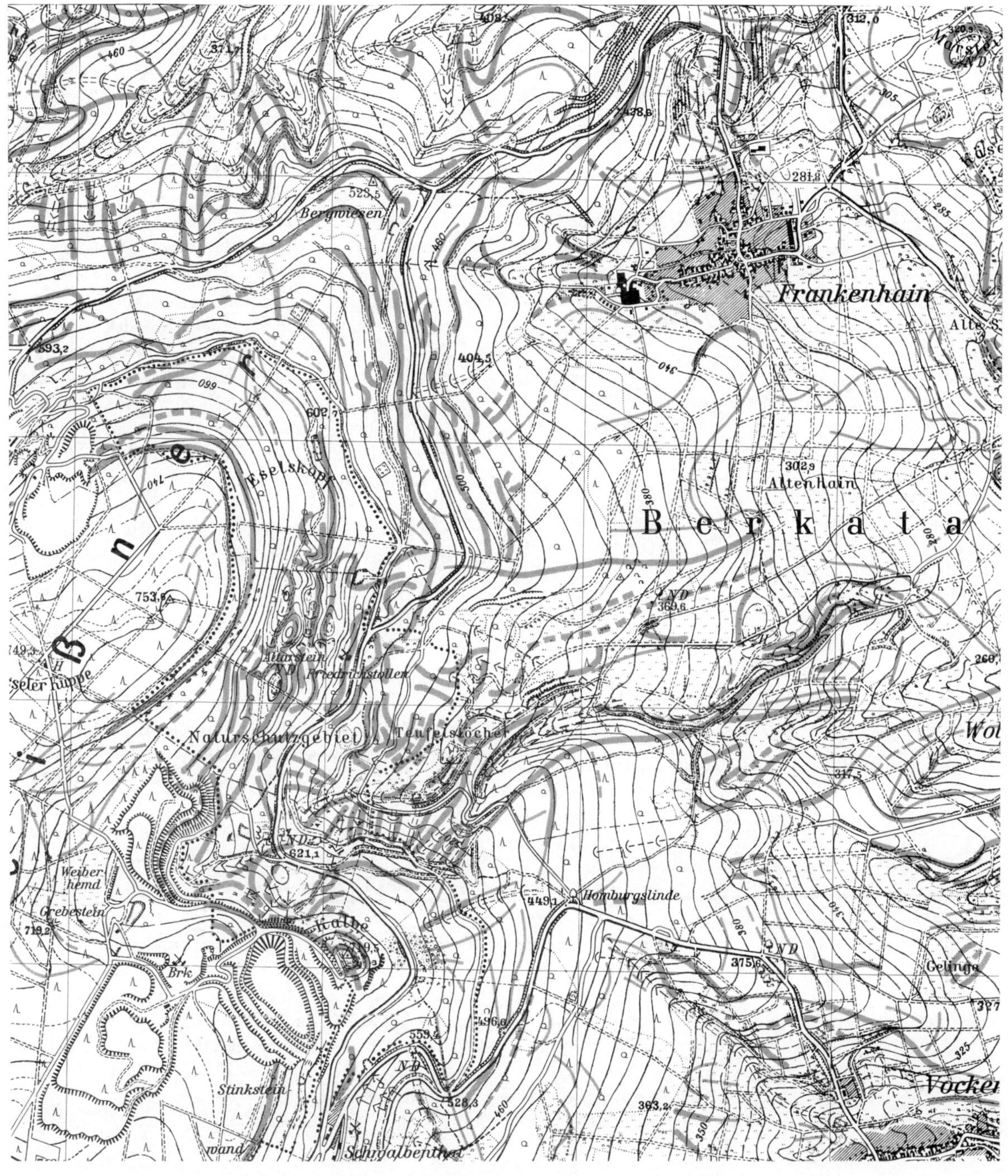

Abb. 11: Wölbungsliniendarstellung am Osthang des Hohen Meißners (aus MÖLLER & STÄBLEIN 1984a).

Die Erklärung der unterschiedlichen Signaturen ist in Pos. 2 und 5 der Legende der Kartenbeilage vorgenommen. Die Wölbungsliniendarstellung zeigt die vielen Rutschungen unterhalb der Altarsteine. Sie reichen bis in die Teufelslöcher. Nördlich der Kalbe deuten die Längswölbungen auf das Zentrum eines Absenkungsbereichs hin, in dessen Oberhang der Frau Holle Teich im Rückhang einer Rutschung liegt.

(2) Aufstieg des Basaltes (± 11 Mio Jahre v.h.) in diese Becken entlang von Zerrüttungszonen im Hangenden, die auf die subrosiv verursachten tektonisch vorgezeichneten Störungen zurückzuführen sind.

(3) Nachfolgende Anhydritumwandlung mit anschließender Gipslösung, die die Vielzahl von Auslaugungsformen im östlichen Meißnervorland verursachen, aber auch zu einer Versteilung des Osthanges des Meißners (als „Salzhang") führt, der in der Folge geomorphogenetisch vielfach überprägt wird.

Hier ist es dann vor allem in postbasaltischer Zeit die fluviale aber auch die periglaziale und die aquatische, subrosiv wirkenden Geomorphodynamik, die folgendes Bild aufkommen läßt.

(1) Versteilung des Osthanges einerseits durch subrosive Prozesse im Untergrund - als Indizien hierfür gelten die von FINKENWIRTH (1970) angegebenen kurzen, wannenförmigen steilen Talschlüsse, die charakteristisch für Salzhänge sind - andererseits durch die Überlaufquellen der Meißnermulden, die im Gefolge der sich versteilenden Hänge ihre Erosionskraft aber auch ihre Unterschneidungskraft voll entwickeln konnten.

(2) Unterschneidung des Basaltplateaus am Osthang führt zu ständig wiederkehrenden Abbrüchen von Basaltpartien, die auf dem unterlagernden Tertiär bzw. Röt ein ideales Gleitmittel fanden, um in Form von Schuttströmen zu Tal zu rutschen (Altarsteine bis hin zu den Teufelslöchern, Petersruh). Diese Bereiche sind in der Karte im gravitativen Prozeßbereich dargestellt, der hier die Bedeutung des Periglazial-Gravitativen hat.

(3) Überprägung des Ostabfalls des Hohen Meißners durch Basaltblockschutt in lehmig-toniger partiell auch sandiger Matrix, die abhängig ist vom geologischen Untergrund. Der Basaltblockschutt wird als Relikt des periglazialen Prozeßbereichs angesehen (MÖLLER 1982, MÖLLER & STÄBLEIN 1982) und dient der Ausgrenzung des periglazialen (kryogenen) Prozeßbereichs. Eingeschränkt werden muß die Ausweisung dieses Prozeßbereichs auf die jüngsten Phasen des Pleistozäns, da Basaltschutt auch, dann allerdings in vermindertem Anteil, bis weit ins östliche Meißnervorland hinein z.B. auf den Fußflächen angetroffen wird.

(4) Die weitere Überprägung der Ostabdachung war einerseits durch sich zurückschneidende fluviale Prozesse, andererseits aber auch durch bergbauliche Aktivitäten seit dem Mittelalter gesteuert. Letztere bedingten, durch den haldenaufschüttenden Untertageabbau der Glanz- und Braunkohle eine anthropogene Überprägung der Meißnerhänge (schwarz aufgerasterte Rautenschraffur auf der Karte), die eine veränderte fluviale Dynamik zur Folge hat. Stollenentwässerung des Basaltplateaus folgte den vormals durch Überlaufquellen gesteuerten Abflußbahnen.

(5) Überprägung des Meißners in der Neuzeit, vor allem durch den Braunkohletagebau und deren Folgen (vgl. 4).

Bezogen auf den Anteil der Auslaugung an der Genese des Hohen Meißners sei hier noch auf die geologische Neubearbeitung des Hohen Meißners durch BALDSZUHN-STRAKA et al. (1985) verwiesen, die den Einfluß der Auslaugung auf die geologischen Verhältnisse mit dem Einfallen der Schichten auf das Zentrum des Plateaus ebenfalls bestätigt.

Die wissenschaftlichen Erkenntnisse wurden hier nur in einzelnen Aspekten und im zusammenfassenden Überblick vorgetragen. Weitere und detailliertere Aussagen und Ableitungen werden in den Erläuterungen zur Karte (MÖLLER & STÄBLEIN 1984b) sowie in weiteren Arbeiten (u.a. MÖLLER i.Vorb.) dargestellt.

4. Anwendungsbezogene Erkenntnisse

Die Veröffentlichung der GMK 25:17 im Schwerpunktprogramm der Deutschen Forschungsgemeinschaft diente ausschließlich der Erprobung der „Grünen Legende" (LESER & STÄBLEIN 1975) in Bezug auf universelle Anwendbarkeit in unterschiedlichen Relieftypen, d.h. der Entwicklung einer allgemeinen, grundlagenwissenschaftlichen, geomorphologischen Aufnahme- und Darstellungsmethode. Dieses Ziel hat das Schwerpunktprogramm, das jetzt abgeschlossen ist, erreicht.

In der Aufbereitungs- und Auswertungsphase, die zur Zeit durchgeführt wird, geht es darum, aus dem rein grundlagenwissenschaftlichen Kontext herauszuführen. Die vielfältig und differenziert vorhandenen Fakten der Detailaufnahme werden jetzt verstärkt in Bezug zu Fragestellungen der Anwendung gesetzt. Ziel sollte nach FINKE (1980) sein, mit diesen Karten auf öffentliches Interesse zu stoßen, in der Praxis mit unseren Informationen einen Bedarf zu wecken, um so den praktischen Wert dieser Karten zu erhöhen.

Bei der Bemühung unsere Wissenschaft in die Anwendung zu tragen, unsere Informationen zur Verfügung zu stellen, sind wir häufig, insbesondere bei Entscheidungsträgern in verschiedenen Ämtern, auf generelle Bereitschaft der Informationsaufnahme und auch der Zusammenarbeit gestoßen. In der konkreten Situation sind wir dann jedoch häufig an mangelnder Zuständigkeit, an Schubladendenken und an der Unbeweglichkeit gegenüber neuen Planungs- und Entscheidungsmedien gescheitert. Wir meinen aber, daß das GMK-Kartenwerk eine Vielzahl von geowissenschaftlichen, planungsrelevanten Informationen beinhaltet, die bei sachkundiger Interpretation in der Bewertung des Konfliktes Mensch - Umwelt einen Beitrag leistet. Um dies nachzuweisen, sollen im Folgenden einige wenige praktische regionale Erkenntnisse aus der Kartierung angesprochen werden.

4.1 Geomorphologische Zonen und Nutzungsmuster des Transektes Hitzerode-Weidenhausen-Werratal

4.1.1 Das Hitzeröder Plateau

Das Hitzeröder Plateau ist eine wenig reliefierte Fläche mit überwiegend lehmigem Substrat, das in den Bereichen des Zechsteins geringmächtig ist und eine Verteilung von Schutt und Grus des Anstehenden an der Oberfläche erkennen läßt. Die unterschiedliche Mächtigkeit und die differenzierte Wasserdurchlässigkeit (Abb. 12) des Untergrundes lassen Inseln starker Austrockung gegenüber Bereichen, deren Speicherkapazität aufgrund des wasserundurchlässigen Untergrundes größer ist, hervortreten.

Die Nutzung des Hitzeröder Plateaus ist beschränkt auf großflächigen Getreideanbau. An den versteilten Hängen des Zechsteins im Bereich Langer Berg, ist eine deutliche Terrassierung festzustellen. Es handelt sich dabei um Ackerterrassen, die vor bzw. nach dem Abbau von Schwerspat angelegt wurden. Die geringe Breite dieser Terrassen läßt heute eine ökonomische Bearbeitung für den Getreideanbau nicht mehr zu, so daß sie als Obstanbauterrassen oder in vielen Fällen auch Grünland genutzt werden.

4.1.2 Das Berkatal

Das Berkatal stellt einen stark reliefierten Geländeabschnitt dar, der sich auszeichnet durch:

- häufig an die Oberfläche tretendes Anstehendes,
- mächtige Hangschutt- und Blockschuttdecken,
- geringmächtige Bodenbildung,
- Auesedimentbildung in der Talsohle.

Die Nutzung dieses Areals erfolgte unter verschiedenen Gesichtspunkten. Spuren des Bergbaus, d.h. der Abbau von Kupferschiefer und Schwerspat, der eingestellt wurde, sind noch deutlich zu erkennen. So sind die im Tagebau geschaffenen Pingen und der sie umlagernde Abraum gut nachzuweisen. Abraumdecken an den Hängen und in der Aue rühren vom Abbau in Stollen oder in der Nähe des Diabasbruchs im Höllental von einer Schwerspatmühle her.

Im Anschluß an den Bergbau, der um die Jahrhundertwende eingestellt wurde, setzte neben der weiteren montanen Nutzung durch Grauwackenbrüche vor allem forstwirtschaftliche Nutzung der Hänge ein.

Die Talaue wird durch Anlage von Fischteichen (Wasserreichtum) und Grünlandflächen genutzt.

4.1.3 Der Krösselberg

Dieser Landschaftsausschnitt wird vom Kupferbach begrenzt, der vor dem Eintritt in die Talverengung an der Schwerspatgrube durch eine Subrosionssenke fließt. Die Hangneigungen des Krösselbergs sind differenziert. Dadurch ergibt sich eine unterschiedliche Nutzung des Areals.

An den steilen Flanken wurde vor Einsetzen der forstwirtschaftlichen Nutzung Gips abgebaut, im Gelände durch einen Steinbruch bzw. durch Abraum und ein höckeriges und kesseliges Relief nachweisbar. Die Hochfläche des Krösselbergs, geprägt durch die Gipsvorkommen, wird durch Getreideanbau genutzt. Das Substrat zeichnet sich durch hohen Ton- und Schuttanteil aus.

An der zum Kupferbach geneigten Seite erfolgt Getreideanbau. Auf Terrassen an versteilten Bereichen der Hänge herrscht Obstanbau vor. Die Bereiche der unmittelbaren Gips- und Dolomitvorkommen zeichnen sich durch Trockenrasenvegetation aus.

Abb. 12: Unterschiedliches Bodenwasserspeicherungsvermögen auf dem Hitzeröder Plateau.

Das Foto gibt einen Eindruck von dem Wasserspeicherungsvermögen der obersten Bodenschichten in Abhängigkeit von der Bodenart bzw. des geologischen Untergrundes. Weisen die hellen (trockenen) Flächen im Vordergrund auf sandigere Substrate als Verwitterungsmaterial der Grauwacke hin, so bilden die dunkleren (feuchteren) Flächen im Mittelgrund tonig-lehmige Substrate als Verwitterungsprodukt des Zechstein ab.

Sie werden weidewirtschaftlich genutzt. Die von der Bodenart her fruchtbaren Auen des Kupferbachtals werden zum Teil mit Hackfrüchten bestellt.

4.1.4 Das Wellingeröder Plateau

Die als Ebene im Zechstein angelegte Fläche (Abb. 13) zeichnet sich aus durch:

- Großflächigen Getreideanbau, dessen Ertrag abhängig ist von der Bodenqualität, die im Bereich der Fläche stark variiert und von den geologischen Verhältnissen bestimmt wird.

  Von den Landwirten wird das Wellingeröder Plateau als „kalte Fläche" bezeichnet. Bei gleichen Saat-Terminen liegt der Erntezeitpunkt drei Wochen später als im Werratal.

- Ackerterrasse, auf denen auch hier größtenteils Obstanbau erfolgt.

- Trockenrasenvegetation, auch „Driesch-Vegetation" genannt, in den Bereichen, in denen der Zechstein an die Oberfläche tritt, wird als Weidefläche für Schafe genutzt.

- Anthropogene Reliefverfüllung mit erheblicher Naturraumbelastung in Form einer mehrere Hektar großen Mülldeponie des Werra-Meißner-Kreises, wodurch eine im Zechstein angelegte „Lößschlucht" völlig verfüllt wurde.

4.1.5 Das Werratal

Das Werratal ist mit seiner Talsohle eine ca. 1 km breite Ebene, die von den Hängen des Zechsteins, den Hängen des Buntsandsteins und den Hängen des Grundgebirges begrenzt wird.

WÖHLKE (1976) bezeichnet diesen Reliefabschnitt als optimal für die landwirtschaftliche Nutzung. Er zeichnet sich durch sandig-lehmige Böden aus, die

Abb. 13: Das Wellingeröder Plateau (Befliegung vom 25.4.1959, Reihe 1249/ Bildnr. 254, Bildmaßstab 1 : 12 000, freigegeben unter Nr. Pk 13 Zi/59 durch den Reg.-Präsidenten in Münster/Westf.).

Im rechten oberen Bildrand ist die Werra zu sehen. Der sich westlich anschließende Altarm steht heute unter Naturschutz. Das sich nach Westen anschließende Tal zeigt an seinem Ende das Gebiet der heutigen Mülldeponie auf dem Wellingeröder Plateau. Der Eselskopf, hier noch ohne Steinbruch, begrenzt die durch Müll verfüllte, heute rekultivierte Tiefenlinie nordwestlich Strahlshausen. Die Abbildung zeigt den gleichen Ausschnitt, der geomorphographisch in Abb. 8 und als Geländeaufnahme mit Standpunkt Fürstenstein in Abb. 7 dargestellt ist.

sowohl Hackfrucht- als auch Getreideanbau mit großen Erträgen ermöglichen. Die Klimagunst, die Abschirmung vor den Winden der Hochflächen und die beständige Versorgung mit Grundwasser begünstigen die Anbaubedingungen der Werraaue gegenüber den Hochflächen.

Die Bereiche mit mittlerer Hangneigung am westlichen Werratalhang werden durch Ackerterrassen, auf denen Getreide- und Obstanbau erfolgt, der hier im Windschatten Gunststandorte hat, genutzt.

Die östlichen Talhänge der Werra, sämtlich Unterschneidungshänge, zeichnen sich durch große Hangneigungen aus. Dort ist nur Forstwirtschaft möglich.

Die Hänge westlich des Weinbergs sind als steil abfallende Stufen, in denen Hauptdolomit gebrochen wurde, ausgebildet. Einige Zechsteinsporne (Hauptdolomit) treten geomorphologisch in Erscheinung.

Die Westhänge südlich der Berkamündung sind durch Terrassen gegliedert, auf denen Getreideanbau erfolgt. Bei Albungen sind große, aktive und stillgelegte Kiesgruben in der Niederterrasse und Mittelterrasse zu finden.

Der Bereich des Grundgebirges, der bergbaulich genutzt wurde (Schwerspatstollen), weist große Hangneigungen auf. Er wird heute forstwirtschaftlich genutzt.

Aus dieser vergleichenden Überblicksbetrachtung ergeben sich folgende geomorphologische Bedingungen des Nutzungsmusters:

- Erträge und Möglichkeiten des Anbaus von Getreide und Hackfrüchten sind expositionsabhängig,
- der Leeseiteneffekt des Meißners kommt im Bereich des Meißnervorlandes für die landwirtschaftliche Nutzung zum Tragen,
- die geologischen Verhältnisse sind ausschlaggebend für die Wasserverfügbarkeit und damit für den Ertragsreichtum des Getreideanbaus.

Die solchermaßen aus der heutigen Detailkartierung abgeleiteten Zusammenhänge der Nutzung und der Randbedingungen sind darüber hinaus in Bezug zu setzen zu dem vorhandenen Naturraumpotential für die Landschaftsentwicklung mit veränderter Nutzung. Das kann durch die Diskussion der unterschiedlichen Ansprüche der verschiedenen Nutzungen an das Relief aufgezeigt werden.

4.2 Landwirtschaftliche Nutzung

Landwirtschaftliche Nutzung findet im Werratal und im östlichen Meißnervorland großflächig statt. Unsere Betrachtungen zu den Möglichkeiten dieser Nutzungsart beziehen sich im Folgenden auf die rein physischen Gegebenheiten und berücksichtigen weder die im Boden durch überregionale Belastung angesammelten Schadstoffe noch die betriebs- oder volkswirtschaftlichen Gesichtspunkte der landwirtschaftlichen Produktion.

Wir konnten im Gelände bei der Kartierung feststellen, daß die ackerbauliche Nutzung schon mäßig steiler Hänge (2 bis 7°) durch flächenhaften Abtrag zu einer Reduzierung des Bodenprofils im oberen Hangbereich und zu Feinmaterialakkumulation in den Tiefenlinien führt. Bedingt ist diese Materialverlagerung einerseits durch das hangparallele Pflügen am Hang, bei dem mittelfristig meßbare, der Gravitation folgende Materialverlagerung stattfindet, andererseits aber, in Abhängigkeit von der Durchlässigkeit des Substrats eine Vielzahl von Verspülungserscheinungen zu beobachten sind (vgl. Geomorphologische Prozesse auf der GMK 25:17).

Erkenntnis aus diesen Ergebnissen der Substrataufnahme ist, daß die Bodenentwicklung in diesen Positionen mit dem Abtrag nicht Schritt hält und als Folge zunehmender Skelettanteil im Oberhangbereich zu beobachten ist. Die Substratinformation der GMK 25:17 zeigt diesen zunehmenden Skelettanteil im Einzelnen in den entsprechenden Reliefpositionen (vgl. Legendenpositionen 8.16 und 8.17).

Eine weitere Ableitung aus diesen Beobachtungen ist die zunehmende Verkarstung der Gipfelbereiche, die durch den Prozeß der Gipslösung im Untergrund noch erheblich verstärkt wird. Hierbei muß beachtet werden, daß mit steigendem Skelettanteil das Wasserspeichervermögen des Bodens immer geringer wird, die Tageswässer schneller in den Untergrund eindringen können und die Auslaugung weiter beschleunigen. Dies zeigt sich an der Vielzahl von zum Teil aktiven Einsturzdolinen und Subrosionssenken (Abb. 14, vgl. auch Abb. 10). Die gesteigerte Wasserdurchlässigkeit hat zusätzlich einen schnelleren Transport von Dünge- bzw. Pflanzenschutzmitteln zur Folge, so daß hierdurch auch der Grundwasserkörper zusätzlich beeinträchtigt wird..

Als Konsequenz aus den Ergebnissen der geomorphologischen Detailaufnahme wäre zu empfehlen (vgl. MÖLLER 1986a):

Abb. 14: Die Geomorphographie der Hie- und Kripplöcher (aus MÖLLER & STÄBLEIN 1984a).

Die Zusammensetzung der Abbildung ist vergleichbar mit Abb. 8. Die Auslaugungsstrukturen - und damit die gute Wasserdurchlässigkeit des Untergrundes - zeigen sich anhand der vielen Einzel- und Kleinformen wie z.B. Dolinen, Erdfälle und Subrosionssenken. Auffällig ist die unterschiedliche Ausbildung der Formen. Weiche Bodensenkungen (Subrosionssenken) westlich Orferode, steile Einsturzdolinen an den Kripplöchern und ein Salzhang, vergesellschaftet mit Dolinen und Kuppen, an den Hielöchern (vgl. Abb. 10).

– Eine Verkleinerung der Schläge herbeizuführen, d.h. die Ergebnisse der Flurbereinigung auf Kosten der kurzfristigen Ertragsfähigkeit zurückzunehmen, um so der Erosionsanfälligkeit der Böden, die auf Großflächen zu beobachten sind, Einhalt zu gebieten. Hier ist die Möglichkeit der Wiederanlage von Ackerschutzstreifen bzw. von Ackergrünstreifen sinnvoll, die sich zudem in ein Biotopverbundsystem einpassen würden;

– eine bewußte und schonende Behandlung der Böden auch in Bezug auf den Maschineneinsatz unter Inrechnungstellung der die Bodenqualität beeinflussenden Parameter (Nährstoffspeicherung, Wasserhaltevermögen, Adsorptionsvermögen, Durchlässigkeit, Durchlüftbarkeit). Aus den mit dem Pürckhauer für die Kartierung ermittelten Bodenartenarealen und den ebenfalls verzeichneten Grobkomponenten können bezogen auf die angesprochenen Parameter unmittelbar Schätzwerte abgeleitet werden;

- eine Berücksichtigung der unterschiedlichen Erosionsanfälligkeit beim Anbau verschiedener Produkte (z.B. Wintergerste mit geringerer und Mais mit größerer Erosionsgefährdung);

- eine regionale Einschätzung der Einflüsse durch die einerseits den Bodenchemismus, andererseits den Grundwasserkörper stark beeinflussenden Gülledüngungen und

- die standörtlich differenzierte, eingeschränkte Verwendung von Mineraldüngern und Pflanzenschutzmitteln, nicht an kurzfristigen wirtschaftlichen Überlegungen, sondern an langfristigen bodenschutz-, gewässerschutz- und biotopschutzspezifischen Kriterien zu orientieren.

4.3 Wasserwirtschaftliche Nutzung

Die wasserwirtschaftliche Nutzung orientiert sich an den geologischen Verhältnissen, ist aber in Einklang mit den geomorphologischen Ergebnissen auszuwerten. Aufgrund der Vielfältigkeit des Gesteinsaufbaus sollen hier nur zwei Bereiche aufgegriffen werden.

Der Hohe Meißner
Auf ihn entfallen im Jahresmittel ca. 1000 mm Niederschlag bei einer mittleren Temperatur von 5,5° C. Die aus den niedrigen Temperaturverhältnissen resultierende geringe Verdunstung läßt den größten Teil der Niederschlagsmenge einerseits in den oberirdischen Abfluß, andererseits in den unterirdischen Abfluß eintreten. Letzterer ist für die Wasserwirtschaft interessant. Menge und Qualität des zur Verfügung stehenden Wassers ist abhängig vom Grad der Versiegelung der Oberflächen des Hohen Meißners und weiterer anthropogener insbesondere bergbaulicher Eingriffe.

Unter Zugrundelegung der von BRÜHL & THEURER (1986) veröffentlichten Ergebnisse besteht in Niedrigwasserzeiten für das Verbandswasserwerk Meißner als auch für die Stadt Eschwege die Notwendigkeit, das Meißnerwasser zum Verschnitt mit den zum Teil zeitweilig salzhaltigen Wässern der Werra-Aue einzusetzen.

Das ist mengenmäßig nur zu leisten, wenn das Meißnerwasser mit hoher Qualität weiter zur Verfügung steht.

Diesem qualitativen Anspruch steht die Verschlechterung des Hauptwasserlieferanten des Keudellbrunnens am Schwalbental gegenüber. Hier ist in den Jahren seit der Einstellung des Braunkohletagebaus Kalbe, nach einer mengenmäßigen Rekreation, eine Zunahme des Sulfatanteils beobachtet worden, der auf den Kontakt mit der Braunkohle zurückgeführt wird (frdl. mdl. Mitt. Prof. BRÜHL). Dieser Kontakt ist erst im Gefolge des Tagebaus eingetreten und wirkt sich heute - also langzeitig - nachteilig aus.

Hinzu kommt das geomorphologisch auf der GMK flächenhaft erfaßte Phänomen der Versiegelung der Meißneroberfläche einerseits durch Straßen und Parkplätze, andererseits aber durch die großflächigen Haldenbereiche des ehemaligen Tagebaus. In beiden Fällen ist der Untergrund so verdichtet, daß auftreffende Tageswässer nicht mehr in den Aquifer des Basaltes eintreten können, aus dem sie langfristig gleichmäßig über die Quellen abgegeben werden. Das hat neben der verminderten Wasserverfügbarkeit aber auch einen oberflächenhaften Effekt. Durch die Veränderung des Abflußregimes auf der Hochfläche kommt es heute im Gefolge von Starkregen zu schwallartigen Abflüssen, die extrem erosiv wirken und am Plateaurand Gesteinsbrocken bis zu 1 m Durchmesser herauslösen und in Form von Schwemmschuttfächern ablagern (Abb. 15). Diese Abflußverhältnisse sind auf den schnellen Durchsatz des Wassers durch die Halden, deren geringes Rückhaltevermögen und die Untergrundverdichtung an der Basis der Aufschüttungen durch die Haldenaufbringung zurückzuführen.

Besonders durch Starkregenerosion gefährdete Bereiche liegen demgemäß im Einflußbereich des Höllenbachs und unterhalb Petersruh, also in Einzugsgebieten, deren Abflußverhalten durch die Bodenversiegelung bestimmt werden.

Als potentielle Gefährdung und weitere Einschränkung des Naturraumpotentials ist abzuleiten, daß wieder einsetzender Tagebau die Grundwasserverhältnisse des Hohen Meißners weiter irreversibel negativ beeinflußen würde und zwar einerseits durch die weiter zunehmende Versiegelung der Hochfläche, andererseits durch die weitere Zerstörung des Aquifers. Dieser ist in seiner jetzigen Struktur notwendig für die langfristige regionale Wasserversorgung.

Der Karstwasserkörper im östlichen Meißnervorland
Die geomorphologischen Befunde (Dolinen, Erdfälle, Bodensenkungen weisen in dieser Region aktive Auslaugung in den Schichten des Zechsteins nach (vgl. Abb. 10, 14), die abgesichert sind durch Gewässergüteuntersuchungen in Bezug auf auslaugungsfähige Substanzen (MÖLLER i. Vorb.). Das aufgezeigte Karstwassersystem (MÖLLER 1986b) und dessen Beziehung zum geologischen Bau läßt für die wasser-

Abb. 15: Der Schwemmschuttfächer unterhalb des Frau Holle Teichs.

Im Zuge der beschriebenen Starkregen wird diese Schwemmfächerbildung als Folge des anthropogenen Eingriffs auf der Hochfläche des Hohen Meißners gedeutet. Die Versiegelung der Oberfläche führt zu schnellen Abflüssen, die am Plateaurand stark erosiv wirken.

wirtschaftliche Nutzung, die außerhalb des Blattgebiets im Wehretal und seinen randlichen Bereichen umgeht, eine Beeinträchtigung durch folgende anthropogene Aktivitäten erwarten:

- Unsachgemäßer Einsatz von Mineraldüngern, Pflanzenschutzmitteln und Gülle beeinflußt die Qualität des Grundwasserkörpers,

- ehemalige Deponien („Altlasten") und Ausbau von Deponiestandorten im östlichen Meißnervorland ohne Abdichtungsmaßnahmen, unserer Kenntnis nach früher und heute an keiner Stelle ausreichend durchgeführt worden sind, läßt eine unkontrollierte Beeinträchtigung des Grundwasserkörpers durch die Sickerwässer erwarten.

Neben diesen anthropogen verursachten Beeinträchtigungen tritt die natürliche Belastung, die sich hier vor allem durch hohe Sulfathärten, die auf die Gipse des geologischen Untergrundes zurückgehen, bemerkbar macht.

Fazit dieser Anwendung der geomorphologischen Kartierungsbefunde für die wasserwirtschaftliche Nutzung ist, daß mit einem Anschluß der ländlichen Gemeinden an Kläranlagen die Belastung der Grund- und Oberflächenwässer zurückgegangen ist, durch den Einsatz von Düngemitteln und der Verteilung von den beschriebenen Deponiestandorten über das gesamte Gebiet sind in dieser wasserdurchlässigen Region Beeinflussungen des Grundwasserkörpers zu erwarten, die in ihrer Auswirkung nicht kalkulierbar sind (MÖLLER 1986b).

4.4 Deponiestandorte

Zu der Frage der Eignung, Belastung und Gefährdung von Deponiestandorten liefert die GMK 25:17 als Grundlage eine Vielzahl von Informationen. Neben den auftretenden Bodenarten und ihrer Verteilung, die auf die unterschiedliche Durchlässigkeit schließen lassen, sind es vor allem die genetischen Aspekte, die hier im östlichen Meißnervorland die

Porosität des Untergrundes infolge Auslaugung aufzeigen. Die Informationen zum Gewässernetz sind in diesem Zusammenhang ebenso zu berücksichtigen wie die geomorphographischen Eigenschaften und ihnen zugeordnete Reliefelemente (Neigungen, Wölbungen, Stufen und Kanten usw.), die bei der Bewertung eines Deponiestandorts in Bezug auf die Einschätzung der oberirdischen Einzugsgebiete hinzugezogen werden müssen (vgl. Abb. 8).

Die bestehenden Deponien gliedern sich in:

- Rekultivierte Bauschuttdeponien/Gemeindemülldeponien (z.B. oberhalb des Breitenborns bei Frankershausen),

- wilde Deponien (z.B. Erdfall nordwestlich Vockerode),

- Großdeponie (Wellingeröder Plateau).

Unter der Voraussetzung, daß in rekultivierten Bauschuttdeponien bzw. Gemeindemülldeponien tatsächlich nur die zulässigen Materialien deponiert sind, gehen von diesen Punkten wenig Gefährdungen aus. Die Erfahrungen, die KRÖNERT (1986) bei der Erkundung der Zusammensetzung dieser Deponien gemacht hat, zeigen, daß z.B. in der erwähnten Deponie oberhalb des Breitenborns bei Frankershausen nicht nur Bauschutt, sondern auch Schlachtabfälle und andere organische Substanzen eingelagert sind, die sich auf die Gewässerqualität des Breitenborns auswirken.

Auch Deponien vom Range der erwähnten wilden Deponie im heute rekultivierten Erdfall bei Vockerode, in der neben alten Kraftfahrzeugen einschließlich ihres Altöls, auch Kühlschränke, Fernseher und anderer Hausmüll eingelagert ist, stellen eine Gefahrenquelle dar, die nicht in unmittelbarer Umgebung wirken muß, sondern in dem weit verzweigten Karstwassersystem an ganz anderen Stellen zutage treten kann.

Die Hauptgefährdung geht hier, und das zeigt die GMK 25:17 deutlich, von der Großdeponie am Ostabfall des Wellingeröder Plateaus aus. Hier werden neben Hausmüll insbesondere Industrieabfälle und Klärschlämme abgelagert, deren Sickerwässer wegen fehlender Untergrundabdichtung in den weit verzweigten Karstwasserleiter eindringen können. Die relative Undurchlässigkeit der unterlagernden tonig-lehmigen Substrate wird unterbrochen durch die zu Trage tretenden Gesteinsklippen des porösen kavernösen Hauptdolomits, die eine direkte Verbindung zum durch Auslaugung zerrütteten Untergrund haben. Diese Erkenntnisse rühren aus der Substrat- und Formaufnahme aus dem Jahre 1978 her, als die Deponie noch nicht ihre heutige Ausdehnung erreicht hatte (MÖLLER 1979). Aus der heutigen Kenntnis des Untergrundes vor allem aber des durch die großräumige Auslaugung gestörten geologischen Baumusters, ist mit einem Einfallen der Schichten generell auf das Eschweger Becken bzw. in Richtung des Wehretales zu rechnen, so daß die Sickerwässer dieser Deponie nicht nur östlich an der B 27 zu erwarten sind, sondern auch in der südlichen Umgebung des Standorts zu suchen sind. Nicht auszuschließen ist dabei, daß oberflächenhafter Abfluß in Richtung des natürlichen Gefälles versickert und dadurch in den zur B 27 entwässernden Grundwasserleiter gelangt und somit zu einer Beeinträchtigung der Quelle des „Gesegneten Borns" führt.

Diese aus der GMK 25:17 gewonnenen Argumente müßten für eine kontrollierte und reglementierte Abstofflagerung herangezogen werden. Sie zeigen die Probleme und Zusammenhänge, die in einem durch Auslaugungsprozesse beeinträchtigten Relief auftreten können. Da aber die Beurteilung der Gefährdung durch Kontamination von der jeweiligen Müllart abhängt, können nicht ohne weitere Geländeuntersuchungen unbedenkliche Standorte aus der GMK für Mülldeponien abgelesen werden. Umgekehrt können aber eindeutig Gefährdungszusammenhänge für zu planende Standorte aus der Karteninformation gewonnen werden.

4.5 Forstwirtschaftliche Nutzung und Naturschutzgebiete

Die forstwirtschaftliche Nutzung ist im Blattbereich geprägt durch das Auftreten von Wald auf landwirtschaftlich nicht genutzten Flächen. Abhängig ist dies von den Neigungsverhältnissen, der Mächtigkeit und der Skelett- bzw. Schutthaltigkeit des Substrats, den hydrogeographischen Bedingungen sowie der durch die Höhenlage vorgegebenen klimatischen Bedingungen.

Die GMK 25:17 ergänzt hier die rein beschreibenden, aber nicht flächendeckenden forstlichen Standortkartierungen. Nach Aussage von Fachleuten (frdl. mdl. Mitt. Forstrat KIJEWSKI) läßt sich anhand der Informationen der GMK 25 ein Großteil der Feldarbeiten (bis zu 50 %) bei der Erstellung von Pflegeplänen einsparen.

Informationen aus der Geomorphographie, hier vor allem Neigungen, Wölbungen, Stufen und Kanten, aber auch aus der Substrat- und der Hydrographiedarstellung, dienen der Abgrenzung einzelner Biotope (MÖLLER 1986b).

Darüber hinaus lassen sich diese Informationen auch bei der Anlage eines Wirtschaftswegenetzes berücksichtigen.

Neben dem positiven Aspekt der Informationsbereitstellung deckt die Detailkartierung auch Schwächen innerhalb forstwirtschaftlicher Aktivitäten auf, die bei Berücksichtigung des gesamten Geokomplexes nicht zu den auftretenden Schwierigkeiten geführt hätten.

Wir denken hier z.B. an die Schwierigkeiten bei der Rekultivierung der Bergbauanlagen auf dem Hohen Meißner als irreversibel beeinträchtigter Flächen. Die Rekultivierung wurde weitgehend ohne die Berücksichtigung der klimatischen Verhältnisse und der Besonderheiten des Substrats sowie seiner Verwitterungs- und Bodenbildungsfähigkeit durchgeführt. Erst heute nach gut 15 Jahren und vielen Fehlversuchen entwickelt sich die Renaturierung, wenn auch nicht in der dort gewünschten naturangepaßten Artenzusammensetzung (vgl. Abb. 6). Hier zeigt sich, daß Rekultivierungsmaßnahmen auch durch eine geowissenschaftliche Kartierung abgesichert werden sollten. Dies gilt auch für den Aspekt der Naturschutzgebietsausweisungen.

Nehmen wir z.B. das Naturschutzgebiet am Werra-Altarm bei Albungen, das zum Schutz einer Vogelart beantragt worden ist, so wird eine Reihe von geomorphologischen Fragen zu berücksichtigen sein:

- Wie ist die Durchlässigkeit der Flußufer und Talaue der Werra mit ihrem hohen schwankenden Salzgehalt in Bezug auf die Stabilität der Wasserqualität des Altarms zu bewerten?
- Wie verfährt man mit dem abtauenden Salz des Winterstreudienstes auf der nahen Bundesstraße (B 27)?
- Welche Möglichkeiten bestehen, daß Oberflächenwässer der Deponie des Wellingeröder Plateaus den Altarm beeinflussen?
- Inwieweit beeinflußt der in unmittelbarer Nachbarschaft gelegene aktuelle Kiesabbau den Lebensraum des schutzwürdigen Objekts?
- Wodurch ist die Wasserversorgung des Altarms gesichert?

Es zeigt sich, daß jegliche Maßnahme der Unterschutzstellung nicht an nur einer schützenswerten Art zu orientieren ist, sondern darüber hinaus der Lebensraum dieser Art einschließlich der konstituierenden geomorphologischen Rahmenbedingungen mit zu erfassen und in eine Begründung mit einzubringen ist. Die GMK 25 bietet hier einen Grundstock von Daten und eine Übersicht über die regionale Variabilität und Vergesellschaftung.

5. Ausblick

Die Erläuterungen zur Kartenbeilage haben gezeigt, daß die geomorphologische Kartierung, speziell die GMK 25:17 regionale Aussagen und Erkenntnisse bringt, die grundlagenwissenschaftlich als auch anwendungsbezogen zu verwerten sind.

Die GMK 25 ist ein Datenträger, der vielfältig einzusetzen ist. Das setzt voraus, daß einerseits das Kartenwerk räumlich ausgedehnt wird, und daß andererseits in den Planungs- und Schutzinstitutionen der Umgang und die Anwendung geowissenschaftlicher Kartenwerke (auch geologischer, bodenkundlicher, gewässerkundlicher) Eingang findet, so daß die bereitgestellten Informationen ausgewertet werden können.

Das Ziel ist es, eine umfassende Inventarisierung der Reliefsphäre zu leisten. Aus dem hier angesprochenen Komplex ließe sich mit Unterstützung der Datenverarbeitung ein regionales Datenbanksystem anlegen und bei Bedarf fortentwickeln, was für praktische regionale Fragestellungen der Umweltsicherung schnell die relevanten Informationen, auch in Auszügen, bereitstellen könnte.

5. Literatur

BALDSZUHN-STRAKA, D., HARLING, J., HERRMANN, R. & KERSTEN, G. 1985: Geologische Karte des Meißners 1 : 25 000. – Inst. f. Geol. d. Freien Universität Berlin (Hg), Berlin.

BEYSCHLAG, F. 1886: Erläuterungen zur geologischen Specialkarte von Preußen und den Thüringischen Staaten. - XXIII. Lfg., Gradabt. 55, No. 46: Blatt Allendorf. – 1-66, Berlin.

BÖGLI, A. 1978: Karsthydrographie und physische Speläologie. – 1-292, Berlin.

BROSCHE, K.U. 1984: Zur jungpleistozänen und holozänen Entwicklung des Werratals zwischen Hannoversch-Münden und Philippstal (östl. Bad Hersfeld). – Eiszeitalter u. Gegenw., 34: 105-129, Hannover.

BRÜHL, H. & THEURER, G. 1986: Untersuchungen zur Wechselwirkung zwischen Werra und dem Grundwasser in der Talaue im Bereich der Trinkwasserbrunnen bei Aue. – Berliner Geogr. Abh., 41: 41-51, Berlin.

BÜDEL, J. 1977: Klima-Geomorphologie. – 1-304, Berlin, Stuttgart.

CLAASEN, K. 1941: Die Flußterrassen des Werratals zwischen Bad Sooden-Allendorf und Hann.-Münden. – Arch. Landes- u. Volkskde. Niedersachsen, 7: 2-125, Oldenburg.

ELLENBERG, J. 1968: Die geologisch-geomorphologische Entwicklung des südwestthüringischen Werragebietes im Pliozän und Quartär. – Diss. Friedrich-Schiller-Univ.: 1-188, Jena.

FINKE, L. 1980: Anforderungen aus der Planungspraxis an ein geomorphologisches Kartenwerk. – Berliner Geogr. Abh., 31: 75-81, Berlin.

FINKENWIRTH, A. 1970: Hydrogeologische Neuerkenntnisse in Nordhessen. – Notizbl. Hess. L.-Amt Bodenforsch., 98: 212-233, Wiesbaden.

FINKENWIRTH, A. 1978: Die Braunkohle am Meißner. – Der Aufschluß, Sonderbd. 28: 229-236, Heidelberg.

GARLEFF, K. 1966: Beitrag zur Deutung der Terrassen im unteren Werratal. – Eiszeitalter u. Gegenw., 17: 118-124, Öhringen.

GARLEFF, K. 1985: Erläuterungen zur Geomorphologischen Karte 1 : 100 000 der Bundesrepublik Deutschland, GMK 100 Blatt 5, C 4722 Kassel. – 1-74, Berlin.

HENTSCHEL, H. 1978: Der Basalt des Meißners. – Der Aufschluß, Sonderbd. 28: 208-228, Heidelberg.

HERRMANN, R. 1930: Salzauslaugung und Braunkohlenbildung im Geiseltalgebiet bei Merseburg. – Z. Dt. Geol. Ges., 82: 467-479, Berlin.

HERRMANN, R. 1969: Die Auslaugung der Zechsteinsalze im niedersächsisch-westfälischen Grenzgebiet bei Bad Pyrmont. – Geol. Jb., 87: 277-294, Hannover.

HERRMANN, R. 1972: Über Erdfälle äußerst tiefen Ursprungs. – Notizbl. Hess. L.-Amt. Bodenforsch., 100: 177-193, Wiesbaden.

KÄDING, K.-C. 1978: Stratigraphische Gliederung des Zechsteins im Werra-Fulda-Becken. – Geol. Jb. Hessen, 106: 123-130, Wiesbaden.

KEILHACK, K. 1912: Die geologischen Verhältnisse der Quellen am Meißner. – unveröff. Gutachten, Berlin.

KUHNERT, C. 1986: Die geologischen Verhältnisse des Werra-Meißner-Kreises. – Berliner Geogr. Abh., 41:25-39, Berlin.

KUNZ, H. 1962: Geologische Untersuchungen auf Blatt 4726 Grebendorf (Nordhessen). 1-193, Frankfurt (Dipl.-Arb. unveröff.).

KUPFAHL, H.G., LAEMMLEN, M. & PFLANZL, G. 1979: Geologische Karte des Meißner 1 : 25 000. – Hess. L.-Amt Bodenforsch., Wiesbaden.

KRÖNERT, S. 1986: Bodenerosion im Raum Eschwege. – Verh. Symp. Naturraumpotential und Umweltsicherung: 57-59, Berlin.

LAEMMLEN, M., PRINZ, H. & ROTH, H. 1979: Folgeerscheinungen des tiefen Salinarkarstes zwischen Fulda und der Spessart-Rhön-Schwelle. – Geol. Jb. Hessen, 107: 207-250, Wiesbaden.

LESER, H. & STÄBLEIN, G. (Hg) 1975: Geomorphologische Kartieranleitung. Richtlinien zur Herstellung geomorphologischer Karten 1 : 25 000. – Berliner Geogr. Abh., Sonderh.: 1-39, Berlin.

MAIER-SIPPEL, B. 1952: Zur Morphologie des Soodener Berglandes. – Göttinger Geogr. Abh., 11: 1-39, Göttingen.

MÄUSBACHER, R. 1982: Die geomorphologische Karte Oobloyah Bay, NWT Kanada, als außereuropäisches Beispielblatt. – Berliner Geogr. Abh., 35: 55-62, Berlin.

MEIBURG, P. 1980: Subrosions-Stockwerke im nordhessischen Bergland. – Der Aufschluß, 31(7-8): 265-287, Heidelberg.

MEIBURG, P. & KAEVER, M. 1977: Subrosion und Sedimentation im jüngeren Tertiär des nördlichen Reinhardswaldes (Weserbergland). – N. Jb. Geol. Paläontol., 153(3): 283-303, Stuttgart.

MEINECKE, F. 1913: Über die Entwicklungsgeschichte des Werratales. – Mitt. Sächs.-Thüring. Ver. Erdkde. Halle/S., 37: 77-110, Halle/S.

MENSCHING, H. 1953: Die periglaziale Formung der Landschaft des unteren Werratales. – Göttinger Geogr. Abh., 14: 79-128, Göttingen.

MOESTA, F. 1876: Erläuterungen zur geologischen Specialkarte von Preußen und den Thüringischen Staaten. Blatt Eschwege. – 1-24, Berlin.

MÖLLER, K. 1979: Detailaufnahme, Darstellung und Interpretation der Geomorphologie des Gebietes an der unteren Berka. – Zulassungsarb. (unveröff.): 1-99, Berlin.

MÖLLER, K. 1982: Geomorphologische Detailaufnahme und Interpretation des Meißners und seines östlichen Vorlandes. – Dipl. Arb. (unveröff.): 1-104, Berlin.

MÖLLER, K. 1985: Darstellung von Subrosionsphänomenen in Nordhessen. – unveröff. Manuskr. Vortrag Geographentag 1985: 1-6, Berlin.

MÖLLER, K. (1986): Konsequenzen für die Landnutzung im östlichen Meißnervorland - Ergebnisse geomorphologischer Forschung -. – Begleitbuch zur ASG-Tagung 1986: (im Druck), Wiesbaden.

MÖLLER, K. 1986: Erkenntnisse und Konsequenzen für die Landnutzung im östlichen Meißnervorland - Ergebnisse geomorphologischer Untersuchungen. – Verh. Symp. Naturraumpotential und Umweltsicherung: 10-16, Berlin.

MÖLLER, K. & STÄBLEIN, G. 1982: Struktur- und Prozeßbereiche der GMK 25 am Beispiel des Meißners (Nordhessen). – Berliner Geogr. Abh., 35: 73-85, Berlin.

MÖLLER, K. & STÄBLEIN, G. 1984a: GMK 25 Blatt 17, 4725 Bad Sooden-Allendorf. – Geomorphologische Karte der Bundesrepublik Deutschland 1 : 25 000: 17, Berlin.

MÖLLER, K. & STÄBLEIN, G. 1984b: Erläuterungen zur Geomorphologischen Karte 1 : 25 000 der Bundesrepublik Deutschland, GMK 25 Blatt 17, 4725 Bad Sooden-Allendorf. – i.Vorb., Berlin.

POSER, H. 1933: Die Oberflächengestaltung des Meißnergebietes. – Jb. Geogr. Ges. 1932/33: 121-177, Hannover.

POSER, H. & BROCHU, M. 1954: Zur Frage des Vorkommens pleistozäner Glazialformen am Meißner. – Abh. Braunschweiger Wiss. Ges., 6: 111-125, Braunschweig.

PRINZ, H. 1982: Abriß der Ingenieurgeologie. – 1-419, Stuttgart.

RICHTER-BERNBURG, G. 1955: Der Zechstein zwischen Harz und Rheinischen Schiefergebirge. – Z. Dt. Geol. Ges., 107: 876-899, Hannover.

RITZKOWSKI, S. 1978: Geologie des Unterwerra-Sattels und seiner Randstrukturen zwischen Eschwege und Witzenhausen (Nordhessen). – Der Aufschluß, Sonderbd. 28: 187-204, Heidelberg.

RÖSING, F. 1976: Geologische Übersichtskarte Hessen 1 : 300 000. – Hess. L.-Amt Bodenforsch., Wiesbaden.

SCHALOW, G. 1978: Geologie zwischen Hilgershausen und Frankershausen auf der SW-Flanke des Unterwerra-Sattels (TK 4725, Bad Sooden-Allendorf, Nordhessen). – Dipl.-Arb. (unveröff.), Göttingen.

STILLE, H. & LOTZE, F. 1933: Geologische Übersichtskarte der Umgebung von Göttingen (Hochschul-Exkursionskarte Nr. 3) 1 : 100 000. – Preuß. Geol. L.-Anst., Berlin.

STÄBLEIN, G. 1968: Reliefgenerationen der Vorderpfalz. – Würzburger Geogr. Arb., 23: 1-191, Würzburg.

STÄBLEIN, G. 1980: Die Konzeption der Geomorphologischen Karten GMK 25 und GMK 100 im DFG-Schwerpunktprogramm. – Berliner Geogr. Abh., 31: 13-30, Berlin.

STÄBLEIN, G. & MÖLLER, K. 1986: Subrosionsformen im Bereich des Meißners in Nordhessen. – Geol. Jb. Hessen, 114: (im Druck), Wiesbaden.

UTHEMANN, A. 1892: Die Braunkohlen-Lagerstätten am Meissner, am Hirschberg und am Stellberg mit besonderer Berücksichtigung der Durchbruchs- und Contact-Einwirkungen, welche die Basalte auf die Braunkohlenflöze ausgeübt haben. – Abh. Kgl. Preuß. Geol. L.-Anst., N.F., 7: 1-54, Berlin.

WEBER, H. 1930: Zur Systematik der Auslaugung. – Z. Dt. Geol. Ges., 82: 179-186, Berlin.

WÖHLKE, W. 1976: Zur Entwicklung der agrarischen Kulturlandschaft - Bodenmobilität und Veränderung der Flurformen im Gebiet von Eschwege. – Westfälische Geogr. Studien, 33: 191-203, Münster.

Anschriften der Autoren:

Dipl.-Geogr. KLAUS MÖLLER, Geomorphologisches Laborarorium der Freien Universität Berlin, Altensteinstr. 19, 1000 Berlin 33.

Prof. Dr. GERHARD STÄBLEIN, Geomorphologisches Laboratorium der Freien Universität Berlin, Altensteinstr. 19, 1000 Berlin 33.

Berliner Geogr. Abh., Heft 41: 257–265, Berlin 1986.

Geomorphologische Übersicht des Werra-Meißner-Landes

mit 1 Kartenbeilage

GERHARD STÄBLEIN

K u r z f a s s u n g: Allgemeine aber auch spezielle Aspekte der Mittelgebirgsgeomorphologie und regionale Beispiele aus dem Werra-Meißner-Land für eine Reliefinterpretation werden mit einer Übersichtsbeschreibung der geomorphologischen Gliederung und einführenden Hinweisen auf geomorphologische Grundanschauungen und regionale geomorphologischen Literatur verknüpft.

Geomorphological survey of the Werra Meissner Land in Northern Hesse

A b s t r a c t: General and special aspects of highlands geomorphology and regional examples of the Werra Meissner Land for a interpretation of relief are presented with a survey of the geomorphological units. Short explanations of geomorphological fundamental conceptions and references to regional geomorphological publications are given.

I n h a l t s ü b e r s i c h t

1. Einordnung und geomorphologische Charakteristik

Das Werra-Meißner-Land gehört im wesentlichen zum größeren Landschaftsbereich des *Osthessischen Berglandes* und ist mit den Randplatten des Thüringer Beckens verknüpft. Von den umliegenden Landschaften mit ähnlich gestaltetem Mittelgebirgsrelief ist das Werra-Meißner-Land geomorphologisch nicht scharf abzugrenzen. Geologische, hydrographische und historische Gesichtspunkte ergeben den hier als eigenständig betrachteten geomorphologischen Landschaftsausschnitt. Dies entspricht im wesentlichen den auch in der naturräumlichen Gliederung vorgeschlagenen vor allem durch das Reliefgefüge bedingten Einteilung (SANDNER 1957, KLINK 1969). Im größeren Rahmen liegt das Osthessische Bergland zwischen dem Kasseler Becken im Westen und dem Thüringer Becken mit seinen Randplatten im Osten, der Rhön und ihrem nördlichen bergigen Vorland im Süden und dem Leinebergland mit dem Leinegraben im Norden.

Sanft konvex-konkave Bergformen und Bergzüge, mit wechselndem geologischem Untergrund unterschiedlich geformt, Verebnungen, die sich zum Teil über weitere Distanzen als zertalte Reste alter Hochflächen zeigen, weite eingesenkte Becken, eine dichte Zertalung mit reifen, oft terrassierten

Als topographische Orientierung für das Werra-Meißner-Land gibt es die vom Magistrat der Kreisstadt Eschwege herausgegebene „Wander- und Umgebungskarte 1 : 50 000, Eschwege im Werra-Meißner-Kreis" (1985). Sie ist ein Zusammendruck aus den amtlichen TK 50 des Landesvermessungsamtes in mehrfarbiger Ausgabe mit Schummerung, wodurch das Relief deutlich hervortritt, und mit einem Wanderwegeaufdruck.

Tälern und zum Teil breiten Talsohlen, die sich im Einzugsgebiet meist in Trockentälern, Hangkerben und Dellen verlieren, dies sind allgemein die bestimmenden Oberflächenformen der Reliefgestalt der deutschen Mittelgebirge und so auch im Werra-Meißner-Land.

Wenn von Mittelgebirge und seinen auffälligen Formen gesprochen wird, so läßt sich das mit der Definition geomorphologischer Begriffe auch eindeutig metrisch präzisieren. Mit Mittelgebirge wird ein Relief bezeichnet, das eine Reliefenergie, d.h. Höhendifferenz im allgemeinen Fall auf eine Distanz von 5 km, über 500 bis 1000 m aufweist, bleiben die Werte darunter, spricht man von Bergland (100 bis 500 m rel.), Hügelland (50 bis 100 m rel.), Flachland (10 bis 50 m rel.) oder Ebene (0 bis 10 m rel.).

Der Meißner liegt mit der Kulmination des Basaltplateaus 754 m über dem Meer, oder genauer gesagt über dem mittleren Pegel von Amsterdam, als NN (= Normalnull) bezeichnet. Der Meißner ist der höchste Berg Nordhessens und damit auch des Werra-Meißner-Landes. Vergleicht man damit den Hohestein 570 m NN auf der Muschelkalk-Schichtstufe des Gobert nördlich von Eschwege oder den Lotzenkopf 466 m NN auf der Buntsandsteinstufe des Schlierbachswaldes südlich von Eschwege mit den Höhenlagen von Witzenhausen 135 m NN im unteren Werratal oder von Eschwege, an der Werra 160 m NN, im Eschweger Becken um den Werra-Wehre-Zusammenfluß, so bestätigt sich die Bezeichnung Mittelgebirge bzw. Bergland. Bei Hedemünden an der nördlichen Grenze des Werra-Meißner-Kreises liegt die Talsohle der Werra nur noch 129 m NN; während bei Heldra im Osten die Werra in einer Höhe von 173 m NN fließt, tritt sie bei Herleshausen im Südosten zunächst bei 198 m NN in den Werra-Meißner-Kreis ein.

Die zur allgemeinen geomorphologischen Überblickscharakterisierung angesprochenen Reliefformen der Bergzüge, Berge, Flächen und Täler sind nach der *Reliefgrößenklassierung* (nach KUGLER 1975, vgl. STÄBLEIN 1984) zu den Mittelformen (Mesorelief) zu rechnen mit Basisbreiten von 100 m bis 10 km. Die kleineren Reliefformen, die den näheren Gesichtskreis prägen, werden bei Basisbreiten von 100 m bis 1 m als Kleinformen (Mikrorelief) bezeichnet, z.B. die Tälchen, Hohlwege und Dolinen, wie sie im Werra-Meißner-Land häufig sind. Manchmal sind auch noch kleinere Formen des Reliefs als Zeiger von geomorphologischen Prozessen bzw. als bestimmend für Reliefeigenschaften der Reliefelemente von geomorphologischem Interesse. Solche Zwergformen (Nanorelief) mit 1 m bis 1 cm Basisbreite bzw. Miniaturformen (Picorelief) mit unter 1 cm Basisbreite charakterisieren die Rauhigkeiten der Reliefoberflächen und damit deren Disposition in Bezug auf geomorphologische Prozesse. So sind z.B. die Bodenerosionsrinnen, die häufig im Frühjahr auf den Äckern um Eschwege zu beobachten sind, und die nur millimeterbreiten Lösungskarren auf Gipsblöcken in den Zechsteinaufschlüssen geomorphologische Erscheinungen dieser Größenordnung.

2. Geomorphologische Gliederung

Die geomorphologische Gliederung des Werra-Meißner-Landes ist durch die großflächige Verbreitung unterschiedlicher geologisch-stratigraphischer Formationen gegeben (vgl. Geologische Übersichtskarte von Hessen 1 : 300 000, RÖSING 1973). Die Antiklinale, die geologische Aufwölbung, des Unterwerra-Sattels zieht sich mit eliptischer Erstrekkung zwischen dem Westrand des Eschweger Beckens bis südlich der Witzenhausener Werratalweitung. Entsprechend ist hier im Kern das Relief in das *Grundgebirge* eingeschnitten (Werratal und Soodener Bergland) und die ummantelnden tiefsten Deckgebirgsschichten des Zechsteins bilden das Flächenund Hügelrelief des östlichen Meißnervorlandes und des Kleinalmeröder Hügellandes südlich von Witzenhausen. Auch das reich gegliederte Becken- und Hügelrelief um Sontra wird von Zechstein unterlagert. Die größte Verbreitung im Werra-MeißnerLand hat der Buntsandstein, der die meisten ausgedehnten Bergzüge im breiten Umkreis des UnterwerraSattels und der Umrahmung der Werratalabschnitte aufbaut. Die gestreckten Bergrücken werden von zum Teil groben, geomorphologisch widerständigen Sandsteinen des Mittleren Buntsandsteins gebildet, der auch als *Schichtstufenbildner* auftritt. Der steile Abfall des Schlierbachswaldes nach Norden und Westen als markante südliche Begrenzung des Eschweger Beckens oder der Abfall des Kaufunger Waldes nach Nordosten sind dafür Beispiele. Die geomorphologisch weicheren feinkörnigeren Schichten des unteren Buntsandsteins bilden die flacheren Unterhangzonen, Fußflächen und Platten wie im südlichen Eschweger Becken.

Die Karte „Geomorphologische Gliederung des Werra-Meißner-Landes in Nordhessen" findet sich als Beilage im Anhang.

Weniger verbreitet aber geomorphologisch auffällig sind die Muschelkalkschichten. Der Untere Muschelkalk bildet im Wellenkalk Schichtstufen mit scharfem Trauf, so in den Bergzügen des Gobert und rund um die Flächen und Randberge des Ringgaus (Schickeberg, Boyneburg, Schieferstein, Graburg, Heldrastein und andere), aber auch stellenweise um Witzenhausen, an zum Teil tektonisch verworfenen kleingliedrigen Schollen. In den Verwerfungszonen der herzynisch Südost-Nordwest streichenden Lineamente nördlich und südlich des Ringgaus und der Altmorschen-Lichtenauer-Grabenstruktur treten abgesunken und verstürzt Muschelkalkschichten zusammen mit Keuperschichten aus den höheren, sonst abgetragenen Stockwerken des Deckgebirges auf, was ein unruhiges und wechselndes Relief zur Folge hat. So wird der flachere Meißnerwesthang von nach Westen einfallenden Muschelkalk- und Keuperschollen gebildet, die nördlich anschließend am Weißenbachtal als Schichtrippenrelief erscheinen.

Als eigene geologisch bedingte Relieftypen sind die *Lößgebiete* mit weichen natürlichen Reliefformen, flachen Dellen, zum Teil asymmetrischen Tälchen und markanten anthropogen verursachten Hohlwegformen zu nennen. Die Lößgebiete sind im Werra-Meißner-Land meist flächenhaft zu klein um einen zusammenhängenden Formenschatz auszubilden. Oft ist die an Löß gebundene Formung als Einflußfaktor nur aus dem Talrelief und dem Flächenrelief der Becken erkennbar.

Im besonderen Maß geologisch bedingt sind auch die auffälligsten geomorphologischen Erscheinungen des Werra-Meißner-Landes, die an das Auftreten der tertiären Basalte geknüpft sind. Eine resistente stufenbildende *Basaltdecke* gibt Anlaß zur geomorphologischen Herausbildung des ausgedehnten Hochplateaus des Meißners. Kleinere Basaltvorkommen sind als *Härtlinge*, ihre Umgebung überragend, durch differenzierende Abtragung aus dem Untergrund herausgearbeitet worden, so der Hirschberg westlich des Meißners in einem Becken mit tertiären braunkohlehaltigen Schichten, der Große Steinberg im Kaufunger Wald, sowie die Blaue und die Kleine Kuppe südlich von Eschwege. Primär waren diese Erscheinungen keine Vulkanberge, sondern ihr hartes vulkanisches Gestein widersteht der Abtragung stärker, und sie werden erst allmählich als Härtlingsberge in der Folge der allgemeinen Abtragung geomorphologisch sichtbar.

Die Reliefeinheiten mit ihrem unterschiedlich ausgeprägten Formenschatz, die der Verbreitung der geologischen Schichten entsprechen, werden durch die Talnetze der Einzugsgebiete verbunden, wobei die Talformen insbesondere ihre wechselnden Querprofile die *Petrovarianz*, d.h. die Gesteinsunterschiede, deutlich zeigen. Im wesentlichen gehört das Werra-Meißner-Land zum weiter ausgedehnten Werra-Einzugsgebiet. Es umfaßt insgesamt oberhalb des Pegels am letzten Heller vor dem Zusammenfluß der Werra mit der Fulda bei Hannorversch Münden, unterhalb von Hedemünden 5487 km^2. Die mittlere (1941 bis 1975) Wasserführung beträgt 50,4 m^3/s, was sich bis maximal 263 m^3/s steigern kann. Dies führt dann zu den alle paar Jahre auftretenden Hochwässern, die weite Teile der Talauen der Werra und größerer Nebenbäche überfluten können.

Eine *geomorphologisch-hydrographische Reliefgliederung* kann nach den Einzugsgebieten wie folgt vorgenommen werden:

- Das Einzugsgebiet des Herleshausener Werraabschnitts gliedert den südöstlichen Ringgau mit Ifta und Nesse.

- Das Einzugsgebiet des Eschweger Werraabschnitts mit den Zuflüssen Derbach, Schlierbach, Dünzebach, Zelebersbach von Süden und Heldrabach, Gatterbach, Frieda, Kellabach, Schambach, Mühlbach von Norden.

- Das Einzugsgebiet der Wehre mit Geidelbach und Leimbach als Zuflüsse aus dem Eschweger Becken und dem Vierbach aus dem Meißnervorland, sowie mit der Sontra von Süden her mit Netra, Ulfe, Hasel, als größeren Zuflüssen, sowie Hasbach und Schemmbach nach Südwesten ausgreifend in das Bergland um Waldkappel und mit der Wohra bis ins westliche Meißnervorland, wo die Wasserscheide zum Kasseler Becken und damit das Fuldaeinzugsgebiet erreicht wird; aus dem südlichen Meißnergebiet fließen Steinbach, Rodebach und andere der Wehre zu.

- Das Einzugsgebiet des Allendorfer Werraabschnitts von südlich Albungen bis Wendershausen erhält von Osten her Zufluß mit dem Alten Hainbach, dem Waldesbach, dem Werdeshausener Bach, von Westen fließt die Berka, der Dohlsbach, der Oberrieder Bach, der Rodenbach und der Flachsbach zu.

- Das Einzugsgebiet der Gelster und des Laudenbachs greift nach Süden westlich des Meißners in die von der Grabenstruktur vorgezeichnete Zone.

- Das Einzugsgebiet des Witzenhausen-Hedemünder Werraabschnitts nimmt von Süden die Gelster und von Westen die zahlreichen Bäche von der Stufe des Kaufunger Waldes her auf, sowie von Norden und Osten einzelne kürzere Bäche, die zur Wasserscheide zum Leineeinzugsgebiet ausgreifen.

Werra, Wehre und Sontra, die drei größten Gewässer des Werra-Meißner-Landes, fließen in den breiten Sohlentalabschnitten in weiten Bach- und Flußschlingen bis 2 m eingetieft in die flachen Talsohlen meist entlang der Talauenränder, z.B. die Werra bei Eschwege oder Wanfried. Die Engtalabschnitte des antezedenten oder epigenetischen Durchbruchs durch die östliche Flanke des Unterwerrasattels zwischen Jestädt und Wendershausen zeigen ausgeprägte tief in die Umgebung eingesenkte Mäanderschlingen, wobei auch hier der heutige Fluß mit seinem eingesenkten Flußbett auf der Talsohle pendelt und nur wenig aktive Prallhänge auftreten. Die kleineren wasserreichen Bäche der Buntsandsteingebiete laufen vorherrschend in Sohlentälern mit freien Wiesenmäandern.

3. Relieffaktoren, Formbildungskomplex und Landschaftsgenese

Formen und Formung des Reliefs werden von den verschiedenen geomorphologischen Prozessen bewirkt, wie:

- Verwitterung (*Dekomposition*) durch chemische und physikalische Vorgänge an der Grenze Atmosphäre zu Untergrund,
- Abtragung vor allem durch fließendes Wasser (*Erosion* = lineare Abtragung, *Denudation* = flächenhafte Abtragung),
- Transport unter anderem auch durch Wind über die Oberfläche (*Deflation*) und Lösung im Untergrund (*Subrosion*) und
- Ablagerung (*Sedimentation*).

Diese Teilprozesse bilden zusammen einen komplexen, zeitlich und räumlich differenzierten Formungszusammenhang (*Geomorphodynamik*). Die Wirkung, die in unseren gemäßigten humiden Mittelbreiten und bei mesoklinen (mittelstark geneigten) Hängen im allgemeinen nur geringe Bilanzwerte der Abtragung von Jahr zu Jahr liefert, dauert an und gestaltet das Relief weiter.

Die Reliefentwicklung (*Geomorphogenese*) ist mit den wechselnden klimatischen Bedingungen, die die geomorphologischen Prozesse der jüngeren Erdgeschichte und der Erdneuzeit (Neozoikum) steuern, verknüpft. Dies steht bei einem klima-genetischen, geomorphologischen Ansatz bei der Reliefanalyse im Vordergrund.

Entscheidend anders gegenüber den heutigen Verhältnissen war die Formung des Reliefs während der *Kaltzeiten* des Pleistozäns (2 Mio bis 10 000 Jahre vor heute) im ersten Abschnitt des Quartärs. Das Klima, vergleichbar dem der Polargebiete, ließ die Vergletscherung Skandinaviens mehrmals als Inlandeis bis an den Rand des deutschen Mittelgebirges vorstoßen. Das Werra-Meißner-Land blieb von der kaltzeitlichen Eisbedeckung verschont. Aber periglaziale Bedingungen (d.h. am Rande um die ehemalige Eisverbreitung) einer waldlosen Tundralandschaft mit ganzjährig gefrorenem Untergrund (*Permafrost*) haben in den mächtigen Terrassenakkumulationen der Talsohlen (vergleiche die zahlreichen Kiesgruben in der Werraaue, insbesondere zwischen Wanfried und Grebendorf), in den Lößdecken (z.B. um Langenhain im südlichen Eschweger Becken, auf den höheren Terrassen entlang dem Werratal und zum Teil auf den Flächen im östlichen Meißnervorland) und in den Hangschuttdecken und Blockmeeren (insbesondere an den Meißnerhängen) Zeugnisse der vorzeitlichen Reliefformung hinterlassen, die bis heute wesentliche geomorphologische Merkmale der Landschaft bestimmen.

Für die Erklärung der Entstehung von *Altflächen*, die heute zertalt als Reste eines initialen Reliefs vor der Taleintiefung gelten und über unterschiedlichen Gesteinsuntergrund als Rumpfflächen hinweggreifen, muß man noch weiter auf das Mittel- und Jungtertiär und die damals tropenähnlichen Klimaverhältnisse zurückgreifen (BÜDEL 1977).

Neben den aktiven klimagesteuerten exogenen Faktoren erfahren die geomorphologischen Prozesse insbesondere passiv durch die geologisch-tektonischen Faktoren eine endogene Steuerung. Der Grad der Heraushebung des Untergrundes (Gebirgsbildung = *Orogenese*) bestimmt maßgeblich das Ausmaß der Zertalung und die Geschwindigkeit der Abtragung. Die unterschiedlich resistenten Gesteine und die wechselnden Schichtlagerungen des Untergrundes werden durch die Abtragung reliefbestimmend kleinräumig, z.B. als Hangleisten, oder großräumig, z.B. als Schichtstufen, herauspräpariert.

Die geomorphologischen Einheiten zeigen eine enge Abhängigkeit vom geologischen Gefügemuster. Dies wird insbesondere mit dem im Werra-Meißner-Land weitverbreiteten Schichtstufenrelief deutlich. Das oberflächennahe Auftreten von Muschelkalk (Ringgau und Gobert), Buntsandstein (Schlierbachswald und Kaufunger Wald) oder Zechstein (östliches Meißnervorland, Kleinalmeröder Hügelland und Sontraer Becken), aber auch die Grabenverwerfungen wie der Netragraben und der Altmorschen-Lichtenauer-Graben, denen jeweils nicht allein von Flüssen und Bächen gestaltete Talzüge folgen, können unmittelbar aus dem Relief erkannt werden.

4. Reliefgenerationen, Rumpfflächen und Talgenese

Wie schon angesprochen, kann man neben dem strukturellen (*geomorphostrukturellen*) und dem prozessualen (*geomorphodynamischen*) Aspekt das Relief auch unter einem historischen (*geomorphogenetischen*) Aspekt betrachten. Nach den zunächst genannten Gesichtspunkten wären Schichtstufen als Strukturformen und Täler als Skulpturformen zu unterscheiden. Damit soll aber nicht ausgesagt werden, daß die eine oder die andere Reliefformentypengruppe ausschließlich durch die exogene Skulpturierung entstanden seien. Materialien (Substrate) und Prozesse ermöglichen stets zusammen die Ausbildung des Reliefformenschatzes.

Unter dem genetisch-chronologischen Gesichtspunkt kann man die Reliefformen in *Vorzeitformen* und *Jetztzeitformen* einteilen. Diese sind aus den heutigen Verhältnissen und Prozessen erklärbar, jene nur mit Hilfe von Prozessen, die heute nur noch in anderen Klimazonen auftreten bzw. unter anderen Umständen. Hochflächen, Schichtstufen und terrassierte Täler - die wesentlichen Bestandteile des Mesoreliefs im Werra-Meißner-Land - sind als Erbe der jüngeren Erdgeschichte seit dem Mitteltertiär (Miozän), also rund 20 Mio Jahre vor heute zurückreichend, anzusehen.

Die Materialien, die die Oberflächenformen aufbauen, und ihre Lagerungsverhältnisse entstanden noch früher in Meeresbecken (Zechstein und Muschelkalk), Wüsten (Buntsandstein) und Urlandschaften (tertiären Braunkohlesumpfwald), die mit den heutigen Verhältnissen nichts mehr zu tun haben. Die grauen, quarzadrigen Gesteine, die bei Albungen an der Einmündung des Berkatals in das Werratal die Böschung der Straße (B 27) bilden, stammen aus dem Erdaltertum (Paläozoikum), speziell dem Devon vor mehr als 350 Mio Jahren. Diese Grundgebirgsschichten wurden zu einem alten, dem variskischen Gebirge, verfaltet, herausgehoben und zum Teil abgetragen. Die Deckgebirgsschichten des Erdmittelalters (Mesozoikum) wurden in flache Senken des germanischen Beckens geschüttet.

Die jüngste Gebirgsbildungszeit, die alpidische Orogenese, die heute noch andauert, hat in Mitteleuropa nicht nur die Alpen im Süden als neues Gebirge entstehen lassen, sondern weit ausgreifend im nördlichen Vorfeld bis nach Nordhessen die Deckgebirgsschichten zerbrochen, verstellt und gehoben. Auch alte Narben der Erdkruste (Geofrakturen), wie die Lineamente, denen die geologischen Grabenstrukturen, der Netragraben und Altmorschen-Lichtenauer Graben, folgen, sind in dieser Zeit neu belebt worden. An den Spalten konnten die Basalte als vulkanische Erscheinungen aus dem Untergrund der Erdkruste mit über 1200° C und gewaltigen Drücken in den zerbrochenen Deckschichtenbau eindringen. Vulkanite mit einem mittel- bis obermiozänen Alter treten auf (die Basalte des Meißners sind nach WEDEPOHL 1982 11,5 Mio Jahre alt).

Die Abtragung im Bereich der sich im Vorfeld der Alpen herausgehobenen Mittelgebirgsschwelle erfolgte zunächst noch flächenhaft. Wo die Heraushebung variierte, entstanden Rumpftreppen, wie z.B. in Resten bis heute im Soodener Bergland erhalten vom Roßkopf bis zum Hitzeroder Plateau (POSER 1933, MAIER-SIPPEL 1952) oder intramontane Becken, wobei die rahmenden Schichtstufen angelegt wurden. Tiefgründige lateritische Verwitterungsdecken an verschiedenen Stellen in der weiteren Umgebung (BARGON & RAMBOW 1966) lassen warme, tropische Verwitterungs- und Abtragungsverhältnisse annehmen.

Die salz- und gipsreichen und damit löslichen Meeresablagerungen der Zechstein- und Muschelkalkschichten, aber auch des Röt, wurden zum Teil im Untergrund bereits ab der Tertiärzeit infolge der Heraushebung ausgelaugt. Durch Sackungen konnten weite Senken entstehen. Das Eschweger Becken zeigt solche Sackungen mit dem Großen und Kleinen Leuchtenberg, die als abgesunkene Zeugenberge vor der Buntsandsteinschichtstufe des Schlierbachswaldes zu tief im Vergleich mit den entsprechenden Schichten in der Umgebung liegen. Auch die Hohlform, in der die tertiäre Braunkohle des Meißners durch die Basaltbedeckung plombiert wurde und danach erst durch die Abtragung der Umgebung in Reliefumkehr als Plateauberg herausgebildet wurde, wird als Auslaugungssenke entstanden sein (MÖLLER & STÄBLEIN 1986a). Das Einfallen der geologischen Schichten bergwärts im Sockelbereich des Meißners weisen darauf hin (KUPFAHL et al. 1979).

Fußflächen und *Breitterrassen* sind im Meißnervorland und vor dem Kaufunger Wald sowie das Werratal begleitend rund 100 m über dem heutigen Fluß als oberpliozän-altpleistozäne Reliefgeneration neben den Formresten auch aus einer groben gerundeten Restschotterstreu (*Fanger*) nachweisbar. Bereits auf das Jungtertiär (Pliozän, 2 bis 5 Mio Jahren vor heute) geht die Anlage der Täler zurück. Die Eintiefung der terrassierten Täler gehört zur Reliefgeneration des Eiszeitalters (Pleistozän), wo phasenhaft jeweils in den Kaltzeiten bei einer Konzentration der fluvialen Erosionskraft auf die abflußreichen Sommermonate beachtliche Eintiefungen und Aufschüttungen erzielt wurden. Terrassen mit Schottern, zum Teil verdeckt unter jüngerer Lößbedeckung, wie z.B. sichtbar im Aufschluß der ehemaligen Ziegelei am linken Werratalhang nordwestlich von Albungen, treten in unterschiedlicher Höhe über dem Fluß auf. Die breite Talsohle mit ihrem mächtigen Schotteruntergrund, wie bei den Kiesgruben unter einer bis 2 m mächtigen nacheiszeitlichen (holozänen) Auelehmdecke sichtbar, entspricht insgesamt dem Hochwasserbett der letzten Kaltzeit (Weichsel bzw. Würm), die vor rund 10 000 Jahren zu Ende ging. Ob der Meißner vergletschert war und im Bereich des Frau-Holle-Teichs ein kleiner Gletscher vorhanden war, ist zweifelhaft (POSER 1933, POSER & BROCHU 1954, MÖLLER & STÄBLEIN 1982).

5. Aktuelle geomorphologische Prozesse

Angesichts des ausgedehnten Anteils der älteren Reliefgenerationen am Gesamtrelief, die bis heute die Relieferscheinungen prägen, sind die Formen die heute entstehen selten und die aktuellen geomorphologischen Prozesse, die die Reliefformung weiterführen, bescheiden.

Die Werra und ihre Zuflüsse haben sich in ihre kaltzeitlichen Talsohlen durch fluviale Erosion eingetieft. Die gelegentlichen Hochwässer verursachen stellenweise beachtliche Uferunterschneidungen und Schwemmfächerschüttungen. Die allgemeine flächenhafte Abtragung, die Denudation, insbesondere auf Hängen, wurde durch die Rodung auch auf den wenig geneigten agrarisch genutzten Flächen seit den Landnahmezeiten zu „Bodenerosion" gesteigert. Die ersten Nutzergruppen werden rund 2500 Jahre vor Christus in das Werra-Meißner-Land gekommen sein, sie gehörten zur bandkeramischen Kultur. Danach kamen Gruppen in der Völkerwanderungszeit. Im Hochmittelalter wurde die entwaldete Fläche durch den Landesausbau wesentlich vermehrt. Die frühneuzeitliche Wüstungsperiode brachte auch im betrachteten Raum einen Rückgang der genutzten Flächen. Ehemalige Flurteile wurden wieder dem Wald überlassen.

Die *Auslaugung*, die heute weitergeht, betrifft meist Gipsschichten, nachdem die Salzschichten schon weitgehend ausgelaugt sind. Das Karstrelief der Dolinenbereiche, wie die Kripp- und Hielöcher im Zechstein des östlichen Meißnervorlandes, die in ihrer Anlage weit in die Landschaftsgeschichte zurückreichen, werden weitergebildet.

Einerseits geschieht die Verkarstung des Reliefs langsam durch fortdauernde Lösung unter den heutigen humiden Klimabedingungen, zum anderen aber auch plötzlich durch Einsturz. Nicht nur direkt in Schichten mit löslichen Substraten, wie Muschelkalk oder Zechstein, sondern auch durch plötzlichen Einsturz von unlöslichen Schichten über im Grundwasserbereich gelösten Hohlräumen. Entsprechende Erdfälle als flache Senken oder steile Trichter oder weite Auslaugungszonen sind im Werra-Meißner-Land weitverbreitet, so findet man z.B. am alten Gericht östlich von Hundelshausen Erdfallareale unter Wald im Buntsandsteinbereich. Dolinen im Muschelkalk sind im Trockental bei Weißenbach und seinen Randhöhen nördlich des Meißners zu sehen.

Unterirdische Karsthöhlenbildung kann mit der Hilgershäuser Höhle im nördlichen Teil des östlichen Meißnervorlandes gezeigt werden. Diese mit einer Höhe von 12 m und einer Grundfläche von 28 mal 53 m größte hessische Höhle ist kuppelartig in Zechsteindolomit entwickelt und wird zum Teil periodisch von einem flachen Grundwassersee eingenommen.

Im Gatterbachtal östlich von Wanfried befindet sich eine geomorphologische Besonderheit. Durch den Bach, der aus Quellen und von den steilen Talhängen im Muschelkalk abfließenden Wässern gespeist wird, wird so viel gelöster Kalk mitgebracht, daß infolge verminderter Fließgeschwindigkeit und sich verändernden Partialdrucks Kalk ausfällt, und ausgedehnte *Kalksinterterrassen* in Bildung begriffen sind. Auf Stengeln, Blättern und Moosen setzt sich auch heute fortdauernd weißer, grauer oder gelblicher Kalktuff ab. Die zunächst zellige Struktur kann durch weitere Kalkausfällungen zum Teil zu Travertin verfestigt werden. Die kalkversiegelten Talbodenabschnitte sind heute teilweise zerschnitten, so daß der Bach mit mehreren 1 bis 2 m hohen Wasserfällen abfließt und den sogenannten „Wasserfall-Elfengrund" bildet.

Auch die *Hangrutschungen* und *Bergstürze* insbesondere an den steilen Schichtstufen des Muschelkalks, z.B. am Schickeberg westlich von Grandenborn, an der Plesse östlich von Wanfried oder an der Hörne auf dem Gobert, sind aktuelle geomorphologische Vorgänge, die ausgedehnte und auffällige Reliefformen in kurzer Zeit schaffen, wenn das auch nicht ein allgemeines Zurückweichen der Schichtstufen insgesamt, wie nach den alten klassischen Auffassungen von der Entwicklung des Schichtstufenreliefs angenommen, beweisen kann. So sind am Schickeberg nach einer Regenperiode am 23. Juni 1956 250 000 m^3 Bergsturzmassen abgestürzt und haben auf dem Unterhang eine Fließung erzeugt, die noch ein Jahr später in langsamer abnehmender Bewegung war (ACKERMANN 1959).

Die angesprochenen Phänomene zeigen, daß die Formung des Reliefs auch heute aktuell weitergeht.

6. Forschungsstand

Die Geomorphologie des Werra-Meißner-Landes bietet auf kleinem Raum die wichtigsten Relieftypen und geomorphologischen Probleme des mitteleuropäischen Mittelgebirgsreliefs in einprägsamen Beispielen und mit regionalen Besonderheiten. Mehrere ältere und neuere Untersuchungen und Interpretationen sind in der Literatur greifbar. Die vergleichende Diskussion und das Eingehen auf einzelne Phänomene wurde hier gegenüber einem allgemein verständlichen regionalen Überblick zurückgestellt.

Ein kurzer auf den Stand der geomorphologischen Regionalforschung bezogener Einstieg wird im Rahmen der Darstellung der Geomorphologie der Bundesrepublik Deutschland in der überarbeiteten und erweiterten vierten Auflage von SEMMEL (1984: 111) geboten. Eine besondere geomorphologische Bearbeitung hat des Meißnergebiet gefunden (POSER 1933, POSER & BROCHU 1954, MÖLLER & STÄBLEIN 1982), das Soodener Bergland (MAIER-SIPPEL 1952), der Gobert (KIRBIS 1950) und das Sontraer Becken (WENZENS 1969). Verschiedene Arbeiten liegen vor über die Entwicklung des Werratals und seiner Terrassen (SIEGERT 1912, 1921, MEINECKE 1913, SOERGEL 1927, 1939, CLAASEN 1941, 1944, MENSCHING 1953, GARLEFF 1966, ELLENBERG 1968), auch über Löß (BROSCHE & WALTER 1980) und Auelehm (BROSCHE 1984).

Durch das Schwerpunktprogramm der Deutschen Forschungsgemeinschaft zur geomorphologischen Detailkartierung wurden geomorphologische Kartierungen des Blattes Bad Sooden-Allendorf 1 : 25 000 (GMK 25 Blatt 17, 4725, MÖLLER & STÄBLEIN 1984) mit verschiedenen Arbeiten (MÖLLER 1979, 1982, MÖLLER & STÄBLEIN 1982, 1986a, 1986b, STÄBLEIN & MÖLLER 1986, STÄBLEIN 1986) und das Blatt Kassel 1 : 100 000 (GMK 100 Blatt 5, C 4722 mit Erläuterungen, GARLEFF 1985) erarbeitet. In verschiedenen bisher noch nicht veröffentlichten Examensarbeiten wurden und werden geomorphologische Fragen des Werra-Meißner-Kreises (FUNK 1985, GRAF 1986, MANZEL 1983, MÖLLER 1979, 1982, NÄTHER 1981, STÜTZER 1986, WAGNER 1980, ZIEGERT 1981) aufgegriffen.

Wie die geomorphologischen und geologischen Verhältnisse auch die Struktur und Entwicklung der Kulturlandschaft mitbestimmen, hat für den Eschweger Raum WÖHLKE (1976) dargestellt.

7. Literatur

ACKERMANN, E. 1959: Die Sturzfließungen am Schickeberg. – Notizbl. Hess. L.-Amt Bodenforsch., 87: 172-187, Wiesbaden.

BARGON, E. & RAMBOW, D. 1966: Ein lößbedecktes Lateritprofil in Nordhessen. – Z. Dt. Geol. Ges., 116: 1014-1019, Hannover.

BROSCHE, K.U. 1984: Zur jungpleistozänen und holozänen Entwicklung des Werratals zwischen Hannoversch-Münden und Philippsthal (östl. Bad Hersfeld). – Eiszeitalter u. Gegenwart, 34: 105-129, Hannover.

BROSCHE, K.U. & WALTHER, M. 1980: Lößprofile von Vaake (Bl. 4523 Münden) und Albungen (Bl. 4725 Bad Sooden-Allendorf) in Nordhessen. – Notizbl. Hess. L.-Amt Bodenforsch., 108: 143-150, Wiesbaden.

BÜDEL, J. 1977: Klima-Geomorphologie. – 1-304, Berlin, Stuttgart.

CLAASEN, K. 1941: Die Flußterrassen des Werratals zwischen Bad Sooden-Allendorf und Hann.-Münden. – Arch. Landes- u. Volkskde Niedersachsen, 7: 2-125, Oldenburg.

CLAASEN, K. 1944: Flußterrassen und Landschaft an der unteren Werra (zwischen Bad Sooden-Allendorf und Hannoversch-Münden). – Arch. Landes- u. Volkskde Niedersachsen, 20: 120-140, Oldenburg.

ELLENBERG, J. 1968: Beziehungen zwischen Auslaugung und quartärer Sedimentation im thüringischen Werra-Kaligebiet. – Z. Dt. Geol. Ges. 117: 670-679, Hannover.

ELLENBERG, J. 1968: Die geologisch-geomorphologische Entwicklung des südwestthüringischen Werragebietes im Pliozän und Quartär. – 1-188, Jena.

FUNK, H. 1985: Standorttypen und Standortbewertung auf der Grundlage einer Geoökotop-Kartierung zwischen Gobert und Werra CTK 25 Blatt Grebendorf 4726). – Staatsexamensarbeit im Fach Erdkunde: 1-65, Berlin.

GARLEFF, K. 1966: Beitrag zur Deutung der Terrassen im unteren Werratal. – Eiszeitalter u. Gegenwart, 17: 118-124, Öhringen.

GARLEFF, K. 1985: Erläuterungen zur Geomorphologischen Karte 1 : 100 000 der Bundesrepublik Deutschland, GMK 100 Blatt 5 Kassel. – 1-74, Berlin.

GRAF, W. 1986: Gewässernetzanalyse im Einzugsbereich der Werra/Nordhessen. – Diplomarbeit Fachbereich Geowiss. der FU: in Arbeit, Berlin.

KIRBIS, G. 1950: Beiträge zur Geomorphologie der Goburg Göttingen. – Göttinger Geogr. Abh., 5: 1-42, Göttingen.

KLINK, H.J. 1969: Die naturräumlichen Einheiten auf Blatt 112, Kassel. – Geogr. Landesaufnahme 1 : 200 000, Naturräuml. Gliederung Deutschlands: 1-108, Bonn-Bad Godesberg.

KUGLER, H. 1975: Grundlagen und Regeln der kartographischen Formulierung geographischer Aussagen in ihrer Anwendung auf geomorphologische Karten. – Petermanns Geogr. Mitt., 119: 145-159, Gotha, Leipzig.

KUPFAHL, H.G., LAEMMLEN, M. & PFLANZL, G. 1979: Geologische Karte des Meißner 1 : 25 000. – Hess. L.-Amt Bodenforsch. (Hg), Wiesbaden.

MAIER-SIPPEL, B. 1952: Zur Morphologie des Soodener Berglandes. – Göttinger Geogr. Abh., 11: 1-39, Göttingen.

MANZEL, P.P. 1983: Simulation und Interpretation von Hangentwicklungen mit einem dreidimensionalen Rechenmodell am Beispiel des Lotzenkopfes bei Eschwege. – Staatsexamensarbeit im Fach Erdkunde, Berlin.

MEINECKE, F. 1913: Über die Entwicklungsgeschichte des Werratales. – Mitt. Sächs.-Thür. Ver. Erdkde Halle/S., 37: 77-110, Halle/S..

MÖLLER, K. 1979: Detailaufnahme, Darstellung und Interpretation der Geomorphologie des Gebietes an der unteren Berka. – Staatsexamensarbeit im Fach Erdkunde: 1-99, Berlin.

MÖLLER, K. 1982: Geomorphologische Detailaufnahme und Interpretation des Meißner und seines östlichen Vorlandes. – Diplomarbeit Fachbereich Geowiss. der FU: 1-104, Berlin.

MÖLLER, K. & STÄBLEIN, G. 1982: Struktur- und Prozeßbereiche der GMK 25 am Beispiel des Meißner (Nordhessen). – Berliner Geogr. Abh., 35: 73-85, Berlin.

MÖLLER, K. & STÄBLEIN, G. 1984: GMK 25 Blatt 17, 4725 Bad Sooden-Allendorf. – Geomorphologische Karte der Bundesrepublik Deutschland 1 : 25 000: 17, Berlin.

MÖLLER, K. & STÄBLEIN, G. 1986a: Die Geomorphologische Karte 1 : 25 000 Blatt 17, 4725 Bad Sooden-Allendorf, Erkenntnisse und Anwendungen. – Berliner Geogr. Abh., 41: 227-255, Berlin.

MÖLLER, K. & STÄBLEIN, G. 1986b: Naturraumpotential und Umweltschutz. Ansätze und Ergebnisse physiogeographisch-geoökologischer Untersuchungen in Nordhessen. – Verh. Symp. Naturraumpotential und Umweltsicherung: 1-60, Berlin.

NÄTHER, M. 1981: Differenzierung des oberflächennahen Untergrundes an strukturell unterschiedlichen Hängen in der Umgebung von Eschwege. – Staatsexamensarbeit im Fach Erdkunde: 1-132, Berlin.

POSER, H. 1933: Die Oberflächengestaltung des Meißnergebietes. – Jb. Geogr. Ges. 1932/33: 121-177, Hannover.

POSER, H. & BROCHU, M. 1954: Zur Frage des Vorkommens pleistozäner Glazialformen am Meißner. – Abh. Braunschweiger Wiss. Ges., VI: 111-125, Braunschweig.

RÖSING, F. 1976: Geologische Übersichtskarte Hessen 1 : 300 000. – Hess. L.-Amt Bodenforsch. (Hg), Wiesbaden.

SANDNER, G. 1957: Osthessisches Bergland. – in: MEYNEN, E. & SCHMITHÜSEN, J. (Hg): Handbuch der naturräumlichen Gliederung Deutschlands, 5. Lieferung: 544-559, Remagen.

SEMMEL, A. 1984: Geomorphologie der Bundesrepublik Deutschland. – 4. Aufl.: 1-192, Wiesbaden, Stuttgart.

SIEGERT, L. 1912: Über die Entwicklung des Wesertales. – Z. Dt. Geol. Ges., 64: 233-264, Berlin.

SIEGERT, L. 1921: Beiträge zur Kenntnis des Pliozäns und der diluvialen Terrassen im Flußgebiet der Weser. – Abh. Preuß. Geol. L.-Amt, N.F., 90: 1-132, Berlin.

SOERGEL, W. 1927: Zur Entwicklung des Werra-Weser- und des Ilm-Saalesystems. – Geol. Rdsch., 18(2): 103-120, Berlin.

SOERGEL, W. 1939: Das diluviale System. – Fortschr. Geol. Paläontol., 12(39): 155-292, Berlin.

STÄBLEIN, G. 1984: Regionale Geomorphologie. – Berliner Geogr. Abh., 36: 11-16, Berlin.

STÄBLEIN, G. 1986: Zechstein leaching and karst landforms in the Werra-Meißner-Area/Northern Hesse. – Karstatlas (im Druck), Stuttgart.

STÄBLEIN, G. & MÖLLER, K. 1986: Subrosionsformen im Bereich des Meißners in Nordhessen. – Geol. Jb. Hessen, 114: im Druck, Wiesbaden.

STÜTZER, A. 1986: Geomorphologische Aufnahme, Kartierung und Geomorphotopengefüge im Mittelgebirge zwischen Eschwege und Herleshausen. – Diplomarbeit Fachbereich Geowiss. der FU: in Arbeit, Berlin.

WAGNER, P. 1980: Bodenerosionsgefährdung im Raum Eschwege (Auswertung, Darstellung und Interpretation von Geländeuntersuchungen). – Staatsexamensarbeit im Fach Erdkunde: 1-132, Berlin.

WEDEPOHL, K.H. 1982: K-Ar-Altersbestimmungen an basaltischen Vulkaniten der nördlichen Hessischen Senke und ihr Beitrag zur Diskussion der Magmengenese. – N. Jb. Miner. Abh., 144(2): 172-196, Stuttgart.

WENZENS, G. 1969: Morphologie des Sontraer Beckens. – Rhein-Main. Forsch., 68: 1-110, Frankfurt.

WÖHLKE, W. 1976: Zur Entwicklung der agrarischen Kulturlandschaft – Bodenmobilität und Veränderung der Flurformen im Gebiet von Eschwege. – Westf. Geogr. Studien, 33: 191-203, Münster.

ZIEGERT, S. 1981: Charakterisierung von Böden und feinen Lockersubstraten an verschiedenen Terrassenstandorten in der Umgebung von Eschwege. – Staatsexamensarbeit im Fach Erdkunde: 1-110, Berlin.

Anschrift des Autors:

Prof. Dr. GERHARD STÄBLEIN, Geomorphologisches Laboratorium der Freien Universität Berlin, Altensteinstr. 19, 1000 Berlin 33.

Berliner Geographische Abhandlungen

Im Selbstverlag des Instituts für Physische Geographie der Freien Universität Berlin, Altensteinstraße 19, D-1000 Berlin 33 (Preise zuzüglich Versandspesen)

Heft 1: HIERSEMENZEL, Sigrid-Elisabeth (1964)
Britische Agrarlandschaften im Rhythmus des landwirtschaftlichen Arbeitsjahres, untersucht an 7 Einzelbeispielen. – 46 S., 7 Ktn., 10 Diagramme.
ISBN 3-88009-000-9 (DM 5,–)

Heft 2: ERGENZINGER, Peter (1965)
Morphologische Untersuchungen im Einzugsgebiet der Ilz (Bayerischer Wald). – 48 S., 62 Abb.
ISBN 3-88009-001-7 (*vergriffen*)

Heft 3: ABDUL-SALAM, Adel (1966)
Morphologische Studien in der Syrischen Wüste und dem Antilibanon. – 52 S., 27 Abb. im Text, 4 Skizzen, 2 Profile, 2 Karten, 36 Bilder im Anhang.
ISBN 3-88009-002-5 (*vergriffen*)

Heft 4: PACHUR, Hans-Joachim (1966)
Untersuchungen zur morphoskopischen Sandanalyse. – 35 S., 37 Diagramme, 2 Tab., 21 Abb.
ISBN 3-88009-003-3 (*vergriffen*)

Heft 5: Arbeitsberichte aus der Forschungsstation Bardai/Tibesti. I. Feldarbeiten 1964/65 (1967)
65 S., 34 Abb., 1 Kte.
ISBN 3-88009-004-1 (*vergriffen*)

Heft 6: ROSTANKOWSKI, Peter (1969)
Siedlungsentwicklung und Siedlungsformen in den Ländern der russischen Kosakenheere. – 84 S., 15 Abb., 16 Bilder, 2 Karten.
ISBN 3-88009-005-X (DM 15,–)

Heft 7: SCHULZ, Georg (1969)
Versuch einer optimalen geographischen Inhaltsgestaltung der topographischen Karte 1:25 000 am Beispiel eines Kartenausschnittes. – 28 S., 6 Abb. im Text, 1 Kte. im Anhang.
ISBN 3-88009-006-8 (DM 10,–)

Heft 8: Arbeitsberichte aus der Forschungsstation Bardai/Tibesti. II. Feldarbeiten 1965/66 (1969)
82 S., 15 Abb., 27 Fig., 13 Taf., 11 Karten.
ISBN 3-88009-007-6 (DM 15,–)

Heft 9: JANNSEN, Gert (1970)
Morphologische Untersuchungen im nördlichen Tarso Voon (Zentrales Tibesti). – 66 S., 12 S. Abb., 41 Bilder, 3 Karten.
ISBN 3-88009-008-4 (DM 15,–)

Heft 10: JÄKEL, Dieter (1971)
Erosion und Akkumulation im Enneri Bardague-Araye des Tibesti-Gebirges (zentrale Sahara) während des Pleistozäns und Holozäns. – Arbeit aus der Forschungsstation Bardai/Tibesti, 55 S., 13 Abb., 54 Bilder, 3 Tabellen, 1 Nivellement (4 Teile), 60 Profile, 3 Karten (6 Teile).
ISBN 3-88009-009-2 (20,–)

Heft 11: MÜLLER, Konrad (1971)
Arbeitsaufwand und Arbeitsrhythmus in den Agrarlandschaften Süd- und Südostfrankreichs: Les Dombes bis Bouches-du-Rhone. – 64 S., 18 Karten, 26 Diagramme, 10 Fig., zahlreiche Tabellen.
ISBN 3-88009-010-6 (DM 25,–)

Berliner Geographische Abhandlungen

Im Selbstverlag des Instituts für Physische Geographie der Freien Universität Berlin, Altensteinstraße 19, D-1000 Berlin 33 (Preise zuzüglich Versandspesen)

Heft 12: OBENAUF, K. Peter (1971)
Die Enneris Gonoa, Toudoufou, Oudingueur und Nemagayesko im nordwestlichen Tibesti. Beobachtungen zu Formen und Formung in den Tälern eines ariden Gebirges. – Arbeit aus der Forschungsstation Bardai/Tibesti. 70 S., 6 Abb., 10 Tab., 21 Photos, 34 Querprofile, 1 Längsprofil, 9 Karten.
ISBN 3-88009-011-4 (DM 20,–)

Heft 13: MOLLE, Hans-Georg (1971)
Gliederung und Aufbau fluviatiler Terrassenakkumulation im Gebiet des Enneri Zoumri (Tibesti-Gebirge). – Arbeit aus der Forschungsstation Bardai/Tibesti. 53 S., 26 Photos, 28 Fig., 11 Profile, 5 Tab., 2 Karten.
ISBN 3-88009-012-2 (DM 10,–)

Heft 14: STOCK, Peter (1972)
Photogeologische und tektonische Untersuchungen am Nordrand des Tibesti-Gebirges, Zentral-Sahara, Tchad. – Arbeit aus der Forschungsstation Bardai/Tibesti. 73 S., 47 Abb., 4 Karten.
ISBN 3-88009-013-0 (DM 15,–)

Heft 15: BIEWALD, Dieter (1973)
Die Bestimmungen eiszeitlicher Meeresoberflächentemperaturen mit der Ansatztiefe typischer Korallenriffe. – 40 S., 16 Abb., 26 Seiten Fiuren und Karten.
ISBN 3-88009-015-7 (DM 10,–)

Heft 16: Arbeitsberichte aus der Forschungsstation Bardai/Tibesti. III. Feldarbeiten 1966/67 (1972)
156 S., 133 Abb., 41 Fig., 34 Tab., 1 Karte.
ISBN 3-88009-014-9 (DM 45,–)

Heft 17: PACHUR, Hans-Joachim (1973)
Geomorphologische Untersuchungen im Raum der Serir Tibesti (Zentralsahara). – Arbeit aus der Forschungsstation Bardai/Tibesti. 58 S., 39 Photos, 16 Fig. und Profile, 9 Tabellen, 1 Karte.
ISBN 3-88009-016-5 (DM 25,–)

Heft 18: BUSCHE, Detlef (1973)
Die Entstehung von Pedimenten und ihre Überformung, untersucht an Beispielen aus dem Tibesti-Gebirge, Republique du Tchad. – Arbeit aus der Forschungsstation Bardai/Tibesti. 130 S., 57 Abb., 22 Fig., 1 Tab., 6 Karten.
ISBN 3-88009-017-3 (DM 40,–)

Heft 19: ROLAND, Norbert W. (1973)
Anwendung der Photointerpretation zur Lösung stratigraphischer und tektonischer Probleme im Bereich von Bardai und Aozou (Tibesti-Gebirge, Zentral-Sahara). – Arbeit aus der Forschungsstation Bardai/Tibesti. 48 S., 35 Abb., 10 Fig., 4 Tab., 2 Karten.
ISBN 3-88009-018-1 (DM 20,–)

Heft 20: SCHULZ, Georg (1974)
Die Atlaskartographie in Vergangenheit und Gegenwart und die darauf aufbauende Entwicklung eines neuen Erdatlas. – 59 S., 3 Abb., 8 Fig., 23 Tab., 8 Karten.
ISBN 3-88009-019-X (DM 35,–)

Heft 21: HABERLAND, Wolfram (1975)
Untersuchungen an Krusten, Wüstenlacken und Polituren auf Gesteinsoberflächen der nördlichen und mittleren Sahara (Libyen und Tchad). – Arbeit aus der Forschungsstation Bardai/Tibesti. 71 S., 62 Abb., 24 Fig., 10 Tab.
ISBN 3-88009-020-3 (DM 50,–)

Berliner Geographische Abhandlungen

Im Selbstverlag des Instituts für Physische Geographie der Freien Universität Berlin, Altensteinstraße 19, D-1000 Berlin 33 (Preise zuzüglich Versandspesen)

Heft 22: GRUNERT, Jörg (1975)
Beiträge zum Problem der Talbildung in ariden Gebieten, am Beispiel des zentralen Tibesti-Gebirges (Rep. du Tchad). – Arbeit aus der Forschungsstation Bardai/Tibesti. 96 S., 3 Tab., 6 Fig., 58 Profile, 41 Abb., 2 Karten.
ISBN 3-88009-021-1 (DM 35,–)

Heft 23: ERGENZINGER, Peter Jürgen (1978)
Das Gebiet des Enneri Misky im Tibesti-Gebirge, Republique du Tchad – Erläuterungen zu einer geomorphologischen Karte 1:200 000. – Arbeit aus der Forschungsstation Bardai/Tibesti. 60 S., 6 Tabellen, 24 Fig., 24 Photos, 2 Karten.
ISBN 3-88009-022-X (DM 40,–)

Heft 24: Arbeitsberichte aus der Forschungsstation Bardai/Tibesti. IV. Feldarbeiten 1967/68, 1969/70, 1974 (1976)
24 Fig., 79 Abb., 12 Tab., 2 Karten.
ISBN 3-88009-023-8 (DM 30,–)

Heft 25: MOLLE, Hans-Georg (1979)
Untersuchungen zur Entwicklung der vorzeitlichen Morphodynamik im Tibesti-Gebirge (Zentral-Sahara) und in Tunesien. – Arbeit aus der Forschungsstation Bardai/Tibesti. 104 S., 22 Abb., 40 Fig., 15 Tab., 3 Karten.
ISBN 3-88009-024-6 (DM 35,–)

Heft 26: BRIEM, Elmar (1977)
Beiträge zur Genese und Morphodynamik des ariden Formenschatzes unter besonderer Berücksichtigung des Problems der Flächenbildung am Beispiel der Sandschwemmebenen in der östlichen Zentralsahara. – Arbeit aus der Forschungsstation Bardai/Tibesti. 89 S., 38 Abb., 23 Fig., 8 Tab., 155 Diagramme, 2 Karten.
ISBN 3-88009-025-4 (DM 25,–)

Heft 27: GABRIEL, Baldur (1977)
Zum ökologischen Wandel im Neolithikum der östlichen Zentralsahara. – Arbeit aus der Forschungsstation Bardai/Tibesti. 111 S., 9 Tab., 32 Fig., 41 Photos, 2 Karten.
ISBN 3-88009-026-2 (DM 35,–)

Heft 28: BÖSE, Margot (1979)
Die geomorphologische Entwicklung im westlichen Berlin nach neueren stratigraphischen Untersuchungen. – 46 S., 3 Tab., 14 Abb., 25 Photos, 1 Karte.
ISBN 3-88009-027-0 (DM 14,–)

Heft 29: GEHRENKEMPER, Johannes (1978)
Ranas und Reliefgenerationen der Montes de Toledo in Zentralspanien. – S., 68 Abb., 3 Tab., 32 Photos, 2 Karten.
ISBN 3-88009-028-9 (DM 20,–)

Heft 30: STÄBLEIN, Gerhard (Hrsg.) (1978)
Geomorphologische Detailaufnahme. Beiträge zum GMK-Schwerpunktprogramm I. – 90 S., 38 Abb. und Beilagen, 17 Tab.
ISBN 3-88009-029-7 (DM 18,–)

Heft 31: BARSCH, Dietrich & LIEDTKE, Herbert (Hrsg.) (1980)
Methoden und Andwendbarkeit geomorphologischer Detailkarten. Beiträge zum GMK-Schwerpunktprogramm II. – 104 S., 25 Abb., 5 Tab.
ISBN 3-88009-030-5 (DM 17,–)

Berliner Geographische Abhandlungen

Im Selbstverlag des Instituts für Physische Geographie der Freien Universität Berlin, Altensteinstraße 19, D-1000 Berlin 33 (Preise zuzüglich Versandspesen)

Heft 32: Arbeitsberichte aus der Forschungsstation Bardai/Tibesti. V. Abschlußbericht (1982)
182 S., 63 Fig. und Abb., 84 Photos, 4 Tab. 5 Karten.
ISBN 3-88009-031-3 (DM 60,–)

Heft 33: TRETER, Uwe (1981)
Zum Wasserhaushalt schleswig-holsteinischer Seengebiete. – 168 s., 102 Abb., 57 Tab.
ISBN 3-88009-032-3 (DM 40,–)

Heft 34: GEHRENKEMPER, Kirsten (1981)
Rezenter Hangabtrag und geoökologische Faktoren in den Montes de Toledo. Zentralspanien. – 78 S., 39 Abb., 13 Tab., 24 Photos, 4 Karten.
ISBN 3-88009-033-5 (DM 20,–)

Heft 35: BARSCH, Dietrich & STÄBLEIN, Gerhard (Hrsg.) (1982)
Erträge und Fortschritte der geomorphologischen Detailkartierung. Beiträge zum GMK-Schwerpunktprogramm III. – 134 S., 23 Abb., 5 Tab., 5 Beilagen.
ISBN 3-88009-034-8 (DM 30,–)

Heft 36: STÄBLEIN, Gerhard (Hrsg.) (1984)
Regionale Beiträge zur Geomorphologie. Vorträge des Ferdinand von Richthofen-Symposiums, Berlin 1983. – 140 S., 67 Abb., 6 Tabellen.

Heft 37: ZILLBACH, Käthe (1984)
Geoökologische Gefügemuster in Süd-Marokko. Arbeit im Forschungsprojekt Mobilität aktiver Kontinentalränder. – 95 S., 61 Abb., 2 Tab., 3 Karten.
ISBN 3-88009-036-X (DM 18,–)

Heft 38: WAGNER, Peter (1984)
Rezente Abtragung und geomorphologische Bedingungen im Becken von Ouarzazate (Süd-Marokko). Arbeit im Forschungsprojekt Mobilität aktiver Kontinentalränder. – ca. 97 Seiten, 63 Abb., 48 Tab., 3 Karten.
ISBN 3-88009-037-8 (*im Druck*)

Heft 39: BARSCH, Dietrich & LIEDTKE, Herbert (Hrsg.) (1985)
The Geomorphological Mapping in the Federal Republic of Germany. Contributions to the GMK priority program IV.
ISBN 3-88009-038-6 (*in print*)

Heft 40: MÄUSBACHER, Roland (1985)
Die Verwendbarkeit der geomorphologischen Karte 1 : 25 000 (GMK 25) der Bundesrepublik Deutschland für Nachbarwissenschaften und Planung. Beiträge zum GMK-Schwerpunktprogramm V. – 97 S., 15 Abb., 31 Tab., 21 Karten.
ISBN 3-88009-039-4 (*im Druck*)

Heft 41: STÄBLEIN, Gerhard (Hrsg.) (1986)
Geo- und biowissenschaftliche Forschungen der Freien Universität Berlin im Werra-Meißner-Kreis (Nordhessen). Beiträge zur Werra-Meißner-Forschung I. – 265 S., 82 Abb., 45 Tab., 3 Karten.
ISBN 3-88009-040-8 (DM 28,–)